本书精彩导读

本书精彩内容

三维静帧艺术的魔力

指明当代静帧艺术的发展方向，概括三维静帧创作的主要技术与流程，学习Maya 2010与ZBrush 3.5的新增功能。

01

雾中静物

深入讲解Mental ray渲染器的间接照明和体积雾的制作方法。

19

宇宙传奇

重点讲解使用Maya的基本多边形建模工具来构建一台复杂的机器。

53

万人迷

学习制作卡通风格三维静帧作品的方法和技巧，并学习毛发制作的相关技巧。

80

终结者

学习金属骷髅的制作方法，重点掌握ZBrush雕刻技术与硬表面物体材质的制作方法。

119

挚爱草莓

讲解怪兽类角色主题作品的创作方法，制作怪兽的皮肤与草莓的质感。

142

每章精彩内容

思想者

重点学习Maya 2010与ZBrush 3.5及Toxik 2010整合的创作流程。

- 创意分析
- 制作流程
- 注意事项
- 实例制作
- 作品欣赏

182

化妆的艺术

深入学习写实年轻女性角色的制作方法，重点掌握SSS皮肤材质等技术。

220

在X星上空飞行

学习使用Matte Painting这种原本应用在电影中的工作方式来进行科幻场景的创作。

256

光盘精彩内容

光盘

素材和源文件文件夹

- 容量大小：139MB
- 包括所有实例素材和源文件

视频文件夹

- 容量大小：3.47GB
- 《第6章 挚爱草莓》完整教程

光盘界面

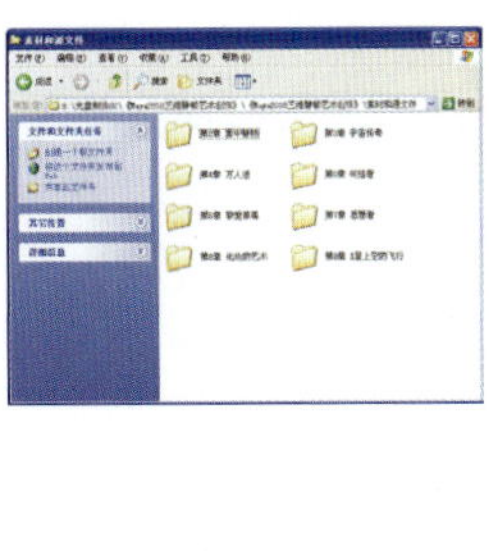

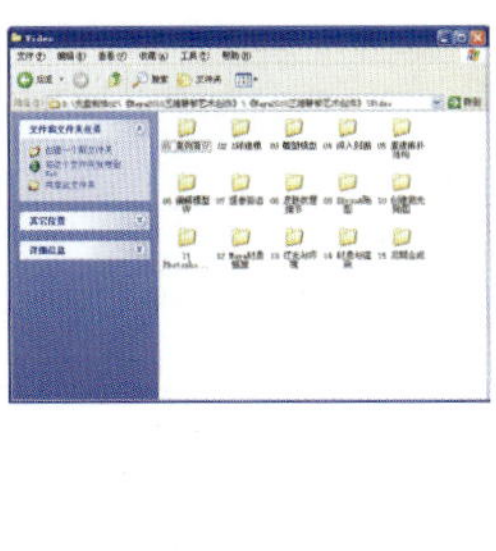

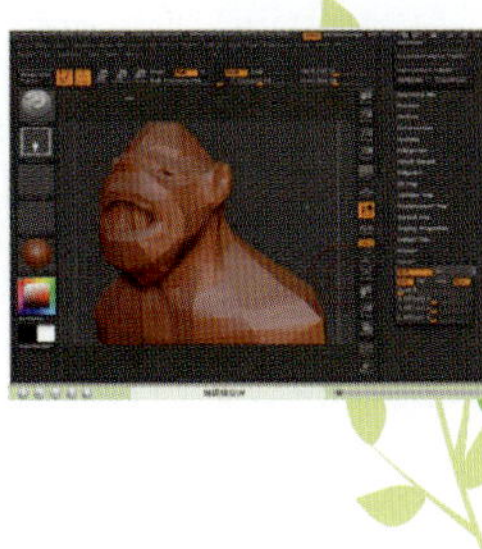

本书精彩案例

第2章 雾中静物①

作品欣赏②~⑥

第3章 宇宙传奇①

作品欣赏②~⑦

第5章 终结者①

作品欣赏②~⑤

第6章 挚爱草莓①

作品欣赏②~⑤

第7章 思想者①

作品欣赏②~⑥

第8章 化妆的艺术①

第4章 万人迷②

作品欣赏③~⑦

⑤

⑥

④

第9章 在X星上空飞行①

作品欣赏②~⑦

⑦

③

①

②

Maya 2010

三维静帧艺术创作

张为凯　范延松　编著

中国铁道出版社
CHINA RAILWAY PUBLISHING HOUSE

内 容 简 介

Maya是美国Autodesk公司出品的世界顶级三维动画软件，应用于专业影视广告、角色动画、电影特技和游戏制作等领域。ZBrush是由美国Pixologic公司开发的一款革命性的软件，它打破了传统三维软件的工作模式，开创了数字雕塑的先河，是一个真正可以让艺术家自由创作的工具。

本书包含8个实例的详细制作步骤，以Maya 2010为主导，并与ZBrush 3.5、Photoshop CS4、Toxik 2010整合进行三维静帧艺术创作，本流程也是业内3D静帧与动画创作的典范流程。

本书的特点是注重理论与实践、技术与艺术的结合。

本书适用于中、高等院校美术、艺术设计、影视动画和广告等专业的广大师生，以及插画家、自由艺术家、专业三维动画与影视创作人员、多媒体技术开发人员等相关专业人员。

图书在版编目（CIP）数据

Maya 2010三维静帧艺术创作/张为凯，范延松编著.
--北京：中国铁道出版社，2010.4
ISBN 978-7-113-11171-7

Ⅰ.①M… Ⅱ.①张…②范… Ⅲ.①三维一动画一图形软件，Maya 2010 Ⅳ.①TP391.41

中国版本图书馆CIP数据核字（2010）第044644号

书　　名：Maya 2010三维静帧艺术创作
作　　者：张为凯　范延松　编著

责任编辑：苏　茜　　**编辑部电话：**（010）63560056
特邀编辑：李新承
封面设计：和颜悦色　　**封面制作：**白　雪
责任校对：贾　星　　**责任印制：**李　佳

出版发行：中国铁道出版社（北京市宣武区右安门西街8号　　邮政编码：100054）
印　　刷：中国铁道出版社印刷厂
版　　次：2010年7月第1版　　2010年7月第1次印刷
开　　本：787mm×1092mm　1/16　**印张：**18.5　**插页：**4　**字数：**429千
印　　数：3 000册
书　　号：ISBN 978-7-113-11171-7
定　　价：69.00元（附赠光盘）

前言

随着数码技术的迅速发展和人们对数字视觉技术与艺术的要求不断提高，三维静帧与动画艺术创作变得越来越普及和重要。现在，Maya等三维静帧与动画技术不但成为专业影视创作、多媒体技术等相关专业人员的必备技能，而且更多地成为艺术设计、影视动画和广告等专业的广大师生，以及插画家、自由艺术家所酷爱的一种技术形式。本书编者是业内资深动画与视频设计师，无论在Maya的实践应用方面还是在教学方面都积累了一定的经验，本书是作者多年实践经验沉淀的结果，是对作者多年三维静帧艺术创作与教学的总结。

本书内容

本书包含8个实例的详细步骤，以Maya 2010为主导，并与ZBrush 3.5、Photoshop CS4、Toxik 2010等软件整合进行三维静帧艺术创作，所用流程也是业内静帧与动画创作的典范流程。本书在介绍相关软件技术的同时，也指明了当代艺术的发展方向，并从色彩学、人体结构和构图等方面指导读者提高艺术修养与创造能力。

本书特色

本书除设有实例操作步骤以外，作者凭借多年的教学经验，在每个案例之前又增加了创意分析、制作流程和注意事项等内容，这种得益于教学经验的设计方式不仅能使读者更好地掌握实例步骤，而且更有利于读者理解Maya的功能和应用技巧，从而提高艺术修养，创作出有艺术欣赏价值的作品。

适合读者群

本书适用于中、高等院校影视动画专业、广告专业、美术专业（包括雕塑、油画、国画和壁画等）和艺术设计等专业的广大师生，以及插画家、自由艺术家、专业影视创作人员、多媒体技术开发人员等相关专业人员。

阅读建议

建议初学者按照本书的章节顺序来练习，有经验的读者可以选择自己感兴趣的章节阅读。希望读者能够举一反三，利用实例拓展思维，真正掌握相关软件的操作与实例制作流程。

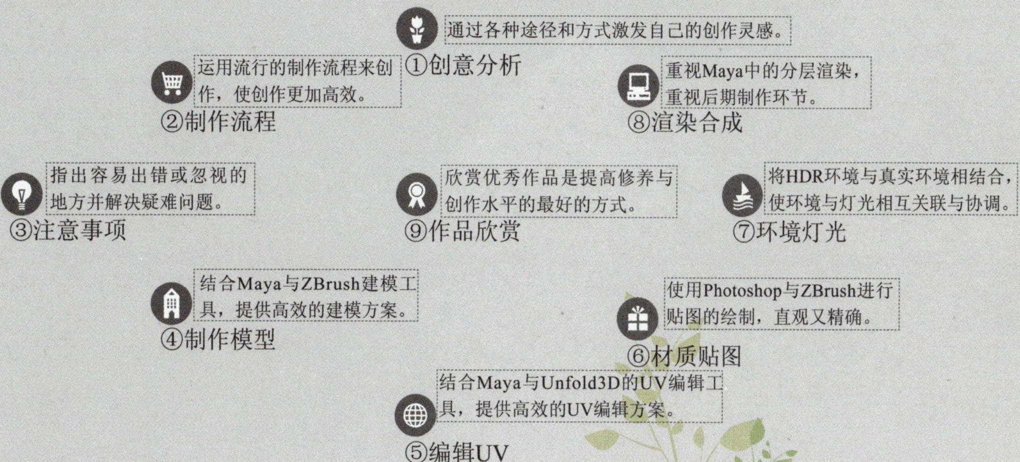

本书编者

张为凯，1994年毕业于山东工艺美术学院，同年进入青岛高新职业学校，任教于服装设计和动画专业。其静帧与模型作品在Pixologic ZBrush官网多次受到五星好评。多年来一直担任火星时代网站版主。

问题解答途径

由于创作时间仓促，书中纰漏和欠缺之处在所难免，希望读者不吝赐教和批评。联系信箱：pipedream666@163.com，QQ：36395541，笔者CG技术QQ群：18785908。

编 者

2010年3月

目录

PB
285

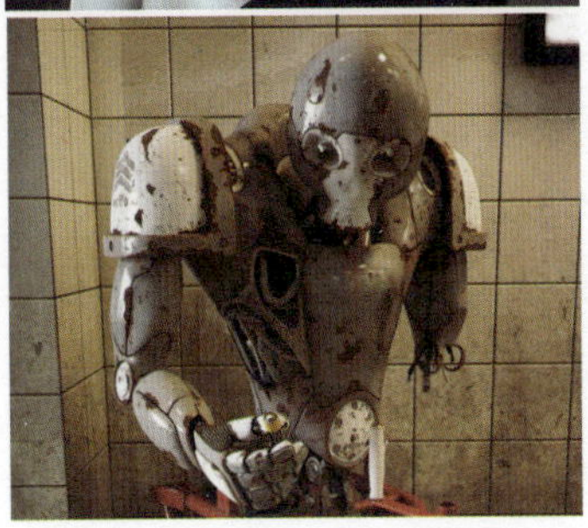

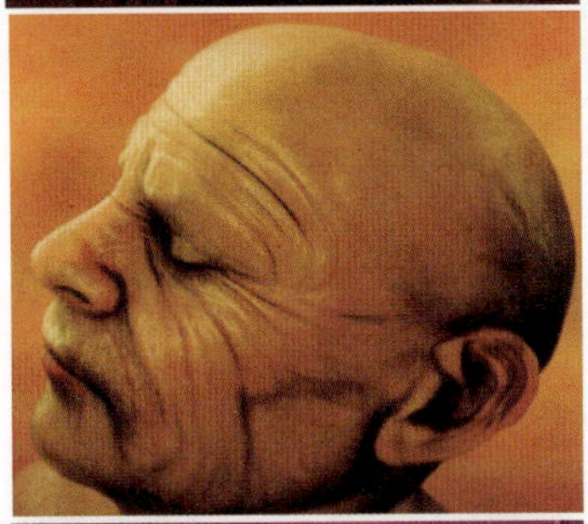

Stage

00728

第1章 三维静帧艺术的魔力

三维静帧艺术是使用三维制作软件进行创作的一种视觉艺术形式。不同艺术家创作出来的作品风格也会千差万别，这一点与传统视觉艺术（比如绘画艺术）是相同的，但其作为CG艺术中的一个门类，又不可避免地受到其他CG艺术（比如电影）的影响，从而具有独特的一面，即强烈的时代气息。静帧是相对于动画而言的，有静止的、接近绘画艺术的特点。

1.1 当代艺术发展方向——CG艺术

CG是Computer Graphics的缩写，意思是计算机图形图像技术。CG几乎涵盖了利用计算机技术进行的所有视觉艺术创作活动，如三维动画、影视特效、平面设计和游戏设计等，其中三维动画是目前CG中最引人注目的艺术与技术形式。

有位国外的CG艺术家曾说过："如果达芬奇生活在当代，他一定会使用计算机来创作《蒙娜丽莎》。"在我们所生活的这个时代，谁都无法摆脱计算机带来的科技革命对自身的冲击。传统的绘画艺术也不例外，静帧艺术的发展让很多人放下了画笔，拿起了鼠标与手绘板。

图1-1所示为英国艺术家Sue Marino使用Photoshop软件绘制的二维作品*Blue Pearl*，图1-2所示为英国艺术家Rod Seffen模仿画家维米尔油画的三维静帧作品*After "The Milkmaid"*。

图1-1 二维作品 *Blue Pearl*

图1-2 三维作品 *After "The Milkmaid"*

1.1.1 软件与硬件

如果将计算机硬件比作人的"身体"，那么软件就是"灵魂"。计算机硬件建立了计算机应用的物质基础，而软件则提供了发挥硬件功能的方法和手段。软件与硬件的发展是相互促进的。硬件性能的提高，可以为软件创造出更好的开发与运行环境。反之，软件的发展也对硬件提出更高的要求，促使硬件性能的提高，甚至产生新的硬件。

无疑，计算机图形图像技术需要更强的计算机硬件来支持，特别是当今三维动画软件的发展对计算机硬件提出了非常高的要求，这些要求主要体现在更快的渲染速度、更多的多边形数量支持，以及更高质量、实时性更强的动力学特效显示。

1. 硬件的选择

与三维电影特效相比，三维静帧艺术创作对计算机硬件的要求偏低。一般来说，多数进行三维静帧艺术创作与个人三维动画短片创作的艺术家会选择PC或者基于PC的图形工作站作为自己的硬件系统。

PC即个人电脑，价格便宜，近年来其性能飞速提升：CPU的升级带来了更快的渲染速度；显卡的升级带来了更高质量、实时性更强的动力学特效显示；手绘板的升级带来了更细腻的压感，如同在纸上绘画一样。各硬件设备如图1-3~图1-5所示。

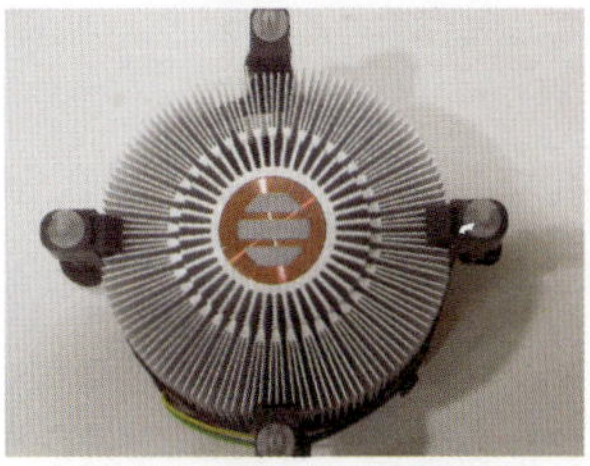

图1-3 酷睿i7 CPU

图1-4 丽台专业图形卡

图1-5 Wacom影拓四代数位板

读者在进行硬件选择的时候不必一味地追新和追高，应该根据自己的经济条件作出合理的选择。创作时不要忘记最大限度地优化自己的场景和参数，充分利用后期软件的功能，更好地发挥自己的创造力。

2. 软件的选择

进行三维静帧艺术创作首先要选择一款三维软件。目前，国内外使用人数最多的三大主流三维动画软件都归于Autodesk公司一家，它们是Maya、Softimage IXSI、3ds max。其他主流的三维动画软件还包括NewTek公司的LightWave 3D、Maxon公司的Cinema 4D，以及Side Effects公司的Houdini等。

读者可以根据自己的情况，从以上软件中选择一款作为自己的创作工具。本书推荐读者使用功能强大、易于学习和使用的Maya 2010，如图1-6所示。

除此之外，还可以选择在某个领域具有专长和特点的其他的三维软件来进行辅助创作。比如，ZBrush强大的雕塑建模与贴图绘制功能，RealFlow在流体动力学领域的专长等。

选择一款或多款平面软件与后期处理软件也是必不可少的。比如，Adobe公司的Photoshop与After Effects。本书推荐读者使用的平面软件是Photoshop CS4，后期合成与特效软件是Toxik，如图1-7所示。

图1-6 Maya 2010

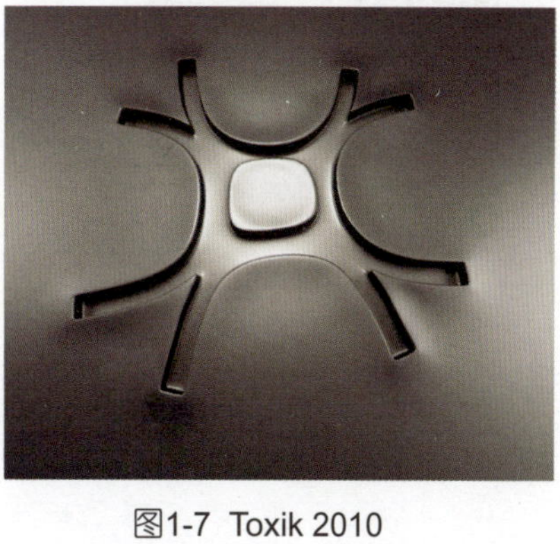

图1-7 Toxik 2010

最后建议读者选择64位的操作系统，其可以支持更大的内存，以加速三维软件的运行。

1.1.2 三维静帧艺术与CG艺术

三维静帧艺术的制作流程大致分为：绘制草图、ZBrush建模、分层渲染，以及Photoshop后期制作。

1. 静帧与动画

从字面来看，静帧仿佛是从动画作品中提取出来的一帧画面。这样理解不能算错，只不过这一帧具有更讲究的构图、造型、色彩，以及效果和光线等。其实静帧创作已经成为一种完全独立的视觉艺术。

不论是进行静帧还是动画创作，都要注重后期处理环节，它可以极大地提高创作效率。因为在创作的过程中，如果所有的特效都使用三维软件来实现，会耗费大量的精力和计算机硬件资源，效率不高。

比如，部分动力学特效、景深和运动模糊等效果都可以根据情况使用后期软件来实现，可以极大地提高创作效率。对于静帧创作来说，这方面的优势更明显，创作者可以充分使用Photoshop等平面软件，也可以使用Toxik、Dfusion等后期合成软件来进行后期制作。

2. 三维与二维

无论是动画片还是游戏，我们都会将其归类为2D或者3D。静帧艺术也不例外，一般情况下，将使用Photoshop、Painter等平面软件进行绘制与创作的静帧作品称为二维静帧，将使用Maya、3ds max等三维软件进行创作的静帧作品称为三维静帧。

从目前静帧艺术的发展趋势来看，3D与2D的融合越来越明显。很多艺术家为了表达自己的创作主题与理念，综合运用多种工具与手法来进行创作，如图1-8和图1-9所示。

图1-8 国外艺术家2D作品

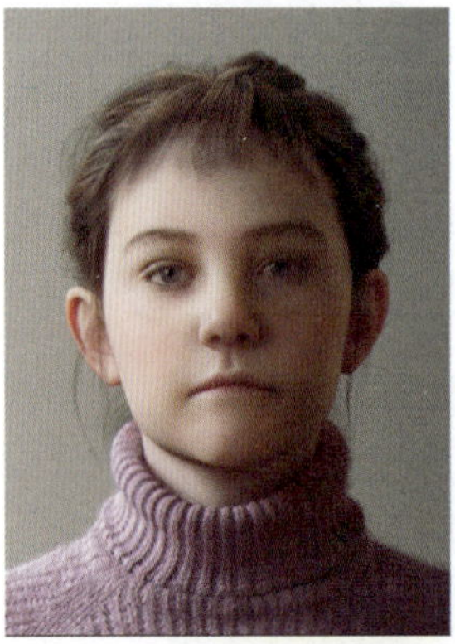

图1-9 国外艺术家3D作品

1.2 技术与艺术的完美结合

在三维艺术创作领域中，从业者之间经常会进行辩论，在得不到结论的情况下，通常会要求用作品来证实自己的观点。一件三维静帧或动画作品的成功是作者总体素质的体现，作者不仅要有良好的艺术修养，还要有过硬的技术功底。

1.2.1 艺术修养

一件作品的创作与其作者的关系最为紧密。也就是说，什么样的作者创作什么样的作品。遗传、学习与成长的环境等因素影响了一个人的观念和思维方式。某些先天的因素是无法改变的，但对于一位艺术家而言，通过自身的努力去获得更多的知识和经验会对自己的创作产生极大的推动作用。

除绘画、雕塑、建筑、音乐、舞蹈、电影和戏剧等直接与艺术相关的领域外，其他领域的涉及，如文学、哲学、诗歌、历史、宗教、物理和数学等，也会为艺术创作提供很大的帮助。

俗话说："站得高望得远。"不俗的作品需要知识丰富的人去创作，有个性的作品需要有个性的人去创作。

1.2.2 创造能力

在任何一个时代，任何一个民族，乃至任何一个行业，有创造能力的人往往是备受欢迎的。在科技高速发展的今天，社会更需要有创造能力的人。创造需要知识和天赋，同时也意味着实验和挫折，所以有创造能力的人都是值得尊敬的。

创造者容易被身边的世界触动，从而得到灵感，这也意味着他们具有内省和自我发掘的能力。除此之外，创造者还要有丰富的知识和阅历作为自己坚强的后盾。

创新并不意味放弃民族和传统，相反，很多伟大的艺术家都是在本民族文化和传统的基础上进行新的艺术探索，从而创作出震撼心灵的作品。

在进行三维静帧艺术创作的过程中，可以发现生活就是创作灵感的源泉，创造者可以尽情地去发掘它，不断地完善自己的创作风格。图1-10～图1-12所示为不同风格的国外三维静帧作品。

图1-10 国外卡通风格作品

图1-11 国外写实风格作品

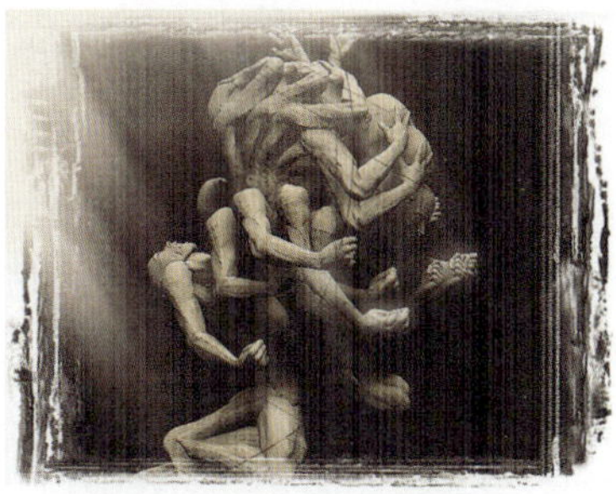

图1-12 国外另类风格作品

1.2.3 深入掌握软件功能

本节着重介绍技术和技能的重要性。学习油画时，需要通过艰苦的训练来培养自己的造型能力、对色彩的感知能力，还要熟悉油画颜料与其他工具的特性等；同样，进行三维静帧艺术创作也需要深入学习Maya或其他三维软件的相关模块，并熟悉三维软件与平面、后期软件的协作流程。

Maya是一个非常复杂的三维动画软件，是支持三维动画完整制作流程的工作平台。用户可以通过编程来扩展其功能。一般来说，学习Maya无须精通其所有的模块。在建模、材质与渲染、绑定、动画、动力学等模块中，精通一到两个模块即可进行三维动画的协作工作。三维静帧艺术创作主要需要建模、材质、灯光与渲染方面的技能，但是如果读者对动力学与动画等模块也比较擅长的话，可以让自己的作品更加精彩。

学习Maya需要较多的时间和耐心。初学者应扎实掌握Maya的基础知识，在此基础上应用已经掌握的知识去创作，并在实践中不断提高自己的技术水平。

1.3 色彩学让作品更具艺术性

世界是色彩斑斓的，学习一定的色彩知识会更有利于我们去感知和把握作品的色彩。

1.3.1 传统色彩绘画

具有良好的色彩美术基础是非常重要的。学习时，之所以从传统的色彩写生开始，是因为色彩对人类来说更多的是一种感觉，只有接近生活和自然才能让自己对色彩的感觉更加敏锐。

早在一万两千年前的旧石器时代后期的西班牙阿尔塔米拉洞窟中，人类就使用红、黑等颜色创造了杰出的壁画艺术，如图1-13所示。

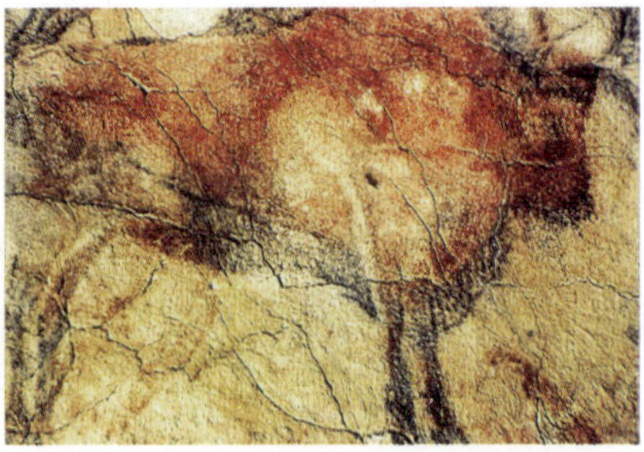

图1-13 西班牙阿尔塔米拉洞窟壁画

绘画艺术经过了长期的发展，画家们积累了丰富的经验，可以随心所欲地进行绘画，他们也不再局限于“客观物质色彩”，而是去精心营造“主观艺术色彩”。普通人则相反，他们认为：“如果没有按照事物的本来面貌去画，则会被当成傻瓜。”

从达芬奇到鲁本斯，从委拉斯贵兹到德拉克洛瓦……绘画史迎来了一个又一个的色彩大师。1876年，印象派大师莫奈展出了他的《印象：日出》，他把对大自然的印象固定在了画布上。印象派画家的绘画中充满了跃动的色彩和光线，如图1-14所示。

图1-14 莫奈在上午与下午不同光线下绘制的同一个场景

1888年，后印象派大师梵高离开巴黎，去追求“比模本更为真实的色彩。”他将复杂的色彩混合在一起，创造了激动人心的绘画效果，如图1-15所示。

把时间继续向后推移，毕加索经历了他的蓝色时期、粉红色时期、黑色时期、立体主义时期、超现实主义时期、新希腊时期……不断地超越自我，如图1-16所示。

图1-15 梵高作品

图1-16 毕加索作品

现在就来跟随色彩大师的足迹，拿起画笔，去观察、感觉，让自己眼中的世界比别人的世界更加丰富多彩。

1.3.2 学习色彩学理论

如果读者对Maya的材质制作有初步的了解，那么一定会理解学习色彩学理论的重要性。

1. 折射与反射

1621年，荷兰人斯涅尔发现了光线反射与折射的秘密，打破了长久以来的“发散理论”：如果一条光线从一个透明的介质中进入另一个不同的介质，那么它会在介质表面分离成两部分，一部分被反射，另一部分进入新的介质。比如，光线在空气中以直线传播，进入水中时会改变方向，然后在水下继续以直线传播。

光线在不同半透明介质中偏离的角度是不同的，所以当我们在Maya中制作不同的半透明物体（玻璃、水、钻石等）时，要设置它们不同的折射率，如图1-17所示。

图1-17 反射与折射

2. 七色光

1666年，英国人牛顿将太阳光（白光）穿过三棱镜，将其分解为七色光，然后让七色光再穿过另一个三棱镜，将它们又重新聚集成白光。

不可否认，印象派画家正是在一定程度上应用了这些科技成果，从而让色彩绘画发生了天翻地覆的变化。

3. 三原色光

人眼在感知色彩时，不断地捕捉和聚焦光线，使光线在视网膜后端成像，视网膜聚集了无数的视锥和视杆，它们通过视觉神经将信息传输给大脑。视网膜有3种视锥，分别只和红、绿、蓝3种颜色进行接触，因此红、绿、蓝最终被定为三原色光，它们两两相混合就会产生次混合色光。

4. 色彩三要素

色彩三要素为明度、纯度和色相。在进行创作的时候要随时注意三要素的关系，以获得最理想的画面效果。

5. 色调

当一个色彩学习者开始关注自己画面的色调时，说明他对创作具有了更强的控制能力，他的创作品质也上了一个新的台阶。

例如，电影《星战前传3》中颜色运用的灵感就是源于抽象派画家马克·罗斯科（Mark Rothko）的作品，如图1-18和图1-19所示。

图1-18 画家马克·罗斯科（Mark Rothko）的作品

图1-19 电影《星战前传3》

1.3.3 Maya色彩节点的应用

在Maya中，一个颜色色相的形成是由其自身的R、G、B值决定的。R、G、B即红、绿、蓝，这3个分量的取值分别在0～1之间。在工作过程中，经常需要对色彩进行加减乘除等运算，以得到新的色彩。

1. 颜色相加

两个颜色相加，新颜色的R、G、B值分别是原来两个颜色R、G、B值的和，例如：

红色(1,0,0)+蓝色(0,0,1)=(1,0,1)

运算结果(1,0,1)为品红。

此处使用plusMinusAverage节点来进行说明。新建两个ramp程序贴图，一个只保留红色，另一个只保留蓝色。新建一个plusMinusAverage节点和一个lambert材质，将两个ramp程序贴图分别连到plusMinusAverage节点的Input 3D[0]和Input 3D[1]中，将这个plusMinusAverage节点连接到lambert材质的Color通道，如图1-20所示。plusMinusAverage节点设置如图1-21所示。

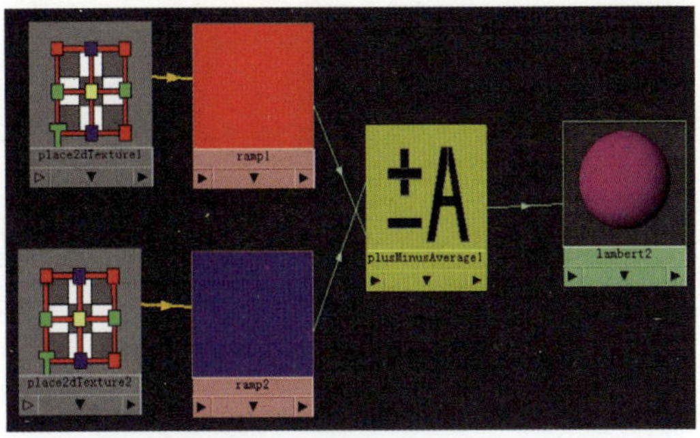

图1-20 颜色相加

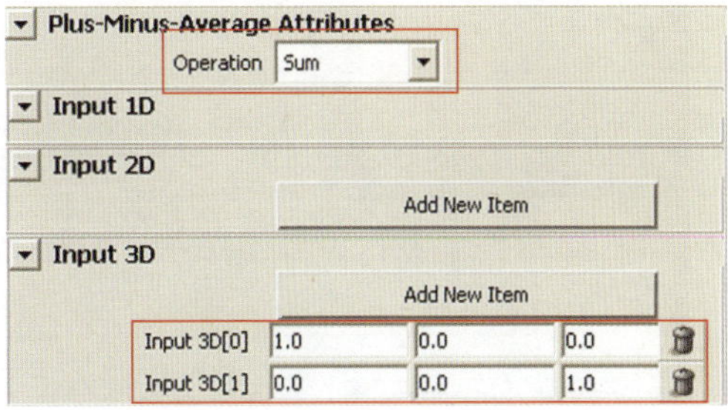

图1-21 plusMinusAverage节点设置

2. 颜色相减

两个颜色相减，新颜色的R、G、B值为第一个颜色与第二个颜色R、G、B值的差，例如：

红色(1,0,0)-蓝色(0,0,1)=(1,0,0)

运算结果(1,0,0)为红色（R、G、B各个分量的取值只能在0～1之间）。

此处仍然使用plusMinusAverage节点来进行说明。新建两个ramp程序贴图，一个只保留红色，另一个只保留蓝色。新建一个plusMinusAverage节点和一个lambert材质，将两个ramp程序贴图分别连到plusMinusAverage节点的Input 3D[0]和Input 3D[1]中，将这个plusMinusAverage节点连接到lambert材质的Color通道，如图1-22所示。plusMinusAverage节点设置如图1-23所示。

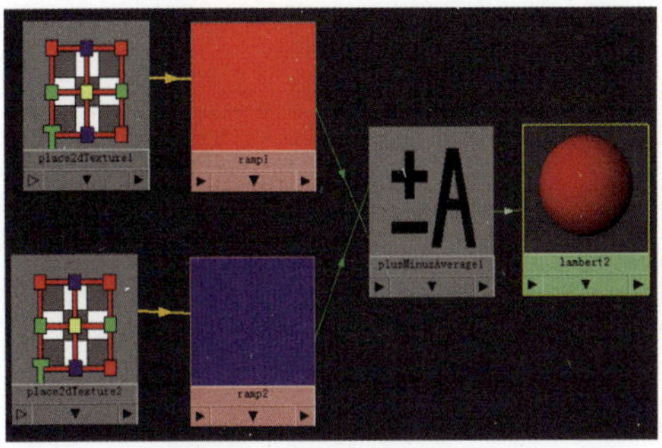

图1-22 颜色相减

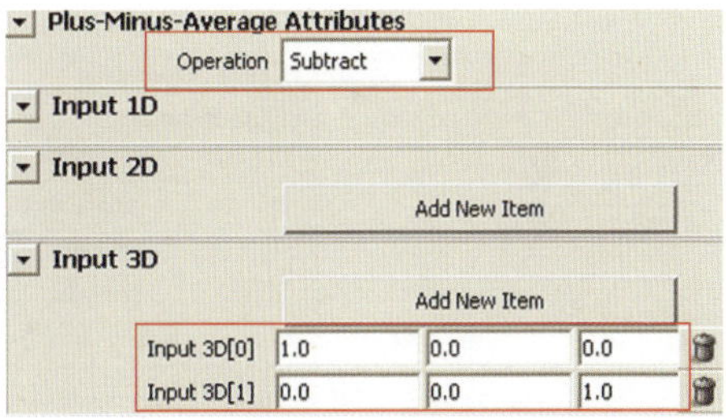

图1-23 plusMinusAverage节点设置

3. 颜色相乘

两个颜色相乘，新颜色的R、G、B值为两个旧颜色R、G、B值的乘积，例如：

红色(1,0,0)*蓝色(0,0,1)=(0,0,0)

运算结果(0,0,0)为黑色。

此处使用multiplyDivide节点来进行说明。新建两个ramp程序贴图，一个只保留红色，另一个只保留蓝色。新建一个multiplyDivide节点和一个lambert材质，将两个ramp程序贴图分别连到multiplyDivide节点的Input 1和Input 2中，将这个multiplyDivide节点连接到lambert材质的Color通道，如图1-24所示。multiplyDivide节点设置如图1-25所示。

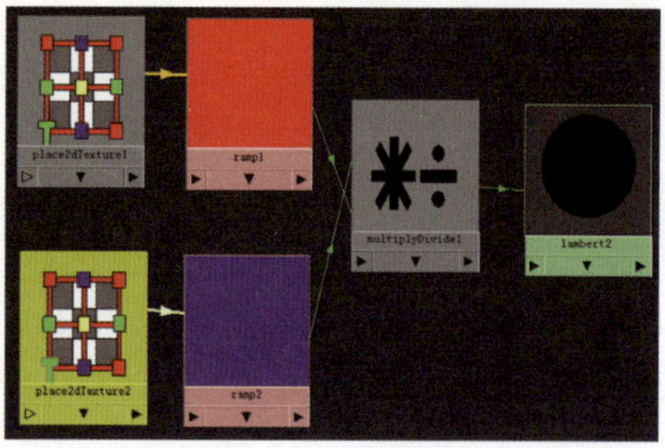

图1-24 颜色相乘

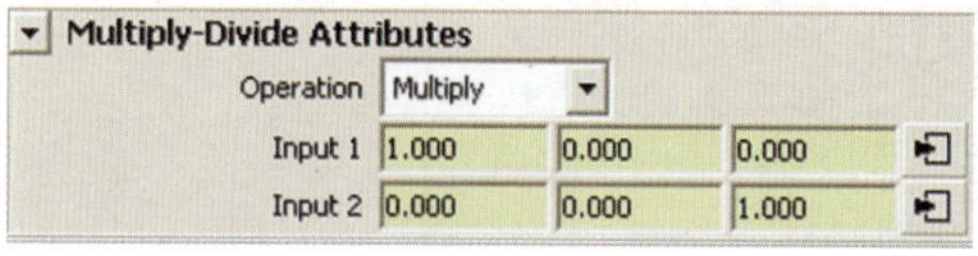

图1-25 multiplyDivide节点设置

4. 颜色相除

颜色相除时，两个颜色的R、G、B值分别进行除计算，可以说是相乘的逆运算，此处不再举例。

另外，可以在纹理颜色调整的时候直接使用颜色相加与相乘运算。与原纹理颜色进行相加与相乘运算的颜色或纹理分别是Color Offset与Color Gain的颜色或纹理，如图1-26所示。

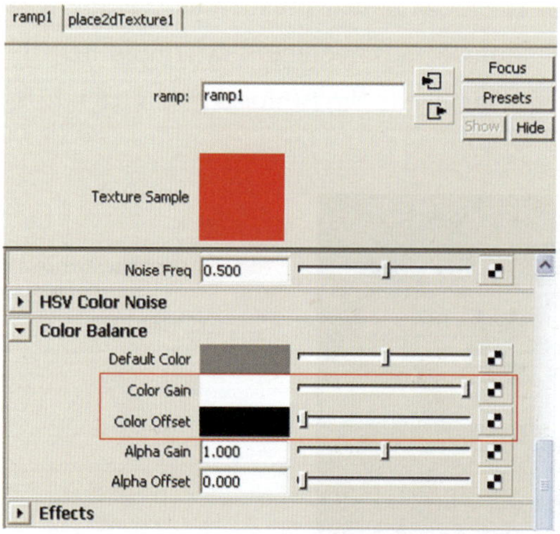

图1-26 Color Offset与Color Gain

下面介绍几个Maya中常用的用于色彩调节或运算的节点。

reverse节点用于制作颜色反相效果，如图1-27所示。颜色反相效果也可以通过直接选择节点属性面板中Effects卷展栏下的Invert复选框来实现，如图1-28所示。

图1-27 reverse节点应用

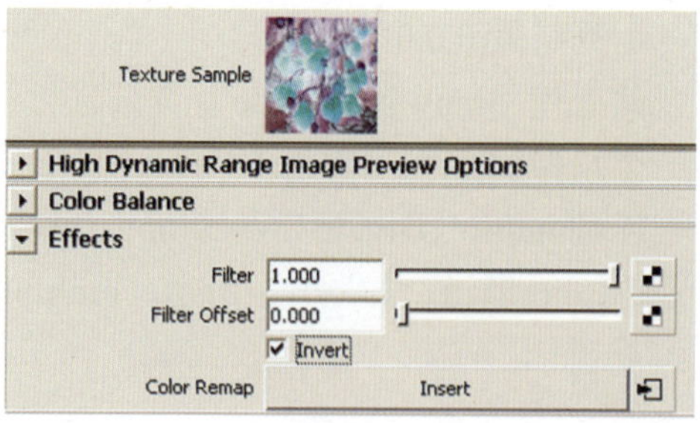

图1-28 选择Invert复选框

contrast节点用于调节纹理的对比度，如图1-29所示。Contrast参数控制对比度，Bias参数用于调节对比度的基准，如图1-30所示。

图1-29 contrast节点应用

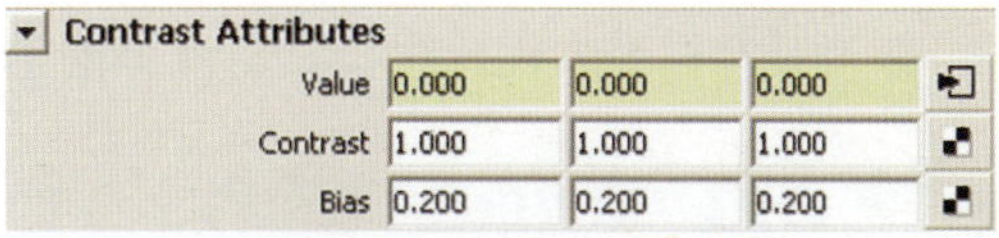

图1-30 contrast节点设置

gammaCorrect节点用于调节纹理的颜色。调节的时候，中间亮度的颜色变化较大，最亮和最暗的部分变化较小，如图1-31所示。Value通道用于加载要调节的纹理图像，Gamma参数用于调节，如图1-32所示。

图1-31 gammaCorrect节点应用

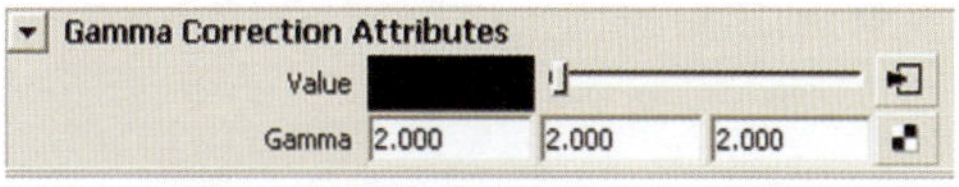

图1-32 gammaCorrect节点设置

luminance节点用于将色彩纹理转化为灰度模式，如图1-33所示。

图1-33 luminance节点应用

blendColors节点用于将两个颜色进行混合，如图1-34所示。Color1和Color2为两个输入的颜色，Blender参数控制两个颜色的比重，可以调节其数字，也可以加载黑白纹理，如图1-35所示。

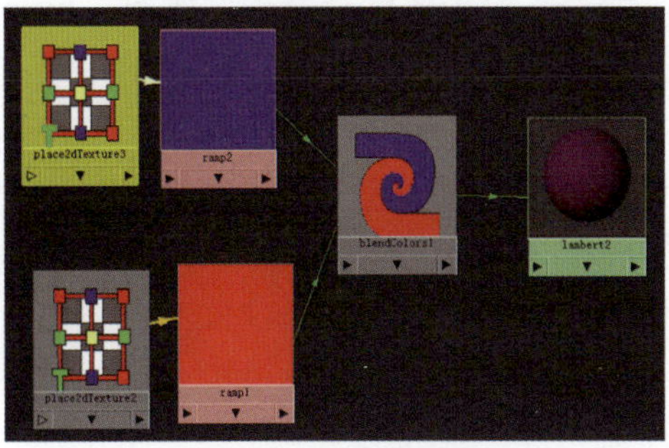

图1-34 blendColors节点应用

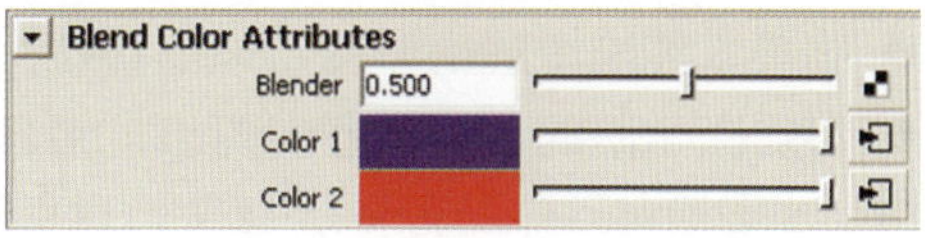

图1-35 blendColors节点设置

1.4 理解人体结构

也许读者经常会看到国内外3D高手创作的那些令人震撼的CG角色作品，那么这些作品令人信服的主要原因是什么呢？笔者认为，深入理解人体结构是成功的基础，有了这个基础，即使只有模型素模，也会具有深刻的感染力。

1.4.1 人体素描

无论是何种艺术形式，人物都会频繁地成为被表现的主体。三维静帧创作也不例外，所以我们要了解人体。进行人体素描训练的作用有如下几点：

- 增强造型能力。
- 理解人体结构，如图1-36所示。
- 增强美术修养。
- 为创作准备素材或草图，如图1-37所示。
- 创作可供人们欣赏的素描作品，如图1-38所示。

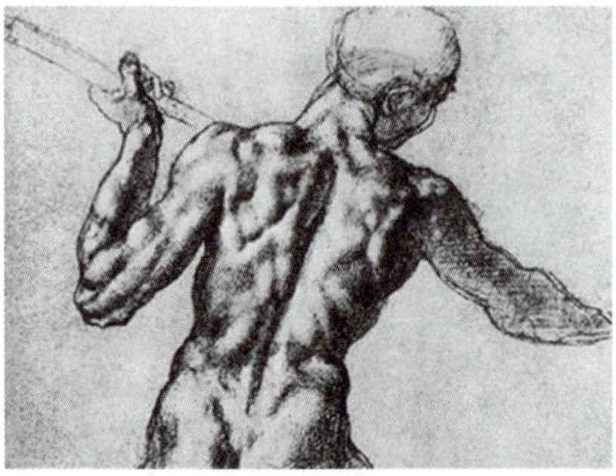

图1-36 米开朗基罗的人体素描

图1-37 米开朗基罗的人体素描草图

图1-38 列宾的素描作品

1.4.2 人体艺用解剖

学习人体艺用解剖对三维创作的帮助很大，可以研究人体解剖结构、比例、形态和运动规律。读者可以通过以下5种途径来学习人体艺用解剖。

- 研究西方古典雕塑，如图1-39所示。
- 研究人体骨骼与肌肉解剖模型，如图1-40所示。
- 通过相关的三维人体解剖结构软件来进行学习，如图1-41所示。
- 临摹人体医用解剖书籍，如图1-42所示。
- 参加医学院的相关专业实习班，亲自参与解剖。

相信读者通过一个阶段的人体艺用解剖学习，一定会受益匪浅。

图1-39 古典雕塑《拉奥孔》

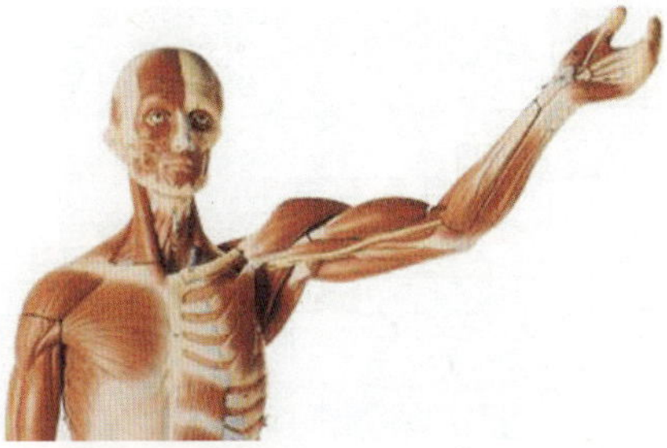

图1-40 骨骼与肌肉解剖模型

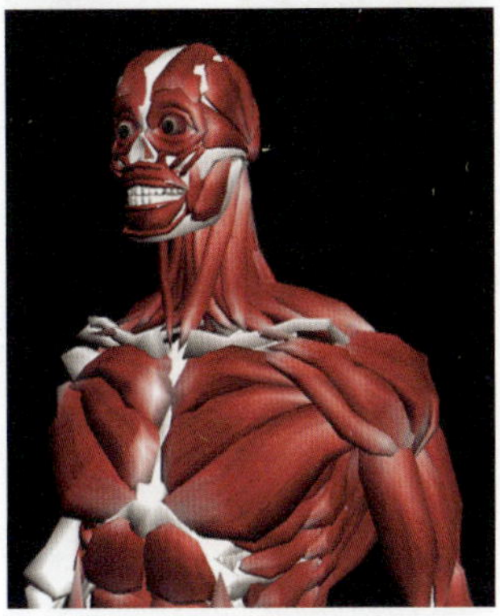

图1-41 三维人体解剖结构软件

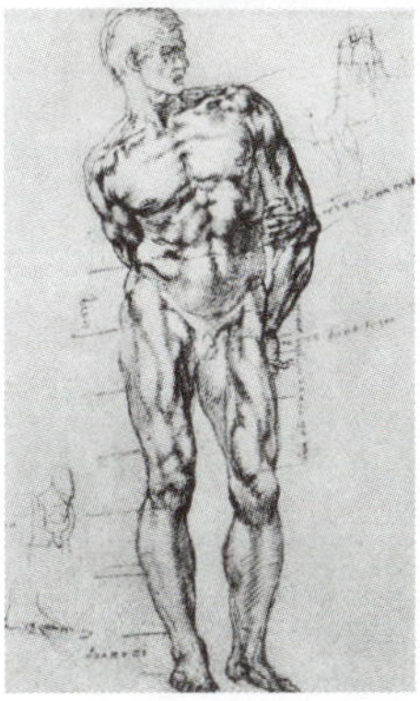

图1-42 人体医用解剖书籍

1.4.3 人体建模布线

一般情况下，头部布线应该符合人体头部结构，特别是要符合面部肌肉的真实走向，以符合面部表情制作的需要，如图1-43所示。

身体布线应该尽量保持均匀的四边面，适当考虑肌肉走向，如图1-44所示。如果需要在Maya中创建低模，然后到ZBrush中进行雕刻，就更需要保持均匀的四边面，如图1-45所示。

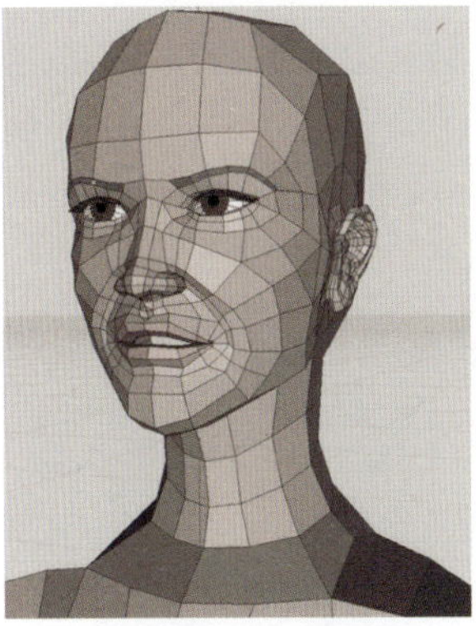

图1-43 头部布线

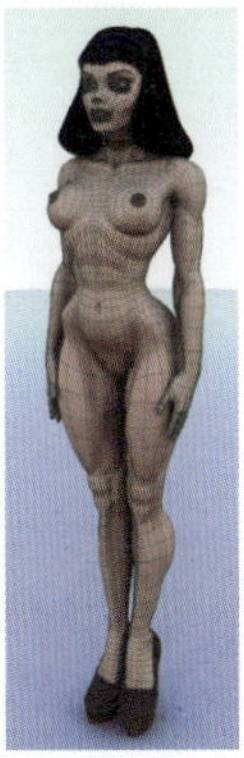

图1-44 身体布线

图1-45 对低模进行雕刻

手部细节较多，是需要细心表现的部位，如图1-46所示。

如果整个建模过程全部在Maya中实现，不要忘记为人体添加必要的细节，如图1-47所示。

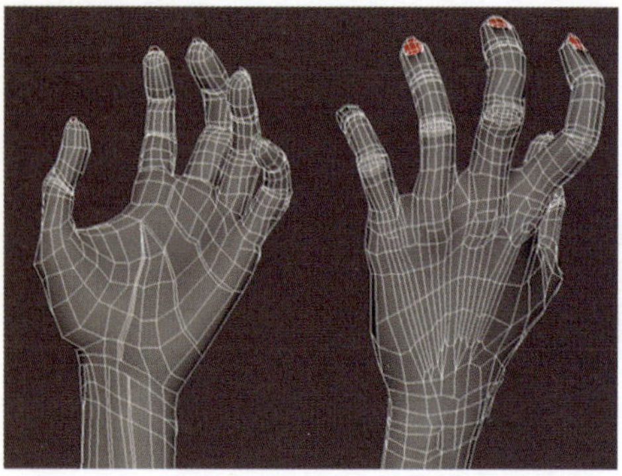

图1-46 手部布线

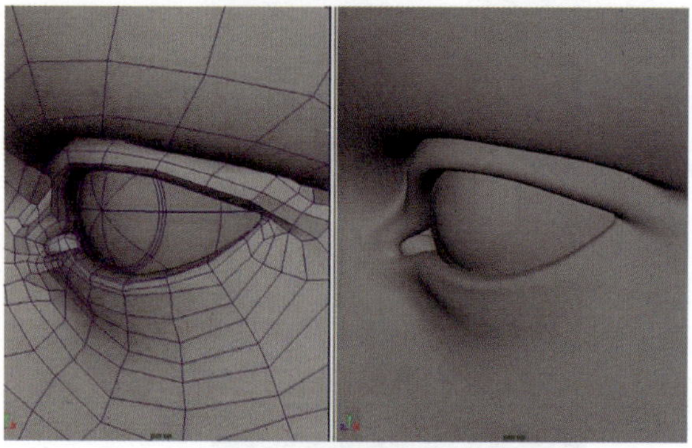

图1-47 眼部布线

布线时要考虑到表情的需要，在变形幅度较大的位置要有适当的网格密集度，如图1-48所示。

不同艺术家会有不同的布线风格，效果如图1-49所示。有的艺术家会有比较特别的布线风格，比如布线中存在大量五边面，如图1-50所示。五边面经过平滑细分后全部变为四边面，并符合人体结构，如图1-51所示。

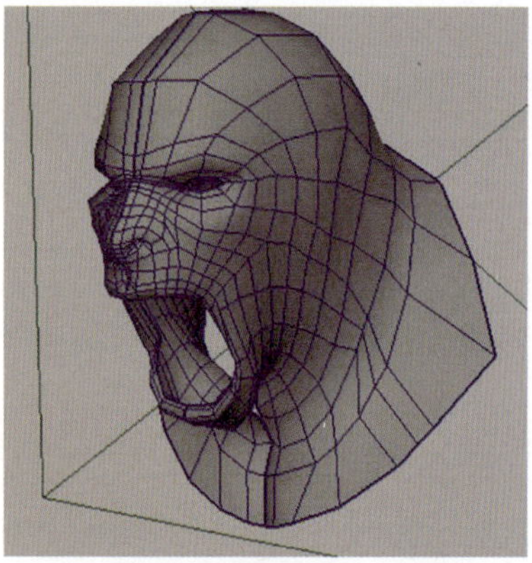

图1-48 变形幅度较大的表情

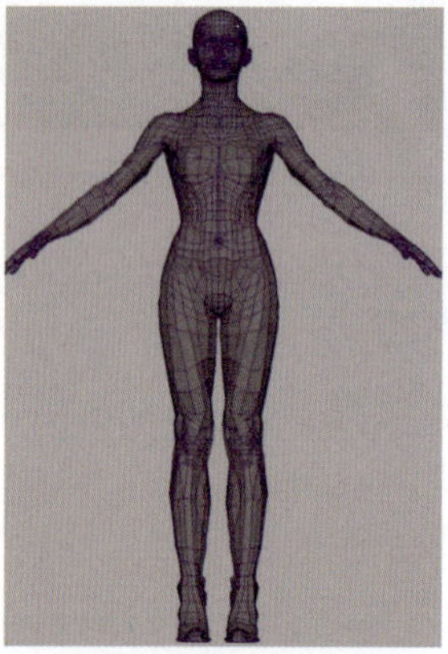

图1-49 强调结构的布线风格

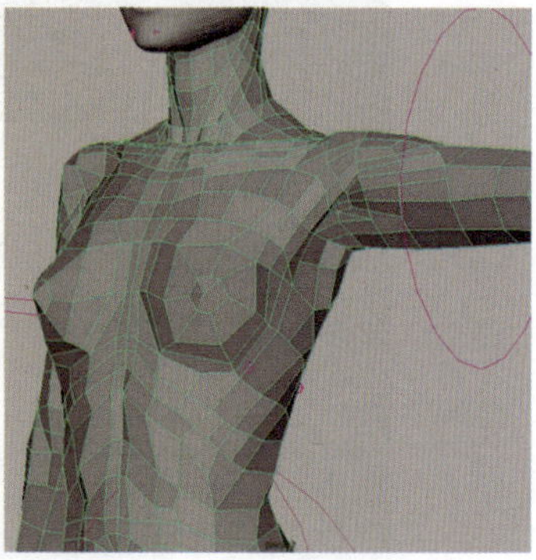

图1-50 五边面布线风格

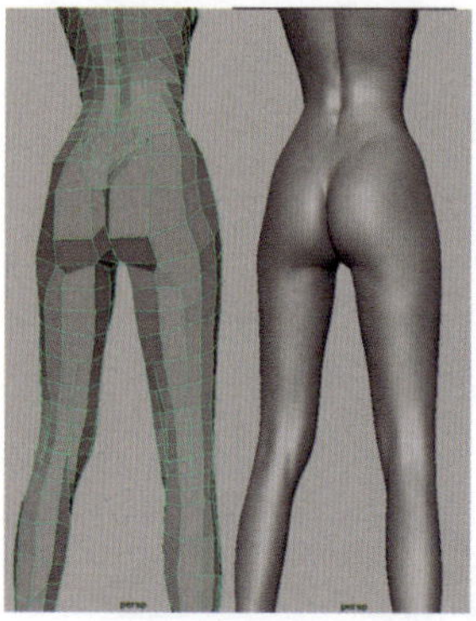

图1-51 对模型进行细分

1.5 画面构图

中国古代南朝齐、梁时期的画家谢赫在其著作《六法》中首次书面提出了经营位置法则，经营位置就是构图。经营这个词充分说明了安排画面需要多动脑筋，多画草图，精心安排。

1.5.1 多样统一

构图法则中最根本的一条就是多样统一，多样就是要有变化，在变化中求统一，在统一中求变化。做到多样统一要掌握以下两个原则。

◆ 对比原：要注意画面各种元素的对比，使画面富有节奏和生动感，如图1-52所示。

◆ 均衡原则：要注意画面各种元素的均衡，严重失去均衡的画面会使欣赏者心理失衡，产生不舒服、别扭的感觉。

1.5.2 几何形概括构图形式

构图的基本结构可以使用几何形进行概括和分类。

◆ 三角形：三角形构图具有坚定稳固的感觉，如图1-53所示。

◆ 圆形：圆形构图具有柔和运动的感觉，如图1-54所示。

图1-52 毕加索《站在球上的杂技演员》

图1-53 委拉斯凯兹《教皇英诺森十世》

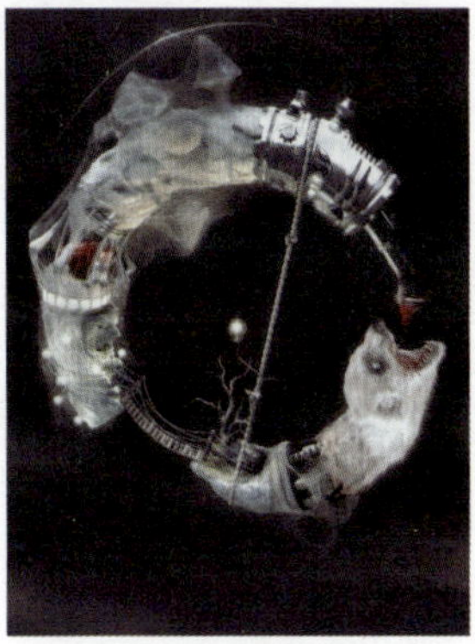

图1-54 三维作品

1.5.3 线条概括构图形式

构图的基本结构可以使用线条进行概括和指明方向感。

◆ 水平线：水平线构图具有平静开阔的感觉，如图1-55所示。

◆ 垂直线：垂直线构图具有高耸严肃的感觉，如图1-56所示。

图1-55 莫奈风景作品

图1-56 国外艺术家三维作品

◆ 对角线：对角线构图具有动感和活泼的感觉，如图1-57所示。

图1-57 苏里科夫《女贵族莫洛佐娃》

1.6 “静帧”基本制作流程

三维静帧创作流程可以高度概括为4个大的步骤：创意与草图，建模，材质、灯光与渲染，后期制作。

1.6.1 创意与草图

有了一个好的创意，作品可以说就成功了一半。很多艺术家都会不断涌现出新的想法，好的作品也就层出不穷，这其实是平时长期积累的结果，是总体修养的体现。当然，天赋也很重要。

在进行建模之前，可能需要画很多的草图，把自己的想法尽量详细地表现出来，在这个过程中也许会有新的不错的想法出现，根据这些想法画出大体符合自己要求的草图。

草图具体要画到怎样详细的程度，这要根据具体情况而定。个人的静帧创作一般来说比较自由，而电影与游戏等的角色或场景的设定就需要绘制得很详细，如图1-58所示。角色至少要有侧面图与正面图。

图1-58 《星战前传》场景创作草图

1.6.2 建模

有很多初学者觉得建模（特别是人体建模）很难，其实只要做到两点，以后不论遇到多么复杂的角色都会轻松地创建出来。

- 理解对象结构。
- 掌握布线规律。

掌握了这两点，软件方面的技术反而显得不是很重要了，哪怕只会一个多边形切割工具也能制出非常优秀的模型，如图1-59所示。

1.6.3 灯光、材质和渲染

应该说，这是最需要美术才能与修养的一个步骤，需要具有较好的审美能力，因为整个作品表面的视觉效果主要是通过这个步骤来实现的。

- 布光的技巧和思路：应该结合生活，多观察，多尝试，如图1-60所示。
- 要掌握拆分UV的技术。
- 要深入学习Maya的材质节点知识。
- 要有一定的色彩学修养。
- 要深入掌握Maya的（包括mental ray）渲染技巧。

图1-59 《星战前传》角色模型

图1-60 生活中的光影与材质效果

1.6.4 后期制作

有许多只学习三维技术（Maya等），不重视后期合成技术（Photoshop、Toxik、After Effects等）的初学者，在制作某些效果时往往会感到非常困难，耗时耗力，其实可以尝试将原来在三维软件里制作的内容放到后期软件中制作，充分利用Maya的分层、分通道渲染技术，极大地提高操作效率。

◆ 深入掌握Maya的分层、分通道渲染技术。

◆ 将景深、运动模糊等效果放到后期软件中实现。

◆ 部分动力学特效（比如烟、火、云雾等）也可以使用后期软件来实现。

这4个步骤只是最基础的制作步骤，创作时要根据案例的不同进行增减。比如，有些案例需要毛发、粒子等特效，这时就需要加入动力学特效制作的步骤。

第2章 雾中静物

本章主要讲解利用Maya进行静物主题的CG静帧创作，详细讲解Maya的建模、灯光、材质和渲染等流程，同时还将介绍mental ray渲染器的间接照明和体积雾的制作方法。本章应用最基础的工具和方法来进行创作。

素材和源文件：\素材和源文件\第2章 雾中静物

2.1 让CG作品坚实且历久弥新

本章的创作主题是窗前的一组静物，完成后的最终效果如图2-1所示。说起静物绘画，大概人们最先想到的人就是塞尚，他的最大成就是对色彩和结构的精确分析，其绘画中的形式感使他成为现代主义绘画的先驱和启蒙者，图2-2所示为塞尚的静物画作品。

图2-1 《雾中静物》案例效果图

图2-2 塞尚的静物画

当今的画家仍然会从自然的绘画中寻找球体、方体及圆柱体等几何体的概括和基础。塞尚曾说：“使印象主义能够像美术馆中的艺术品一样，坚实且历久弥新。”我们今天重新引用塞尚的名言，也让CG这种崭新的艺术形式坚实且历久弥新。

2.1.1 创意分析

本案例看似平淡却又蕴含深意，通过静物组合来寓意生命。阳光从门外照射进来，平淡而宁静；苹果刚从树上摘下，象征新的生命，试想，假如夏娃从来没有受到蛇的引诱，那么人类会怎样；初开的鲜花象征了生命的美好；药瓶被虚弱的老人碰倒，药片洒落桌面；门已经不翼而飞，此时一艘UFO正好飞过，时间在这一刻仿佛凝固。在这里，还是把更多的寓意留给读者去思考。

2.1.2 制作流程

整个制作流程大致分为：绘制草图、建模、贴图与材质、特效制作、分层渲染，以及Photoshop后期制作。详细的制作流程如下。

01 草图的设计与构思

在Photoshop中把头脑中的构思简单地勾画出来。此阶段需要考虑构图，并把作品的格调和氛围基本确定下来。

02 建模

此案例主要使用多边形建模方法来创建房间的墙壁与门框等，使用NURBS建模方法来创建花瓶、药瓶、苹果和飞碟等物体。本案例也使用了Maya的动力学系统来进行辅助建模，例如使用画笔特效来创建花束，使用nCloth布料系统来创建桌布。

03 编辑模型UV

主要使用Maya的UV创建与编辑功能来编辑墙壁与药瓶标签的UV。

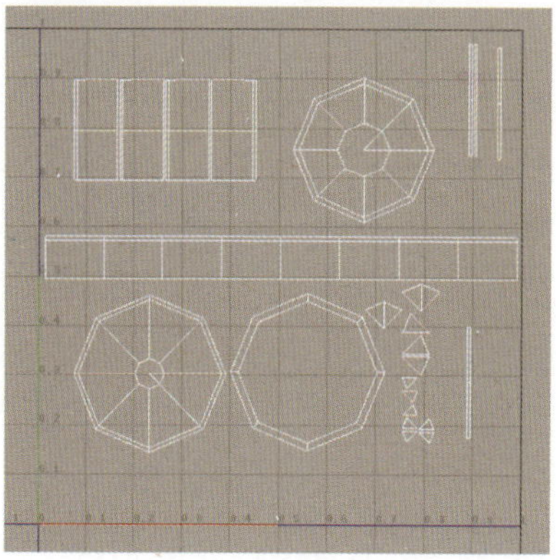

04 贴图与材质

利用Photoshop绘制或编辑贴图，并创建各模型的材质。

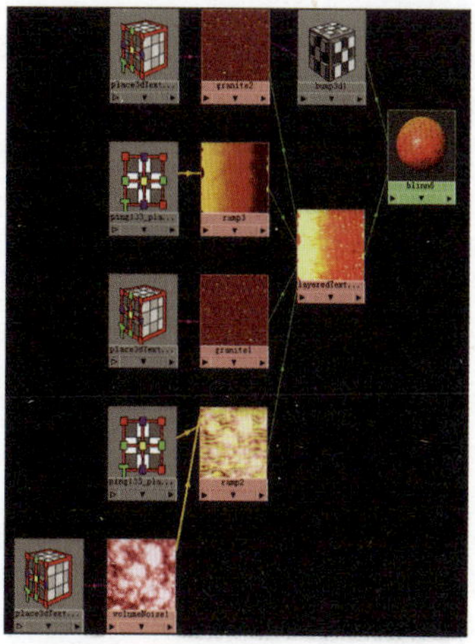

05 特效

利用mental ray节点制作体积雾。

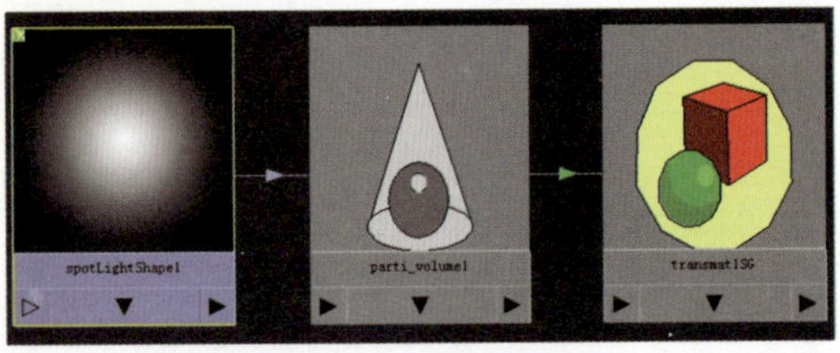

06 渲染

mental ray渲染器的间接照明及分层渲染。

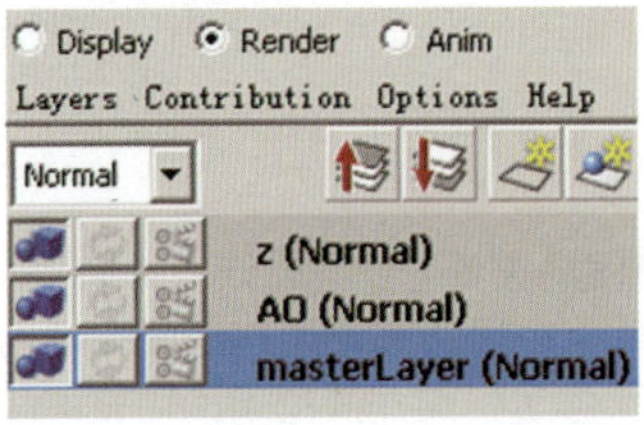

07 Photoshop合成与后期制作

利用Photoshop合成图像，并加强体积光效果。

2.1.3 注意事项

在整个制作过程中，会遇到很多问题，以下为总结出的可能的问题及相关的解决方法。

注意1 透明材质的制作

要制作好透明的物体（玻璃、水、钻石等），要注意以下几点：

- 具有一定的透明度。
- 漫反射通常较小。
- 有一定的反射。
- 根据不同材质设置其折射率。
- 具有焦散效果，但考虑渲染时间，可根据具体情况选择是否开启（本章未开启）。
- 具有一定的环境。

注意2 花束的创建

可以使用画笔特效来创建花束，但考虑画笔特效的花卉数量有限，一般情况下会选择自行建模创建。

注意3 物理天空

mental ray具有物理天空系统，可以考虑使用（本案例未使用）。

注意4 运动模糊

运动模糊效果尽量在后期处理中创建，效率较高。

注意5 布料

布料可以使用多边形或NURBS等传统的建模方法建立，但使用nCloth会快速模拟出更自然的物理悬垂效果。

2.2 制作静物场景模型

本案例综合应用多边形、NURBS与动力学等多种方式进行模型的建立，要注意不同的建模工具分布在不同的Maya模块中，比如要使用多边形建模工具就要切换到Polygons模块，要使用NURBS建模工具就要切换到Surfaces模块，要使用动力学工具就要切换到nDynamics模块或Dynamics模块。

2.2.1 墙壁模型

step❶ 启动Maya软件，创建一个Cube（方体），并使用Insert Loop Tool（循环切割工具）对此Cube进行切割，如图2-3所示。

step❷ 选择其中一个面，如图2-4所示。选择Extrude命令对此多边形进行挤压，并使用Move工具进行移动的变换操作，如图2-5所示。

图2-3 对Cube进行切割

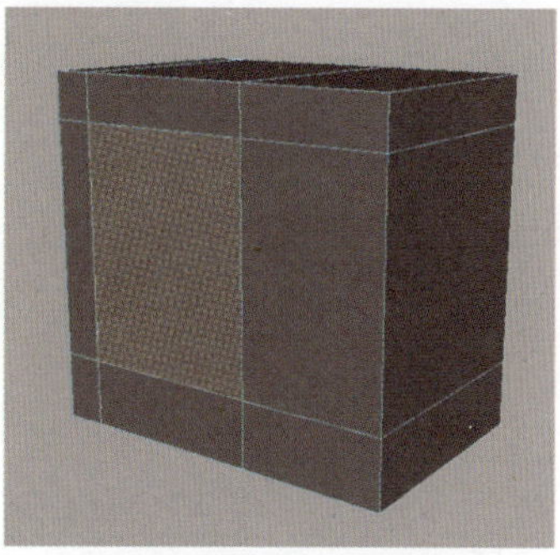

图2-4 选择一个面

图2-5 挤出多边形

step❸ 按【Delete】键删除挤出的多边形，选择如图2-6所示的4条边界，选择Extrude命令对其进行挤压，并使用Scale工具进行缩放的变换操作。

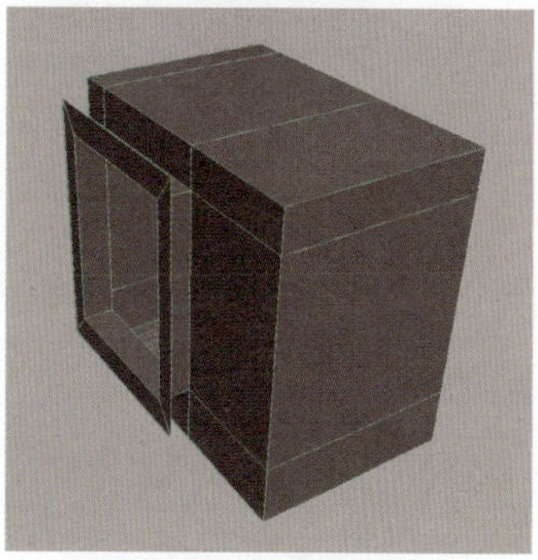

图2-6 挤压4条边界

2.2.2 门框模型

step 1 创建一个多边形Torus，如图2-7所示。修改其参数，如图2-8所示。

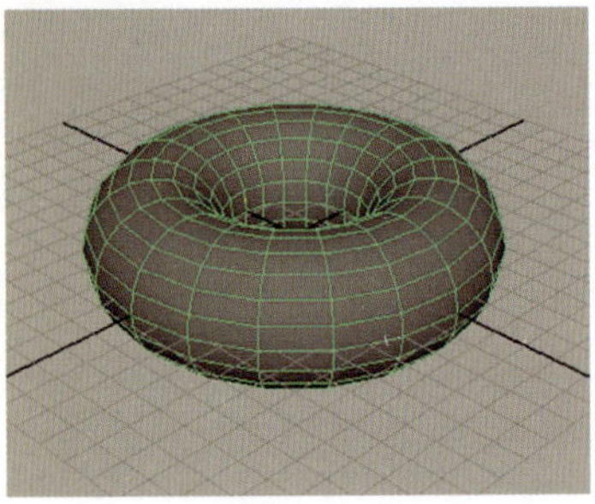

图2-7 创建一个多边形Torus

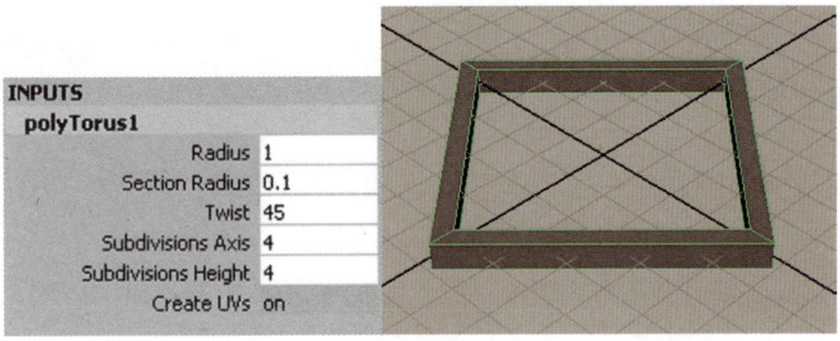

图2-8 修改参数

step 2 设置RotateY轴上的旋转角度为45，如图2-9所示。旋转后的效果如图2-10所示。

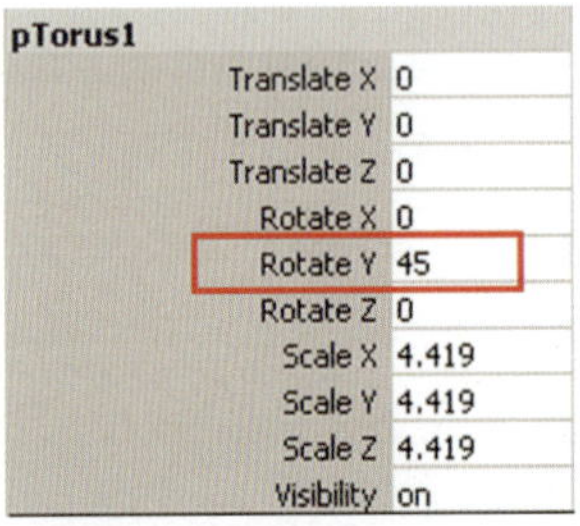

图2-9 设置RotateY轴上的旋转角度

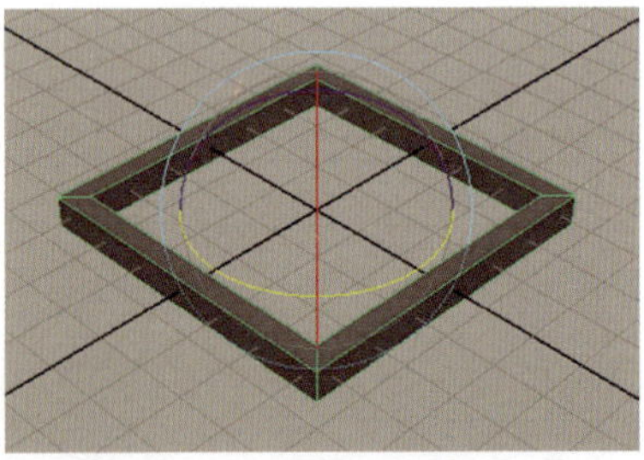

图2-10 旋转后的效果图

step 3 选择Modify | Freeze Trasformations命令，将变换参数归零。

step 4 设置Rotate Z轴上的旋转角度为-90，如图2-11所示。旋转后的效果如图2-12所示。

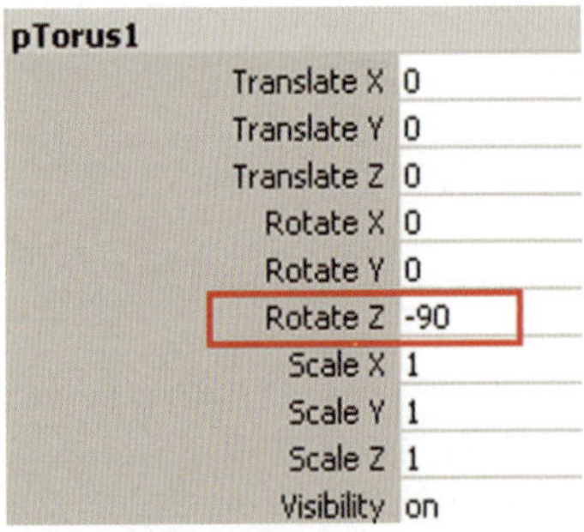

图2-11 设置Rotate Z轴上的旋转角度

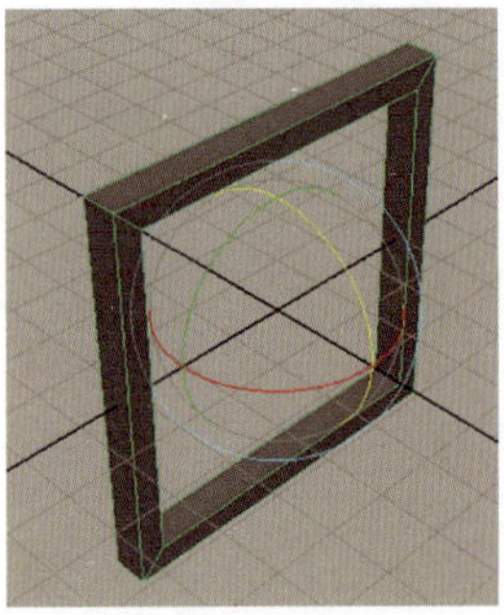

图2-12 旋转后的效果

2.2.3 花瓶模型

step 1 首先对CV Curve Tool的参数进行设置，如图2-13所示。

step 2 在前视图中绘制曲线，如图2-14所示。

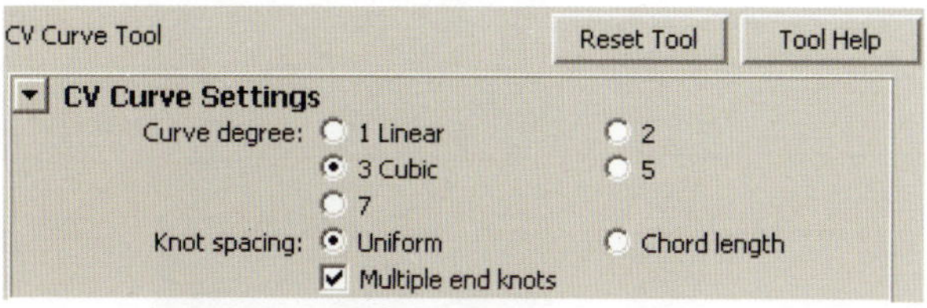

图2-13 设置CV Curve Tool的参数

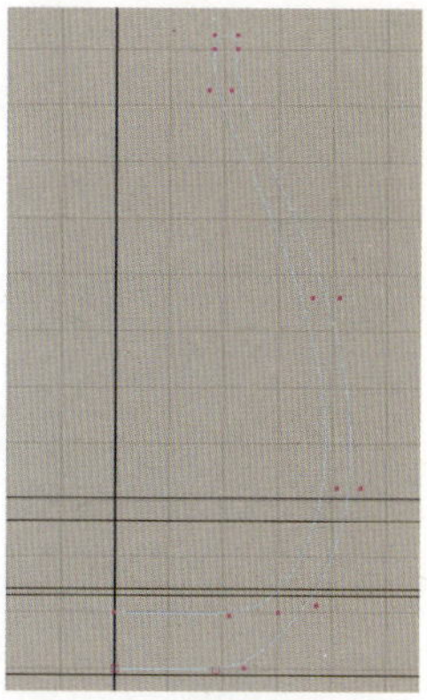

图2-14 在前视图中绘制曲线

step3 选择Surface | Revolve命令，对曲线进行旋转成型，如图2-15所示。可以通过变换曲线上的控制点来对花瓶的形状进行修改。

step4 使用同样的方法制作出花瓶中水的模型，如图2-16所示。

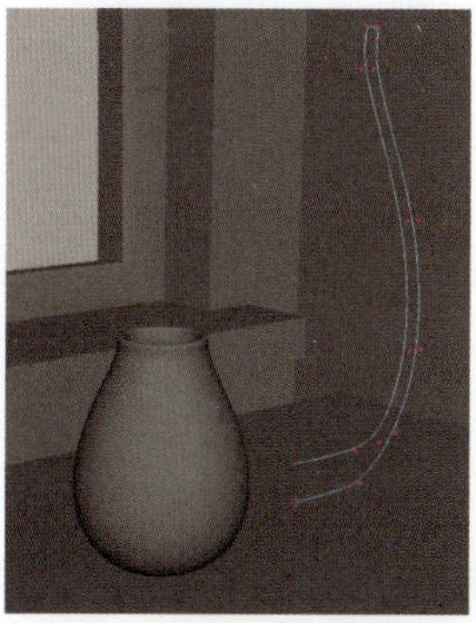

图2-15 对曲线进行旋转成型

图2-16 花瓶中水的模型

2.2.4 花束模型

step1 选择Window | General Editors | Visor命令，进入Visor窗口，在flowersMesh文件夹中选择一种花卉，如图2-17所示。

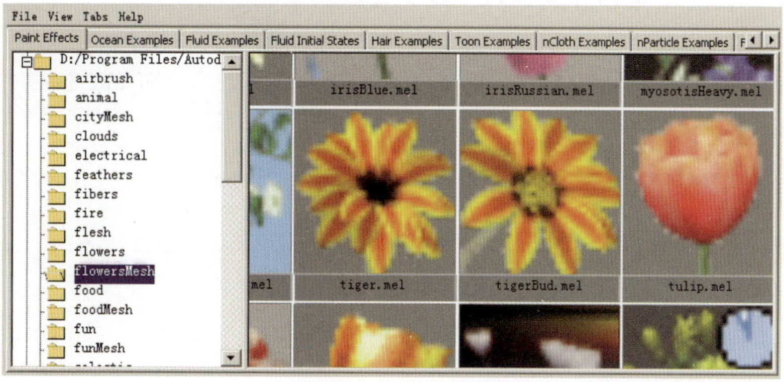

图2-17 Visor窗口

step❷ 在场景中绘制出选择的花卉，如图2-18所示。

step❸ 为了更方便对其进行控制，可以选择Modify | Convert | Paint Effects to Polygons命令，将Paint Effect转换为Mesh物体，然后使其成组，并进行变换操作，如图2-19所示。

图2-18 绘制出选择的花卉

图2-19 完成的花瓶

2.2.5 桌布模型

step❶ 在场景中创建两个多边形物体，分别是Cube和Plane，将Plane放置于Cube的上方位置，如图2-20所示。

step❷ nDynamics（网格物体）的操作命令主要在nMesh菜单下，选择Plane物体，选择nMesh | Create nCloth命令，将Plane物体转换为nCloth布料。

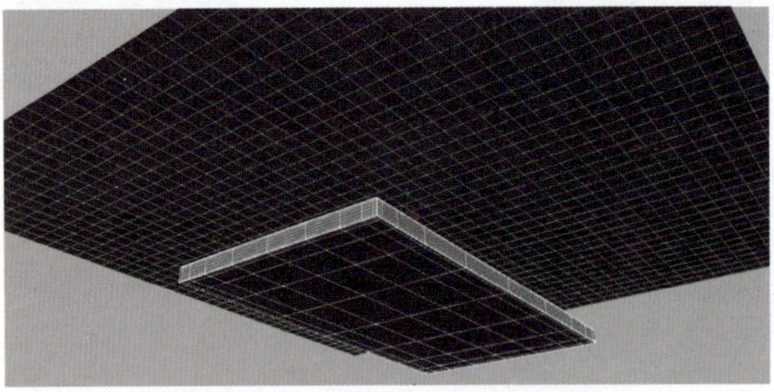

图2-20 创建Cube和Plane物体

step❸ 选择Cube物体，选择nMesh | Create Passiv Collidere命令，将Cube物体转换为nCloth布料的碰撞物体。

step❹ 单击播放按钮进行模拟计算，nCloth布料物体下落并与碰撞物体发生碰撞，形成桌布形态，如图2-21所示。

step❺ 选择桌布，选择Mesh | Smooth命令，对桌布进行平滑细分，完成桌布的制作，如图2-22所示。

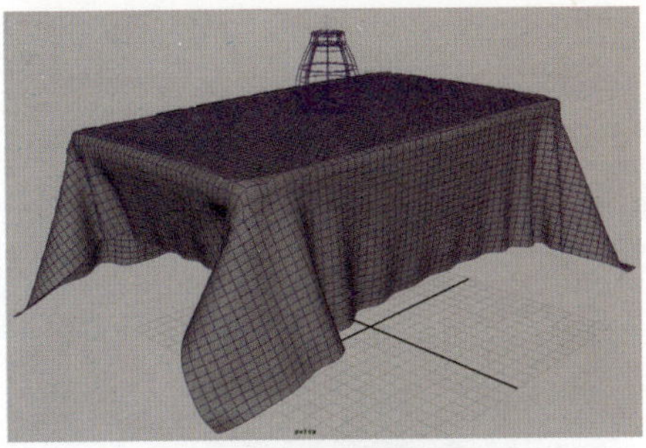

图2-21 形成桌布形态

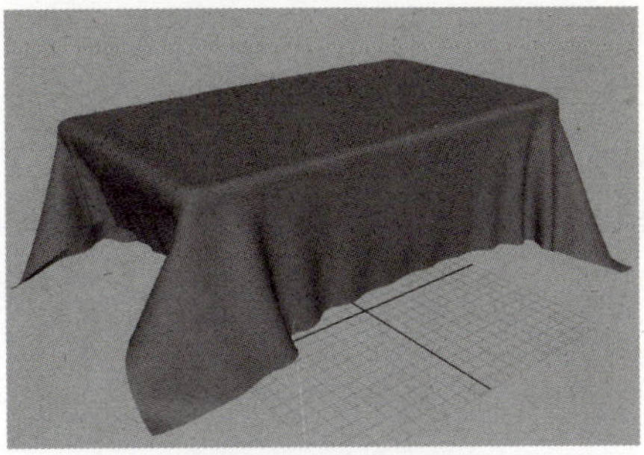

图2-22 对桌布进行平滑细分

2.2.6 苹果模型

step❶ 创建一个NURBS球体，在其上右击，在弹出的快捷菜单中选择ISOParm命令，在球体ISO线上拖动出新的虚线，如图2-23所示。

step❷ 选择Edit NURBS | Insert ISOParm命令，即可插入新的ISO线。

step❸ 在NURBS球体上右击，在弹出的快捷菜单中选择Control Vertex命令，选择部分控制点，对其进行位移操作，如图2-24所示。

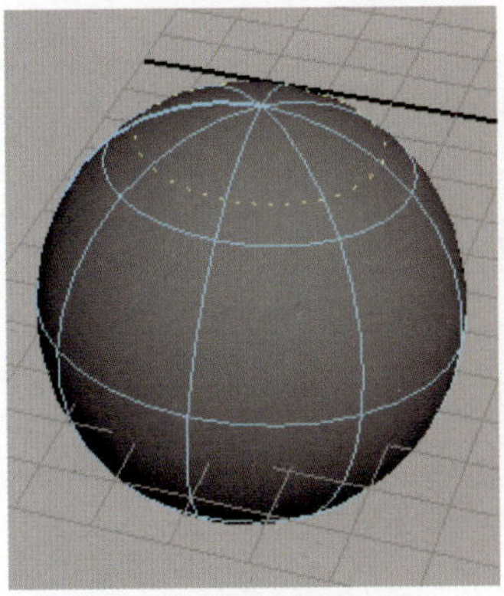

图2-23 插入ISOParm

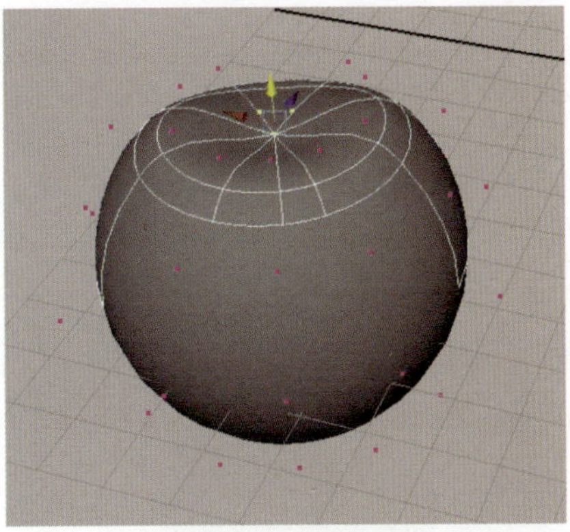

图2-24 变换控制点

step❹ 继续变换Control Vertex，将其修改为苹果的形状，如图2-25所示。

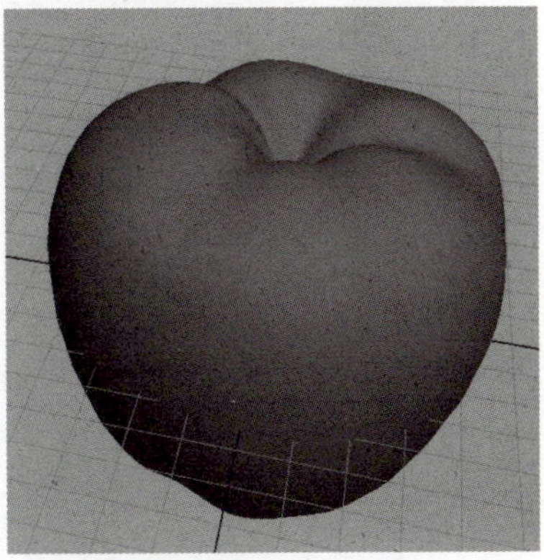

图2-25 将球体变换为苹果

2.2.7 药瓶模型

step❶ 使用CV Curve Tool在前视图中绘制曲线，如图2-26所示。

step❷ 选择Surface | Revolve命令，对曲线进行旋转成型，如图2-27所示。还可以通过变换曲线上的控制点来对药瓶的形状进行修改。

图2-26 在前视图中绘制曲线

图2-27 对曲线进行旋转成型

step❸ 使用CV Curve Tool在前视图中绘制瓶盖曲线，如图2-28所示。

step❹ 选择Surface | Revolve命令，对曲线进行旋转成型，完成瓶盖模型，如图2-29所示。

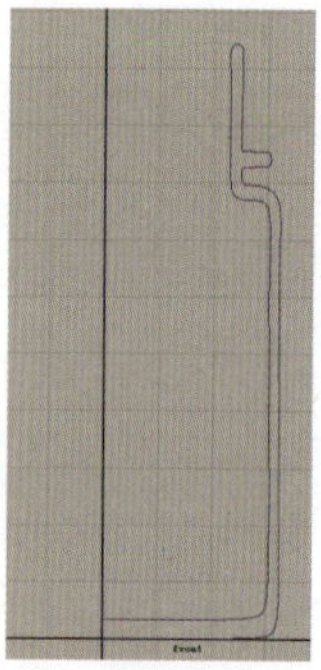

图2-28 绘制瓶盖曲线

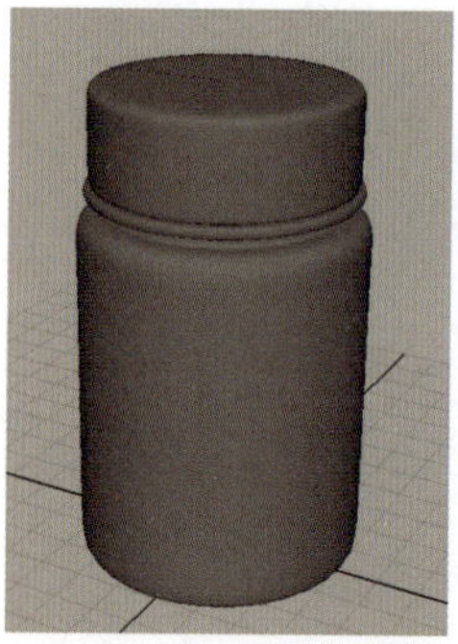

图2-29 完成瓶盖模型

step❺ 创建一个多边形Helix，对其参数进行修改，作为瓶口部分的螺丝，如图2-30所示。

step❻ 复制出一个新的瓶体，在其上右击，在弹出的快捷菜单中选择ISOParm命令，在瓶体上选择如图2-31所示的两条ISOParm线。

图2-30 制作瓶口部分的螺丝

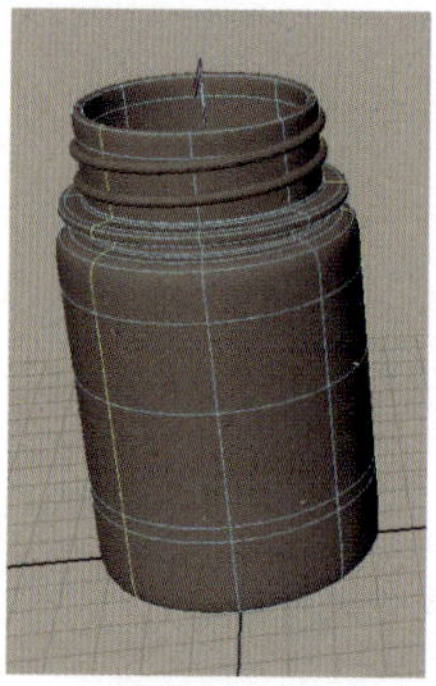

图2-31 选择两条ISOParm线

step7 选择Edit NURBS | Detach Surfaces命令，将模型分离为两部分，如图2-32所示。

step8 选择不需要的部分，按【Delete】键将其删除。

step9 在剩下的部分上右击，在弹出的快捷菜单中选择ISOParm命令，在瓶体上继续选择如图2-33所示的两条ISOParm线。

step10 选择Edit NURBS | Detach Surfaces命令，将模型分离为两部分，如图2-34所示。

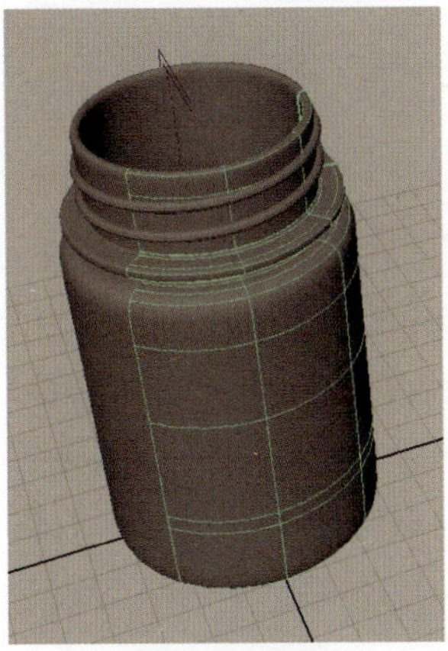

图2-32 分离模型

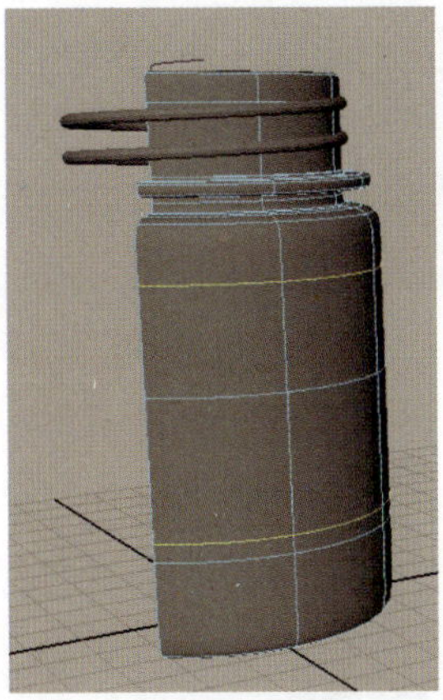

图2-33 选择两条ISOParm线

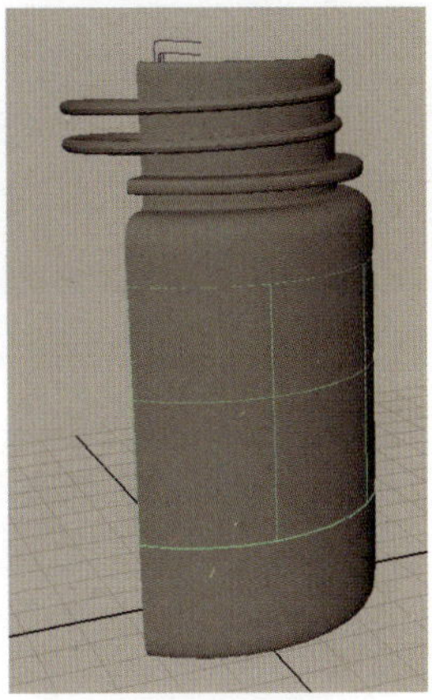

图2-34 分离模型

step11 选择不需要的部分，按【Delete】键将其删除，剩下的部分即药瓶标签。

step12 单击Modify | Convert | NURBS to Polygons命令后面的小方体，将NURBS转换为Polygon物体，转换参数如图2-35所示。转换后的效果如图2-36所示。

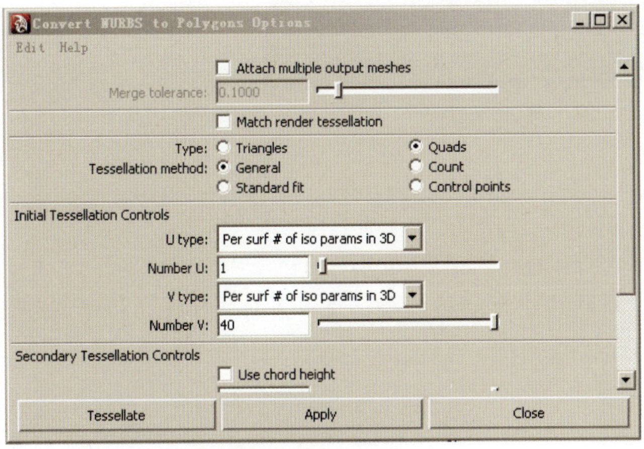

图2-35 将NURBS转换为Polygon物体

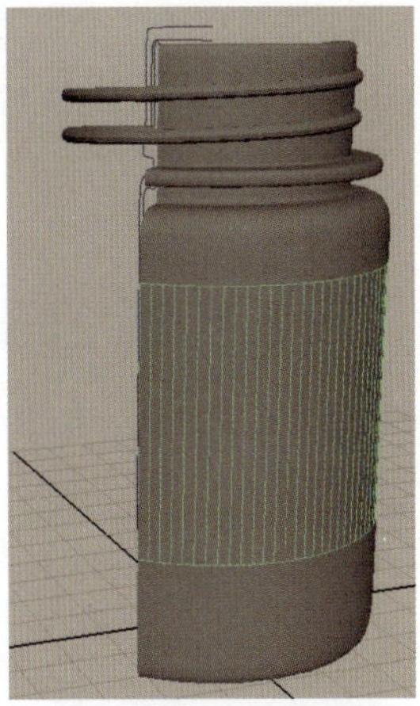

图2-36 转换后的效果

2.2.8 药片模型

step1 创建一个多边形圆柱体，选择如图2-37所示的边。

step2 选择Edit Mesh | Bevel命令，对圆柱体进行倒角操作，倒角参数如图2-38所示。

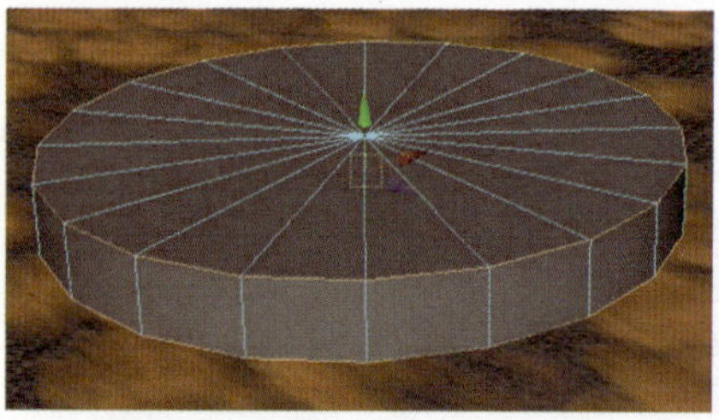

图2-37 创建多边形圆柱体

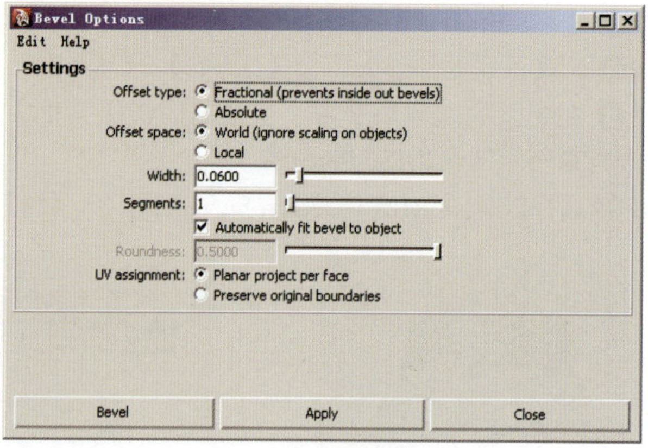

图2-38 倒角参数

step3 给圆柱插入循环边，并适当进行变换完成药片的制作，最后需要对药片进行复制，放置到合适的位置，如图2-39所示。

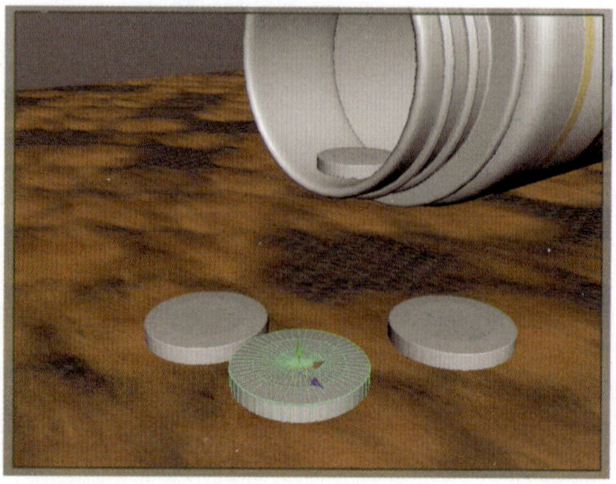

图2-39 复制药片

2.2.9 飞碟模型

step1 使用CV Curve Tool在前视图中绘制曲线，如图2-40所示。

step2 选择Surface | Revolve命令，对曲线进行旋转成型，如图2-41所示。可以通过变换曲线上的控制点来对飞碟的形状进行修改。

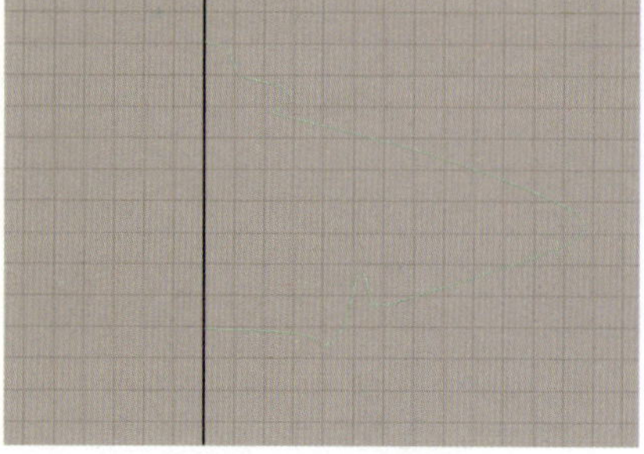

图2-40 绘制曲线

图2-41 旋转成型

step❸ 最后需要对墙壁与门框的拐角处进行倒角操作，因为生活中的物品没有绝对的锐利角度，有一定的倒角才显得真实，如图2-42所示。

step❹ 创建一部摄像机，安排好构图，完成所有模型的创建，如图2-43所示。

图2-42 对墙壁倒角

图2-43 完成模型的创建

2.3 编辑静物场景模型UV

本节中使用Maya的UV创建与编辑工具编辑模型UV。Maya拥有强大的UV创建与编辑工具，但其Unfold（即时展开工具）一直设计得不够理想，手工编辑UV需要较多的耐心。

总之，学习使用Maya的UV工具来创建与编辑模型的UV，是静帧与动画创作的重要环节，是为多边形模型进行贴图的必经之路。

2.3.1 墙壁模型UV

step❶ 只需要编辑视图中可见部分墙壁面的UV即可，选择如图2-44所示的面。

step❷ 单击Create UVs | Planar Mapping命令后面的小方体，参数设置如图2-45所示。

图2-44 选择部分面

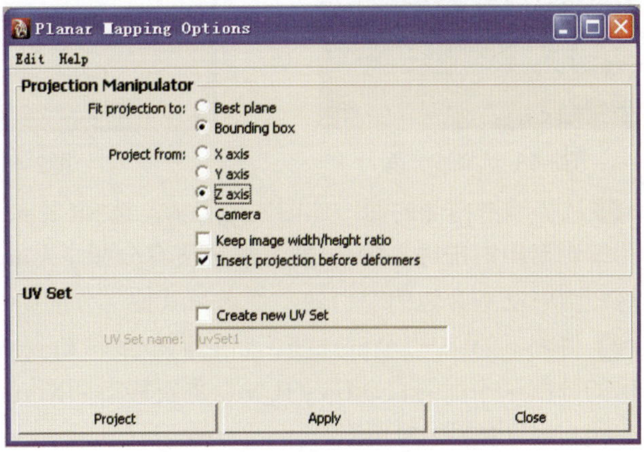

图2-45 Planar Mapping参数设置

step❸ Maya的UV Mapping程序从Z轴方向为所选的面设置了平面UV坐标，如图2-46所示。

step❹ 进入Maya的UV贴图编辑器，右击进入UV级别，框选所有分配了Planar Mapping的UV点，使用位移工具将这些点移动到旁边的空白处，使之与其他部分的UV点无重叠地分开，如图2-47所示。

图2-46 为所选的面设置平面UV坐标

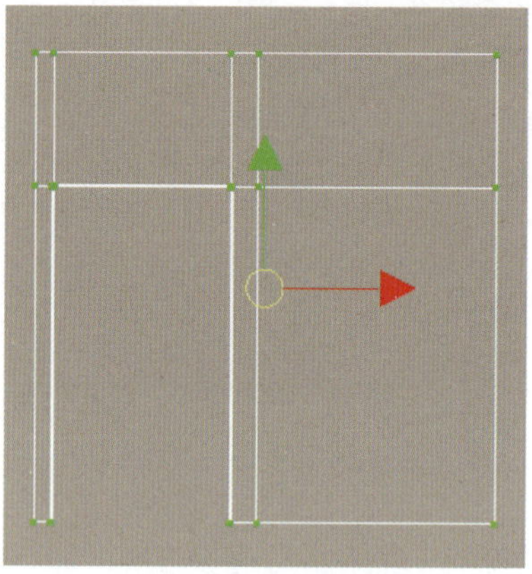

图2-47 移开UV点

step❺ 继续选择另外一面墙壁的面，如图2-48所示，单击Create UVs | Planar Mapping命令后面的小方体，参数设置如图2-49所示。同样在UV贴图编辑器，右击进入UV级别，框选所有分配了Planar Mapping的UV点，使用位移工具将这些点移动到旁边的空白处，使之与其他部分的UV点无重叠地分开。

图2-48 选择部分面

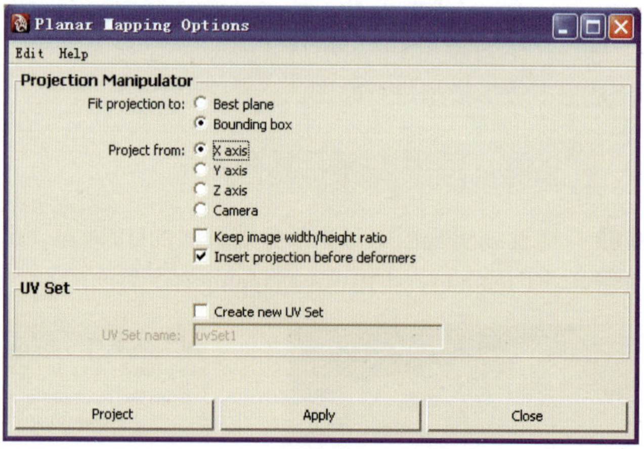

图2-49 Planar Mapping参数设置

step❻ 选择墙壁内侧的面，如图2-50所示，选择Create UVs | Automatic Mapping命令，在UV贴图编辑器中右击进入UV级别，框选所有分配了Automatic Mapping的UV点，使用位移工具将这些点移动到旁边的空白处，使之与其他部分的UV点无重叠地分开。

step❼ 将剩下的UV点全部选择，将它们全部移动到Normal（0 to 1）范围之外，将前面3次移出的分配了平面与自动UV的UV点重新移动回Normal（0 to 1）范围之内，并安排好它们的空间布局，如图2-51所示。

图2-50 选择部分面

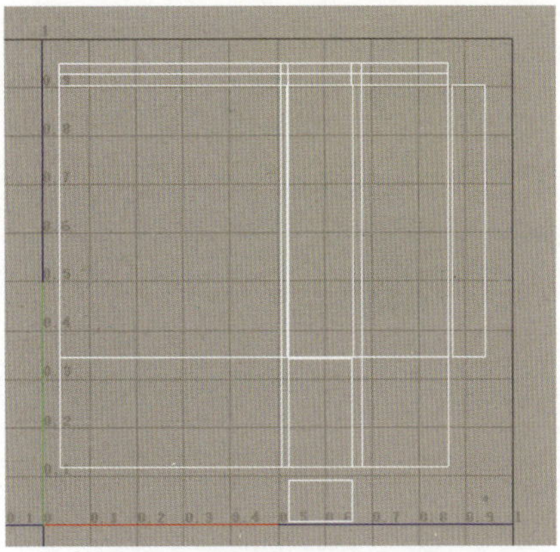

图2-51 编辑完成的墙面UV

step8 给墙壁指定一个Blinn材质，在其Color通道指定一个棋盘格程序贴图，并设置其重复次数，如图2-52所示。

step9 如果棋盘格没有呈正方形，表示模型UV需要进一步编辑，直到其呈正方形为止，如图2-53所示。

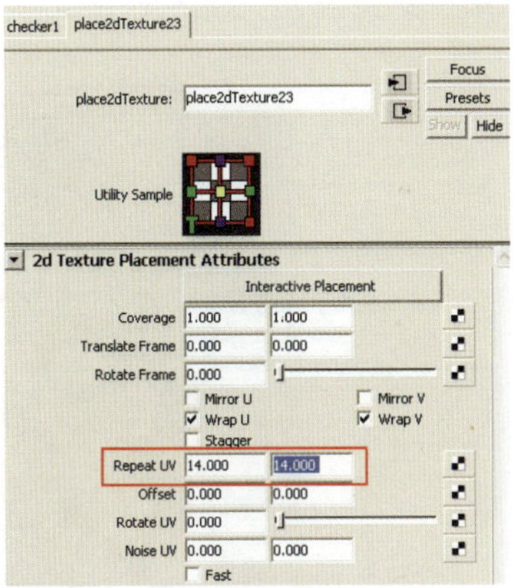

图2-52 设置棋盘格重复次数

图2-53 使棋盘格呈正方形

2.3.2 药瓶标签模型UV

step1 选择药瓶标签模型，选择Create UVs | Cylindrical Mapping命令，程序为模型设置了柱形UV坐标，如图2-54所示。

step2 为药瓶标签指定一个Blinn材质，在其Color通道指定一个棋盘格程序贴图，如图2-55所示，设置其重复次数，如图2-56所示。

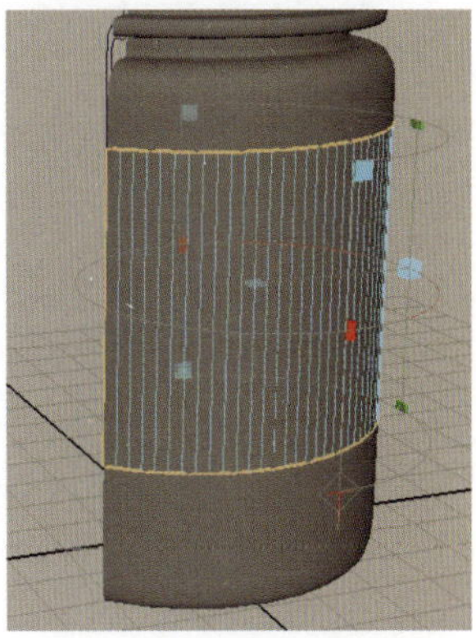

图2-54 设置柱形UV坐标

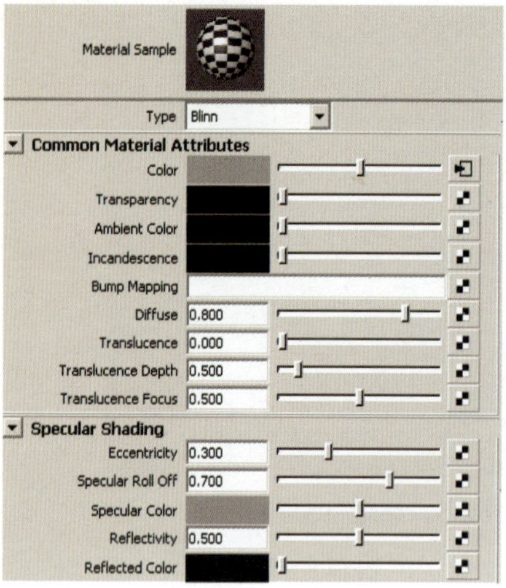

图2-55 为药瓶标签指定Blinn材质

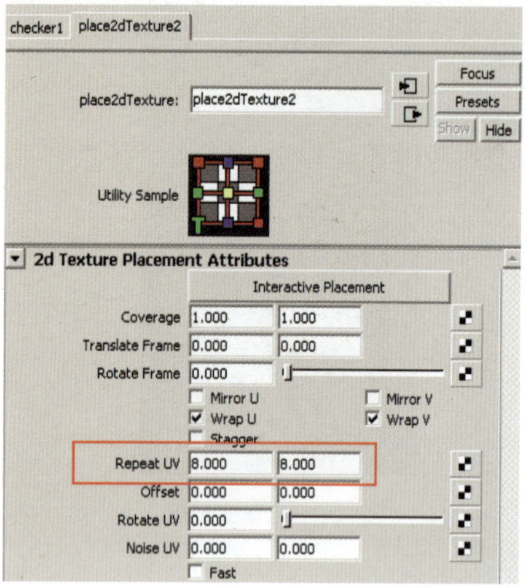

图2-56 设置棋盘格重复次数

step❸ 如果棋盘格没有呈正方形，表示模型UV需要进一步编辑，进入UV贴图编辑器，使用变换工具对UV点进行变换操作，直到其呈正方形为止，如图2-57所示。如果棋盘格在视图中的显示模糊不清，则需要将视图的高质量渲染打开，渲染效果如图2-58所示。

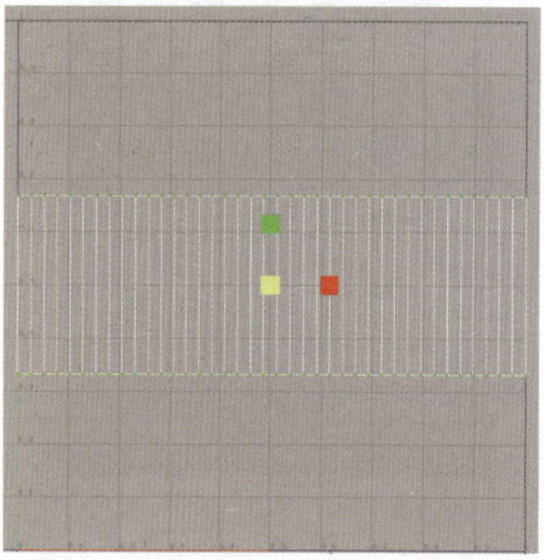

图2-57 在UV贴图编辑器编辑标签UV

图2-58 高质量渲染效果

2.3.3 药瓶盖模型UV

step❶ 选择药瓶瓶盖模型，选择Create UVs | Automatic Mapping命令。

step❷ 选择药瓶瓶盖模型所有外侧面的面，如图2-59所示，选择Create UVs | Cylindrical Mapping命令，程序为模型设置了柱形UV坐标。

step❸ 选择药瓶模型顶部的面，如图2-60所示，单击Create UVs | Planar Mapping命令后面的小方体，参数设置如图2-61所示。

图2-59 选择瓶盖模型外侧面的面

图2-60 选择药瓶模型顶部的面

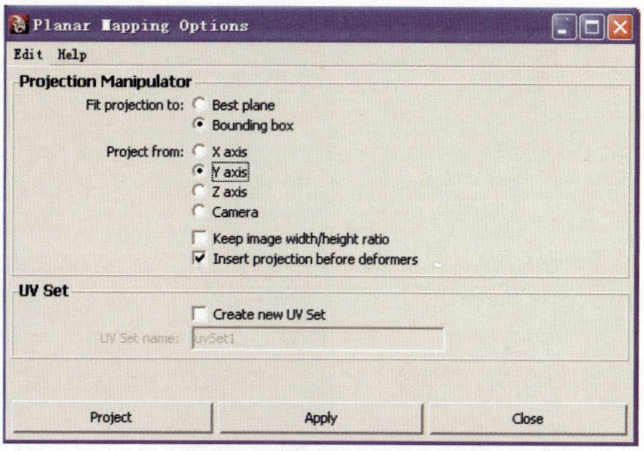

图2-61 Planar Mapping参数设置

step4 程序在Y轴方向为所选的面设置了平面UV坐标，如图2-62所示。

step5 给药瓶瓶盖模型指定一个Blinn材质，在其Color通道指定一个棋盘格程序贴图，并设置其重复次数为多次。

step6 如果棋盘格没有呈正方形，表示模型UV需要进一步编辑，进入UV贴图编辑器，使用变换工具对UV点进行变换操作，直到其呈正方形为止，如图2-63所示。

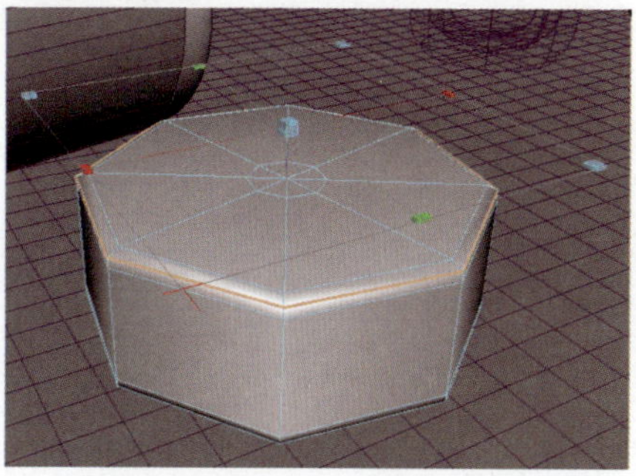

图2-62 设置平面UV坐标

step7 在UV贴图编辑器中，选择Polygons | UV Snapshot命令，弹出UV Snapshot对话框，进行参数设置，如图2-64所示。单击OK按钮，将其以图像格式输出到硬盘，以备在Photoshop中作为绘制贴图的参考。

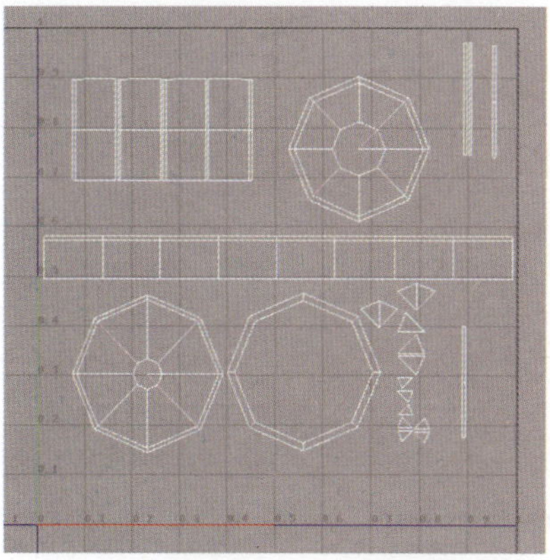

图2-63 瓶盖模型UV编辑结果

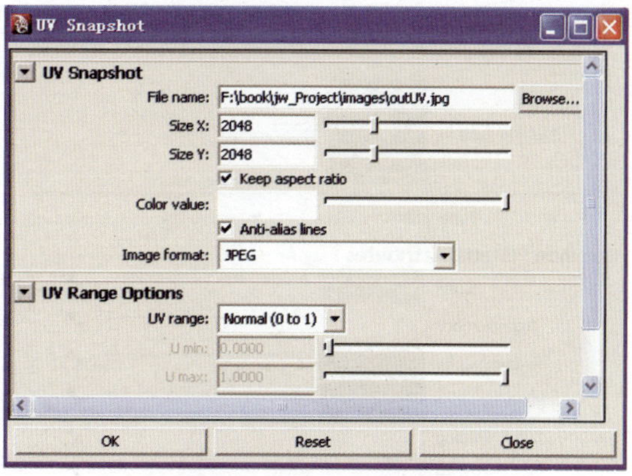

图2-64 输出UV为图像

2.3.4 门框模型UV

选择门框模型，选择Create UVs | Automatic Mapping命令，为模型设置UV自动映射，如图2-65所示。

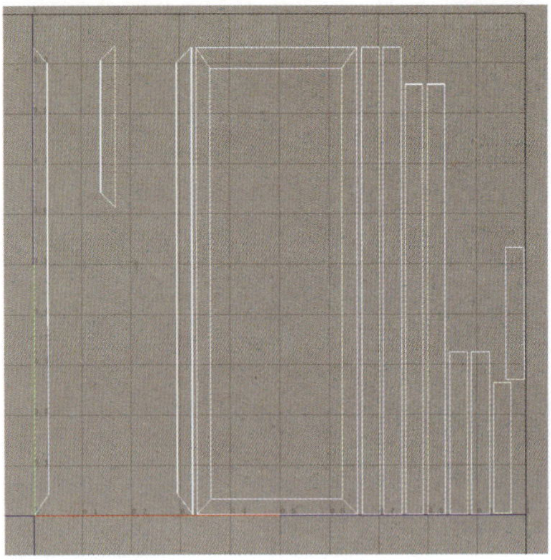

图2-65 自动映射的门框UV

2.4 设置静物场景材质与贴图

本节学习一些常见的材质制作方法，包括玻璃、布料、木头和墙壁等。要将各种材质制作得形象逼真，需要认真观察生活中物体，并在Maya中反复调节测试，逐步积累经验。本案例的材质制作难点是使用程序纹理制作苹果材质。

2.4.1 玻璃花瓶材质

step❶ 为花瓶模型指定一个Blinn材质，其“常规参数”卷展栏的主要参数如图2-66所示。

step❷ Blinn材质的“镜面反射”卷展栏的主要参数如图2-67所示。

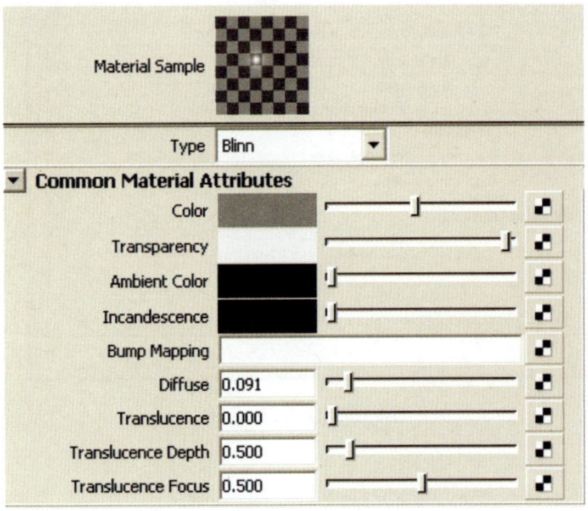

图2-66 “常规参数”卷展栏的参数设置

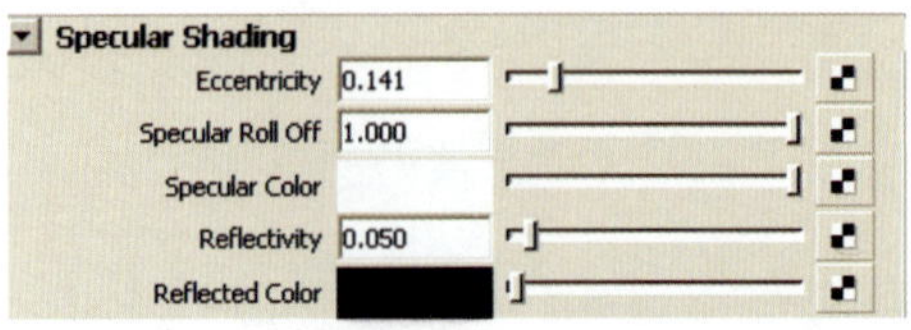

图2-67 “镜面反射”卷展栏的参数设置

step❸ 渲染玻璃花瓶，如图2-68所示。

图2-68 渲染玻璃花瓶

2.4.2 墙壁材质与贴图

step❶ 为墙壁模型指定一个Lambert材质，其“常规参数”卷展栏的主要参数如图2-69所示。

step❷ Lambert材质的Color通道使用纹理贴图来进行控制，如图2-70所示。此贴图是使用素材库中的3张贴图在Photoshop中加工而成的，素材库中的3张贴图如图2-71所示。加工方法是将“纹理贴图素材01”层放在“纹理贴图素材02”层的上方，将“纹理贴图素材03”作为“纹理贴图素材01”层的蒙版。

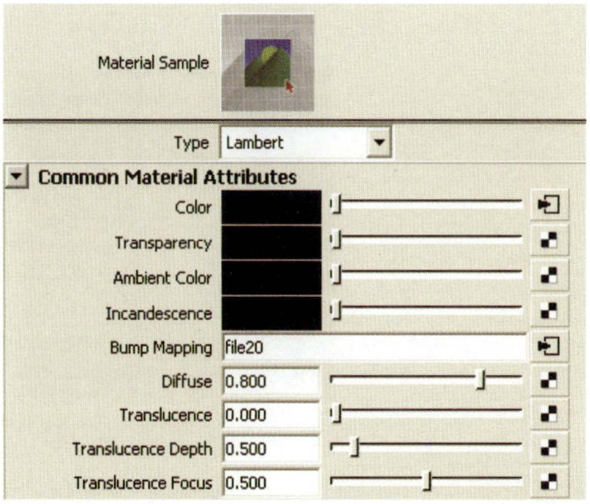

图2-69 “常规参数”卷展栏的参数设置

图2-70 Color通道的纹理贴图

图2-71 纹理贴图素材

step3 Lambert材质的Bump通道使用纹理贴图来进行控制，如图2-72所示。此贴图是使用Color通道的纹理贴图进行去色加工处理而成。渲染墙壁，如图2-73所示。

图2-72 Bump通道使用的纹理贴图

图2-73 渲染墙壁

2.4.3 桌布材质与贴图

step1 为桌布模型指定一个Lambert材质，其“常规参数”卷展栏的主要参数如图2-74所示。

step2 Lambert材质的Color通道使用纹理贴图来进行控制，如图2-75所示。

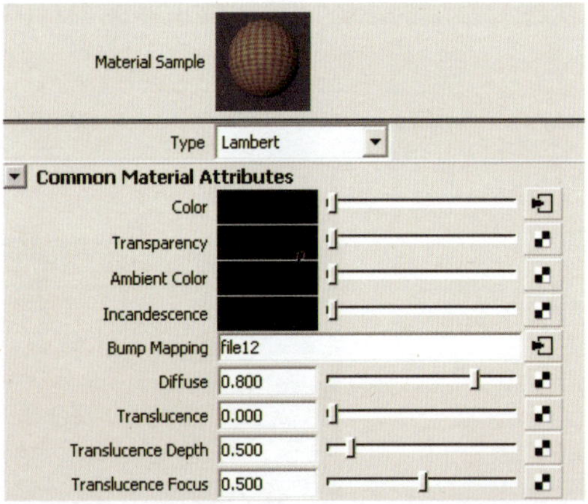

图2-74 “常规参数”卷展栏的主要参数

图2-75 Color通道的纹理贴图

step3 Lambert材质的Bump通道使用纹理贴图来进行控制，如图2-76所示。渲染桌布，如图2-77所示。

图2-76 Bump通道的纹理贴图

图2-77 渲染桌布

2.4.4 药瓶材质与贴图

step❶ 为药瓶模型指定一个Blinn材质，其“常规参数”卷展栏的主要参数与“镜面反射”卷展栏的主要参数如图2-78所示。

step❷ 为药瓶盖模型指定一个Blinn材质，其“常规参数”卷展栏的主要参数与“镜面反射”卷展栏的主要参数与药瓶模型相同，不同之处是其Bump通道使用纹理贴图来控制，如图2-79所示。

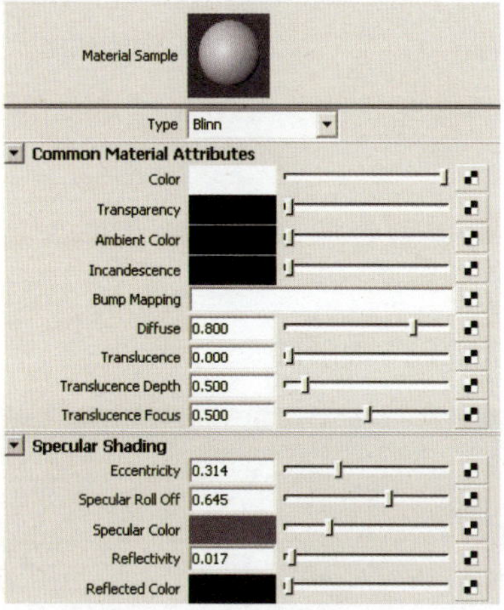

图2-78 药瓶主要参数

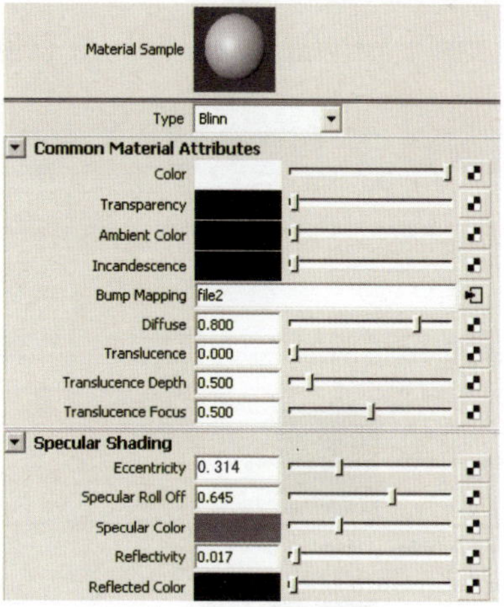

图2-79 药瓶盖主要参数

step❸ 药瓶盖Bump通道纹理贴图是将前面从Maya中输出的瓶盖UV位图导入Photoshop中作为参考绘制而成的，如图2-80所示。

step❹ 为药瓶标签模型指定一个Blinn材质，其“常规参数”卷展栏的主要参数与“镜面反射”卷展栏的主要参数与药瓶模型相同，不同之处是其Color通道使用纹理贴图来控制，如图2-81所示。

图2-80 药瓶盖Bump通道纹理贴图

图2-81 药瓶标签Color通道纹理贴图

step❺ 药瓶标签Color通道纹理贴图是将前面从Maya中输出的药瓶标签UV位图导入Photoshop中作为参考绘制而成的，药瓶标签UV位图如图2-82所示。制作方法是将药瓶标签UV位图置于最上层，层混合模式为“差值”，然后在其下层进行绘制即可，如图2-83所示。

step❻ 渲染药瓶，如图2-84所示。

图2-82 药瓶标签UV位图

图2-83 参考药瓶标签UV位图

图2-84 渲染药瓶

2.4.5 门框材质与贴图

step❶ 为门框模型指定一个Lambert材质，其“常规参数”卷展栏的主要参数如图2-85所示。

step❷ Lambert材质的Color通道使用纹理贴图来进行控制，如图2-86所示。

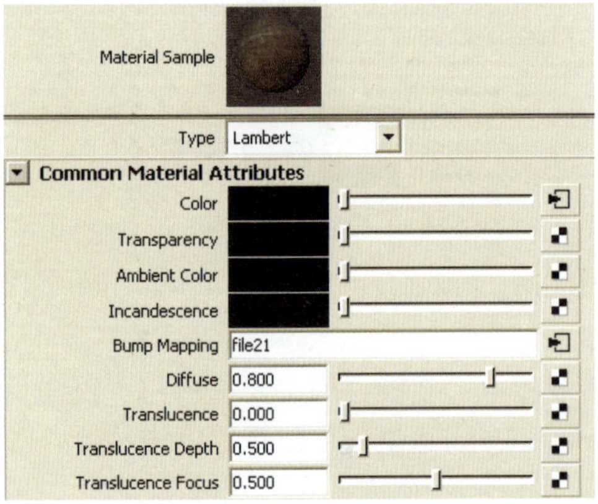

图2-85 药瓶盖主要参数

图2-86 Color通道的纹理贴图

step❸ Lambert材质的Bump通道使用纹理贴图来进行控制，如图2-87所示。渲染门框，如图2-88所示。

图2-87 Bump通道的纹理贴图

图2-88 渲染门框

2.4.6 苹果材质与贴图

step1 为苹果模型指定一个Blinn材质，其“常规参数”卷展栏的主要参数与“镜面反射”卷展栏的主要参数如图2-89所示。其材质节点链接如图2-90所示。

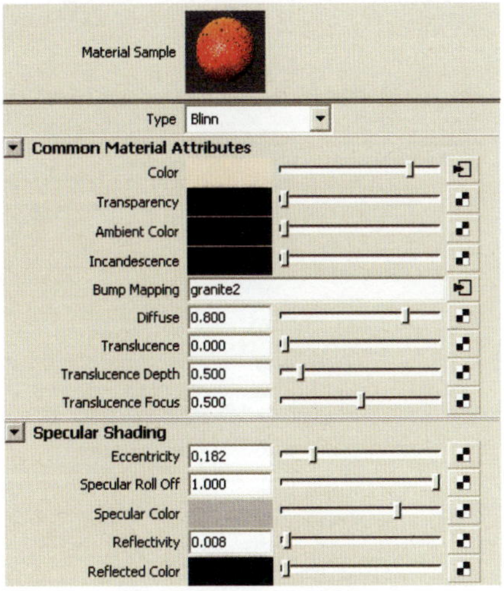

图2-89 Blinn材质参数

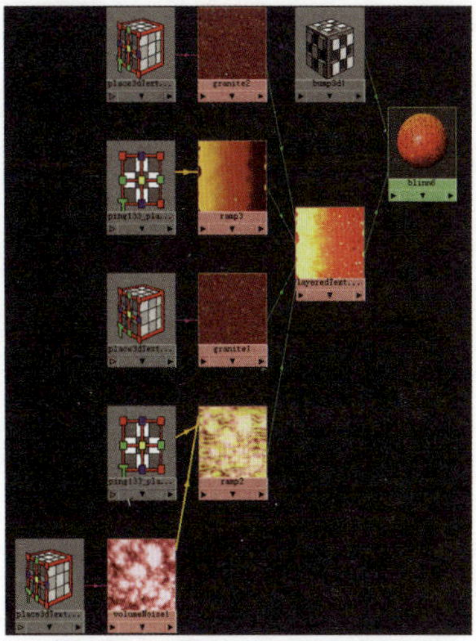

图2-90 苹果材质节点的链接

step2 Blinn材质的Color通道使用一个层贴图节点来控制。此层节点共包含4个程序纹理，从左至右分别是：ramp2、granite1、ramp3、granite2，要注意设置每层的Blend Mode（混合模式）与Alpha值，以达到最佳的混合效果。它们的Blend Mode（混合模式）与Alpha值如图2-91所示。

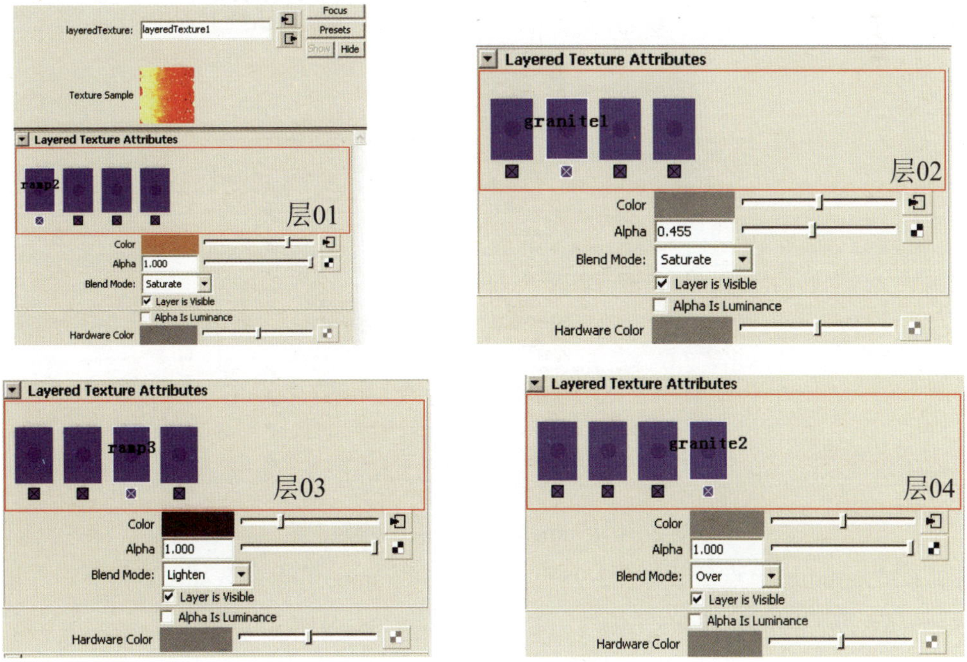

图2-91 混合模式与Alpha值

step❸ 层01的ramp2节点的Color为数个黄色与紫红色的交替重复，如图2-92所示。其中紫红色又使用一个volumeNoise1节点来控制，如图2-93所示。volumeNoise1节点UV重复次数如图2-94所示。

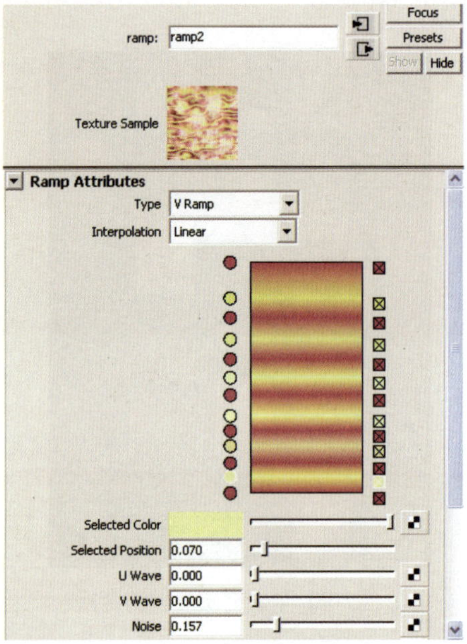

图2-92 ramp2节点

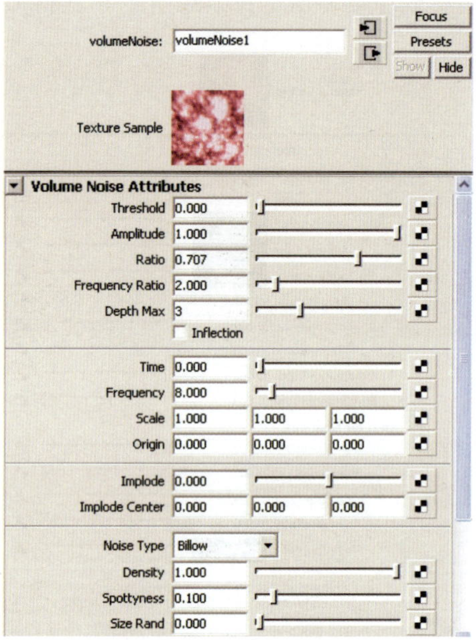

图2-93 volumeNoise1节点

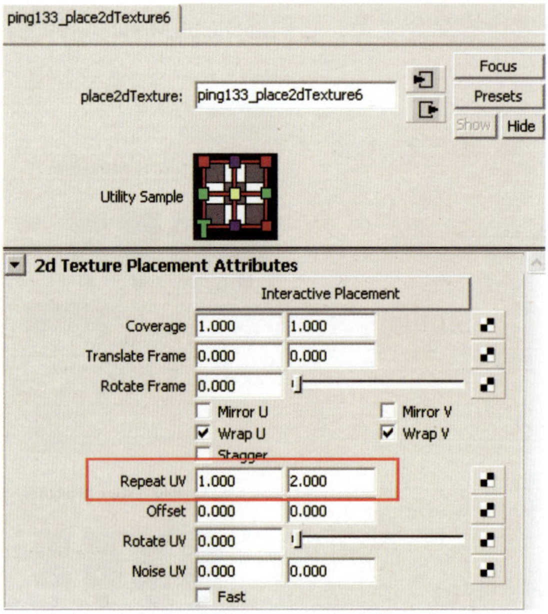

图2-94 volumeNoise1节点UV重复次数

step❹ 层02的granite1节点参数如图2-95所示。层03的ramp3节点参数如图2-96所示。层04的granite2节点参数如图2-97所示。

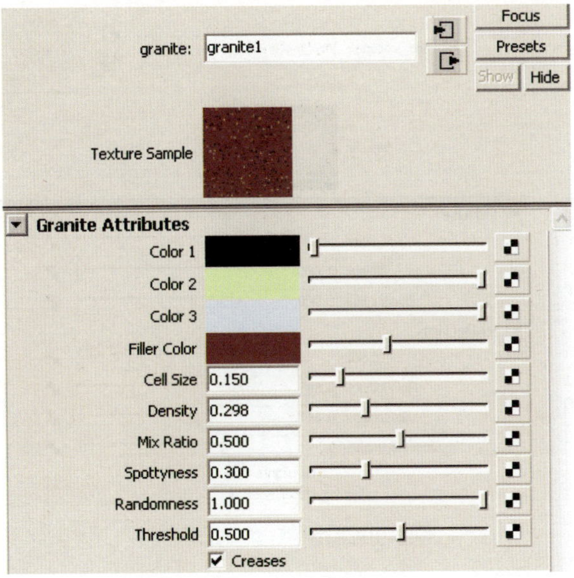

图2-95 层02的granite1节点

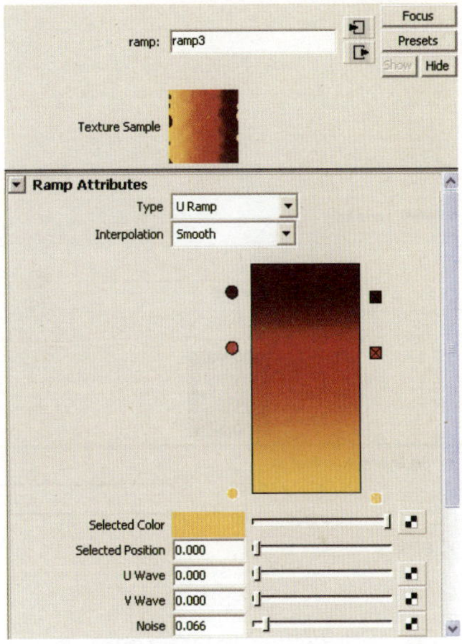

图2-96 层03的ramp3节点

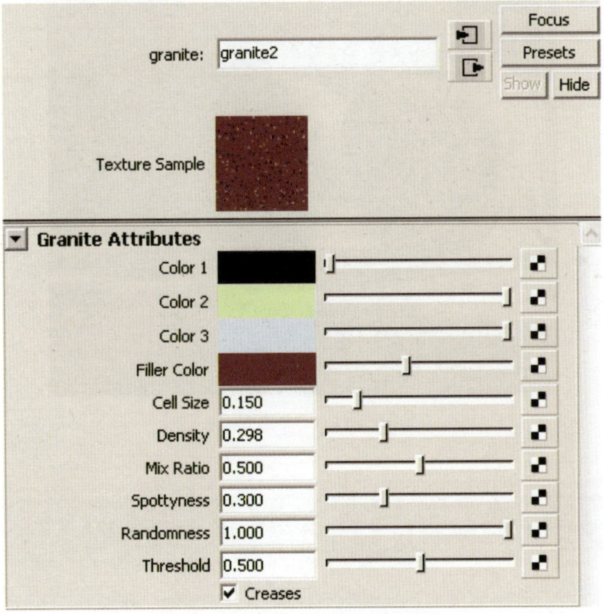

图2-97 层04的granite2节点

step❺ Bump通道使用纹理贴图来控制，与Color通道的层节点共用最右边的那个granite节点，Bump参数如图2-98所示。

step❻ 为苹果模型指定一个mental ray的mia_material材质，其主要参数设置如图2-99所示。

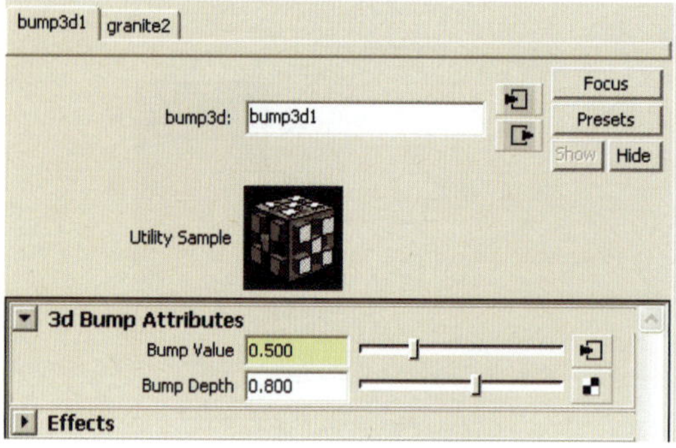

图2-98 Bump参数

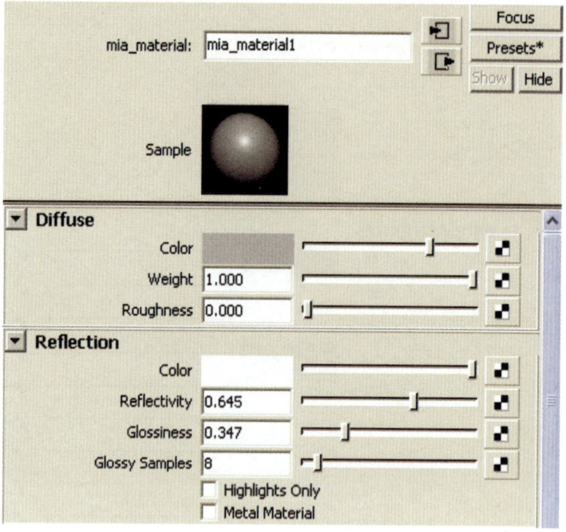

图2-99 指定苹果材质

step 7 渲染苹果，如图2-100所示。

图2-100 渲染苹果

2.5 设置静物场景环境与灯光

本案例的灯光效果是常见的阳光从窗户照射进室内的典型效果，使用一盏暖色聚光灯模拟阳光，使用一个与窗户等大的面光源来模拟反光，并启用了mental ray的最终聚集，对光线的反射进行运算，获得较真实的自然光效果。而灯光体积雾效果是本案例灯光部分的难点所在。

2.5.1 制作灯光体积特效

step 1 创建一个Area Light（面光源），将其放置在门框处。使用缩放工具使其大致与门框等大。创建一个大的多边形Cube，使其包裹整个场景，如图2-101所示。

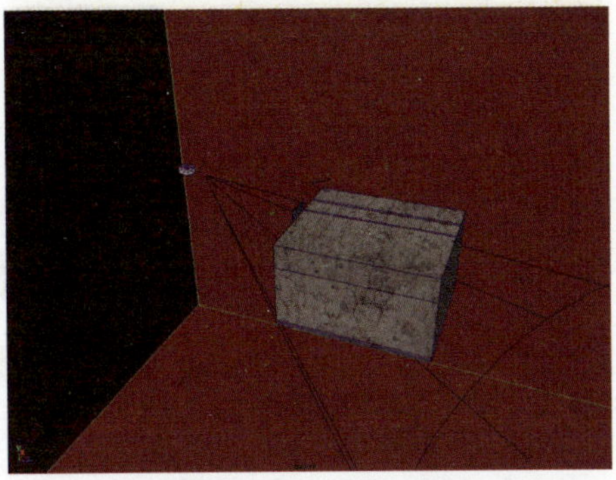

图2-101 创建灯光与环境

step❷ 创建一个mental ray的transmat材质，如图2-102所示，将其赋予包裹场景的大的多边形Cube。

step❸ 展开transmat材质的SG组，选择transmat1SG选项，如图2-103所示。

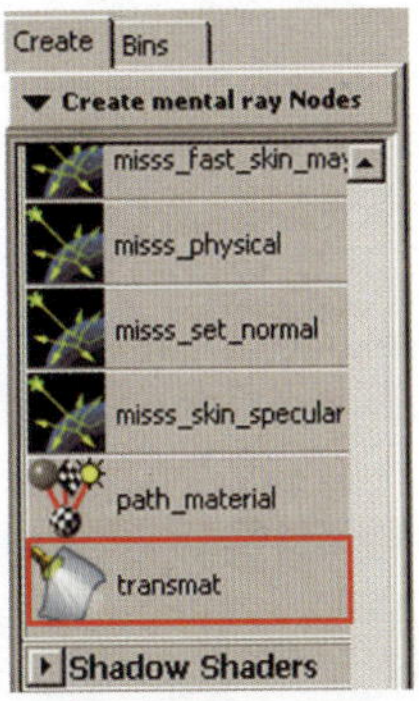

图2-102 创建transmat材质

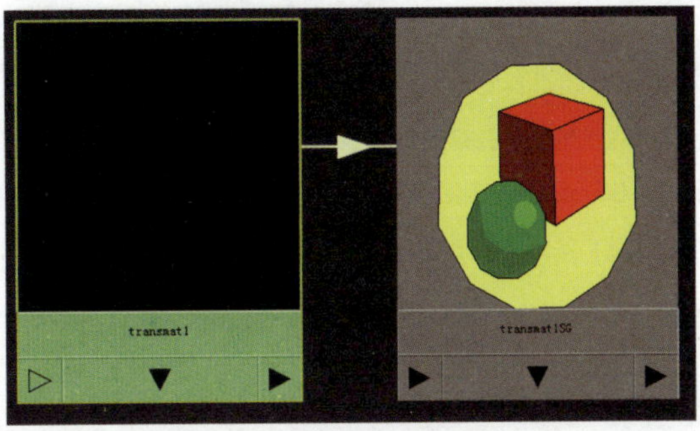

图2-103 展开transmat材质的SG组

step❹ 创建一个mental ray的parti_volume节点，使用鼠标左键拖动到SG组的Volume Shader通道，如图2-104所示。

step❺ 在Lights选项卡中找到spotLightShape1节点，如图2-105所示。使用鼠标左键拖动到parti_volume1节点的lights[0]通道，parti_volume1节点的参数如图2-106所示。

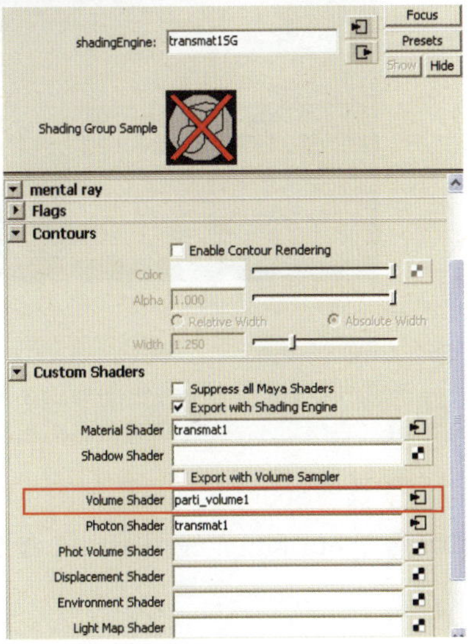

图2-104 创建parti_volume1节点

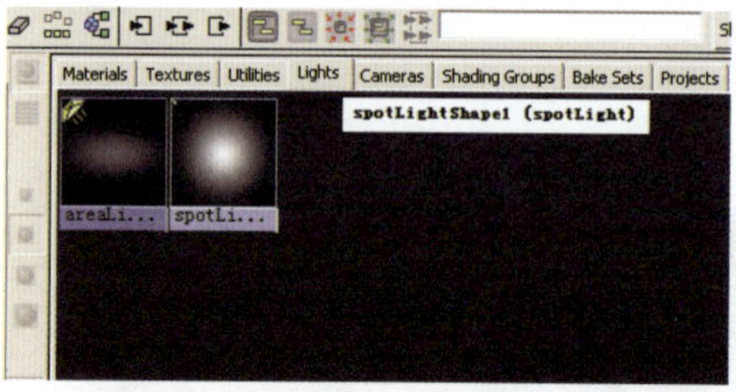

图2-105 spotLightShape1节点

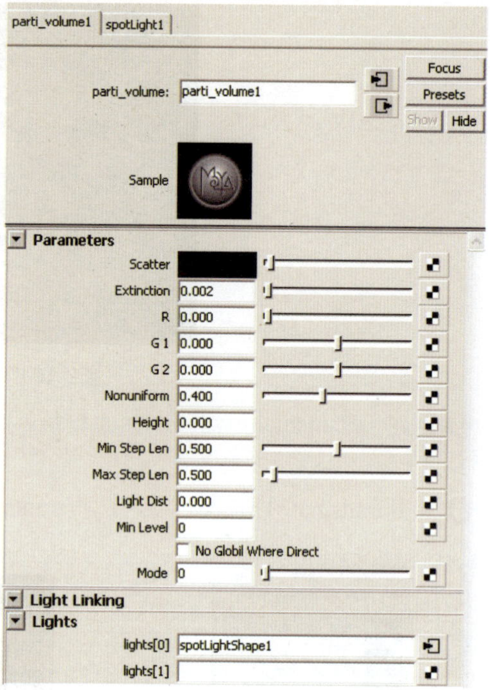

图2-106 parti_volume1节点的参数

step6 完成的灯光体积雾链接如图2-107所示。

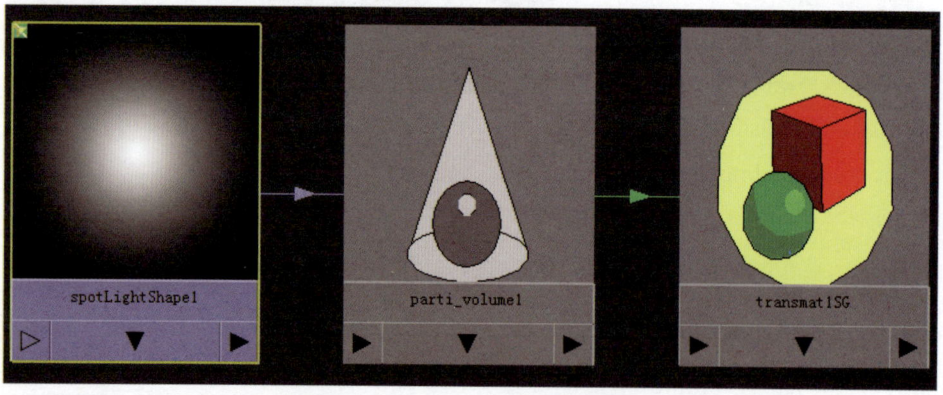

图2-107 完成的灯光体积雾链接

2.5.2 设置灯光参数

step1 设置Spot Light参数如图2-108所示。

step2 Spot Light光线跟踪阴影参数如图2-109所示。

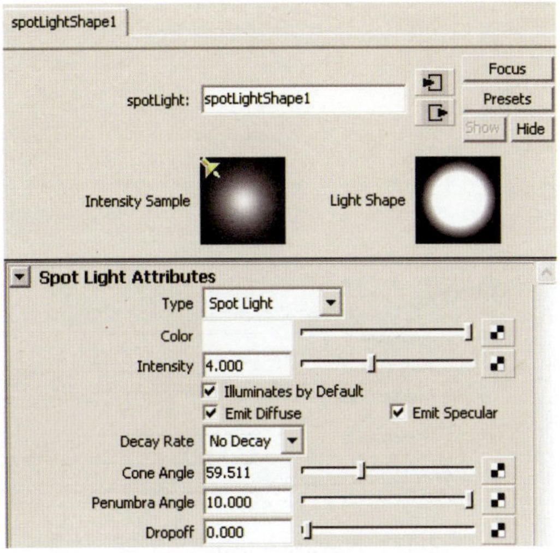

图2-108 设置Spot Light参数

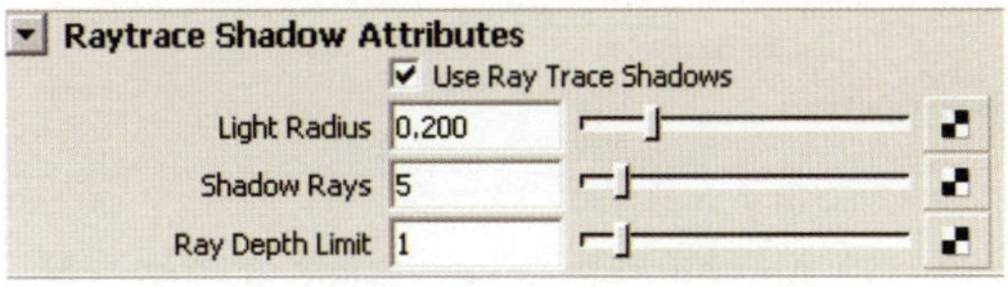

图2-109 Spot Light光线跟踪阴影参数

step❸ Area Light Attributes卷展栏参数如图2-110所示。

step❹ 在Area Light 卷展栏下选择Use Light Shape复选框，并进行相应的设置，参数如图2-111所示。

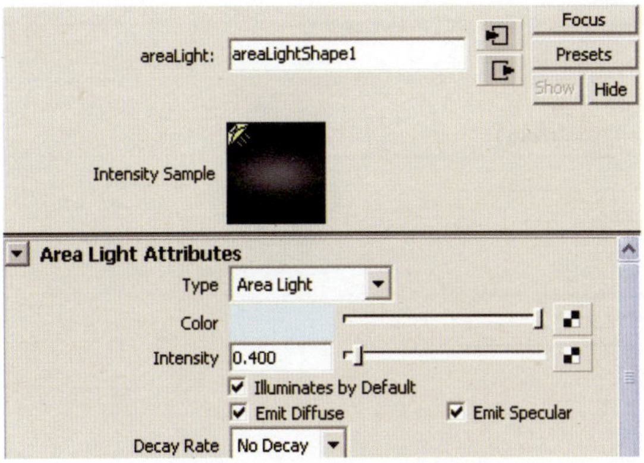

图2-110 Area Light Attributes卷展栏

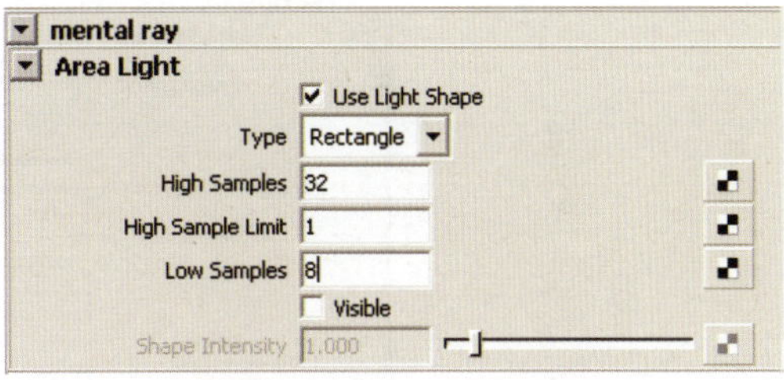

图2-111 Area Light 卷展栏

2.6 渲染与合成

本书案例多数情况下是使用mental ray进行渲染，mental ray是一款复杂的电影级的高端渲染器，较Maya的软件渲染有很多优势，本案例就是使用mental ray进行渲染的，另外从效率的角度来考虑，分层分通道渲染也是必要的。

2.6.1 全局渲染设置

step❶ 全局渲染设置中的Anti-Aliasing Quality卷展栏的参数设置如图2-112所示。

step❷ 全局渲染设置的Raytracing卷展栏的参数设置如图2-113所示。

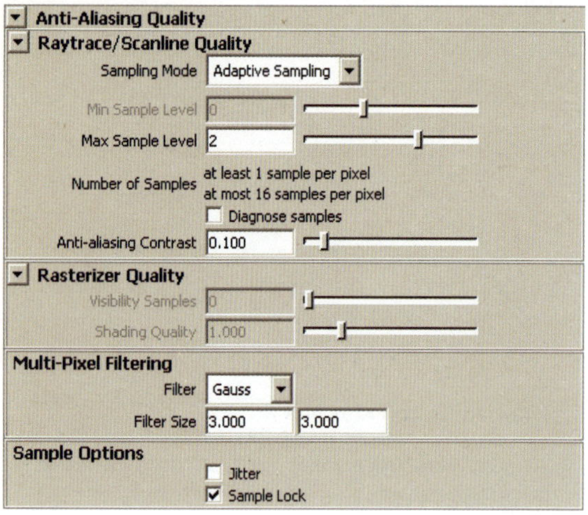

图2-112 Anti-Aliasing Quality卷展栏的参数设置

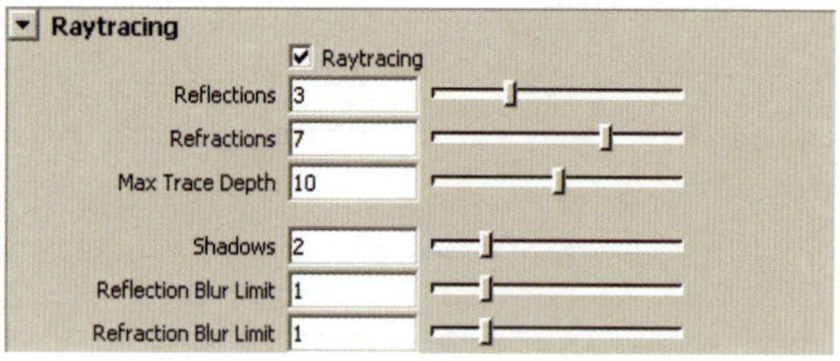

图2-113 Raytracing卷展栏的参数设置

step❸ 在公共渲染设置选项卡中设置File name prefix、Image format与Renderable Cameras等参数，如图2-114所示。

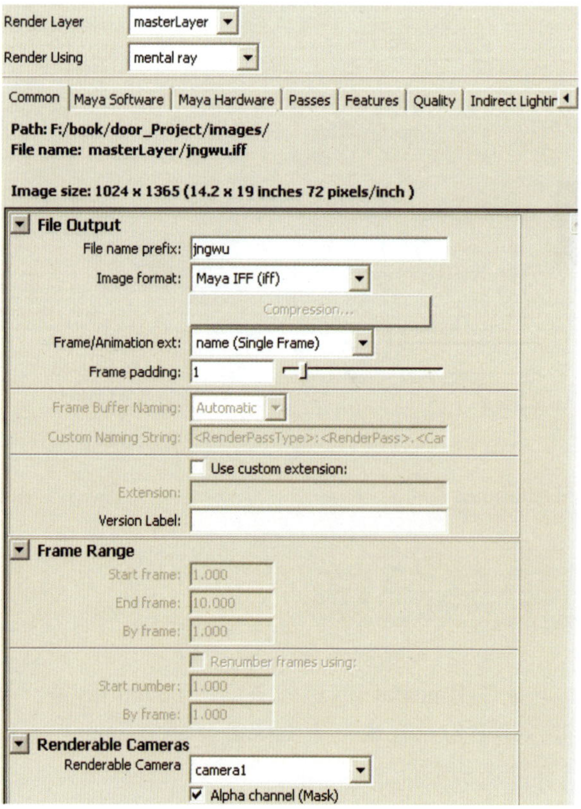

图2-114 公共渲染设置选项卡

step❹ 在Common选项卡中设置渲染图像大小等参数，如图2-115所示。

step❺ 在间接照明选项卡中选择Final Gathering复选框并设置参数，如图2-116所示。

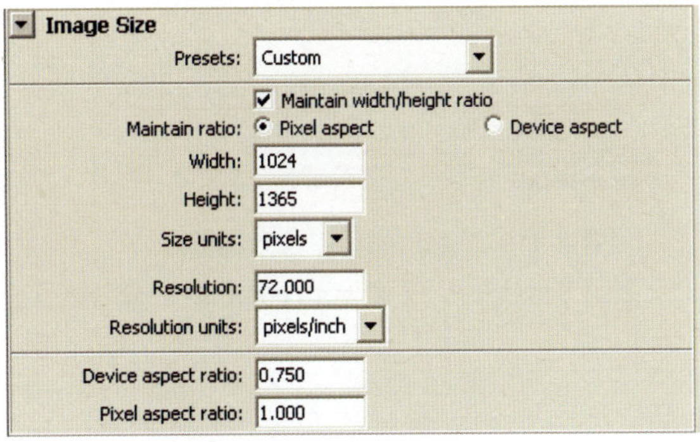

图2-115 设置渲染图像大小

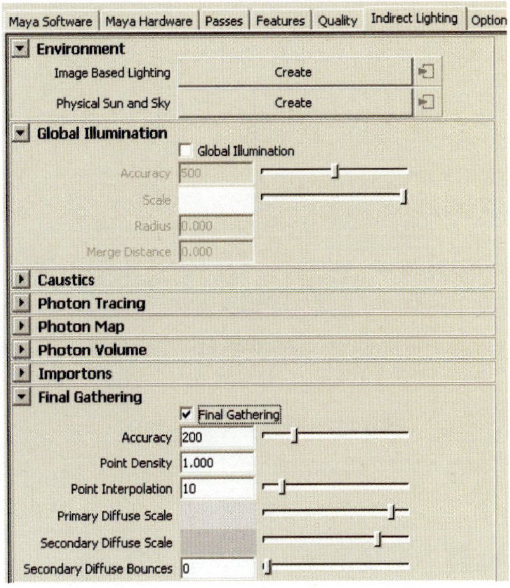

图2-116 选择Final Gathering复选框并设置参数

step❻ 适当设置Final Gathering的Primary Diffuse Scale与Secondary Diffuse Scale的V值，如图2-117所示。

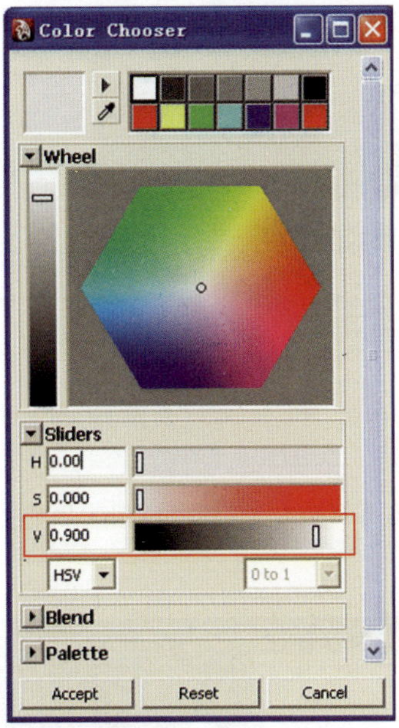

图2-117 设置V值

2.6.2 Z Depth层设置

step❶ 新建一个渲染层，命名为Z，将所有模型添加进来，如图2-118所示。

step❷ 在本层中右击，在弹出的快捷菜单中选择Attributes命令，弹出渲染层属性设置对话框，如图2-119所示。

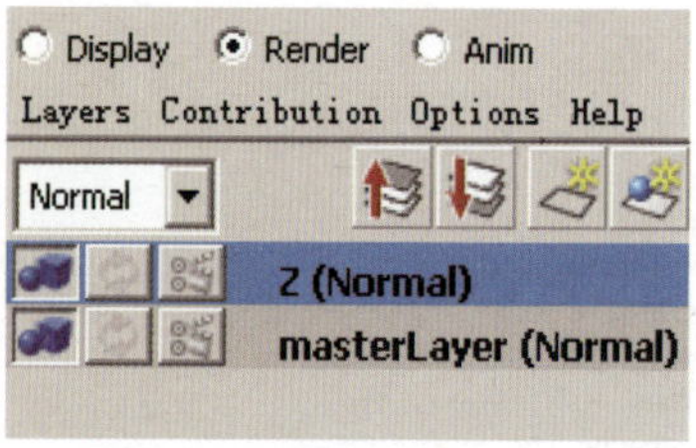

图2-118 新建一个渲染层

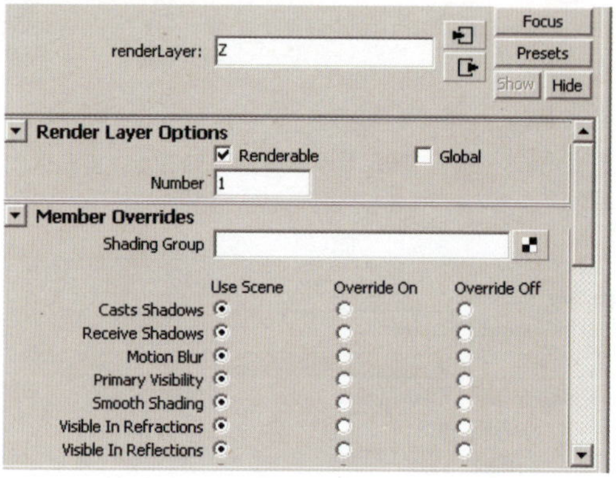

图2-119 渲染层属性设置对话框

step❸ 单击Presets按钮，选择Luminance命令，系统自动进行材质节点的链接，如图2-120所示。

step❹ 本层的渲染结果如图2-121所示。

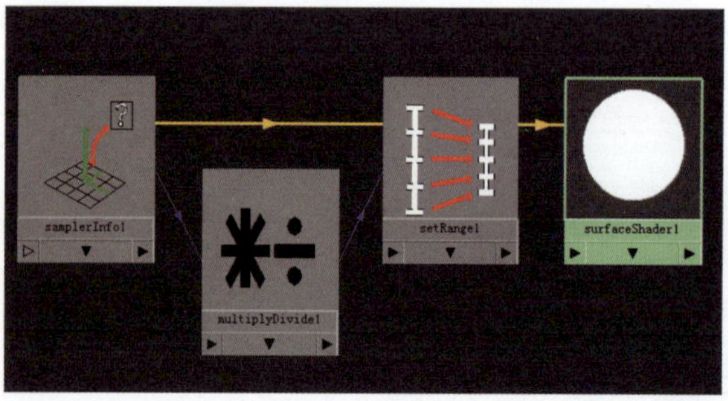

图2-120 Z Depth层节点的链接

图2-121 Z Depth层的渲染结果

2.6.3 AO渲染层

step❶ 新建一个渲染层，命名为AO，将本层渲染器指定为mental ray，将所有模型都添加到本层，并指定一个surfaceShader。

step❷ 新建一个mib_amb_occlusion节点，将其outValue属性与surfaceShader的outColor属性相连接，如图2-122所示。

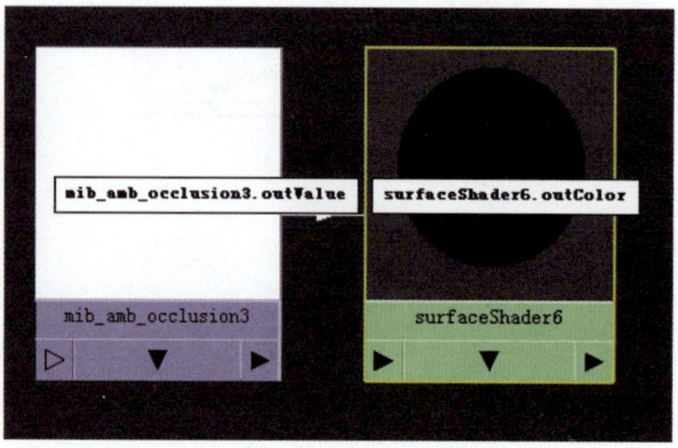

图2-122 属性连接

step❸ 提高mib_amb_occlusion节点的Samples（采样）值，如图2-123所示。

step❹ 将渲染质量设置为产品级，单击渲染按钮进行渲染，效果如图2-124所示。

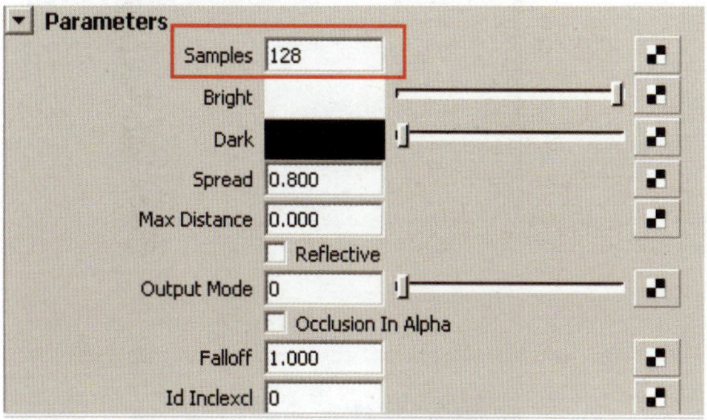

图2-123 提高AO采样值

图2-124 AO层渲染效果图

2.6.4 使用Photoshop合成图像

step❶ 首先合成AO层，将AO层的图层混合模式设置为Multiply，然后拼合所有图层（因为渲染启用了Final Gathering，所以AO层可选择合成）。

step❷ 为上一步合成好的图像新建一个名称为Alpha3的通道，将Z Depth层的图像导入进来，将其全选并复制到Alpha3通道，如图2-125所示。

step❸ 为合成图像添加Lens Blur（镜头模糊）滤镜，设置参数如图2-126所示。

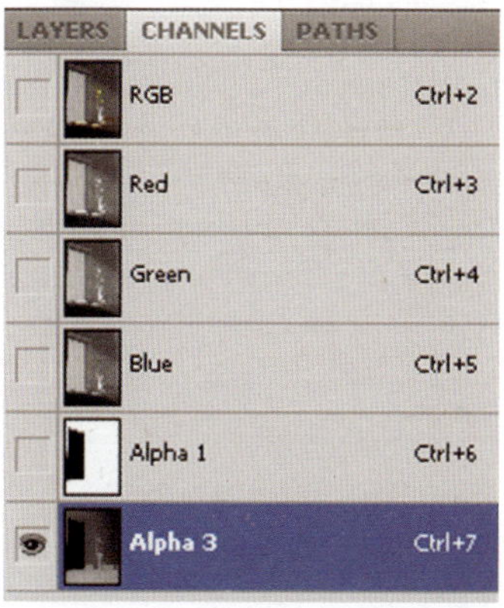

图2-125 新建一个Alpha通道

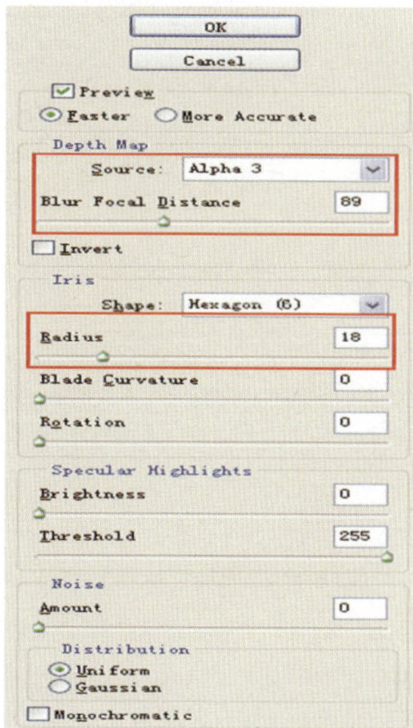

图2-126 镜头模糊滤镜参数设置

step❹ 在Photoshop中使用光线笔刷绘制光线，加强灯光体积雾的效果，并为图像调节一下对比度，完成本案例的制作。

step❺ 合成前后的对比效果如图2-127和图2-128所示。

图2-127 合成前

图2-128 合成后

第3章 宇宙传奇

本章案例的建模、灯光、材质和渲染等工作都是在Maya中完成的，看似复杂的一台机器，其实是使用最基础的多边形建模技巧完成的，所以本章的重点是讲解Maya中基本的多边形建模工具的使用方法，并使用它们获得自己需要的效果，最后使用Photoshop绘制云雾，加强画面的整体氛围。本章通过对整个流程的讲解，使读者学习如何使用最简单的技巧创作不同寻常的效果。

素材和源文件：\素材和源文件\第3章 宇宙传奇

3.1 简单技巧创造奇特效果

本章的创作主题是表现一个略带人形机器的传奇之旅，这台古老的机器纵观了宇宙发展的历史，它跟世界一样，一边老化，却又一边生长，本案例制作完成后的最终效果如图3-1所示。

3.1.1 创意分析

本案例的创作其实是源于对哲学及超现实主义绘画的迷恋，超现实主义画派的那些伟大的画家，如挈里科、达利、玛格丽特等人曾对笔者产生过重要的影响，如图3-2所示。

图3-1 《宇宙传奇》案例效果图

图3-2 挈里科作品

传说在宇宙的最“上”方，存在着一台“伟大”的机器，之所以称其为“伟大”，是因为这不是一台普通的机器，而是一台形式上的机器，机器中充溢了哲理与崇高的观念。可能在创世纪初期它就已经存在了，它驱动了宇宙的运行和发展，所以笔者在本案例的创作中，首先是要让这台机器具有一个人形，其次要具有一颗“头脑”。

3.1.2 制作流程

整个制作流程大致分为：绘制草图、Maya建模、灯光与材质、渲染及Photoshop后期制作。详细的制作流程如下。

01草图与创意

首先，在Photoshop中绘制草图。此处要把两个重点表现出来：人形机器和高高在上的感觉。开始想使用“星球之上”来表现出高高在上的感觉，实际制作中为了表现更为不确定的空间，所以将星球去掉了。另外为了获得一些比较意外的效果，加进了上钩的鱼状生命体，与冰冷的机器形成了鲜明的对比。

02 收集参考图片

在互联网上搜索，会有惊异的发现：原来从某种角度来说，艺术是不能超越生活的，笔者也是在搜索过程中决定在机器中加入如水龙头、台灯等生活中常用的物品。

03 Maya建模

本案例完全使用Maya中的多边形建模方法进行建模，首先建立一个大概的头部形状，然后根据参考图建立一些零散的机器零件，最后将这些零件放置到头部表面，再增加一些零件间的联系与细节，完成本案例的建模过程。

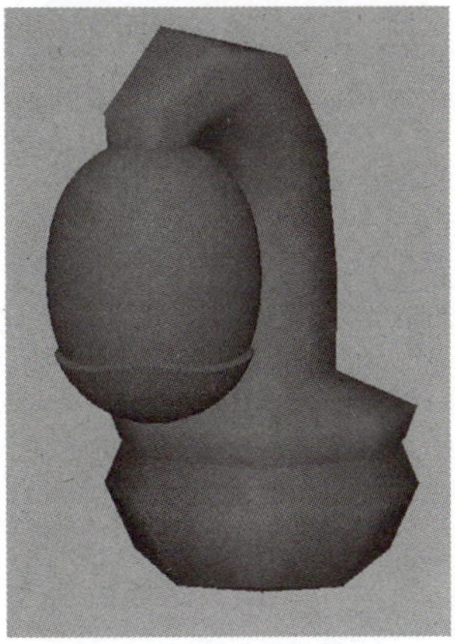

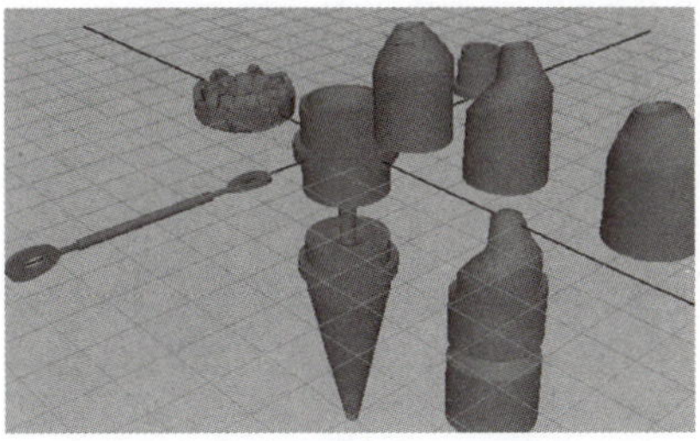

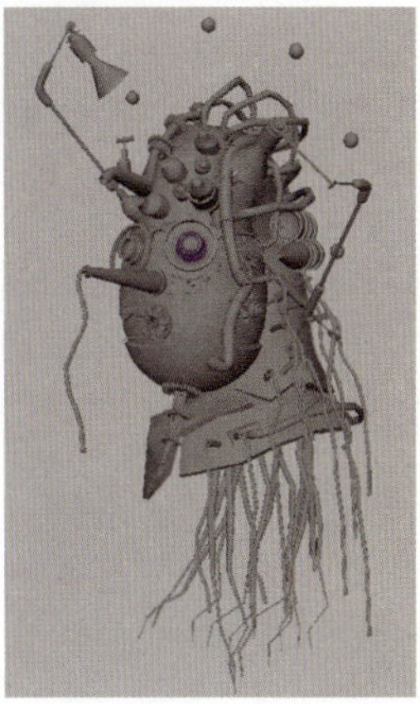

04 UV与贴图

因为本案例模型太多，如果为所有的零部件拆分UV，将耗费大量的时间，所以只对大的、较显眼的部件进行UV拆分。贴图部分是在素材库中选择了一张旧金属贴图作为Color通道贴图，又将此贴图输入Photoshop制作出高光和反射贴图。

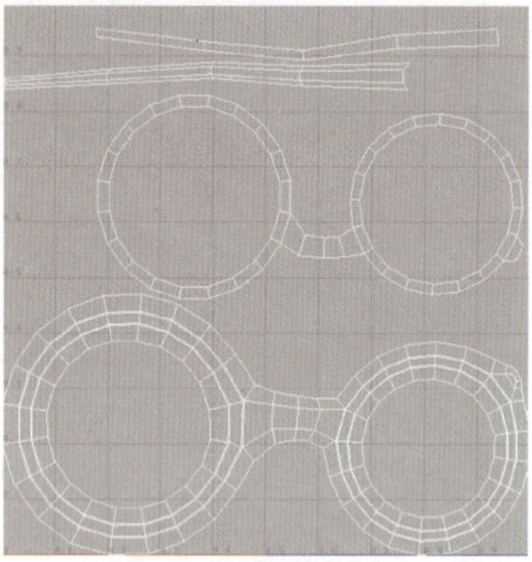

05 灯光、材质与渲染

为场景设置灯光并制作灯光雾特效，并为模型设置材质，最后使用mental Ray进行渲染。

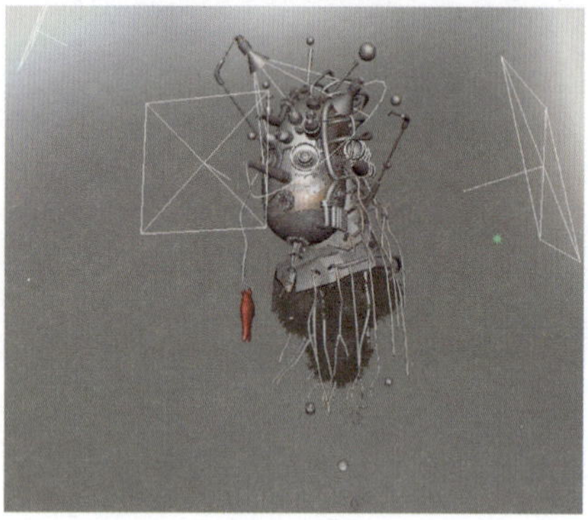

06 Photoshop合成与后期制作

利用Photoshop进行合成并绘制云雾、增加运动模糊等效果。

3.1.3 注意事项

在整个制作过程中，会遇到很多问题，以下为总结出的可能的问题及相关的解决方法。

注意1 机械物体与有机物体的差异

要把握住硬表面物体模型和材质特点，比如硬折边及高光与反射的特点，其中硬的折边又不能过于锐利，需要一点倒角。

注意2 零件的组装

本章制作的每一个机器零件都很简单，但是如果能有一个好的组装方式，就能让平凡简单的东西生辉。

注意3 注重后期制作

注重后期制作可以节省大量的时间和精力，是高效的创作方式，能通过后期实现的效果就不要通过三维软件来制作。

3.2 制作机器模型

下面将使用第2章中学习的工具进行本案例的建模工作，首先是制作一个蛋形的头部大体轮廓，接着制作零部件，最后组装。

3.2.1 制作机器头部模型

step1 首先创建一个细分球体，再转换为多边形后进行进一步细分，如图3-3如图3-4所示。

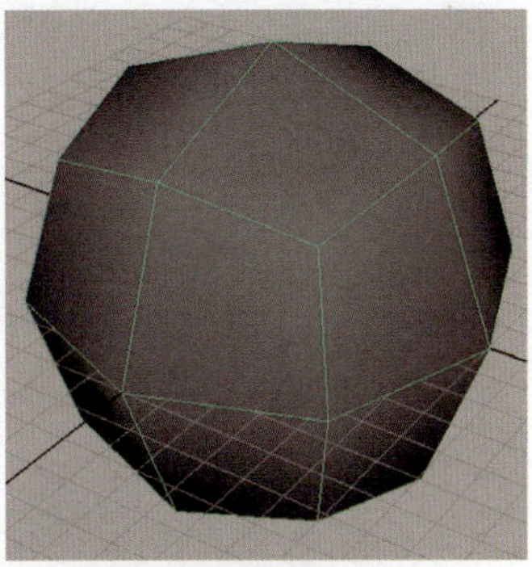

图3-3 创建细分球体

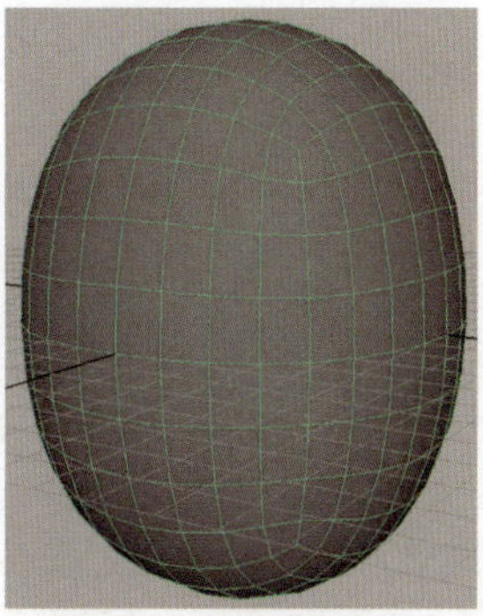

图3-4 进一步细分

step2 选择球体下面的部分面，使用Extract工具将其分离为单独的多边形，如图3-5所示。

step3 选择分离出来的多边形，进行Extrude（挤压）操作，使其产生一定的厚度，如图3-6所示。

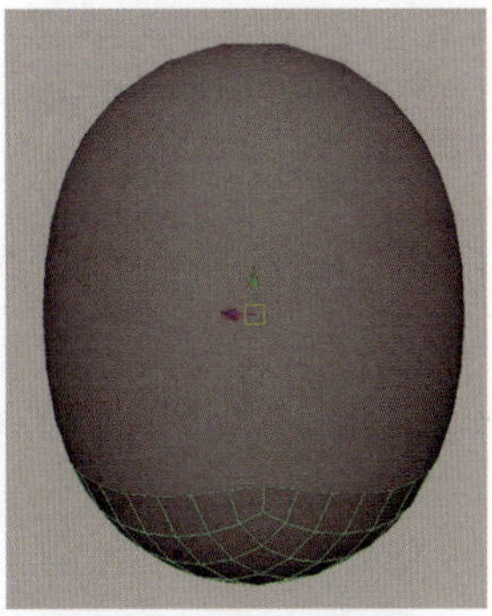

图3-5 分离多边形

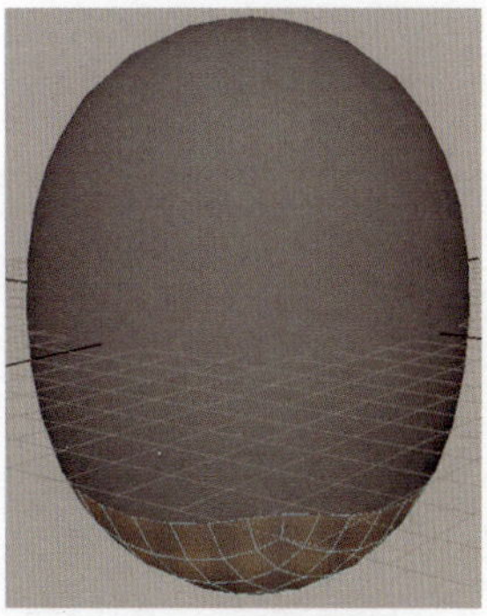

图3-6 选择多边形

step4 创建一个圆柱体，变换修改为如图3-7所示的形状。将其进行Smooth细分，如图3-8所示。

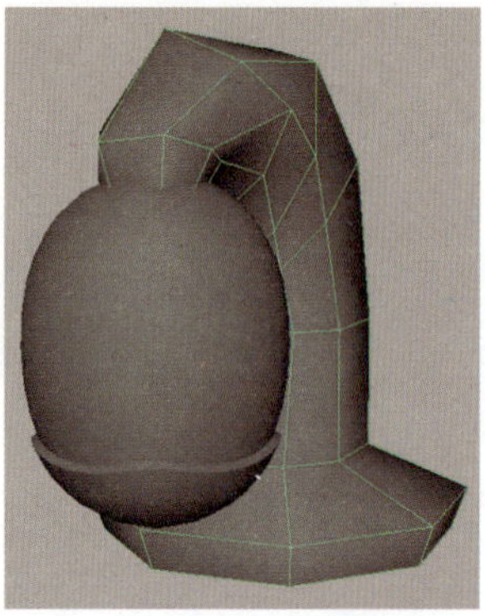

图3-7 创建圆柱并修改

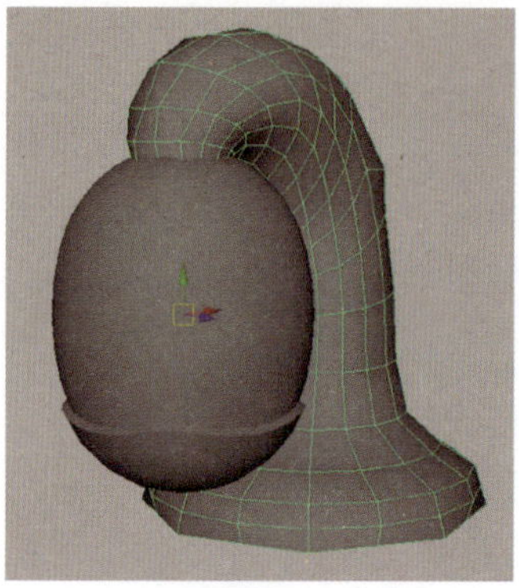

图3-8 细分圆柱

3.2.2 制作机器零部件模型

step❶ 创建一个圆柱体，通过修改其INPUTS参数，得到如图3-9所示的模型。使用Insert Loop Tool插入环形边，并选择如图3-10所示的面。

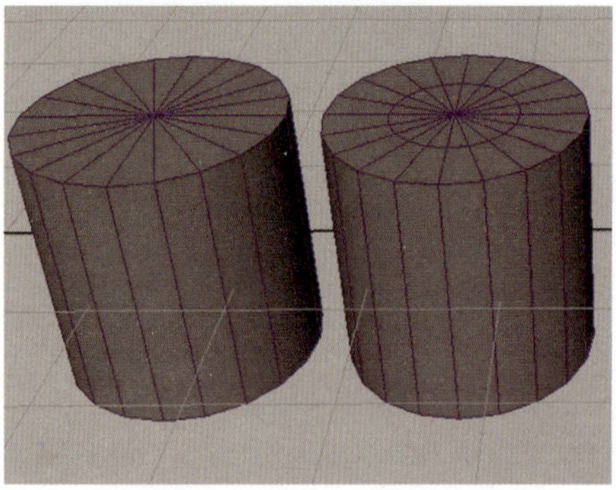

图3-9 修改INPUTS参数后的模型

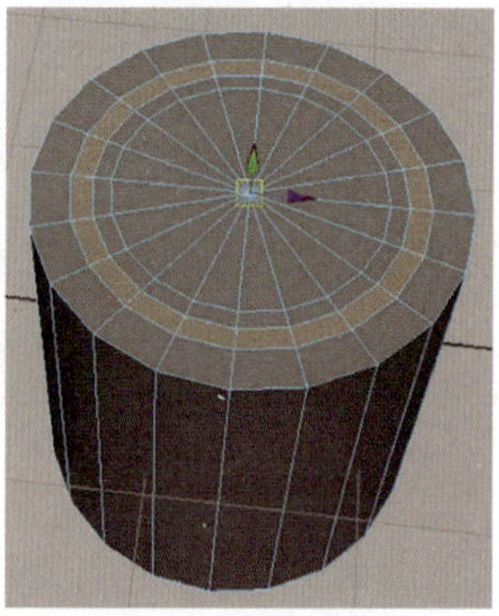

图3-10 选择面

step❷ 对所选的面进行Extrude（挤压）操作后再进行位移、缩放等变换操作，如图3-11和图3-12所示。

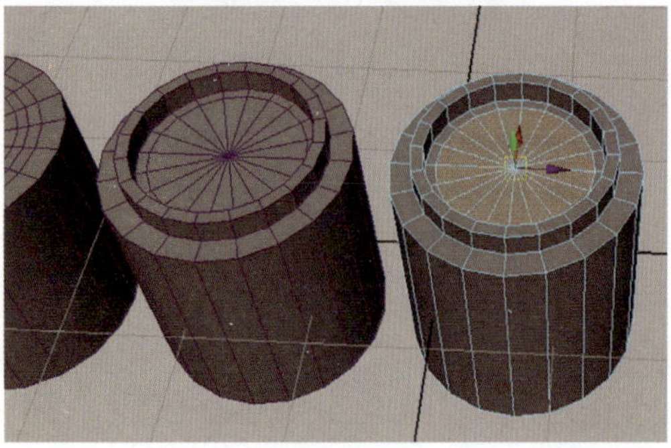

图3-11 挤压面

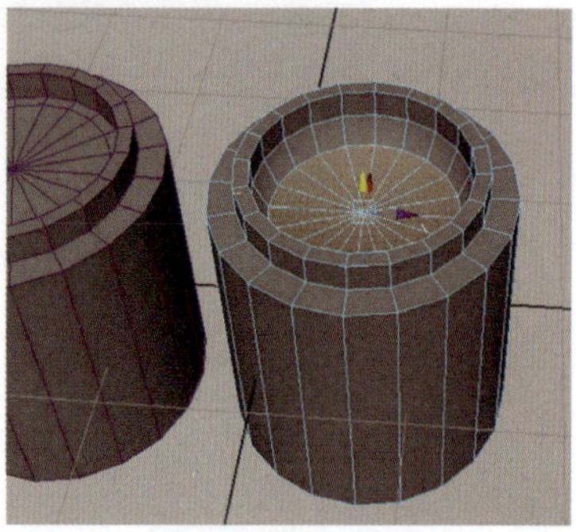

图3-12 位移面

step❸ 循环选择如图3-13所示的边，单击Edit Mesh | Bevel命令后面的❐按钮，进行倒角操作，倒角参数如图3-14所示。

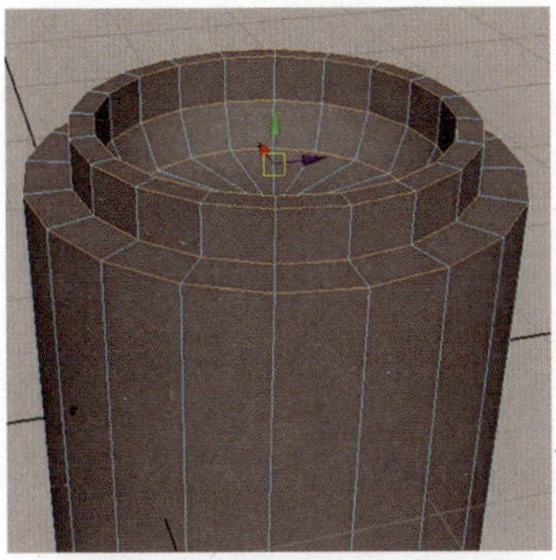

图3-13 循环选择边

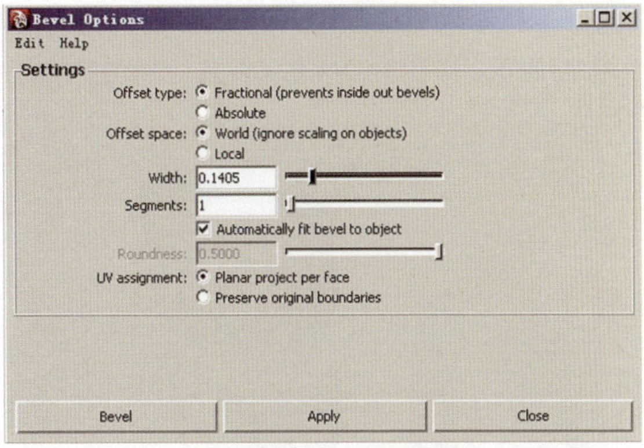

图3-14 倒角参数

step 4 通过Smooth细分，完成第一个零件模型，如图3-15所示。

step 5 先看一下第二个零件的组装和拆分后的效果，如图3-16和图3-17所示。

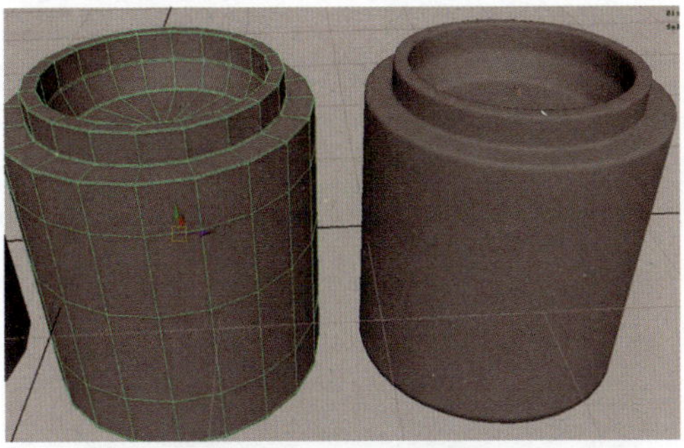

图3-15 平滑细分模型

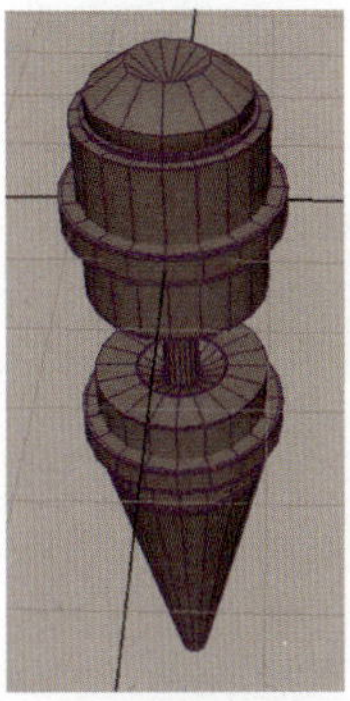

图3-16 组装效果

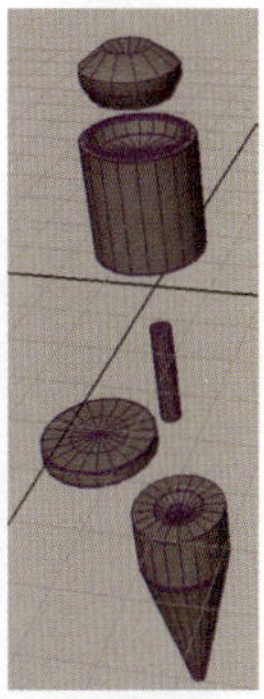

图3-17 拆分后的效果

step 6 利用上面的方法，通过修改圆柱体的INPUTS参数获得需要的零件模型，如图3-18～图3-20所示。

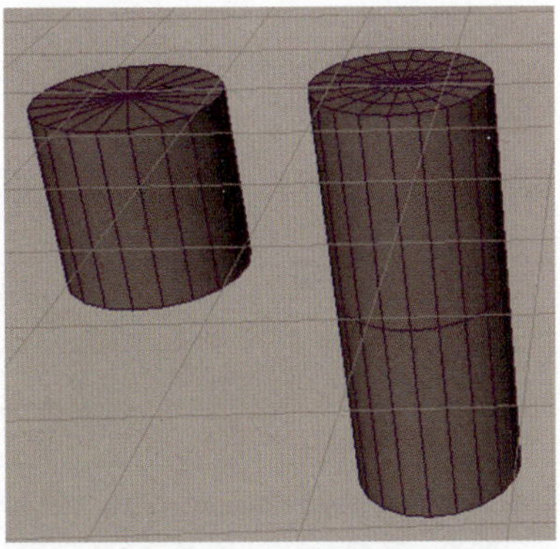

图3-18 修改圆柱体的INPUTS参数后的零件模型

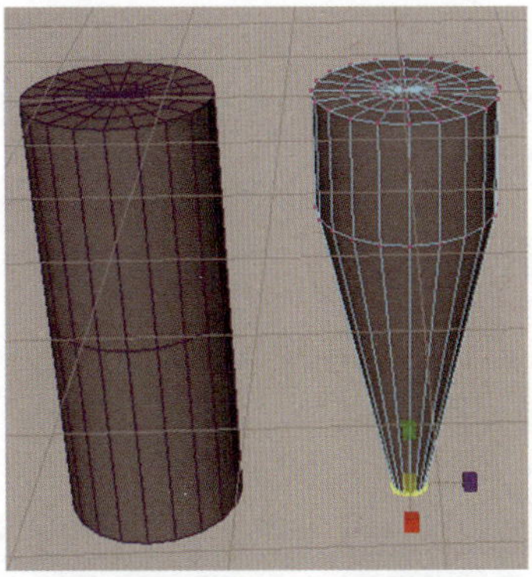

图3-19 变换圆柱体

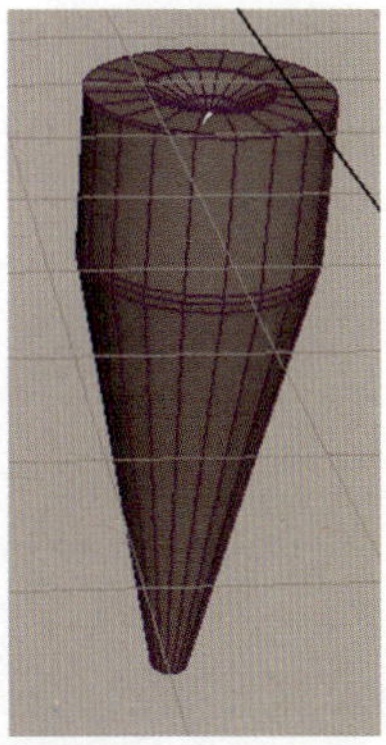

图3-20 完成的模型

step 7 继续创建其他机器零件模型，可以使用软选择（按住【Shift+Ctrl】组合键不放，在模型上右击，在弹出的快捷菜单中选择Select | Soft Select命令，即可开启软选择。按住【B】键不放，同时拖动鼠标左键即可调整软选择笔刷大小），变换模型顶点，获得更流畅的不规则效果，如图3-21所示。

step 8 继续创建新的零件模型，选择Edit Mesh | Split Polygon Tool命令，对模型局部进行切割，以增加细节，如图3-22所示。

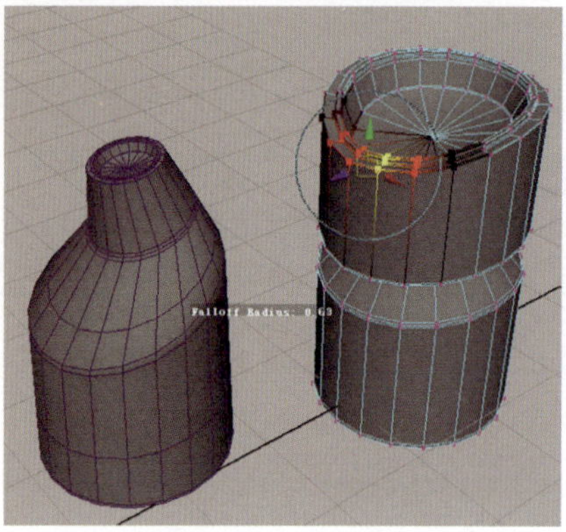

图3-21 软选择

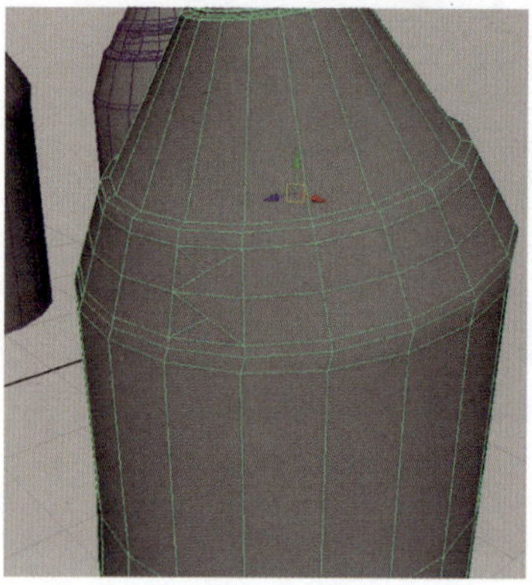

图3-22 对模型局部进行切割

step 9 选择部分面进行挤压，挤压后进行变换操作，并插入循环边，如图3-23和图3-24所示。

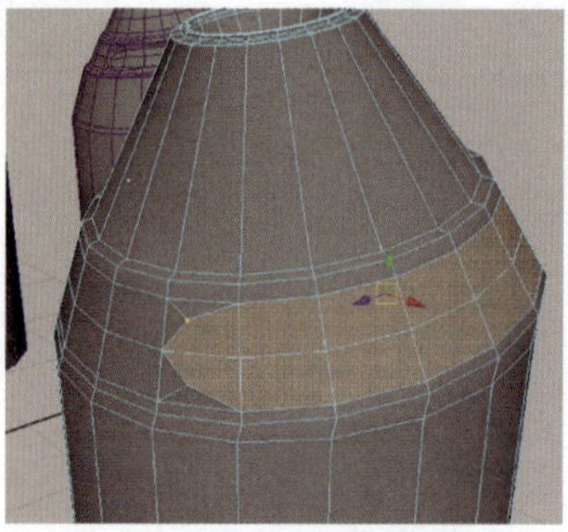

图3-23 选择部分面

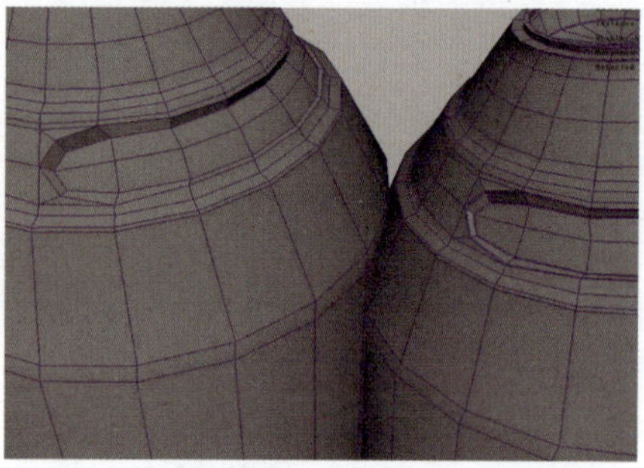

图3-24 插入循环边

step 10 对模型进行平滑细分，如图3-25所示。

step 11 使用切割和挤压工具为模型增加细节并进行组装，如图3-26所示。

step 12 机器嘴部是通过对一个Cube方体进行挤压和变换获得的，如图3-27所示。

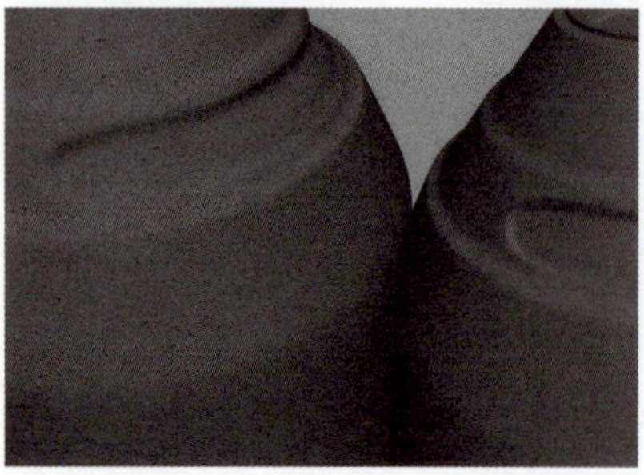

图3-25 平滑细分模型

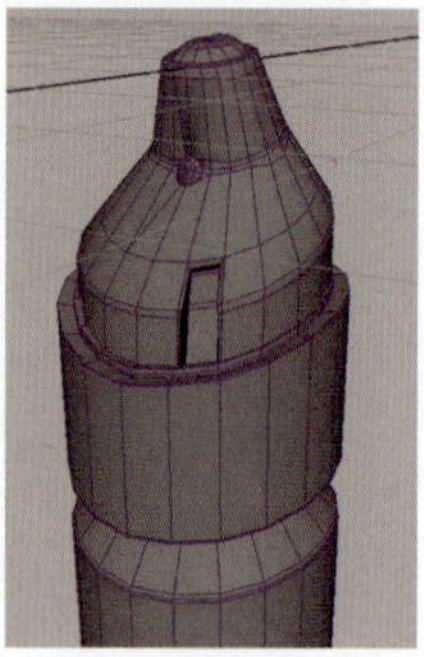

图3-26 为模型增加细节

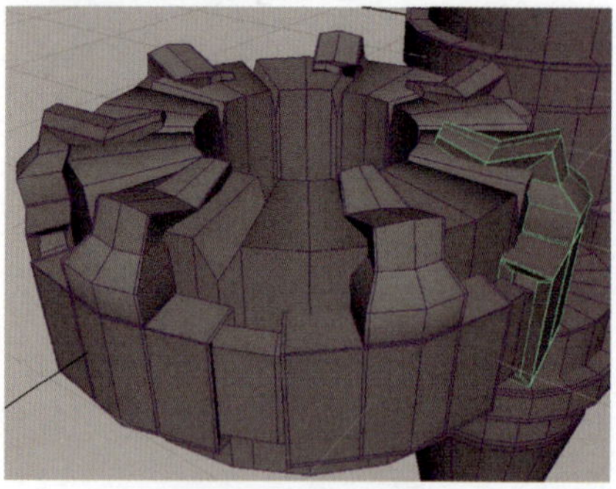

图3-27 制作机器嘴部

step 13 继续创建新的机器模型，使用软选择选择一个Pipe的部分点，然后进行变换，如图3-28所示。

step⑭ 挤压Pipe，然后进行变换，如图3-29所示。

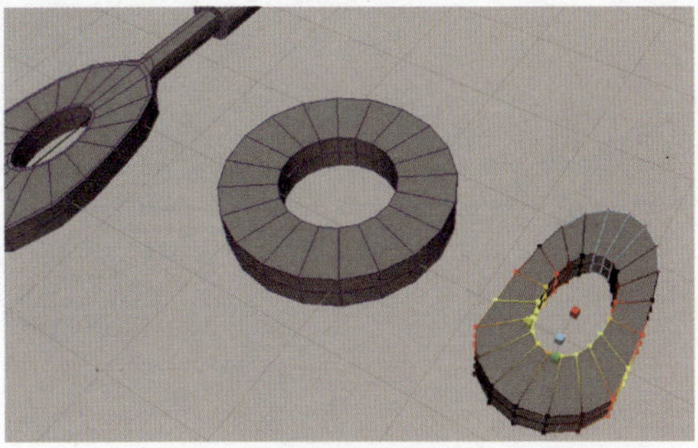

图3-28 变换Pipe

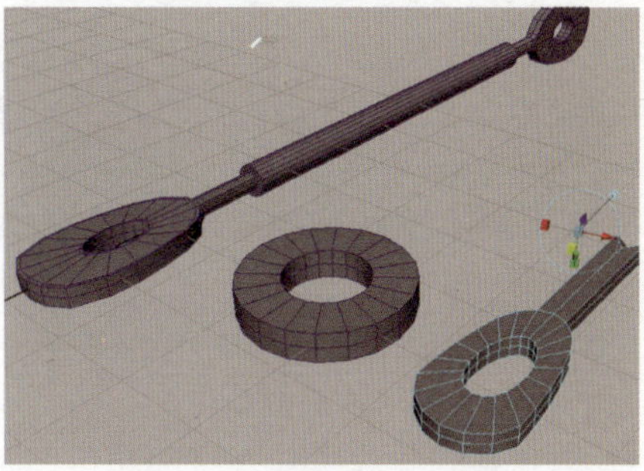

图3-29 挤压Pipe部分面

step⑮ 机器眼部模型是通过对二维曲线进行旋转获得的，如图3-30所示。

step⑯ 通过对一个Pipe进行挤压与变换操作，获得两个不同的齿轮模型，如图3-31和图3-32所示。

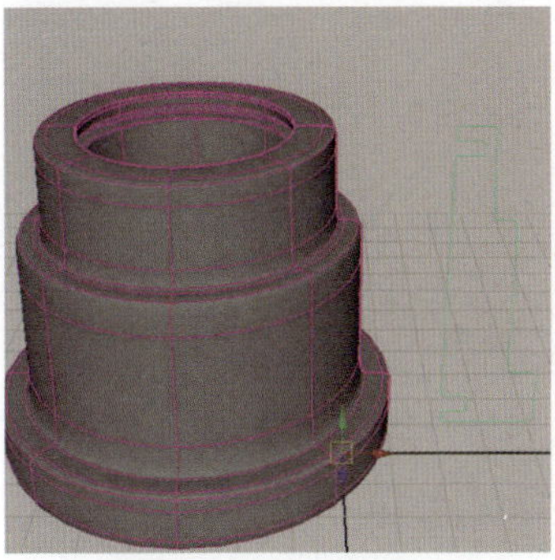

图3-30 旋转获得模型

图3-31 齿轮模型

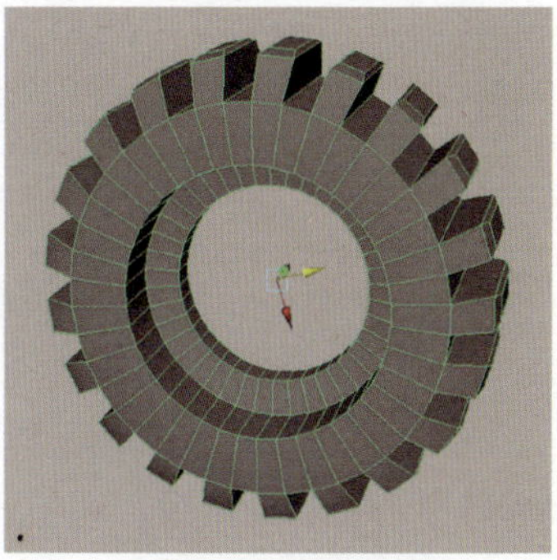

图3-32 齿轮模型

3.2.3 组装机器零部件

step❶ 通过对圆柱体进行简单的变换操作，然后进行组装，即可获得水龙头模型，如图3-33所示。

step❷ 继续制作眼镜模型，如图3-34所示。对一个Pipe的参数进行修改，并插入循环边，如图3-35所示。

图3-33 水龙头模型

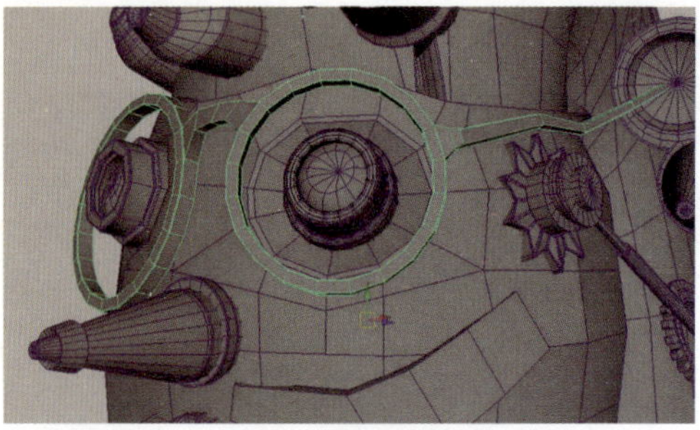

图3-34 眼镜模型

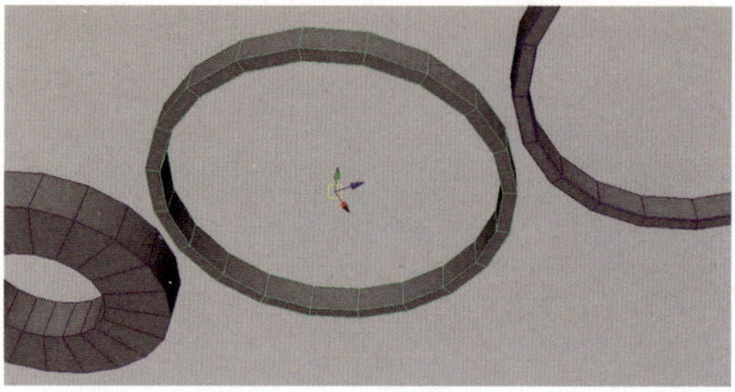

图3-35 修改Pipe参数

step❸ 将其复制并旋转到合适的角度，如图3-36所示。

step❹ 将两个Pipe合并，选择如图3-37所示的两个面。

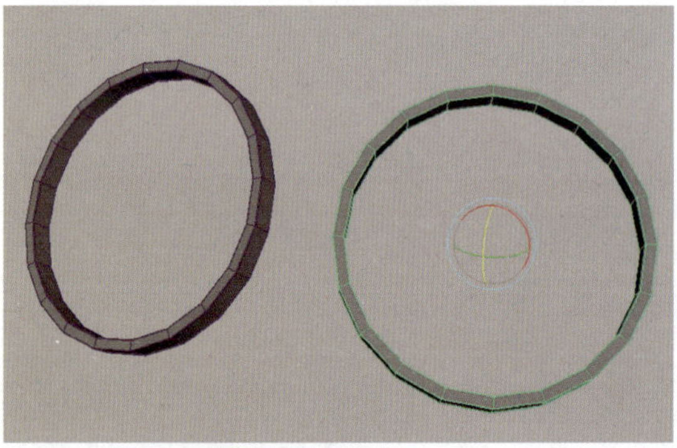

图3-36 复制并旋转

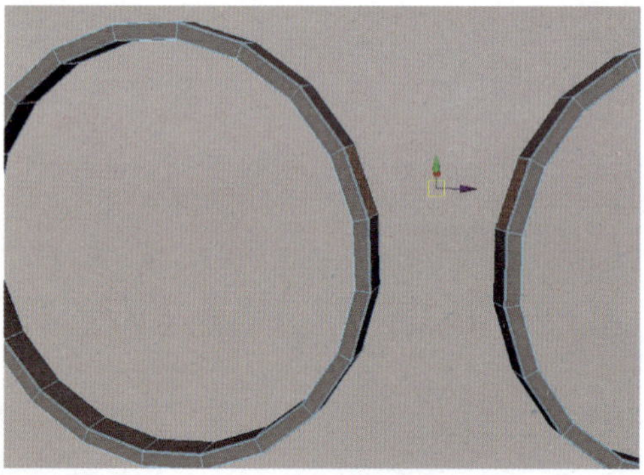

图3-37 合并后选择个面

step❺ 选择Bridge命令，在弹出的对话框中进行设置，如图3-38和图3-39所示。

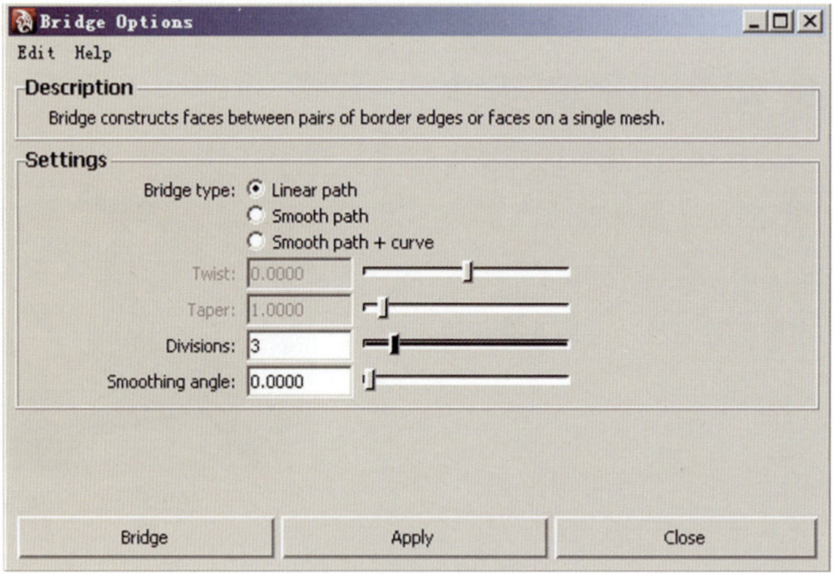

图3-38 Bridge（桥接）

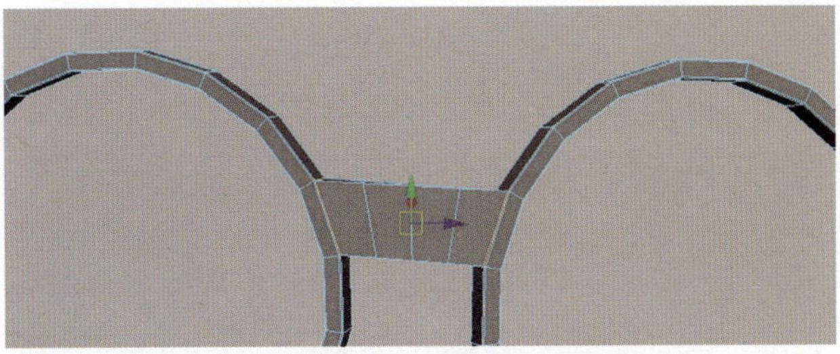

图3-39 Bridge（桥接）的结果

step❻ 对眼镜边缘的面进行多次挤压，完成眼镜模型，如图3-40所示。

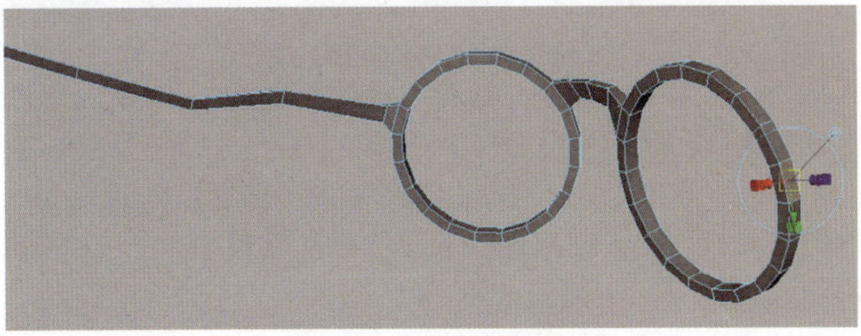

图3-40 完成眼镜模型

step❼ 通过放样制作脸部侧面的管子，首先创建多个NURBS环，并调节其不同方向，如图3-41所示。选择Surfaces | Loft命令，产生管道，如图3-42所示。

step❽ 鱼状生命体的模型是对一个Cube进行修改、挤压和简单的变换操作获得的，如图3-43所示。

图3-41 创建鱼状生命体的模型

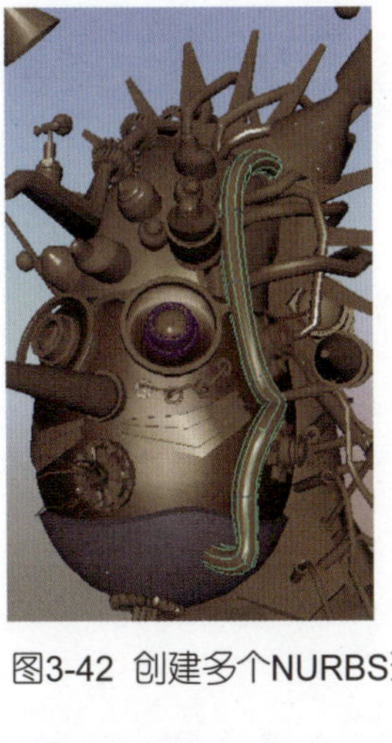

图3-42 创建多个NURBS环

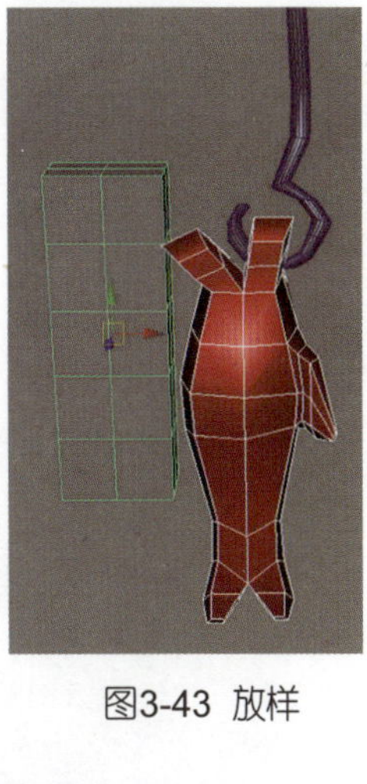

图3-43 放样

3.3 编辑机器模型UV与贴图

因为本案例机器零件模型众多，如果每个都进行UV拆分会耗费大量的时间，所以只是对少数大的、较显眼的部件进行了UV拆分，例如面部，如图3-44所示。其中一些小的、位置较隐蔽的部件即使不进行UV拆分，也不会对总体效果产生影响。

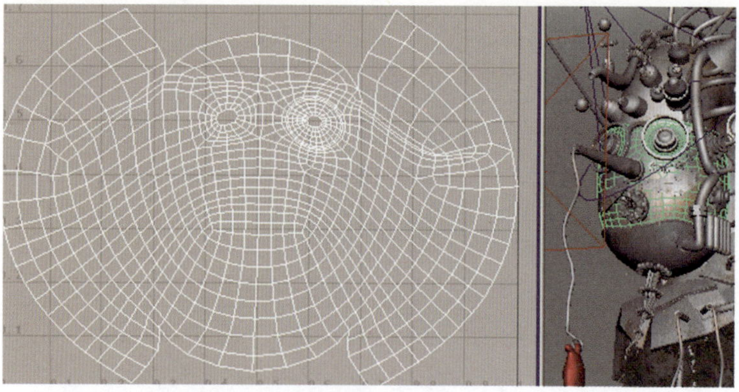

图3-44 为较显眼的部件拆分UV

3.3.1 拆分机器UV

step 1 Maya创建UV的工具在Create UVs菜单下。选择面部模型，选择Create UVs | Cylindrical Mapping命令，打开Maya的UV贴图编辑器查看模型UV，如图3-45所示。

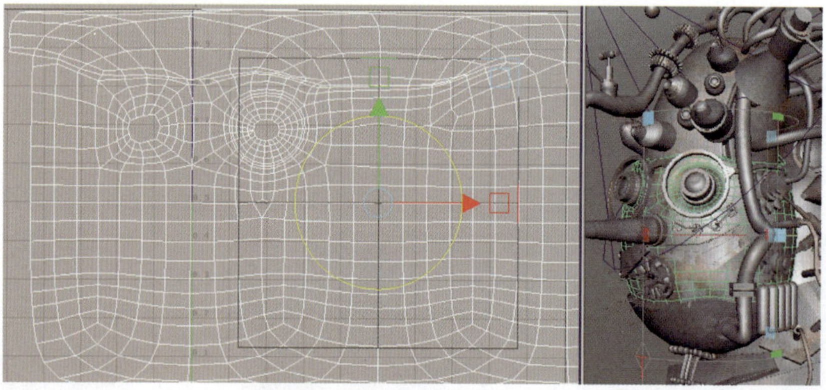

图3-45 将UV按柱形映射展开

step 2 在视图中旋转UV，改变UV接缝的位置，使其处于模型的背面，如图3-46所示。

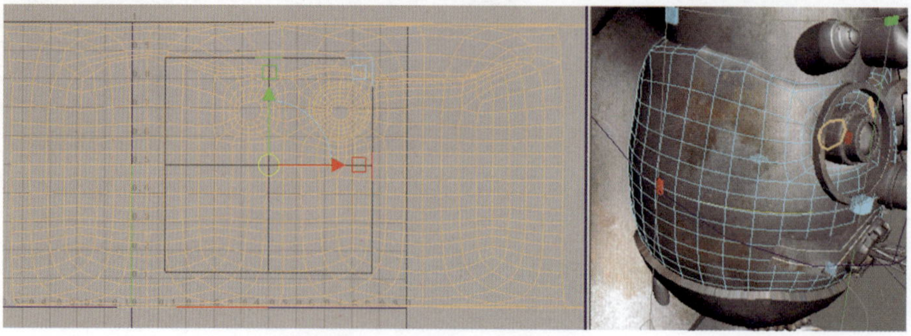

图3-46 改变UV接缝的位置

step 3 在Maya的UV贴图编辑器中，在模型UV上右击，并在弹出的快捷菜单中选择UV命令，使用变换工具对UV点进行变换操作，直到获得满意的效果，如图3-47所示。

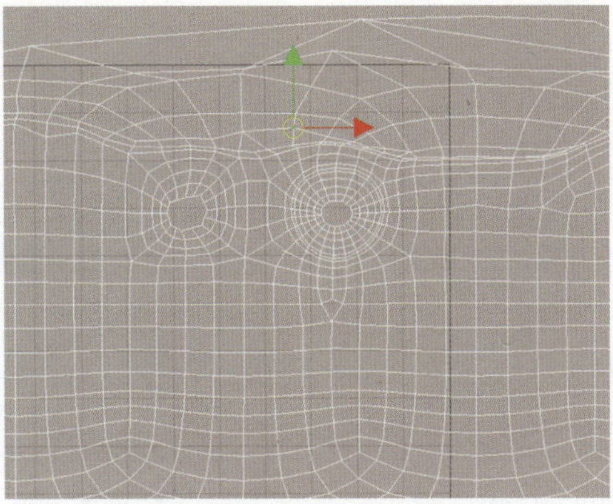

图3-47 对UV点进行变换操作

step❹ 使用Maya创建UV时，要根据不同模型选择不同的映射方式，或者使用Automatic Mapping进行自动映射，然后手动缝合零散的UV边界，需要有些耐心。利用与上面相同的方法，将其他主要模型进行UV拆分，结果如图3-48～图3-50所示。

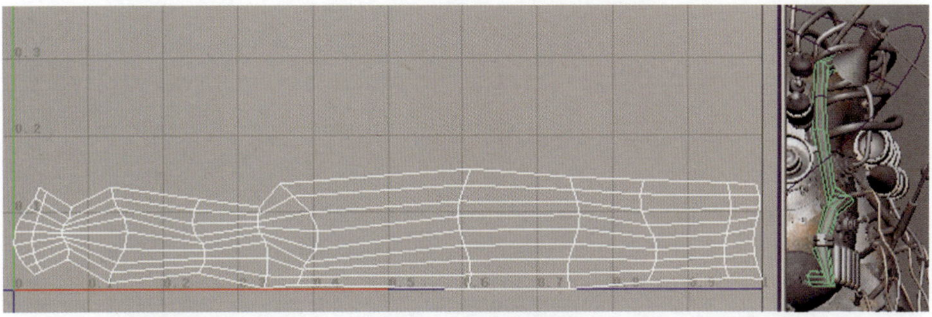

图3-48 管道模型UV

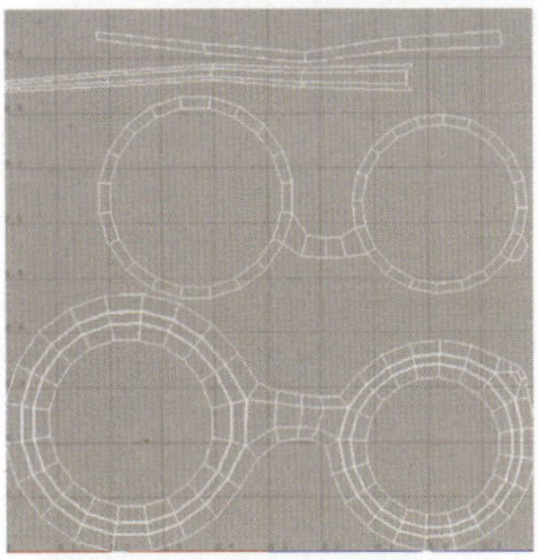

图3-49 眼镜模型UV

图3-50 其他模型UV

注意：如果使用Unfold 3D拆分UV效率较高，读者可以参阅第9章相关内容。

3.3.2 制作机器贴图

step❶ 在素材库中选择一张旧金属贴图作为Color通道贴图，如图3-51所示。

step❷ 将此贴图输入Photoshop，选择Image | Adjustment | Black & White命令，对其进行去色处理，对对比度进行调节即可制作出凹凸贴图，如图3-52所示。

图3-51 变换多边形Cube

图3-52 凹凸贴图

step❸ 继续进行调节，选择Image | Adjustment | Brightness Contrast命令，增大图像对比度即可制作出高光贴图，高光和反射贴图使用了同一张贴图，如图3-53所示。

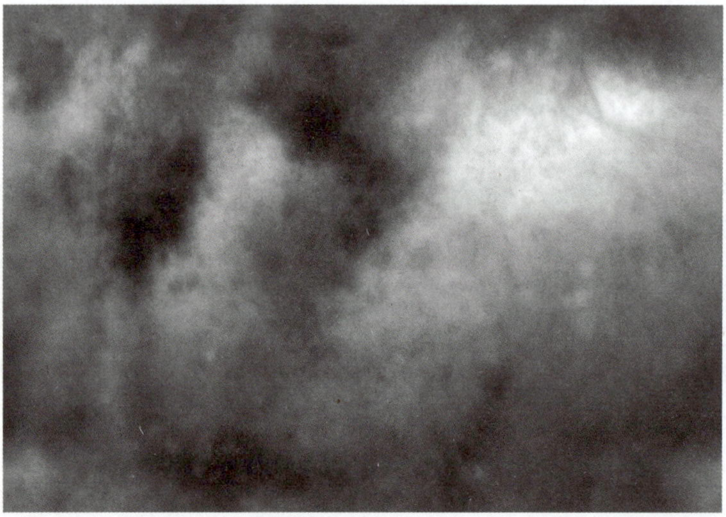

图3-53 高光和反射贴图

3.4 设置宇宙场景环境与灯光

本案例使用了3个面光源，并开启了mental ray面光源属性，应用mental ray面光源可以产生自然柔和的照明效果，但会增加渲染时间，本案例将主光源放置在模型的侧面，可以产生分明的明暗过渡效果，要注意背景图像要与光源的照射效果相一致。

3.4.1 设置场景灯光

本案例设置了5盏灯光并辅以HDR照明，如图3-54所示。

step❶ 在角色的右侧前方放置一盏Area Light作为主光源，其参数如图3-55所示。

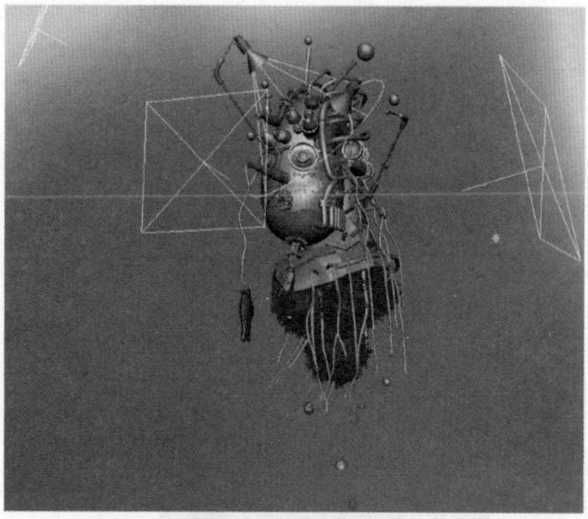

图3-54 场景照明

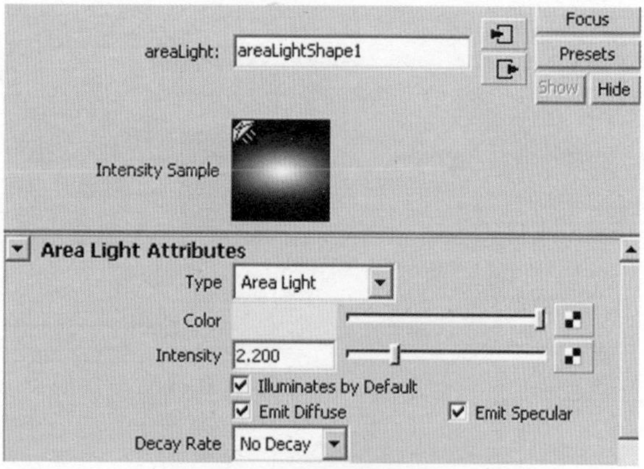

图3-55 面光源参数

step② 开启主光源的光线跟踪阴影，并开启mental ray的面光源，其参数如图3-56所示。

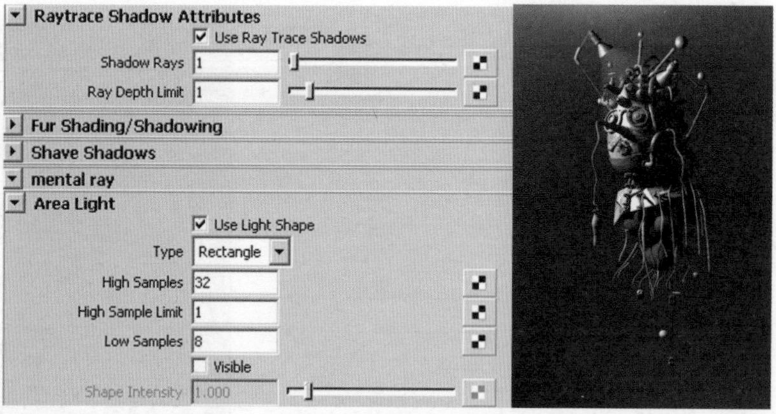

图3-56 光线跟踪阴影设置

step③ 在角色的后方放置一盏Point Light，其参数如图3-57所示。

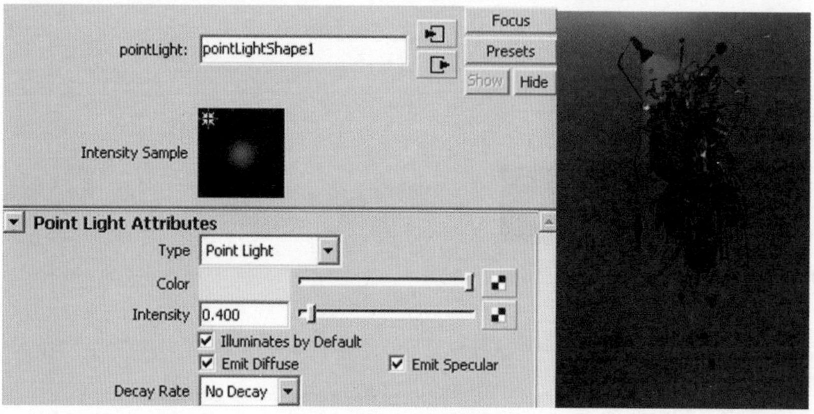

图3-57 点光源参数

step④ 在角色的前方放置一盏Area Light，其参数如图3-58所示。

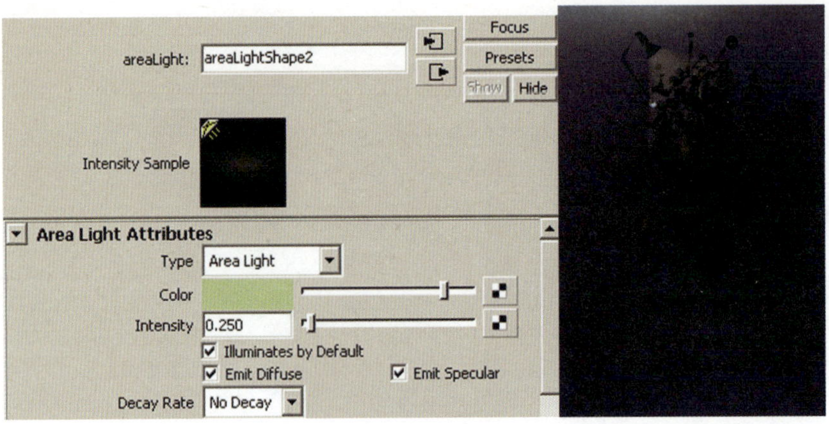

图3-58 面光源参数

step5 在角色的左侧放置一盏Area Light，其参数如图3-59所示。

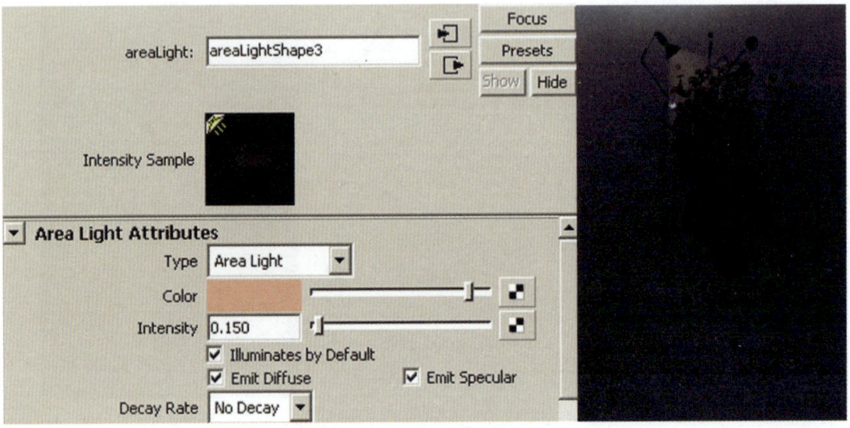

图3-59 面光源参数

step6 在台灯的位置放置一盏Spot Light，其参数如图3-60所示。

step7 开启聚光灯的光线跟踪阴影，其参数如图3-61所示。

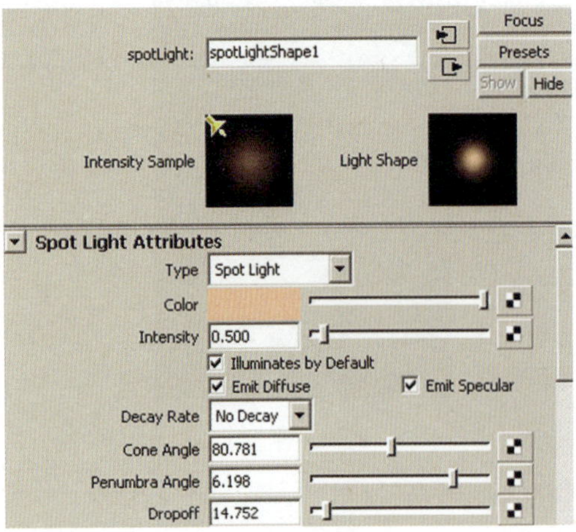

图3-60 聚光灯参数

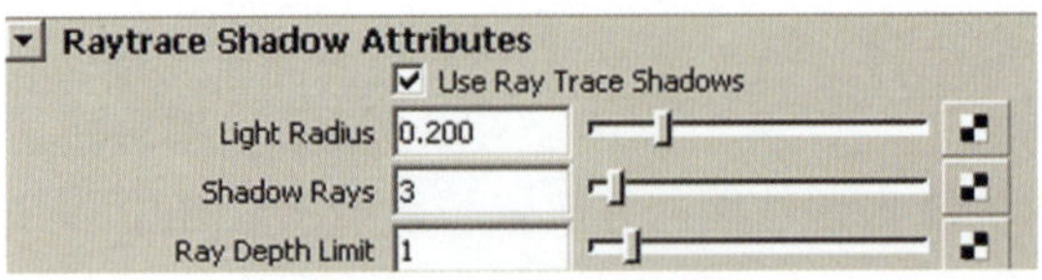

图3-61 光线跟踪阴影设置

step8 设置聚光灯的灯光特效，单击Light Fog文本框后面的按钮，即可开启聚光灯的灯光雾特效，其参数如图3-62所示。

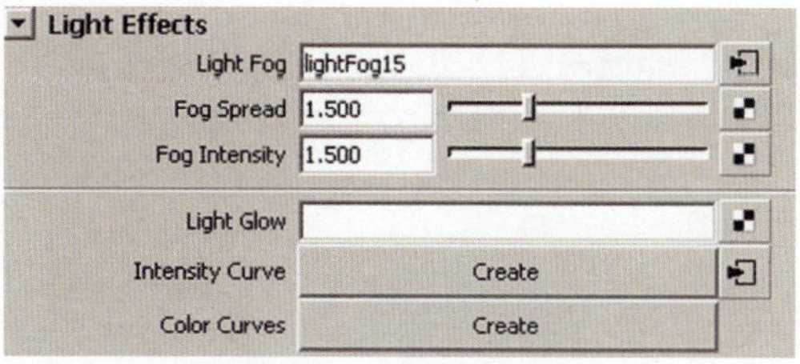

图3-62 Light Fog特效

3.4.2 设置环境

step1 单击Environment卷展栏下Imaged Based Lighting选项后面的Create按钮，创建一个环境球，如图3-63所示。

step2 从素材库中寻找一幅HDR图像，如图3-64所示。

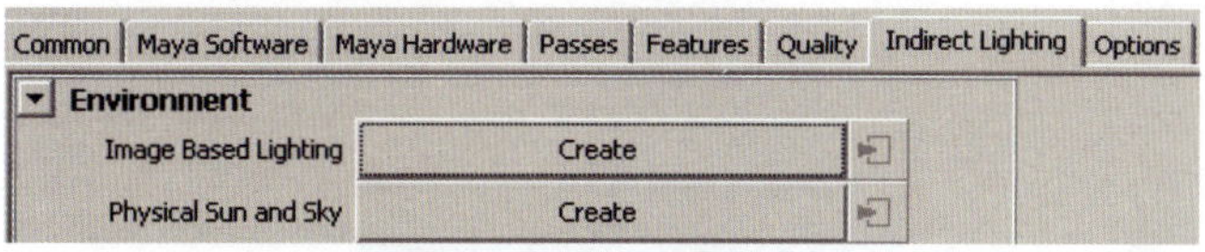

图3-63 设置HDR照明

图3-64 HDR图像

step3 将此HDR图像载入，并取消选择Primary Visibility复选框，使其在渲染时不可见，如图3-65所示。此时整个场景都被环境球所包围了，如图3-66所示。

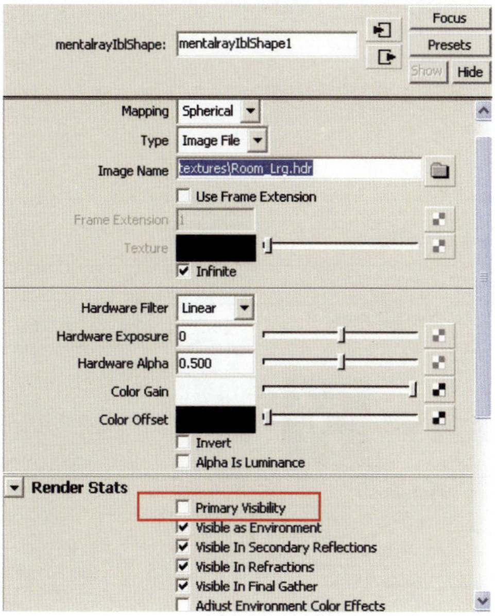

图3-65 HDR图像设置

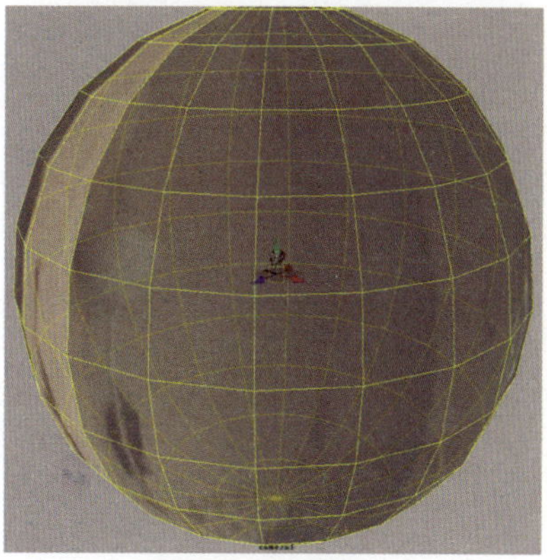

图3-66 环境球

3.5 设置各模型材质

本案例材质构成以锈迹斑斑的金属材质为主，辅以少量晶莹的水滴材质与柔弱的皮肤材质作为点缀，形成了鲜明的对比。机器的各个部件材质尽量做到统一，以避免产生杂乱无章的感觉。

3.5.1 设置机器金属材质

step❶ 创建一个Blinn材质，将其赋予所有的机器模型，材质的具体参数如图3-67所示。

step❷ 将前面在Photoshop中制作好的贴图添加到各自不同的贴图通道，2d贴图节点改变贴图的重复次数，参数如图3-68所示。

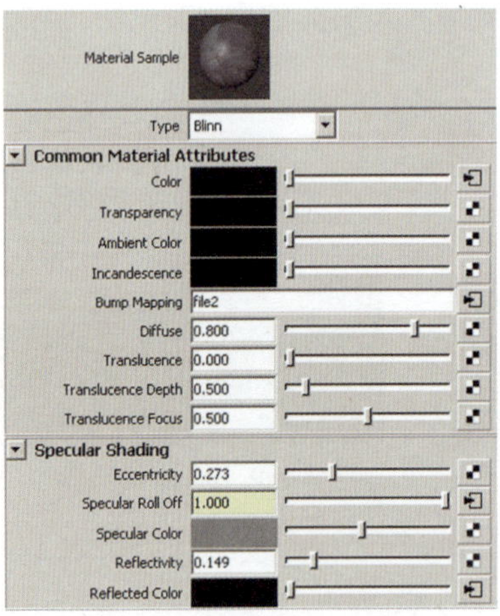

图3-67 Blinn材质参数

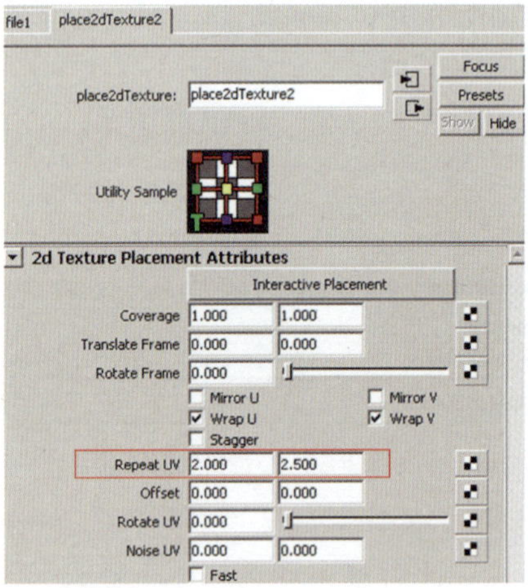

图3-68 2d贴图节点

step❸ 金属材质节点的链接如图3-69所示。

step❹ 设置bump2d1节点的Bump Depth属性都为0.300，如图3-70所示。

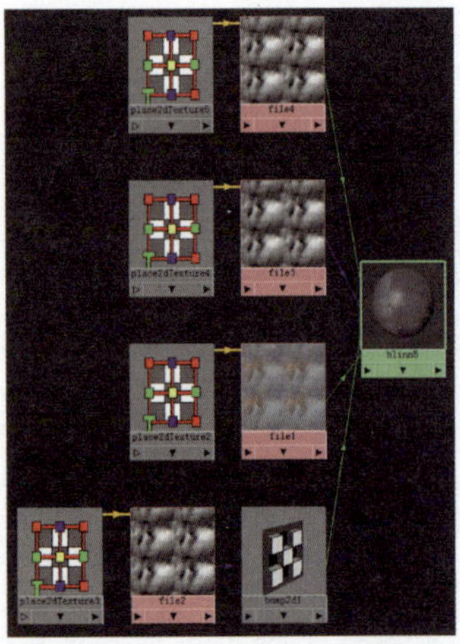

图3-69 金属材质节点的链接

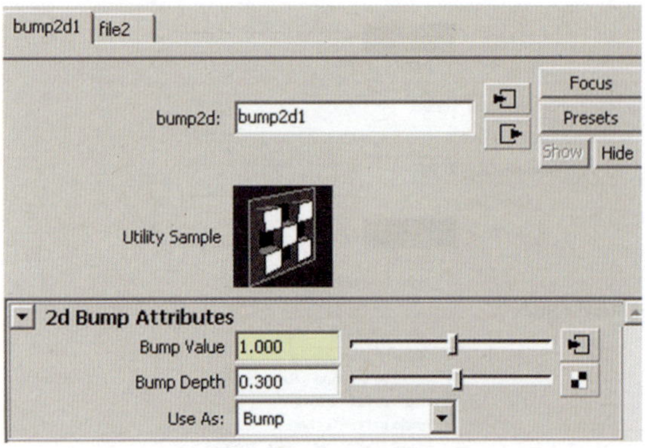

图3-70 设置bump2d1节点

step 5 机器金属材质渲染效果如图3-71所示。

图3-71 金属材质渲染效果

3.5.2 设置鱼状生命体材质

step 1 设置sss fast skin材质从Subsurface Scattering层与Diffuse层开始，具体参数如图3-72所示。Epidermal Scatter Color通道使用marble程序贴图来控制。

step 2 marble程序贴图具体参数如图3-73所示。

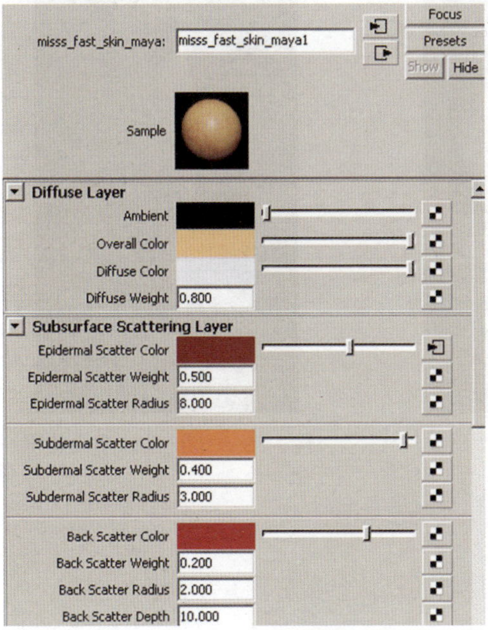

图3-72 鱼状生命体材质节点的链接

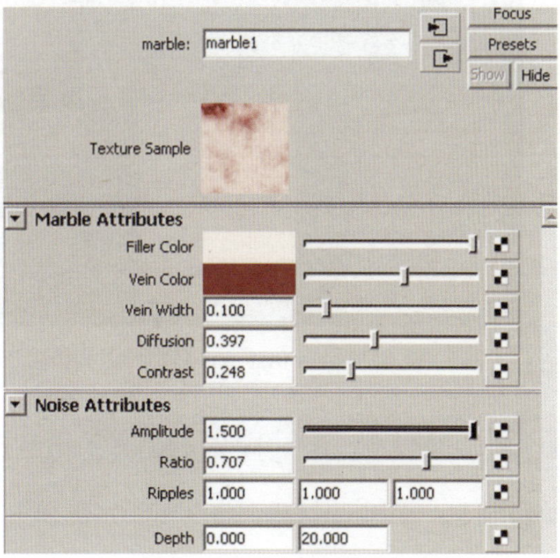

图3-73 设置marble程序贴图参数

step③ 然后设置Specularity层，具体参数如图3-74所示。

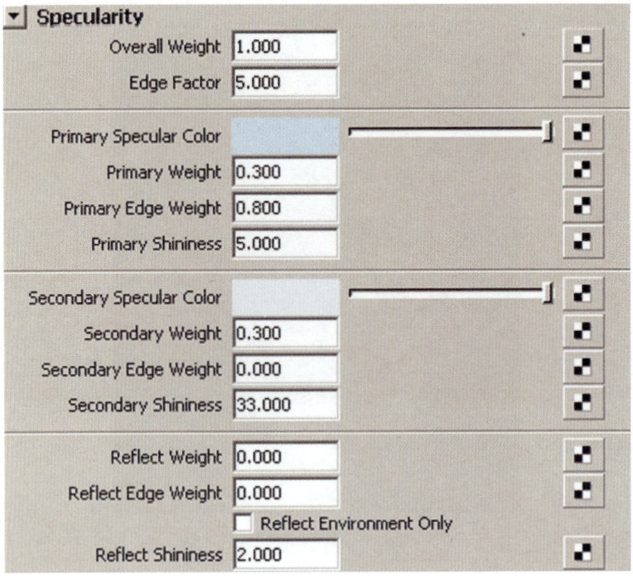

图3-74 设置Specularity层

step④ sss fast skin材质节点的链接如图3-75所示。

step⑤ 鱼状生命体材质渲染效果如图3-76所示。

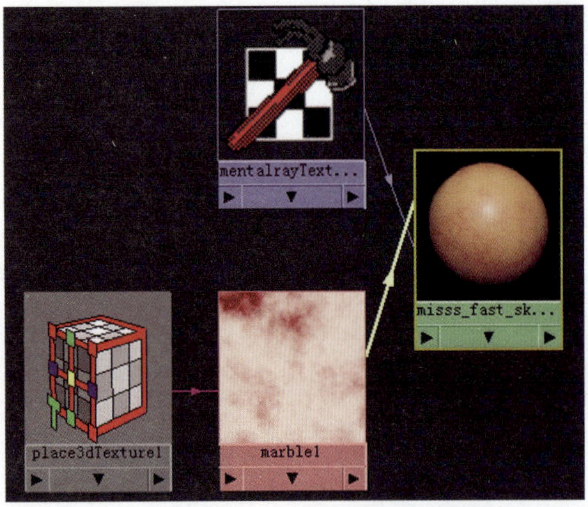

图3-75 sss fast skin材质节点的链接

图3-76 鱼状生命体渲染效果

3.5.3 设置水滴材质

step① 创建一个Blinn材质，将其赋予水滴模型，材质的具体参数如图3-77所示。

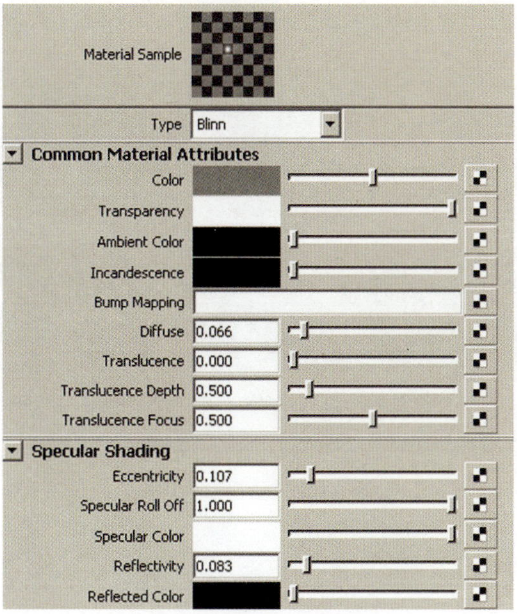

图3-77 Blinn材质设置

step❷ 继续设置此材质的光线跟踪参数，如图3-78所示。水滴材质渲染效果如图3-79所示。

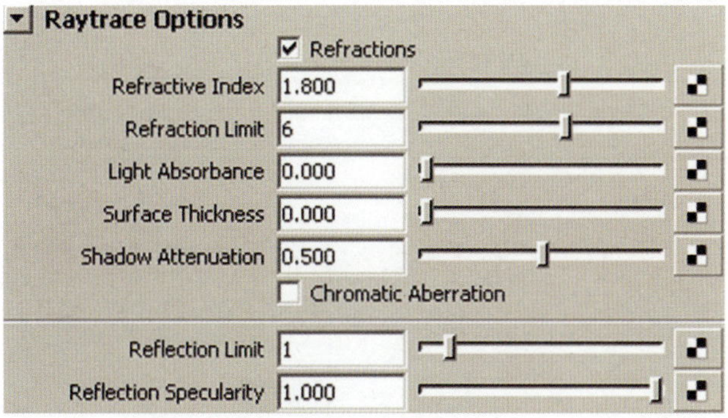

图3-78 光线跟踪属性参数

图3-79 水滴材质渲染效果

3.6 创建机器底部毛发

机器底部生长的毛发状物会带来比较奇特的视觉感受，与角色的毛发相比，可以说没有什么制作难度，读者不必拘泥于本书提供的毛发参数，大胆调试，制作出符合自己要求的效果即可。

3.6.1 生成毛发

制作几个用于生长毛发的多边形球状物体。选择Shave | Create New Hair命令，弹出毛发预设窗口，选择其中任意一种毛发预设，球上便会生成了毛发，如图3-80所示。

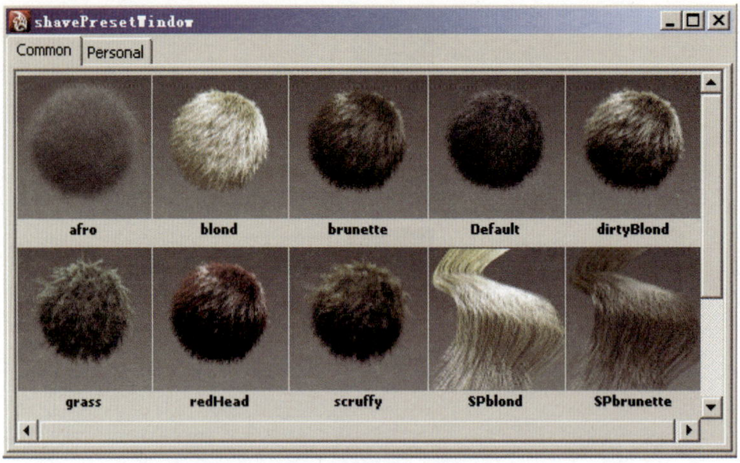

图3-80 毛发预设窗口

3.6.2 设置头发参数

下面是本案例shaveHairShape节点的主要参数设置：

step❶ 设置“常规参数”卷展栏的主要参数如图3-81所示。

step❷ 设置“材质参数”卷展栏的主要参数如图3-82所示。

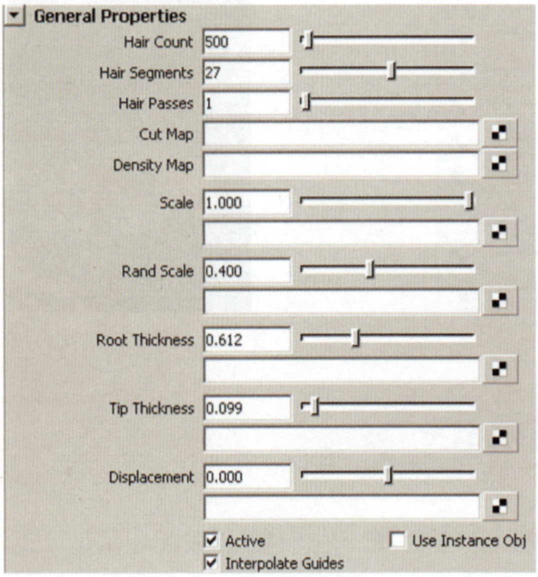

图3-81 “常规参数”卷展栏

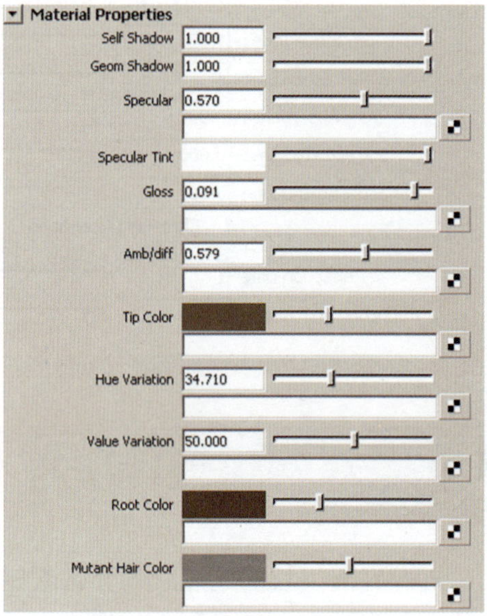

图3-82 “材质参数”卷展栏

step❸ “卷发参数”卷展栏的主要参数如图3-83所示。

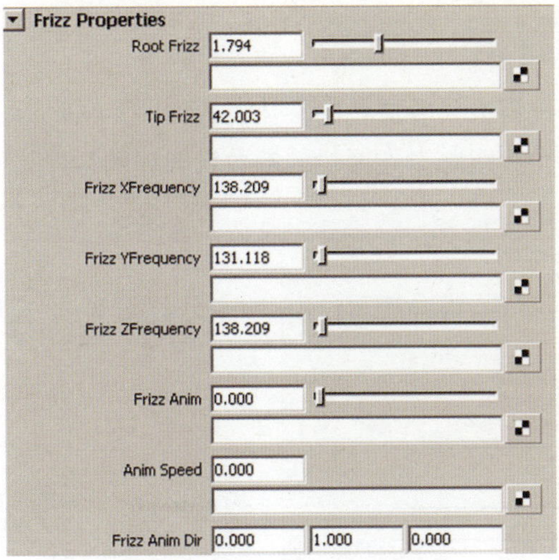

图3-83 “卷发参数”卷展栏

step4 “扭结参数”卷展栏与“多发丝参数”卷展栏的主要参数如图3-84所示。

step5 毛发渲染效果如图3-85所示。

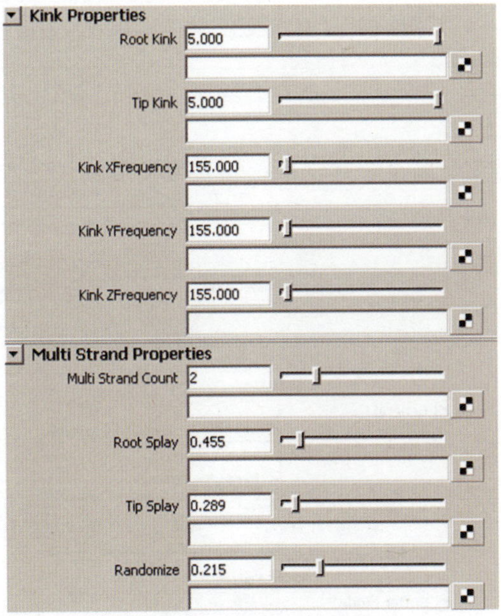

图3-84 卷展栏参数设置

图3-85 毛发渲染效果

3.7 渲染与合成

因为本案例使用了mental ray的面光源，所以必须使用mental ray渲染器进行渲染，本案例的一些特殊效果，比如云雾，考虑到后期制作的方便快捷，使用Photoshop绘制，灯光雾也在后期制作中进行了一些加强。

3.7.1 全局渲染设置

step❶ 全局渲染设置的“抗锯齿”卷展栏的参数设置如图3-86所示。

step❷ 全局渲染设置的“光线跟踪”卷展栏的参数设置如图3-87所示。

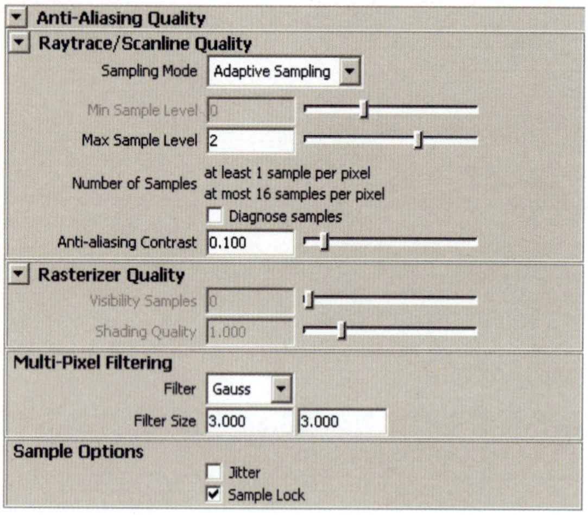

图3-86 “抗锯齿”卷展栏的参数设置

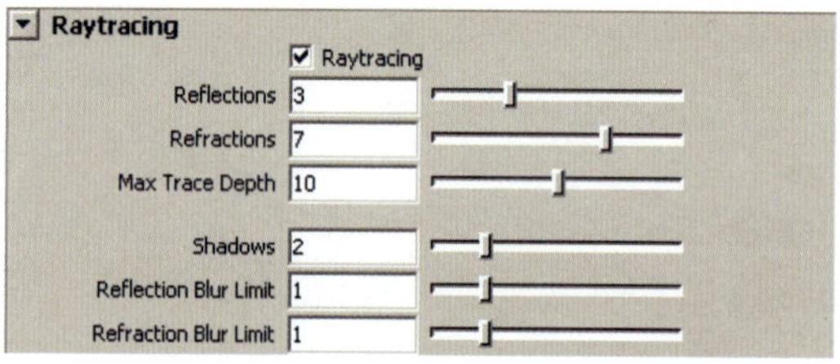

图3-87 “光线跟踪”卷展栏的参数设置

3.7.2 毛发渲染层

step❶ 选择Shave | Shave Globals命令，弹出毛发全局设置对话框，将头发渲染模式设置为Buffer模式。

step❷ 对Buffer模式参数进行进一步设置：选择Output Hair Images复选框，并设置其名称与存放路径，这样对毛发及模型进行渲染之后，单独的毛发图像（不包含头部模型）将被保存在你所设置好的路径文件夹内，以用于后期合成，如图3-88所示。

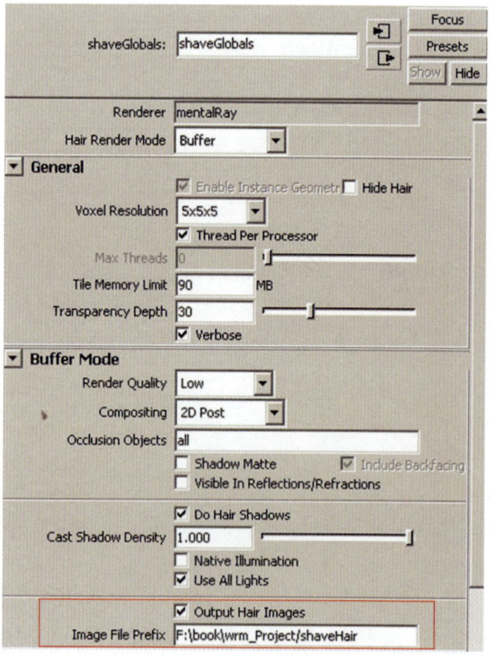

图3-88 毛发全局参数设置

3.7.3 AO渲染层

step❶ 新建一个渲染层，将其命名为AO，将本层渲染器指定为mental ray，将所有模型都添加到本层，并指定一个surfaceShader。

step❷ 新建一个mib_amb_occlusion节点，将其outValue属性与surfaceShader的outColor属性相连接，如图3-89所示。

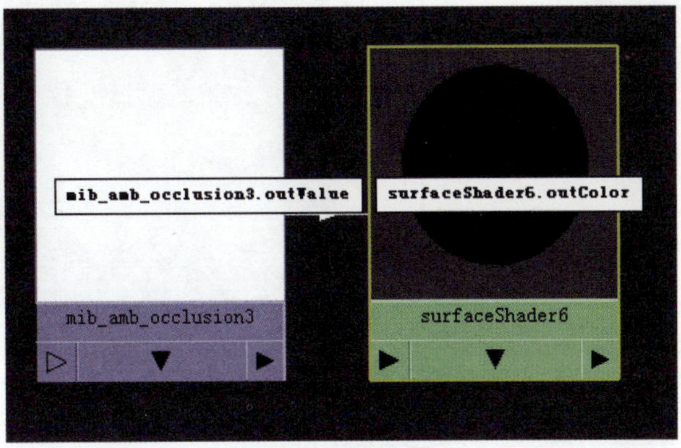

图3-89 属性连接

step❸ 提高mib_amb_occlusion节点的Samples（采样）值，如图3-90所示。

step❹ 将渲染质量设置为产品级，单击渲染按钮进行渲染，效果如图3-91所示。

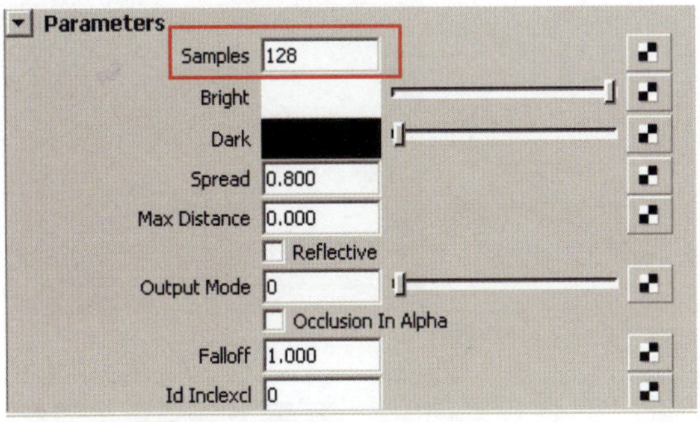

图3-90 提高AO采样值

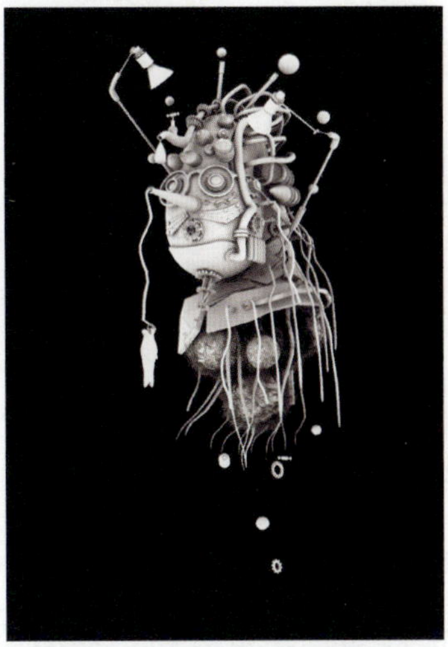

图3-91 AO层渲染效果图

3.7.4 使用Photoshop合成图像

step❶ 首先合成AO层，将AO层的图层混合模式设置为Multiply，然后拼合所有图层。

step❷ 为底部散落的零件添加Motion Blur（运动模糊）滤镜，参数设置如图3-92所示。

step❸ 在Photoshop中使用云雾笔刷绘制云雾，最好使用手绘板，如图3-93所示。

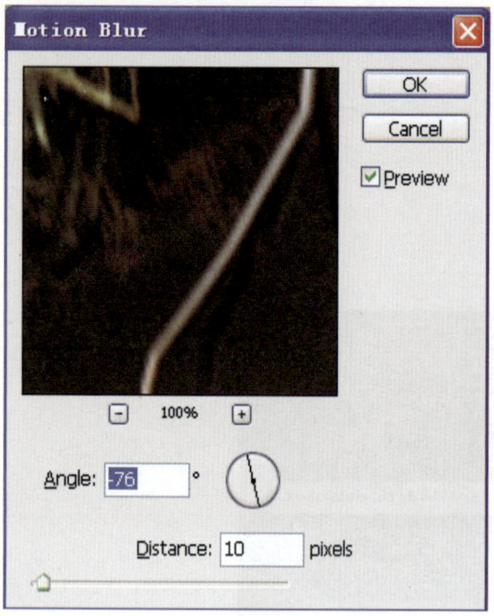

图3-92 添加Motion Blur（运动模糊）滤镜

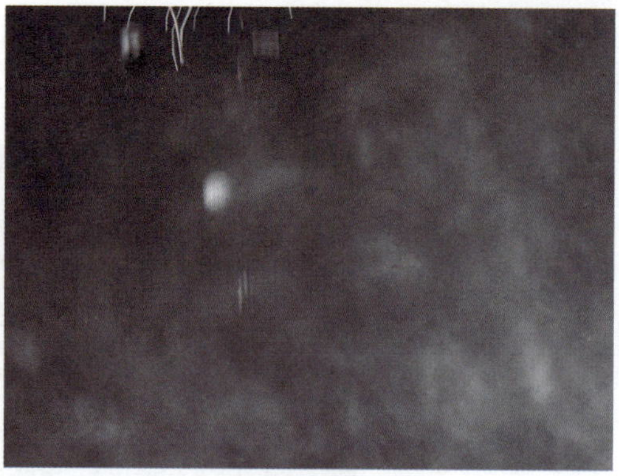

图3-93 绘制云雾

step4 在Photoshop中设置渐变工具，如图3-94所示。

step5 使用渐变工具填充一个渐变图层，如图3-95所示。

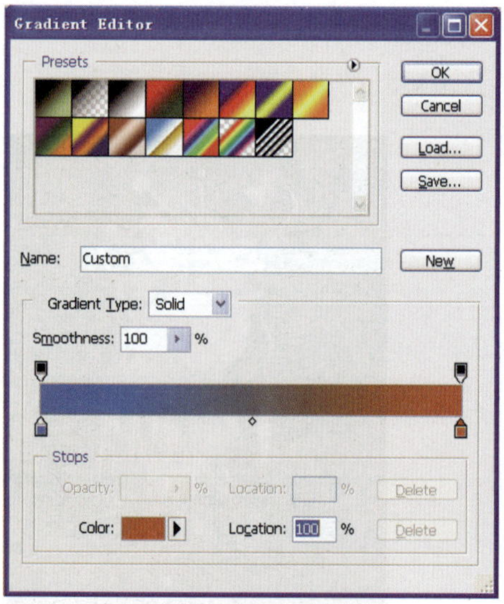

图3-94 设置渐变工具

图3-95 渐变图层

step6 将本图层放置在机器图层之上，图层混合模式如图3-96所示。

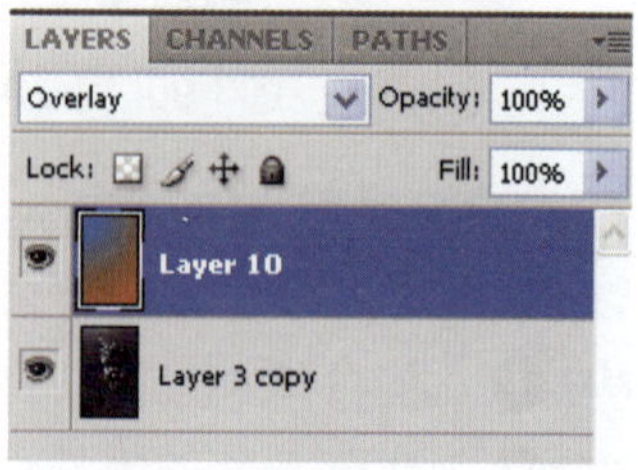

图3-96 图层混合模式

step❼ 合成前后的对比效果如图3-97和图3-98所示。

图3-97 合成前

图3-98 合成后

第4章 万人迷

本章案例的建模、灯光、材质和渲染等工作都是在Maya中完成的，角色毛发使用Maya的毛发插件Shave And A Hair Cut进行制作，最后使用Photoshop叠加AO效果并进行景深制作。本章通过对整个流程的讲解，使读者学习到与卡通风格的三维静帧创作相关的方法和技巧。

素材和源文件：\素材和源文件\第4章 万人迷

4.1 备受欢迎的卡通风格

本章的创作主题是表现一个卡通风格的时装模特，在T型台上展示自己形象的瞬间，本例制作完成后的最终效果如图4-1所示。

4.1.1 创意分析

如今欣赏卡通片已经不是孩子们的专利，众多的成年人同样对它青睐有加，如*Wall·E*、《功夫熊猫》等影片就相当火爆，如图4-2所示。

本案例的主角是一位时装模特，她有一身时尚的装扮：闪亮艳丽的红色时装；膨起的爆炸头；牵着一个半青蛙半男人的宠物；大大的眼睛掩饰不住内心的空乏——这就是“万人迷”。我们生活的世界中也有很多“万人迷”。

图4-1 《万人迷》案例效果图

图4-2 电影《功夫熊猫》剧照

4.1.2 制作流程

整个制作流程大致分为：绘制草图、Maya建模、绘制贴图、设置骨骼、摆动作、布光、渲染及Photoshop后期制作。详细的制作流程如下。

01 草图

本案例的灵感来源于平时一个漫无目的随手勾画的草图，不知读者是否有经常在速写本上涂鸦的习惯，笔者经常会在众多的涂鸦中挑选出比较喜爱的，把它进一步创作成三维静帧作品。

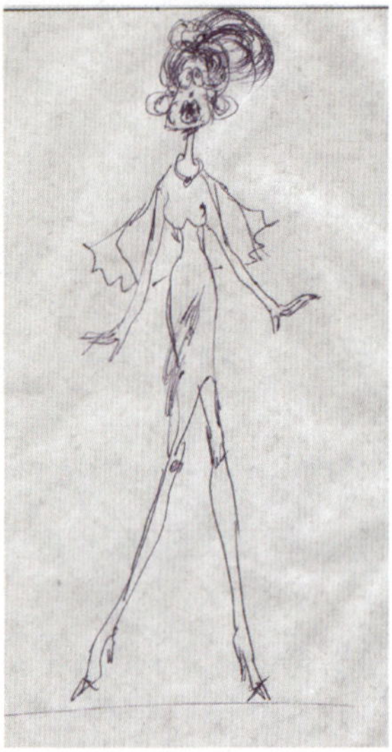

02 Maya建模

此案例完全使用Maya的多边形建模方式进行建模。

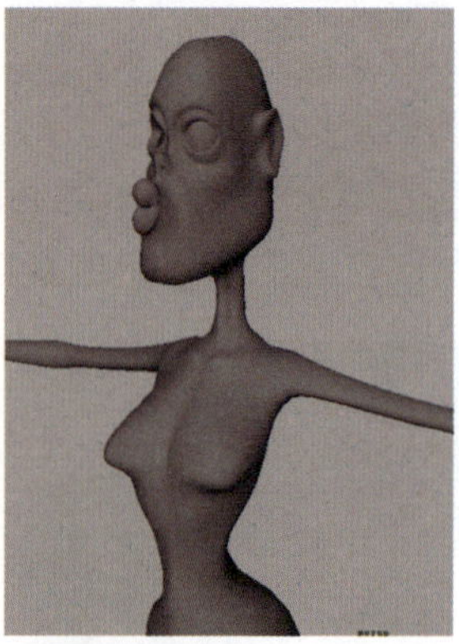

03 骨骼与动作

为角色添加骨骼并设置姿态。

04 UV与贴图

为角色拆分UV，将UV图像输入Photoshop，绘制角色贴图。

05 毛发

模特毛发使用Shave And A Hair Cut来创建。

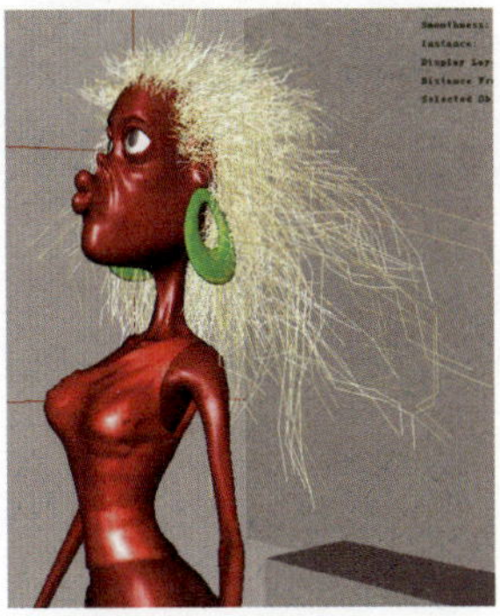

06 灯光、材质与渲染

为场景设置灯光，为模型设置材质，使用mental ray进行渲染。

07 Photoshop合成与后期制作

最后利用Photoshop进行合成。

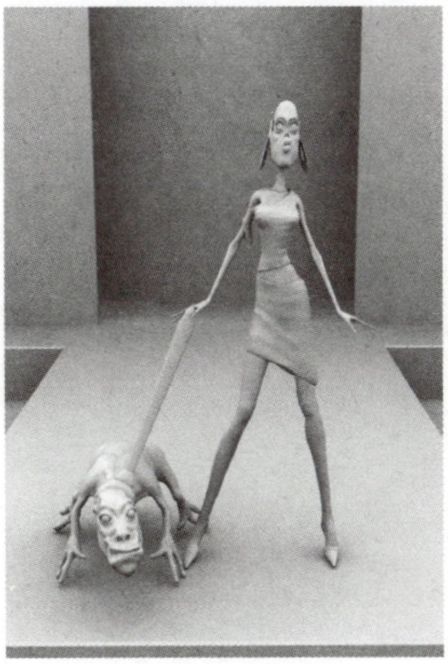

4.1.3 注意事项

在整个制作过程中，会遇到很多问题，以下为总结出的可能的问题及相关的解决方法。

注意1 卡通化的形象

角色的形象、动态、比例和神态等要进行夸张、不能被现实生活所束缚。

注意2 角色姿态

要多研究人体的运动规律，并考虑如何夸张。本案例可以参考一些时装模特在T型台上的习惯动作。

注意3 角色的服装

一般情况都是先建立人体，然后为人体添加服装与配饰等。有些情况下也可以省略掉被服装遮住的人体部分。服装的贴图可以使用手绘板在Photoshop中绘制，也可以使用花纹等素材进行编辑。

注意4 毛发的创建

本案例使用Maya的毛发插件Shave And A Hair Cut创建毛发，需要读者另外进行安装。

4.2 制作模特模型

本案例首次使用多边形建模技法进行人体建模，卡通风格的人物建模比创建真实人体要简单很多，但却具有它的特点。本节通过对两个卡通角色进行建模，深入讲解如何创作这种备受大众喜爱的艺术风格，同时完成从器物建模到真实角色建模的过渡。

4.2.1 导入参考图

本案例在建模的初级阶段导入草图作为建模参考，有利于把握模型大致的比例关系。

启动Maya软件，在前视图中选择View | Image Plane | Import Image命令，将参考草图导入，如图4-3所示。然后在透视图中选择Image Plane选项，调节其位置，如图4-4所示。

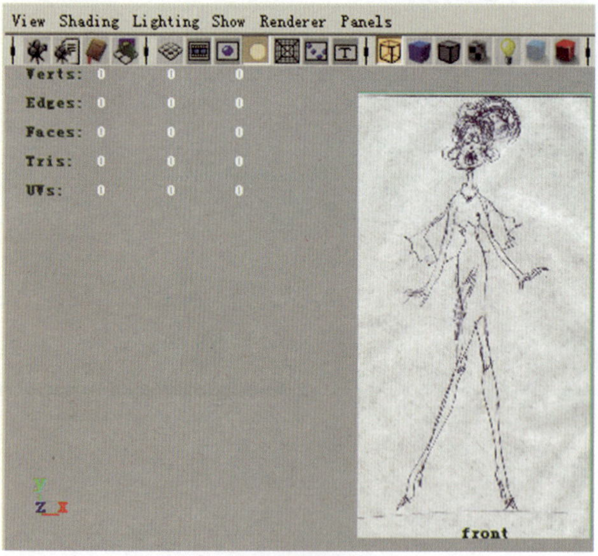

图4-3 将参考草图导入

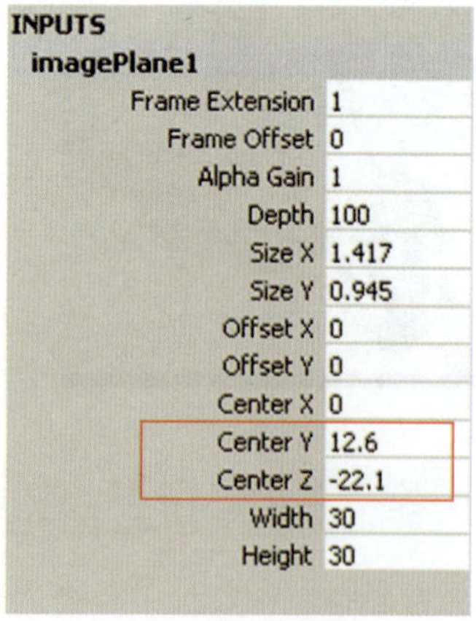

图4-4 调节参考图位置

4.2.2 模特外形

step1 创建一个多边形圆柱体，并修改其参数，如图4-5所示。场景圆柱体效果如图4-6所示。

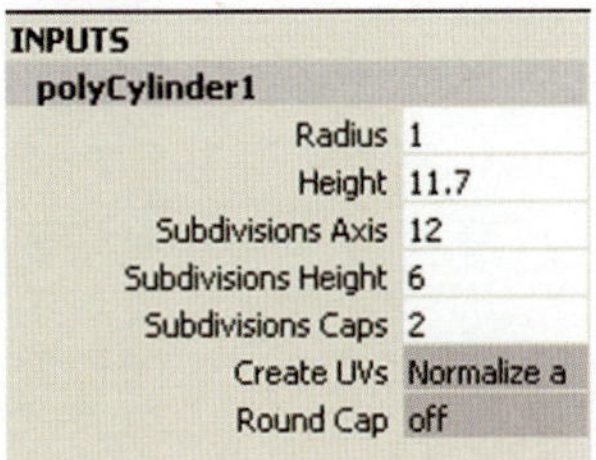

图4-5 修改圆柱体参数

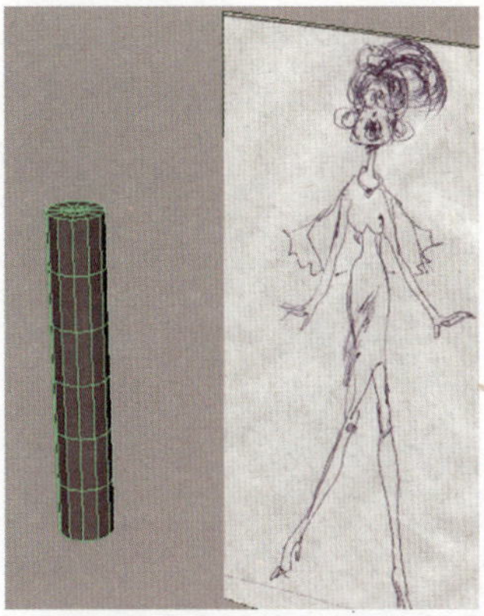

图4-6 圆柱体效果

step❷ 在前视图中对圆柱体进行变换操作，改变模型的形态，如图4-7所示。

step❸ 在前视图中选择模型一半的面，按【Delete】键将其删除，如图4-8所示。

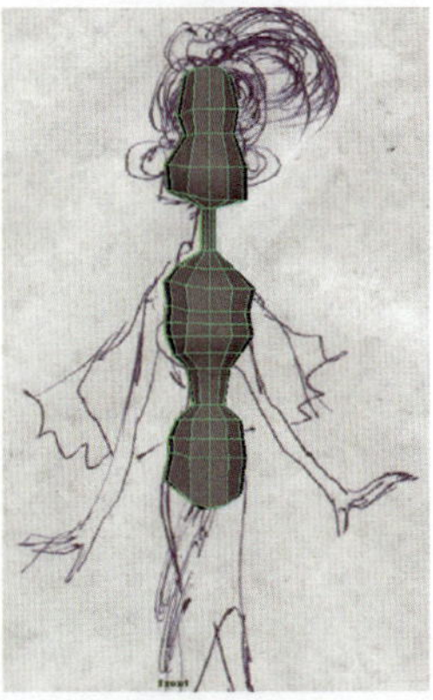

图4-7 对圆柱体进行变换操作

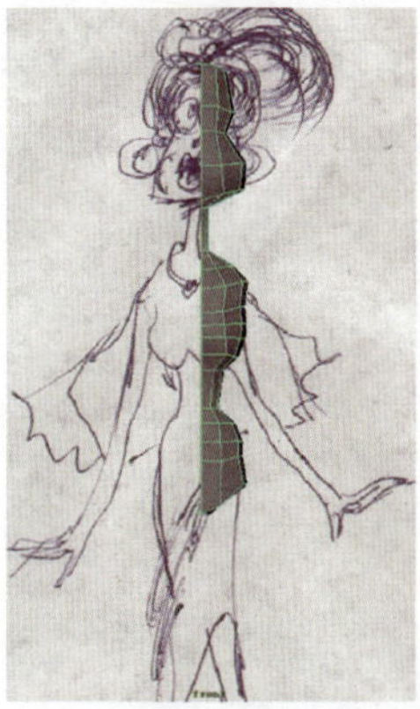

图4-8 删除模型一半的面

step❹ 单击Edit | Duplicate Special命令后面的小方体，弹出Duplicate Special Options对话框，如图4-9所示进行设置。单击Duplicate Special按钮，镜像复制后的模型，如图4-10所示。

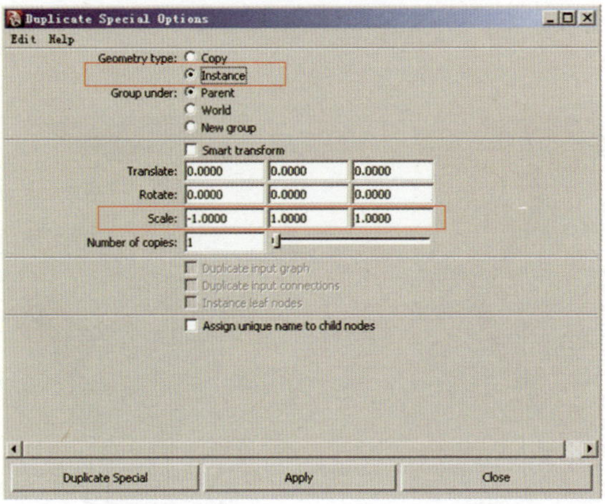

图4-9 Duplicate Special Options对话框

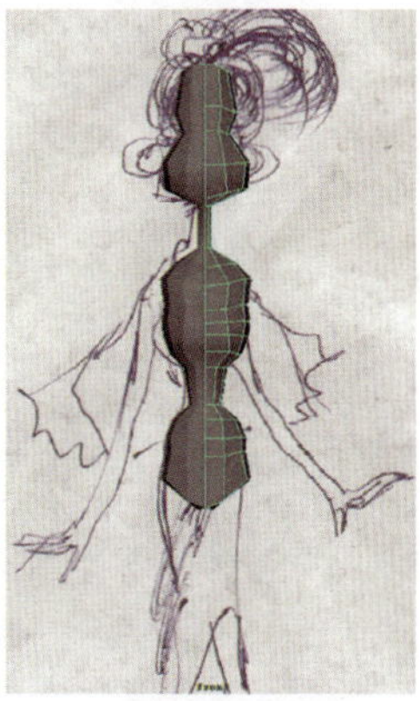

图4-10 镜像复制后的模型

step❺ 在侧视图中继续对模型的点进行位移等变换操作，如图4-11所示。

step❻ 选择模型下面的部分面，选择Edit Mesh | Extrude命令，对面进行挤压，如图4-12所示（注意选择Keep Face Together复选框）。挤压后进行位移操作，形状如图4-13所示。

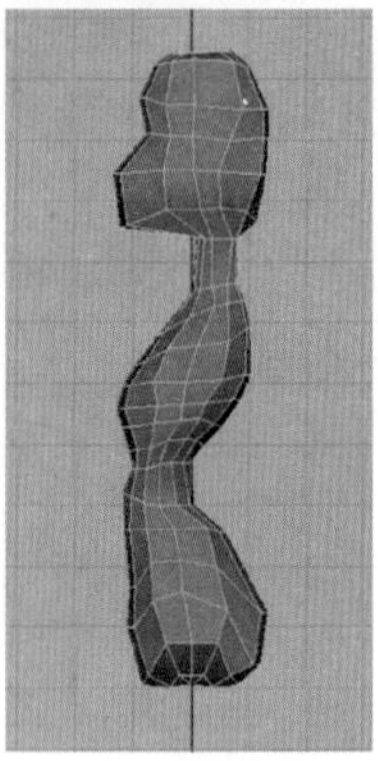
图4-11 细分后的模型

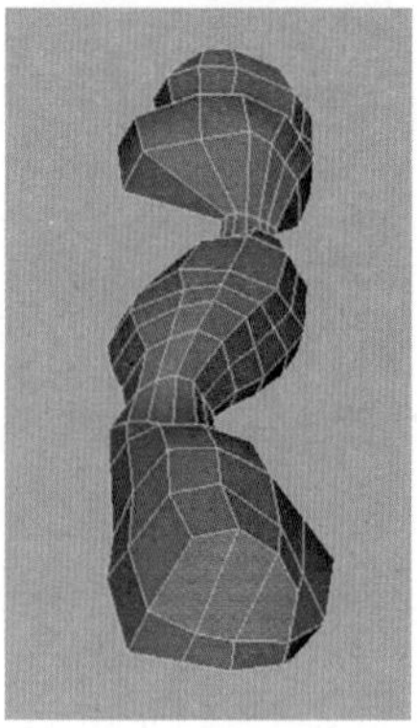
图4-12 选择模型下面的部分面

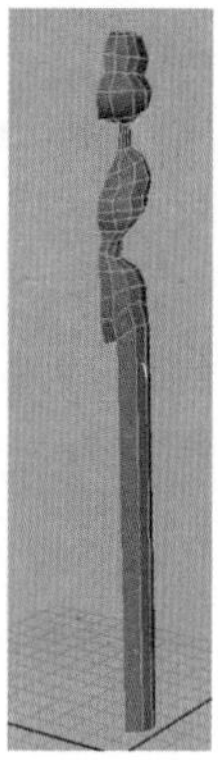
图4-13 挤压后进行位移操作

step❼ 选择模型肩部的部分面，进行挤压，如图4-14所示（注意选择Keep Face Together复选框）。挤压后进行变换操作，形状如图4-15所示。

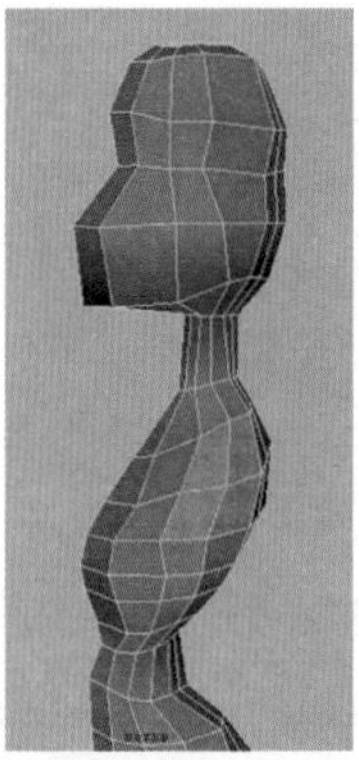
图4-14 选择模型肩部的部分面挤压

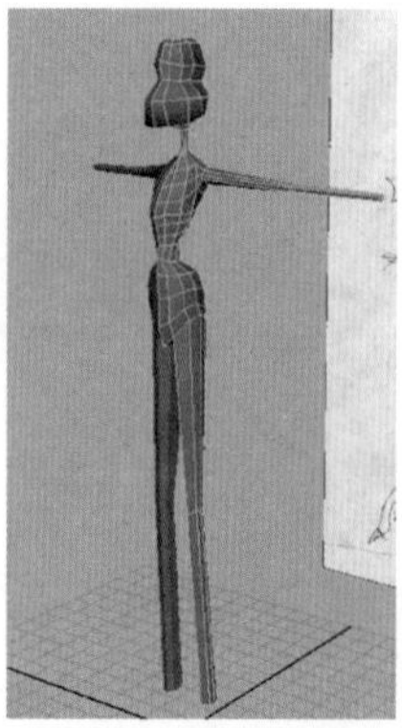
图4-15 挤压后进行变换操作

step❽ 选择模型胸部的部分面，进行多次挤压，挤压后进行变换操作，如图4-16～图4-18所示。

图4-16 规划胸部形状

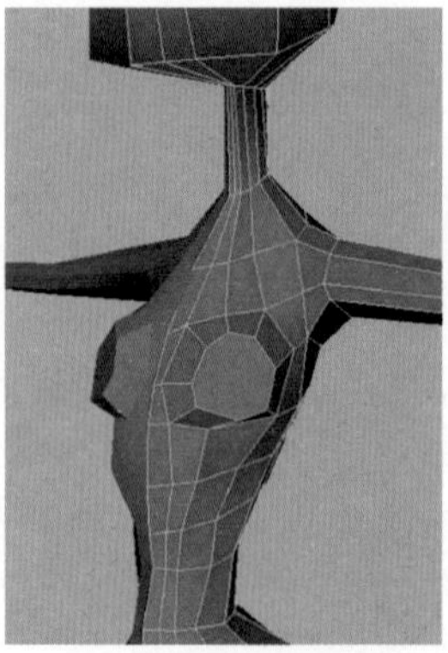
图4-17 挤压出胸部图

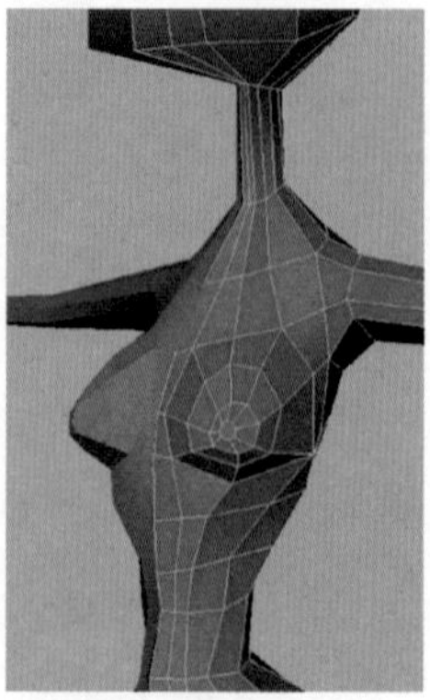
图4-18 多次挤压

4.2.3 头部模型细节

step❶ 删除嘴部的部分边，对嘴部的面进行挤压，挤压后进行变换操作，如图4-19和图4-20所示。眼部的操作方法与嘴部相同。

step❷ 选择Edit Mesh | Insert Edge Tool命令，使用循环切割工具在嘴部插入环形边，如图4-21所示。进行变换操作，并对鼻子处的部分面进行挤压，如图4-22所示。

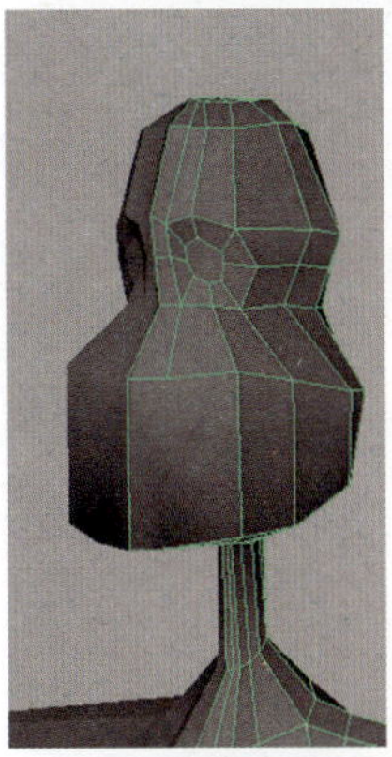
图4-19 规划嘴部形状

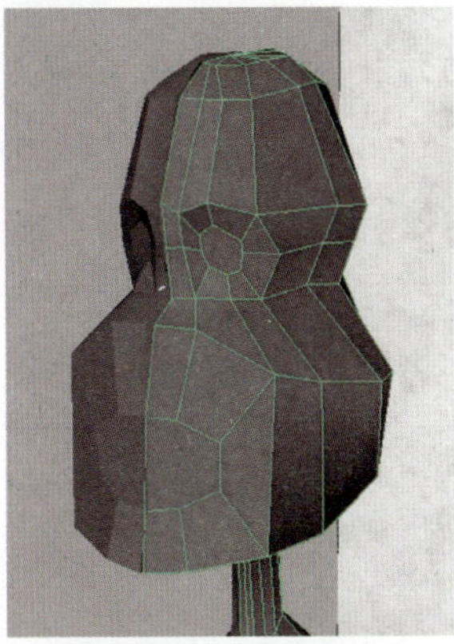
图4-20 挤压出嘴部

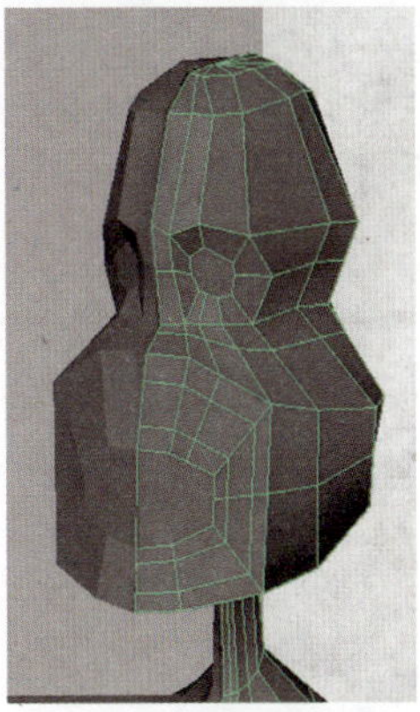
图4-21 在嘴部插入环形边

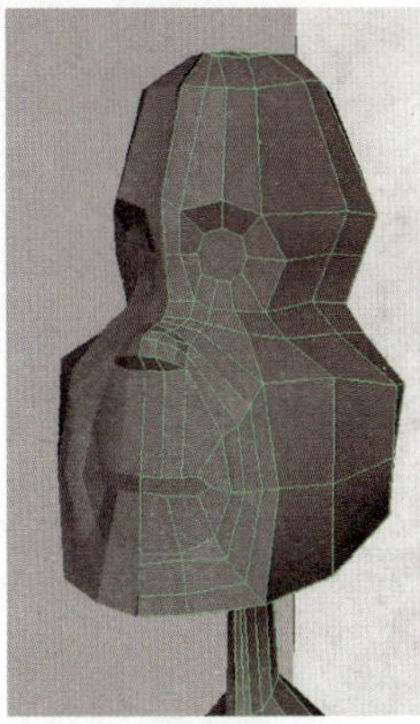
图4-22 挤压出鼻子

step❸ 使用变换工具调节嘴部形状，如图4-23所示。继续使用循环切割工具在嘴部与嘴唇部插入环形边，如图4-24所示。

step❹ 使用循环切割工具在胳膊与腿部插入环形边，进行变换操作，如图4-25所示。

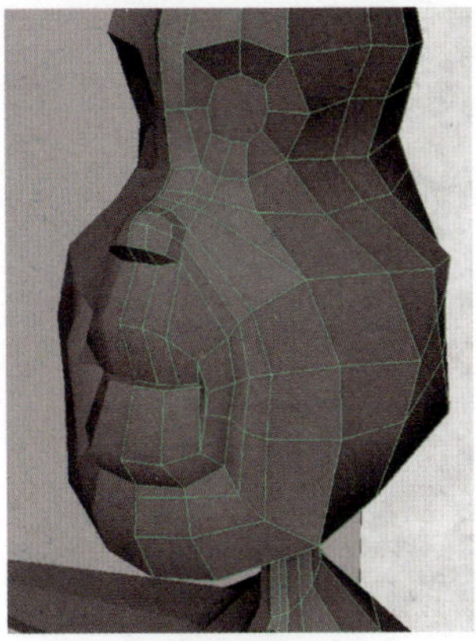
图4-23 在嘴部插入环形边

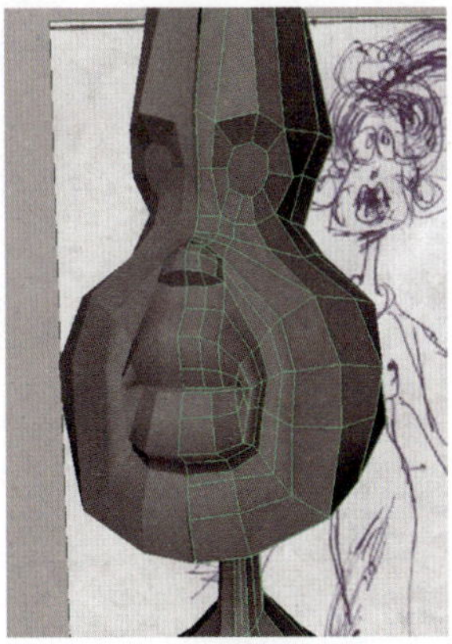
图4-24 挤压出鼻子

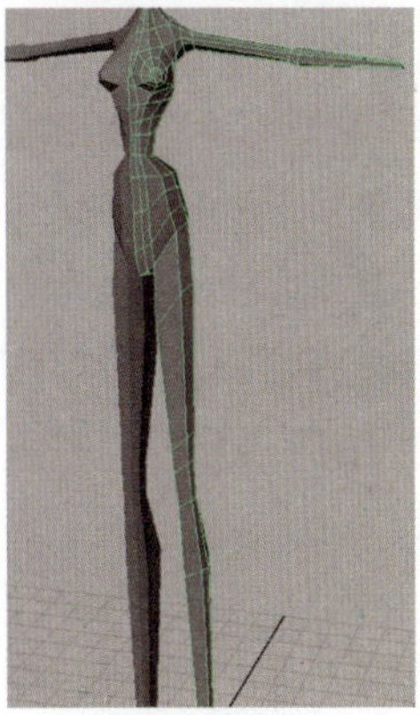
图4-25 在胳膊与腿部插入环形边

4.2.4 手、脚与耳朵模型

step❶ 使用Extrude工具挤压出手掌，如图4-26所示。

step❷ 选择Edit Mesh | Split Polygon命令，使用切割工具切割出4个手指的多边形面，然后选择食指部位的两个面，使用Extrude工具挤压出食指，如图4-27所示。

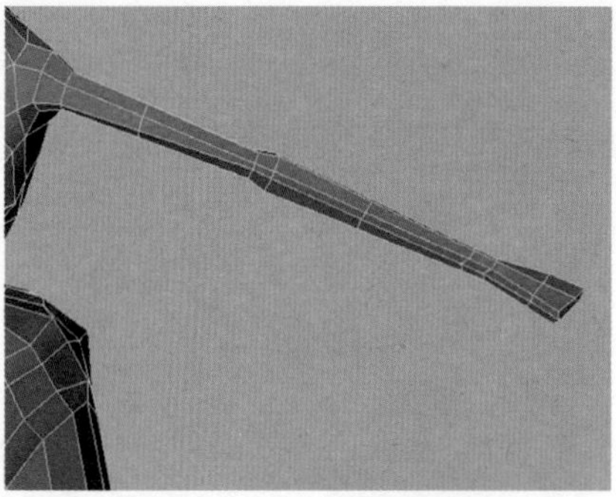

图4-26 挤压出手掌

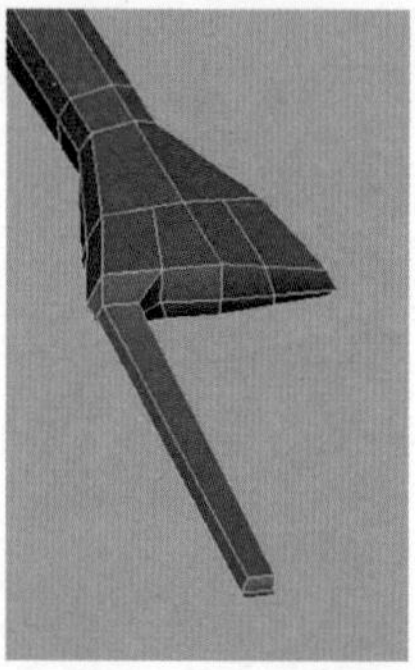

图4-27 挤压出手指

step❸ 使用循环切割工具增加食指的段数，继续使用相同的方法挤压出其他的手指，如图4-28所示。

step❹ 选择模型手掌侧面的部分面，进行挤压，挤压后进行变换操作，并使用循环切割工具增加段数，形成拇指形状，如图4-29所示。

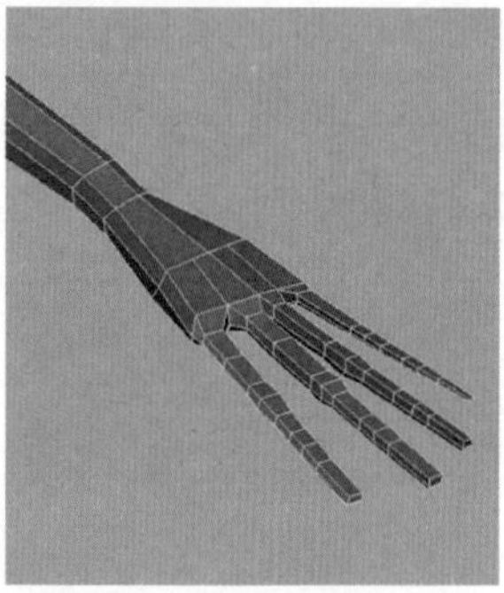

图4-28 为手指增加段数

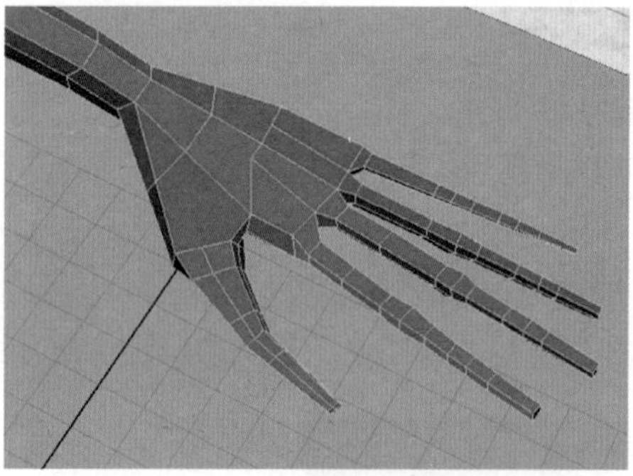

图4-29 挤压出拇指

step❺ 使用Split Polygon工具切割手掌（图4-30比图4-29增加的3条边就是切割出来的），如图4-30所示。

step❻ 选择腿部底下的面，进行挤压，然后进行位移操作，反复几次，拉出脚部形状，如图4-31所示。

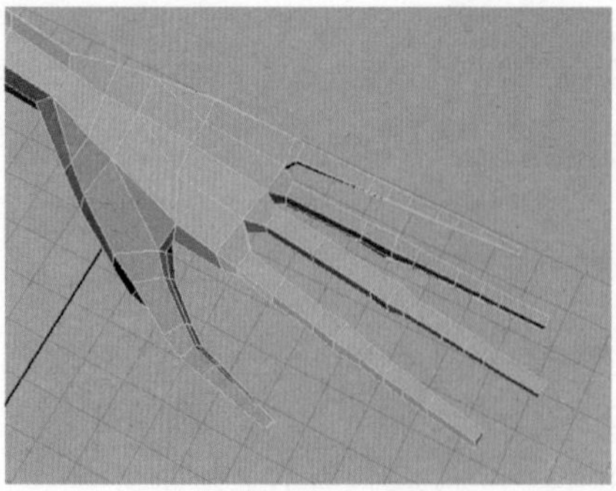

图4-30 切割手掌

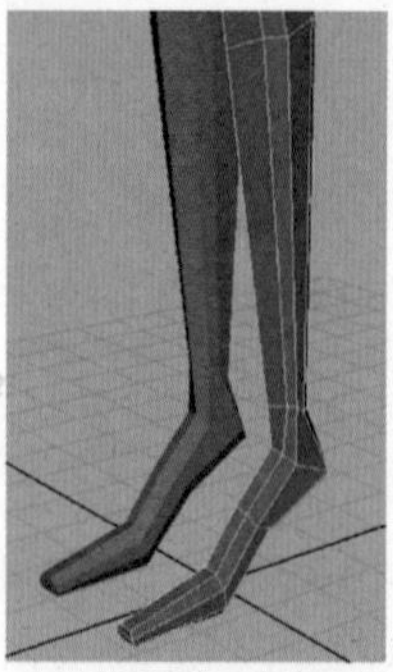

图4-31 挤压出脚

step❼ 选择模型耳朵位置的部分面，进行多次挤压，如图4-32所示。挤压后进行变换操作，形成耳朵形状，如图4-33所示。

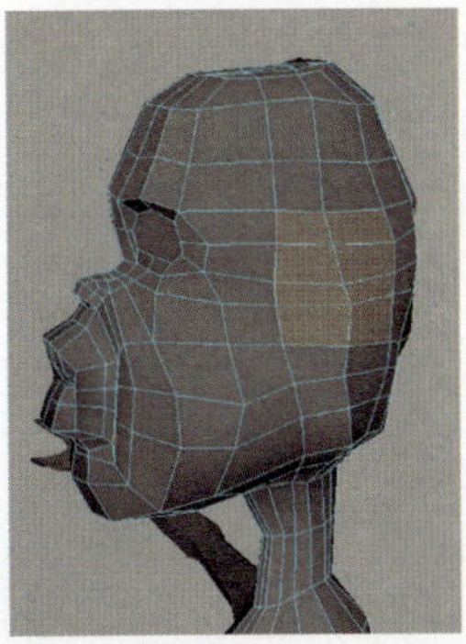

图4-32 选择模型耳朵位置的面

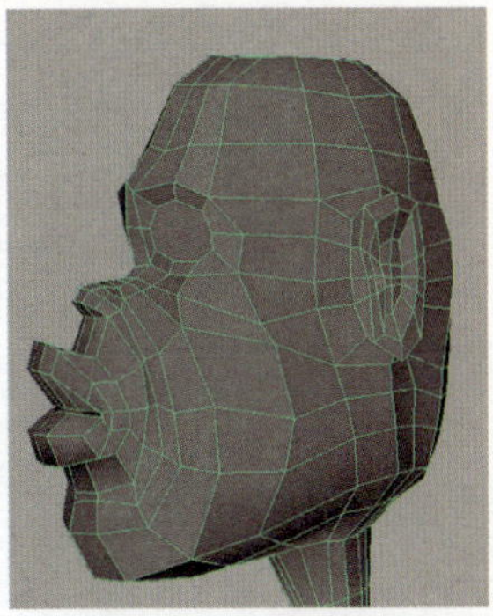

图4-33 挤压出耳朵

step 8 删除眼睛与嘴部中心的面，选择眼部最中心的一圈边界进行多次挤压，形成眼部形状，如图4-34所示。

step 9 创建一个NURBS球体作为模特的眼球，根据眼球调节眼部形状，如图4-35所示。

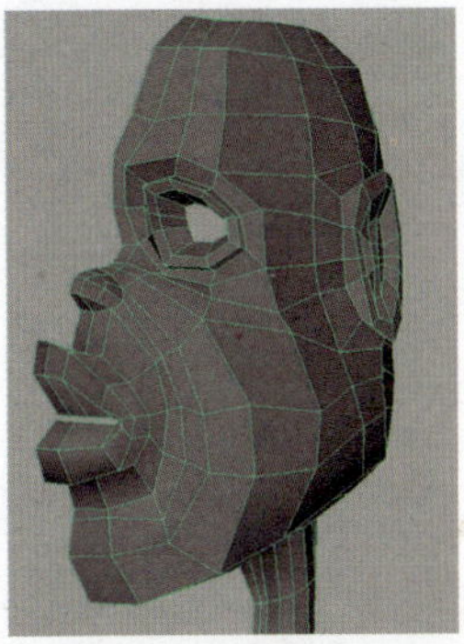

图4-34 挤压出眼部形状

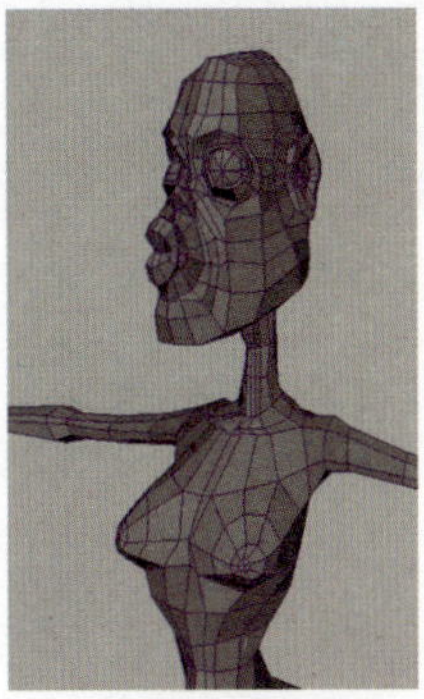

图4-35 根据眼球调节眼部形状

4.2.5 结合两边模型

step 1 删除前面镜像复制出来的一半模型，选择Mesh | Mirror Geometry命令，如图4-36所示进行镜像多边形属性设置。

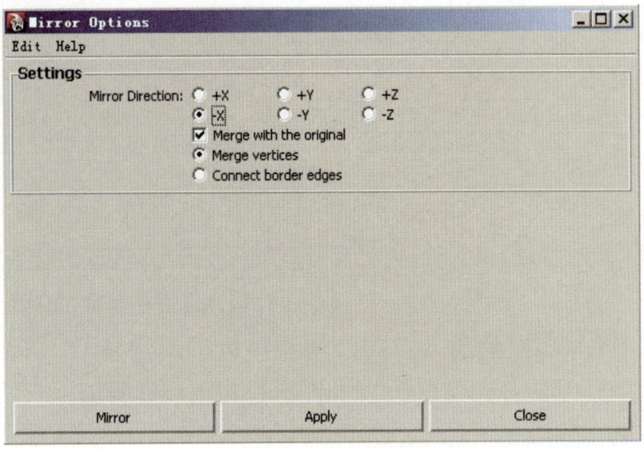

图4-36 镜像多边形

step❷ 镜像出来的模型如图4-37所示，可以与笔者创建的另外一个真实人体模型进行比较，找出卡通人物的夸张所在，如图4-38所示。

step❸ 读者也可以根据需要在此基础上继续使用多边形切割工具添加细节。最后还要对模型执行Smooth（平滑）操作，如图4-39所示。这一步操作最好放在为模型拆分了UV之后。

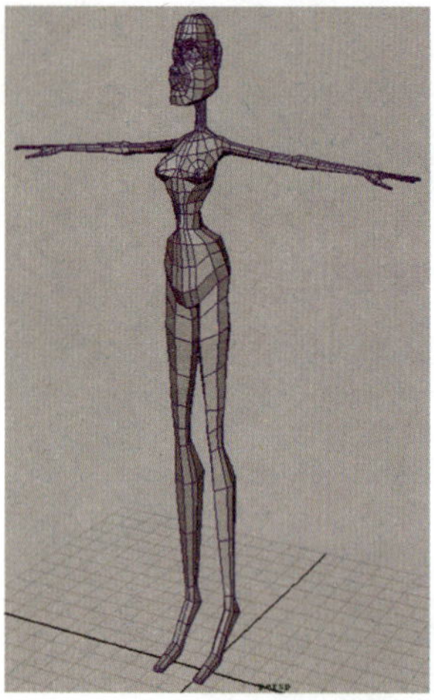

图4-37 镜像完成的卡通人体

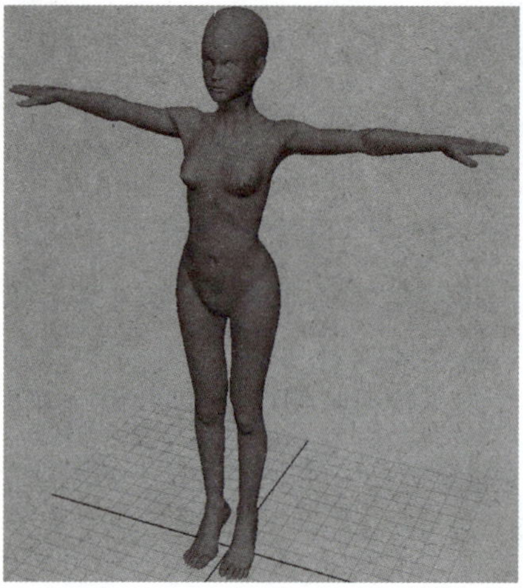

图4-38 真实人体

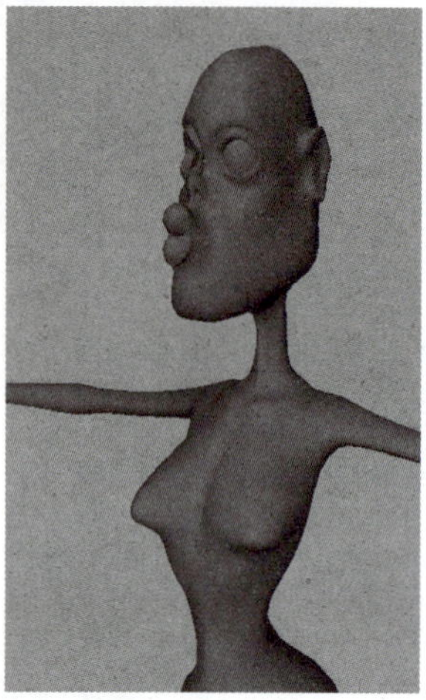

图4-39 平滑细分后的卡通人体

4.2.6 编辑模型UV

通常情况下，编辑模型UV都是放在制作完模型之后，但是如果仅仅是进行静帧创作，不制作动画，那么也可以放在设置好模型姿态之后，本案例使用Unfold 3D展开模型UV。

step❶ 选择File | Export Selection命令，将模型输出为OBJ格式的数据模型。

step❷ 启动Unfold 3D软件，单击Load OBJ按钮载入从Maya中输出的模型，如图4-40所示。

step❸ 选择Edie | Mouse Binding命令，弹出键盘和鼠标设置对话框，将载入预设设置为Maya的键盘和鼠标视窗操作方式，如图4-41所示。

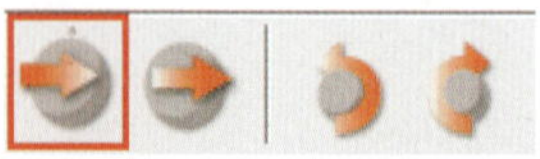

图4-40 载入模型

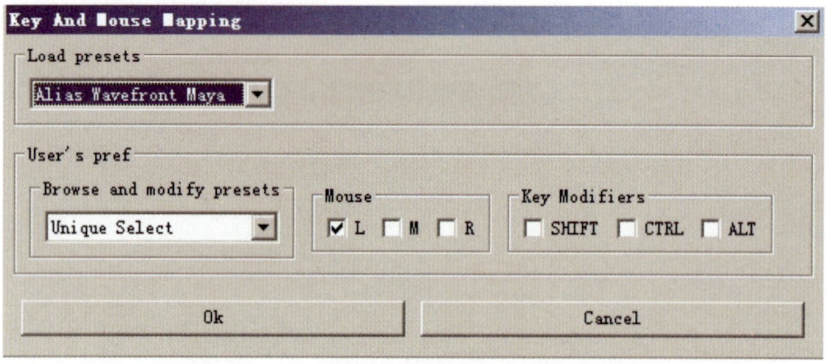

图4-41 载入键盘和鼠标操作方式预设

step❹ 在模型需要进行UV切开的边上单击，使这些边呈蓝色显示。单击Cut Mesh按钮，将模型UV边界切开，模型UV切开边线的位置如图4-42和图4-43所示。

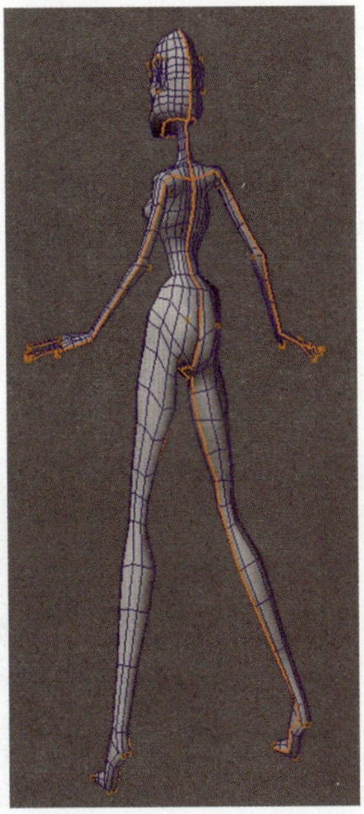

图4-42 背面UV切开边线的位置

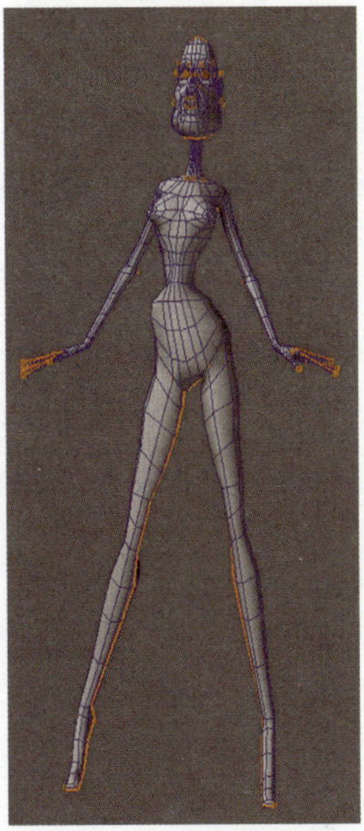

图4-43 正面UV切开边线的位置

step❺ 单击Auto Unfolding（自动展开）按钮，将模型的UV展开，如图4-44所示。展开后的效果如图4-45所示。

step❻ 单击Save按钮，将拆分好UV的模型输出，模型将自动保存到与原始模型相同的目录中，如图4-46所示。

图4-44 Auto Unfolding按钮

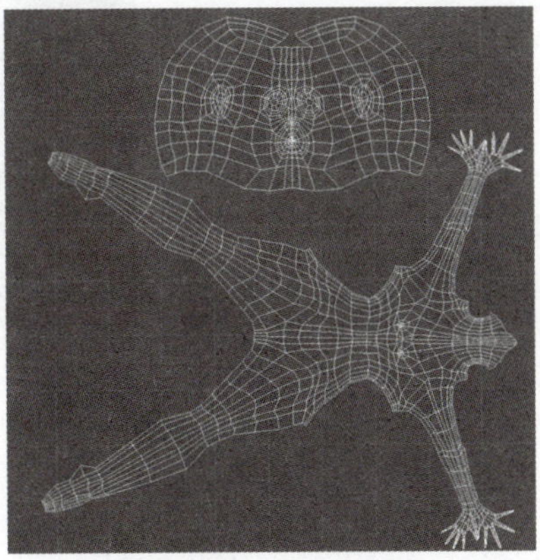

图4-45 展开后的模型UV

图4-46 输出模型

4.3 制作其他模型

其他模型包括宠物、衣服、鞋子、耳环、睫毛和T型台等，相对比较简单，这里只进行简单的介绍。制作其他模型使用的工具与创建模特模型完全相同，但是要根据项目的不同选择不同的工具与方法，比如宠物需要凹凸不平的皮肤效果，ZBrush就是最好的雕塑工具。

4.3.1 宠物模型

制作宠物模型的方法有两种：一种是使用与制作模特模型相同的方法，在Maya中先创建一个多边形Cube，然后不断对此Cube进行挤压、切割和变换等操作，最终得到宠物模型，如图4-47所示；另外一种方法是使用ZBrush的Z球建模法。本案例使用ZBrush的Z球建模法来制作宠物模型。

step❶ 启动ZBrush软件，在软件界面右边的Tool菜单下，选择ZSphere工具，如图4-48所示。然后在视窗中按住鼠标左键进行拖曳，画出一个Z球，如图4-49所示。

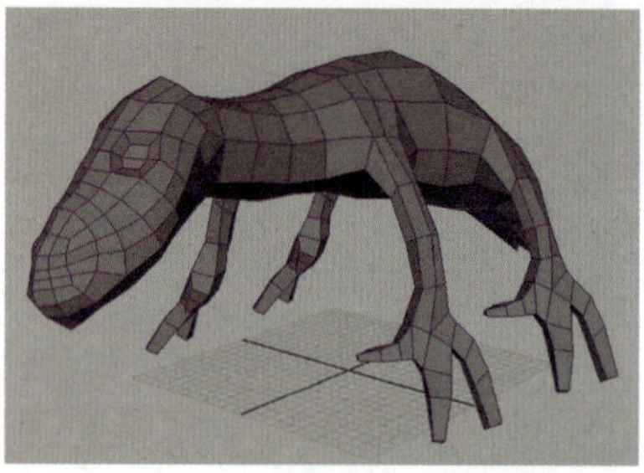

图4-47 在Maya中建立宠物模型

图4-48 选择ZSphere工具

图4-49 画出ZSphere

step❷ 单击Edit按钮，对ZSphere进行编辑，如图4-50所示。在初始Z球上继续绘制，并使用Move、Scale、Rotate工具对Z球进行移动、缩放、旋转的变换操作，按【X】键进行对称的镜像绘制，最后组合出一个宠物的大概形象，如图4-51所示。

图4-50 单击Edit按钮

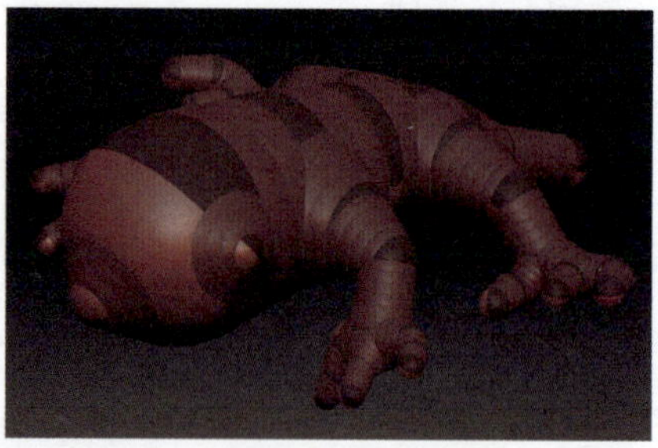

图4-51 Z球建模法

step❸ 按【A】键预览模型的多边形形态，如图4-52所示。展开左边Tool菜单下的Adaptive Skin选项卡，调节Ires与Mbr的参数，使多边形宠物看起来正常，最后单击Make Adaptive Skin按钮，将宠物模型从Z球形态转化为多边形形态，如图4-53所示。

图4-52 预览多边形形态

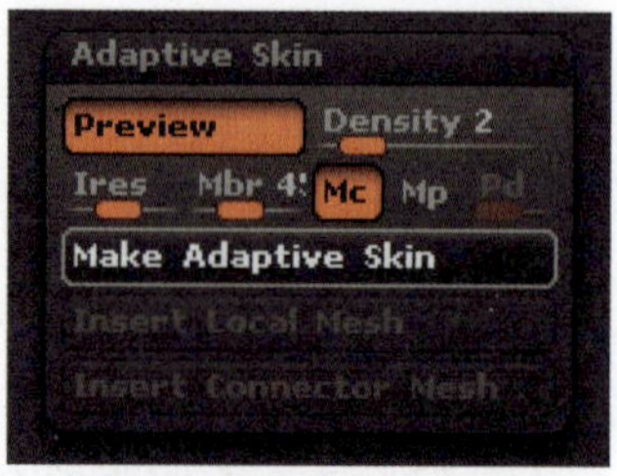

图4-53 转化为多边形

step❹ 选择转化过来的多边形宠物，使用Standard（笔刷）工具进行深入雕塑，按【X】键进行对称的镜像绘制，按【Alt】键进行凹陷雕塑，单击Standard（笔刷）按钮，在弹出的对话框中选择Clay笔刷，如图4-54所示。使用Clay笔刷雕塑模型。

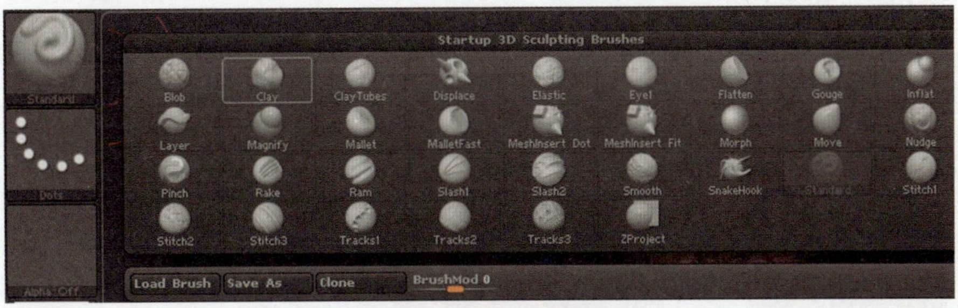

图4-54 选择Clay笔刷

step❺ 在视窗中右击，可以在弹出的对话框中设置Draw Size（笔刷大小）与Z Intensity（纵深压力强度），交替使用Standard笔刷、Clay笔刷和Move笔刷对模型进行深入刻画，得到宠物模型，如图4-55所示。

图4-55 完成的宠物模型

step❻ 将模型的细分级别设置为最低级别，输出为OBJ格式模型，使用Unfold 3D展开模型UV，如图4-56所示。编辑好的UV如图4-57所示，编辑方法同模特完全一样。保持ZBrush的细分级别不变，将从Unfold 3D中分好UV的模型载入。

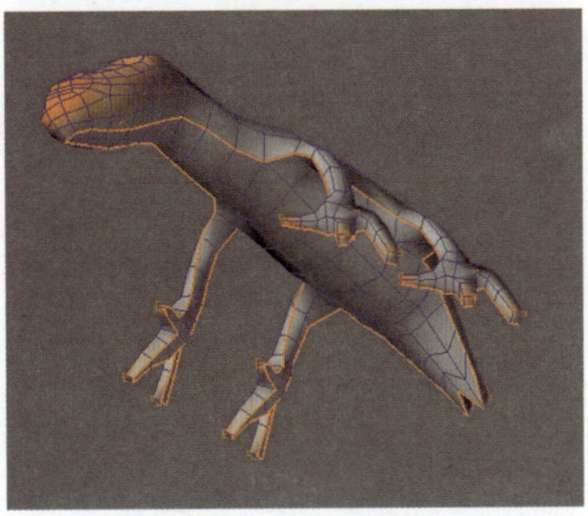

图4-56 UV切开边线的位置

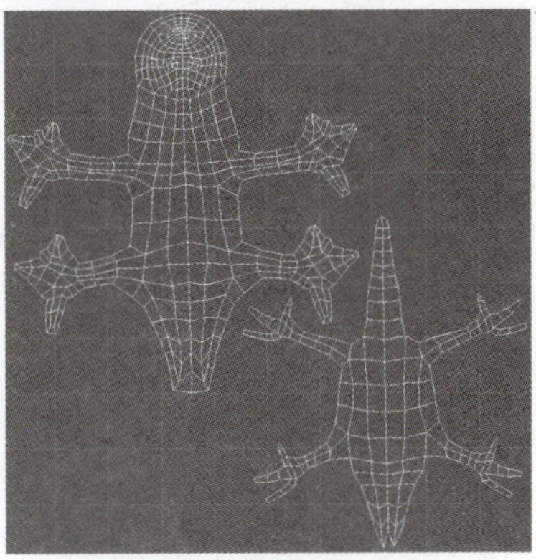

图4-57 编辑好的模型UV

step 7 在Zplugin菜单中展开Decimation Master选项卡，如图4-58所示进行设置，单击Pre-process Current按钮，程序开始计算，计算完毕后模型变为三角面。

step 8 设置decimation的值为10%，单击Decimation Current按钮，如图4-59所示。模型面数变为原模型的10%，如图4-60所示。

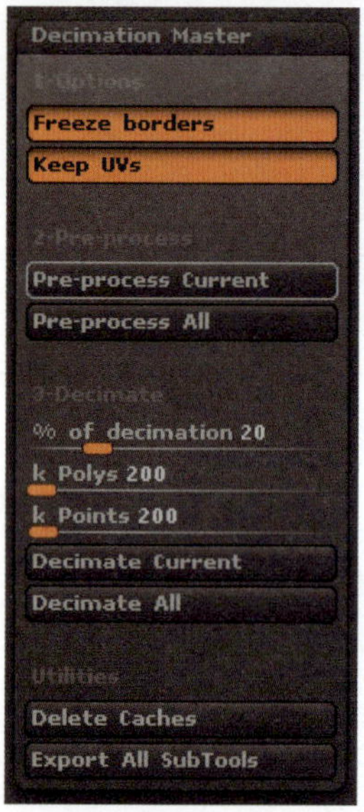

图4-58 Decimation Master插件

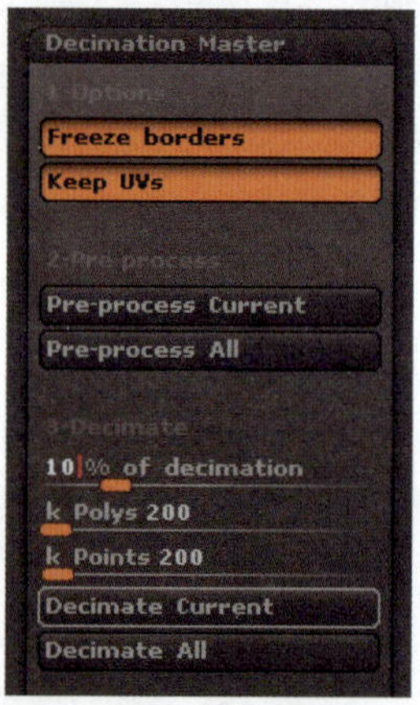

图4-59 减面操作

图4-60 编辑好的模型UV

4.3.2 高跟鞋模型

step 1 在Maya中创建一个多边形Cube，然后对其进行变换操作，如图4-61所示。

step 2 选择跟部的面，使用Extrude工具挤压出鞋跟，如图4-62和图4-63所示。

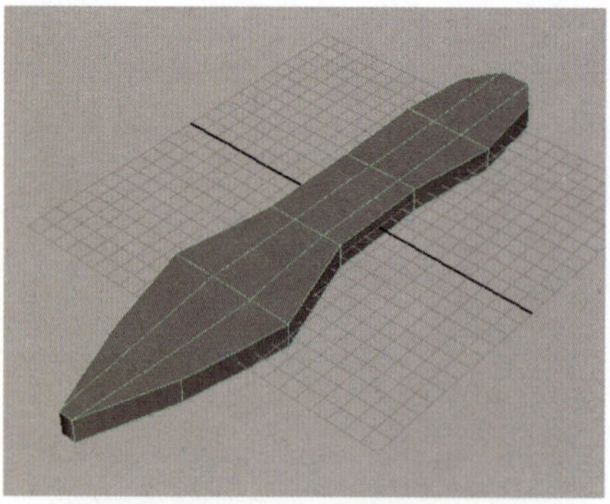

图4-61 变换多边形Cube

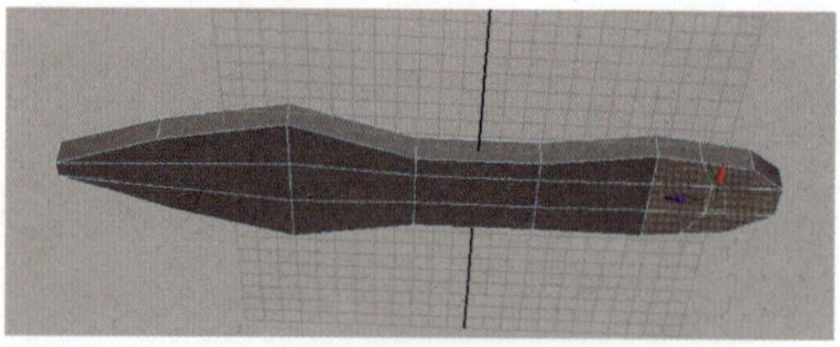

图4-62 选择跟部的面

step 3 选择鞋头部上面的部分面，使用Extrude工具挤压出鞋帮，如图4-64所示。

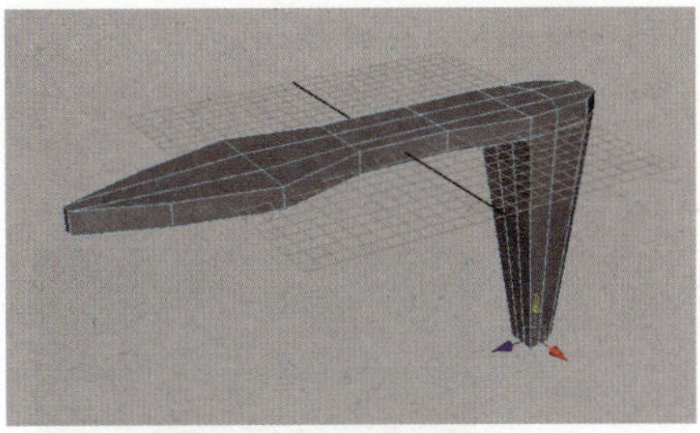

图4-63 挤压出鞋跟

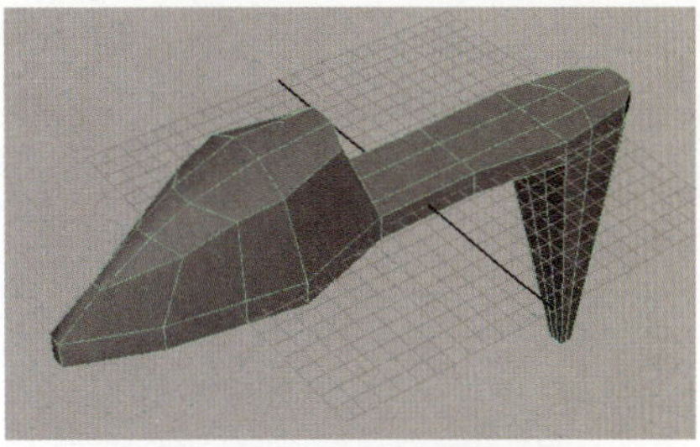

图4-64 挤压出鞋帮

step❹ 对鞋子模型的点进行位移等变换操作，如图4-65所示。将鞋子穿到脚上进行进一步调节，如图4-66所示。

step❺ 选择Mesh｜Smooth命令，对鞋子模型进行平滑细分，如图4-67所示。

图4-65 变换操作

图4-66 穿到脚上进行调节

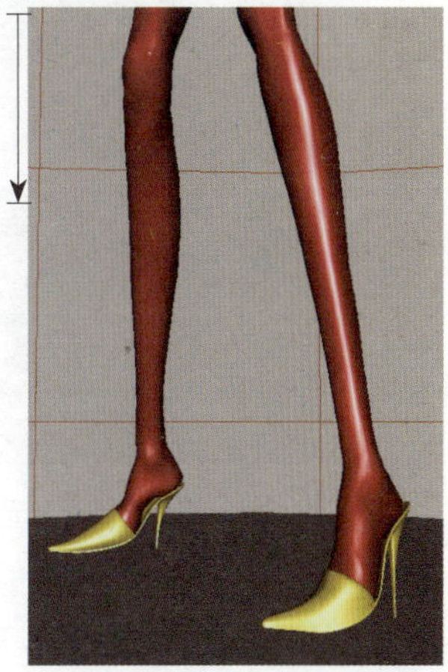

图4-67 对鞋子模型进行平滑细分

4.3.3 衣服模型

step❶ 在Maya中创建多边形圆柱体，然后对其进行变换与修改，得到上衣与裙子的基础模型，如图4-68所示。将其输出为OBJ格式模型。

step❷ 启动ZBrush，单击Import按钮将基础模型导入，如图4-69所示。

图4-68 上衣与裙子的基础模型

图4-69 将基础模型导入ZBrush

step❸ 交替使用Standard笔刷和Clay笔刷对模型进行深入刻画，如图4-70所示。

step❹ 在Zplugin菜单中展开Decimation Master选项卡，如图4-71所示进行设置，单击Pre-process Current按钮，程序开始计算，计算完毕后模型变为三角面。

图4-70 深入刻画模型

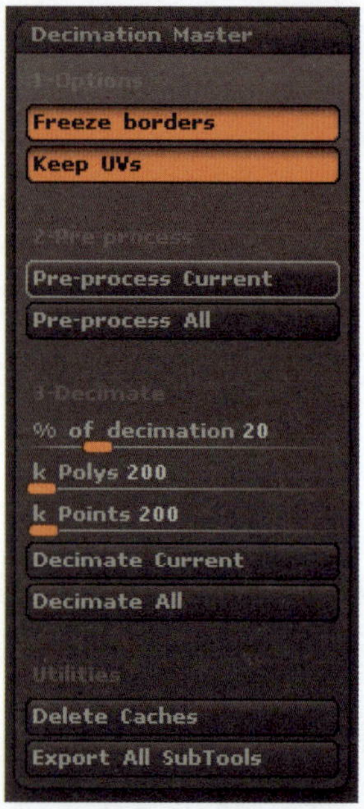

图4-71 Decimation Master插件

step❺ 设置decimation的值为10%，单击Decimation Current按钮，如图4-72所示。模型面数变为原模型的10%，如图4-73所示。

step❻ 将模型重新输入回Maya，如图4-74所示。

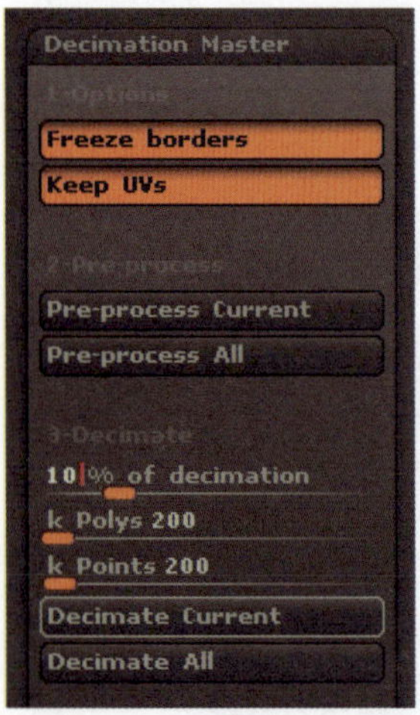

图4-72 减面操作

图4-73 模型减面效果

图4-74 输入回Maya

4.3.4 领带模型

step❶ 在Maya中创建多边形圆柱体，然后对其进行变换与修改，得到领带模型，如图4-75所示。

step❷ 选择File | Export Selection命令，将模型输出为OBJ格式的数据模型。

step❸ 启动Unfold 3D软件，单击Load OBJ按钮载入从Maya中输出的模型，如图4-76所示。

图4-75 领带模型

图4-76 载入模型

step❹ 选择Edie | Mouse Binding命令，弹出键盘和鼠标设置对话框，将载入预设设置为Maya的键盘和鼠标视窗操作方式，如图4-77所示。

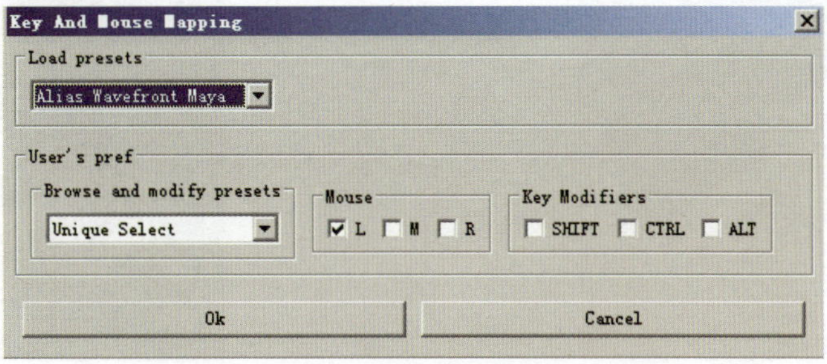

图4-77 载入键盘和鼠标操作方式预设

step❺ 在模型边缘的边上单击，循环选择模型的一圈边，使这些边呈蓝色显示。单击Cut Mesh按钮，将模型UV边界切开。

step❻ 单击Auto Unfolding（自动展开）按钮，将模型的UV展开，如图4-78所示。展开后的效果如图4-79所示。

图4-78 Auto Unfolding按钮

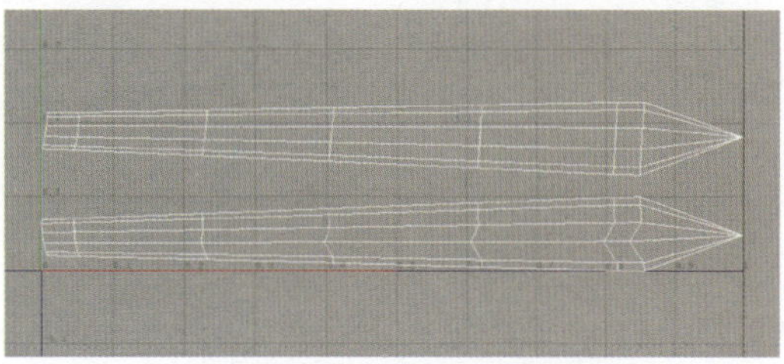

图4-79 展开后的模型UV

step 7 单击Save按钮，将拆分好UV的模型输出，模型将自动保存到与原始模型相同的目录中，如图4-80所示。

step 8 在Maya中导入Unfold 3D中分好UV的模型，打开UV Texture Editor，选择Polygons | UV Snapshot命令，如图4-81所示进行设置，单击OK按钮，将UV输出为位图，以备后面在Photoshop中绘制贴图。

图4-80 输出模型

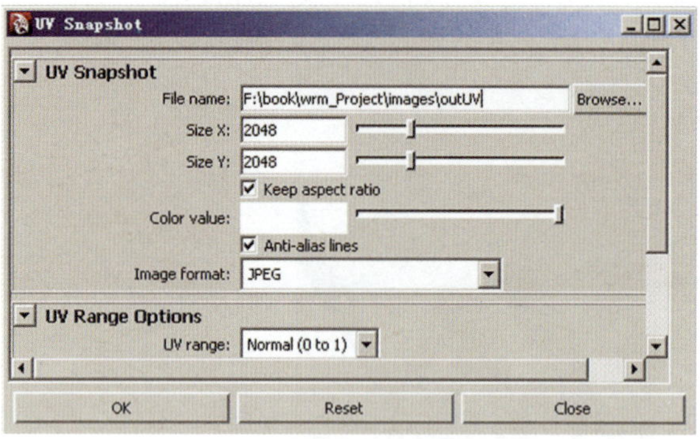

图4-81 输出领带UV

T型台模型是由几个Cube（方体）简单堆积而成的，如图4-82所示。耳环模型是由一个NURBS的Torus稍作变换而成的。睫毛模型是由NURBS的Cone稍作变换而成的，如图4-83所示。

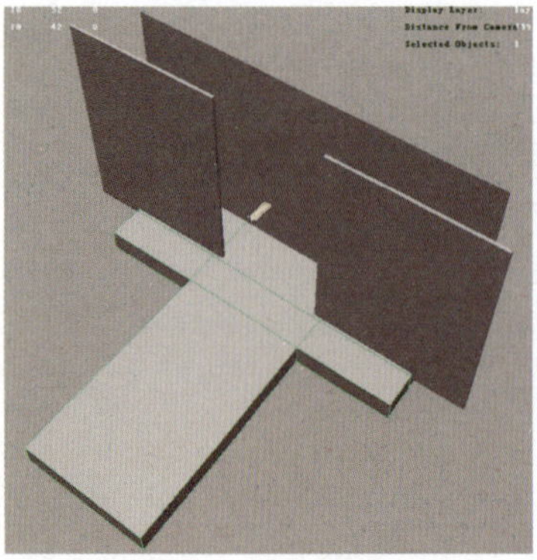

图4-82 T型台模型

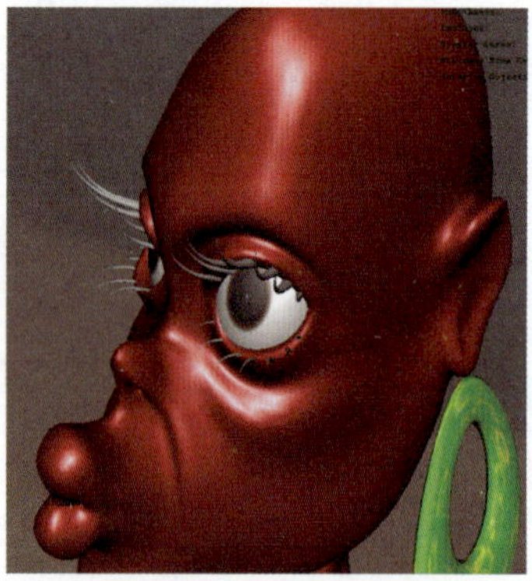

图4-83 睫毛模型

4.4 利用Photoshop绘制贴图

本案例中贴图的绘制基本都是在Maya中输出UV参考图，将其输入Photoshop作为绘制贴图的参考，以绘制颜色、凹凸等各个通道的贴图，绘制过程中，一定要做到与模型UV符合，这样在Maya中才能渲染出贴图位置符合模型的图像。

4.4.1 绘制领带贴图

step 1 将从Maya中输出的领带UV导入Photoshop作为参考，将其放在最上层，设置图层混合模式为Overlay，然后在其下层绘制领带贴图，如图4-84和图4-85所示。

step❷ 绘制完毕关闭UV参考层，将其输出为JPEG格式的图像以备在Maya中调用，如图4-86所示。

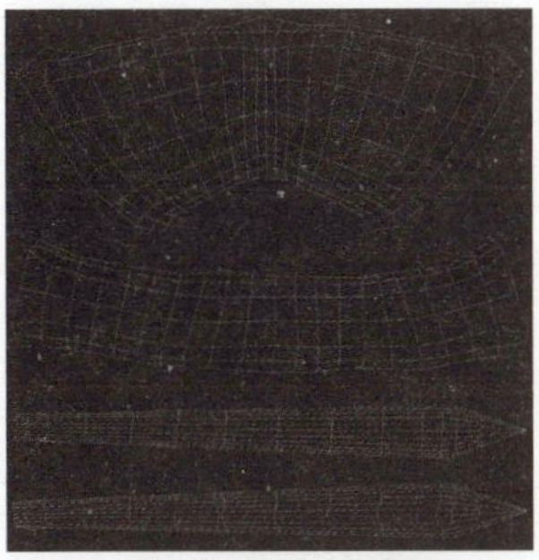

图4-84 UV参考

图4-85 绘制贴图

图4-86 完成的领带Color贴图

4.4.2 绘制模特身体贴图

step❶ 将从Maya中输出的模特身体UV导入Photoshop作为参考，将其放在最上层，设置图层混合模式为Overlay，然后在其下层绘制模特身体贴图。

step❷ 绘制完毕关闭UV参考层，将其输出为JPEG格式的图像以备在Maya中调用，如图4-87所示。

4.4.3 绘制宠物贴图

step❶ 将从Maya中输出的宠物身体UV导入Photoshop作为参考，将其放在最上层，设置图层混合模式为Overlay，然后在其下层绘制宠物贴图。

step❷ 绘制完毕关闭UV参考层，将其输出为JPEG格式的图像以备在Maya中调用，如图4-88所示。

图4-87 完成的模特身体Color贴图

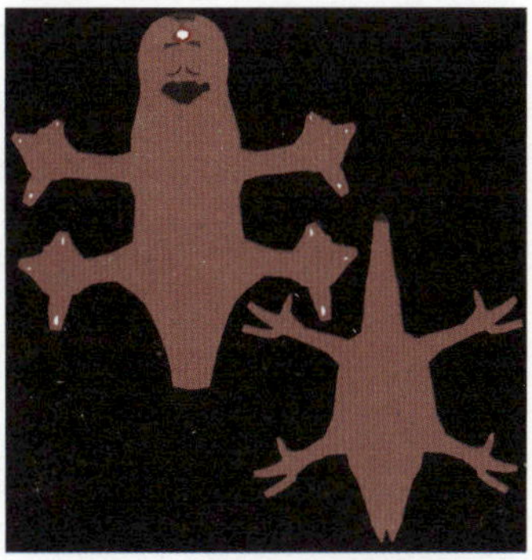

图4-88 完成的宠物Color贴图

4.5 设置模特姿态

想要设置好模特姿态需要多研究人体的运动规律，并考虑如何夸张。本案例可以参考一些时装模特在T型台上的习惯动作。先为模特设置骨骼，然后蒙皮，即可令骨骼驱动模型皮肤的运动。

4.5.1 创建模特骨骼

step❶ 首先将模型冻结，用来参考设置骨骼，如图4-89所示。

step❷ 选择Skeleton | Joint Tool命令，使用Maya的骨骼绘制工具在侧视图绘制腿部骨骼，如图4-90所示。

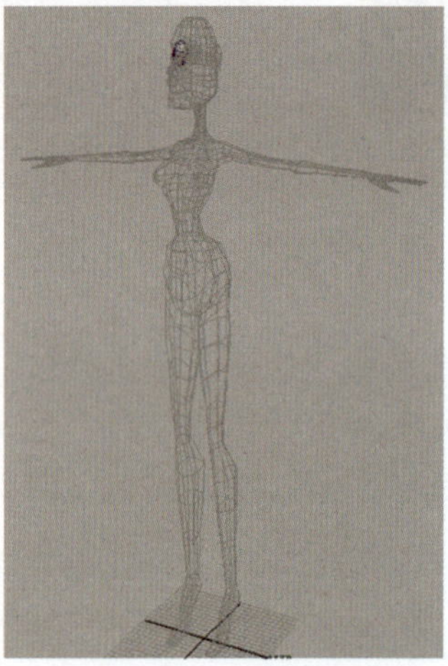

图4-89 将模型冻结

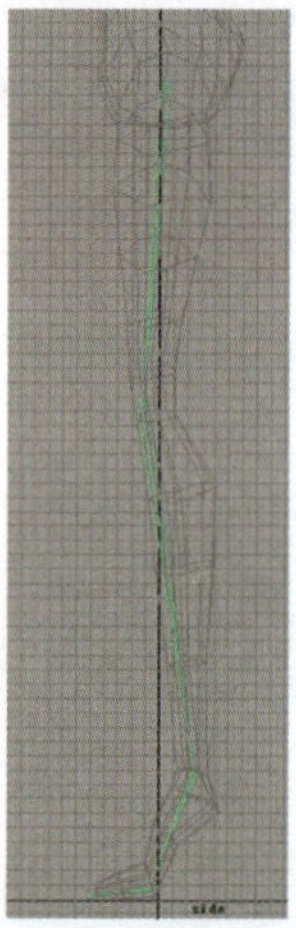

图4-90 绘制腿部骨骼

step❸ 在前视图中使用位移工具将骨骼移动到左腿上，如图4-91所示。

step❹ 继续使用Joint Tool在侧视图中绘制躯干与头部骨骼，如图4-92所示。

step❺ 选择腿部骨骼，按住【Shift】键加选躯干骨骼，按【P】键连接腿部与躯干骨骼，如图4-93所示。

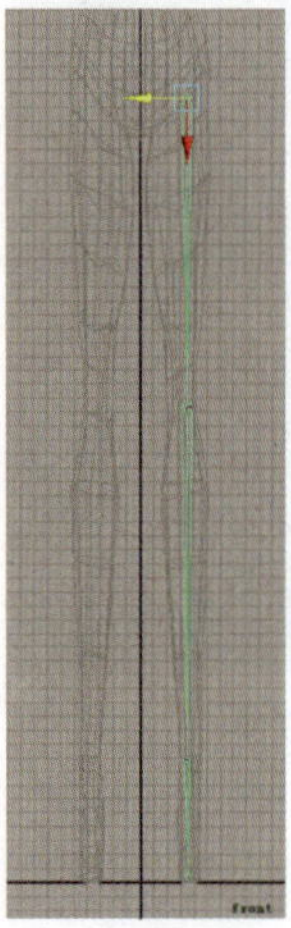

图4-91 改变球体形状

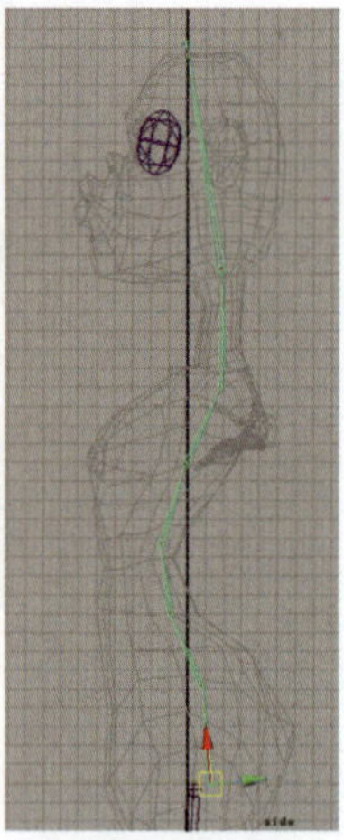

图4-92 绘制躯干与头部骨骼

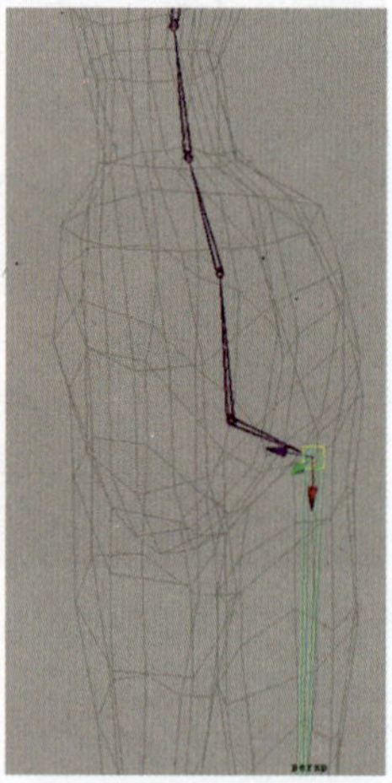

图4-93 连接腿部与躯干骨骼

step❻ 单击Skeleton | Mirror命令后面的小方体，弹出Mirror Joint（镜像骨骼）对话框，参数设置如图4-94所示。

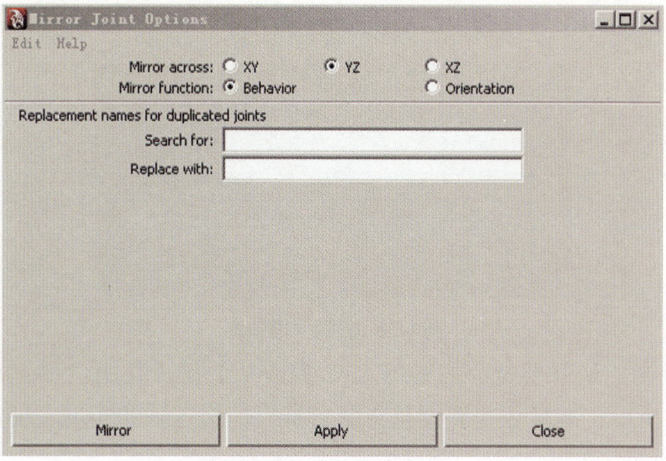

图4-94 镜像骨骼对话框

step⑦ 单击Mirror按钮，镜像后的骨骼如图4-95所示。

step⑧ 继续使用Joint Tool在前视图中绘制肩部与手臂骨骼，如图4-96所示。

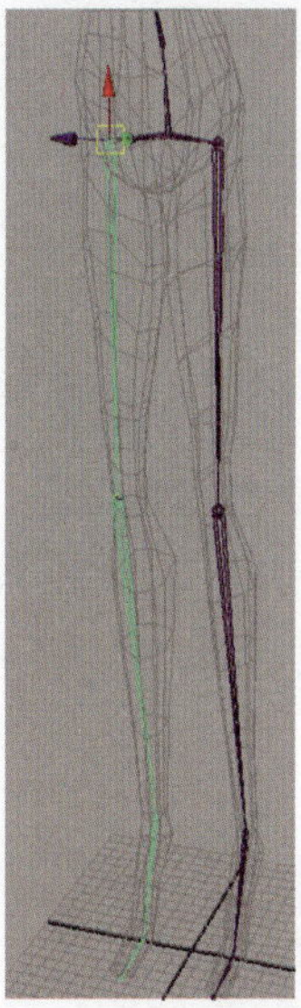

图4-95 镜像腿部骨骼

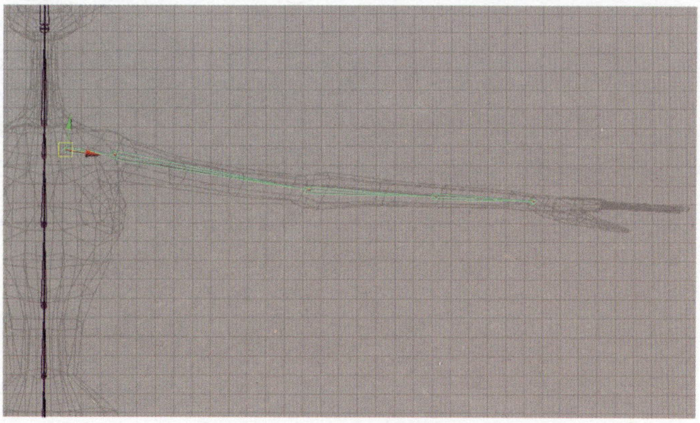

图4-96 绘制手臂骨骼

step⑨ 切换到顶视图，选择要位移的骨骼，按【Insert】键，使用位移工具将骨骼移动到合适位置，如图4-97所示。

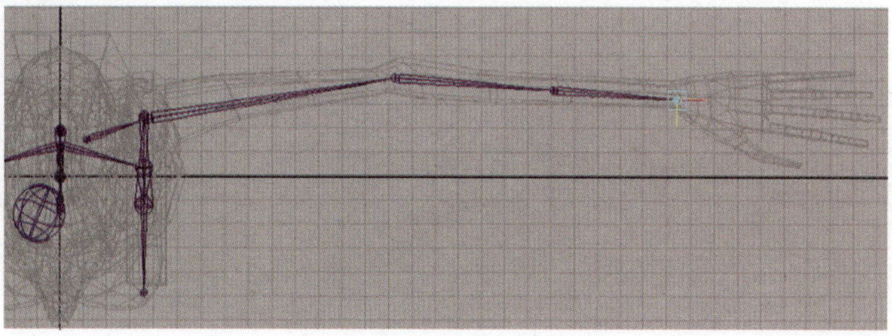

图4-97 调整骨骼位置

step⑩ 继续使用Joint Tool在顶视图中绘制手指骨骼，如图4-98所示。

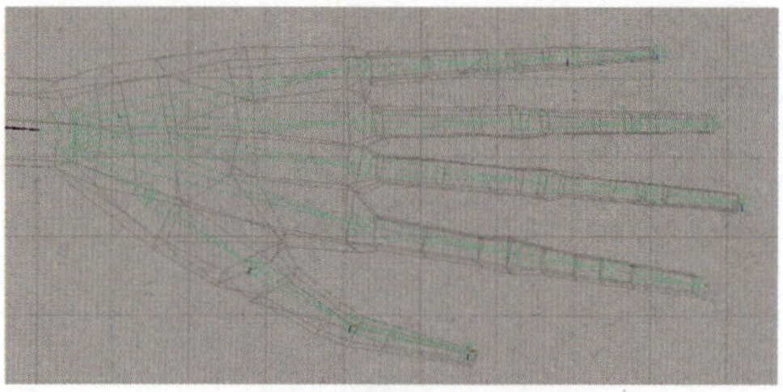

图4-98 绘制手指骨骼

step⑪ 切换到透视图，选择要位移的骨骼，按【Insert】键，使用位移工具将骨骼移动到合适位置，如图4-99所示。之后还需要调整骨骼自身坐标旋转轴的角度，使其符合手指的屈伸要求，如图4-100所示。

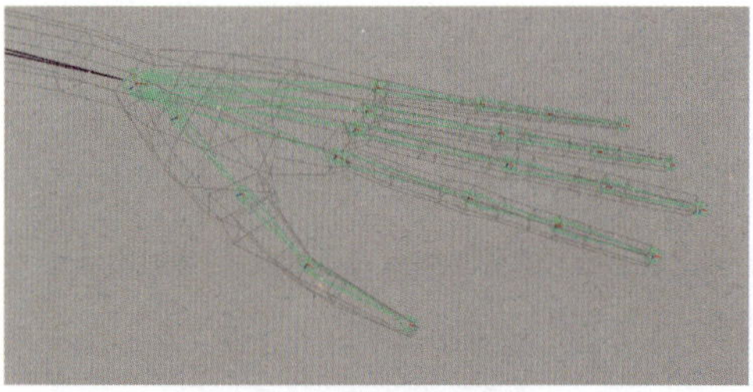

图4-99 调整骨骼位置

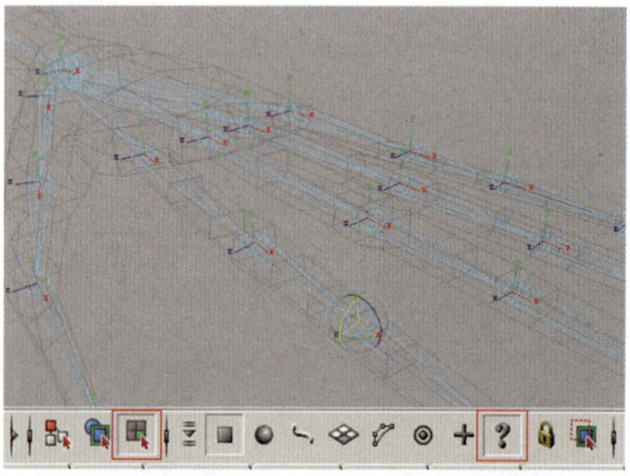

图4-100 调整骨骼自身坐标旋转轴

step⑫ 选择肩部骨骼，按住【Shift】键加选胸部骨骼，按【P】键，连接肩部与胸部骨骼。

step⑬ 选择肩部骨骼，选择Skeleton | Mirror命令，进行骨骼镜像，镜像后的骨骼如图4-101所示。至此已经绘制完模特的整个骨骼系统，如图4-102所示。

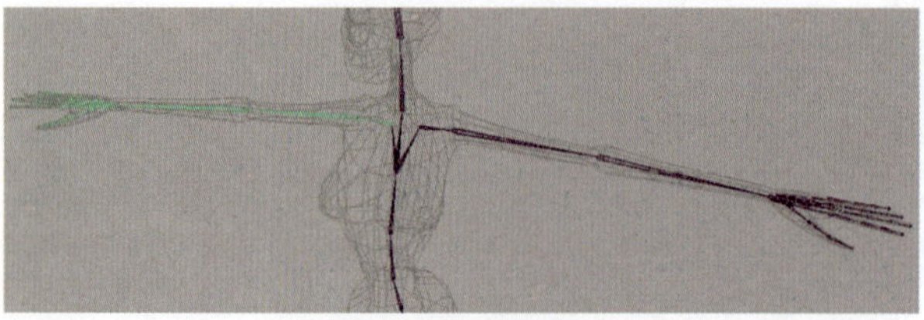

图4-101 骨骼镜像

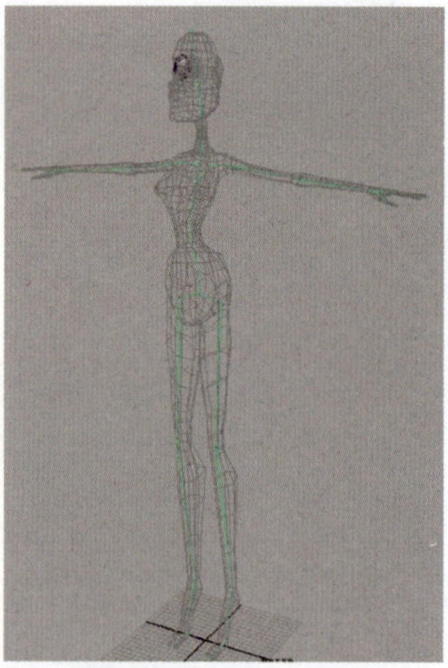

图4-102 模特整体骨骼

4.5.2 控制模特骨骼

step❶ 接下来要按照FBIK系统的骨骼命名法则来命名模特的骨骼，如果读者不明白FBIK系统的骨骼命名法则，可以参考Maya提供的FBIK的Biped两足动物骨骼模板的骨骼命名，方法是：选择Skeleton | Full Body IK | Get FBIK Example命令，在弹出的Visor窗口中，使用鼠标中键将Biped两足动物骨骼模板直接拖入场景中，如图4-103所示。

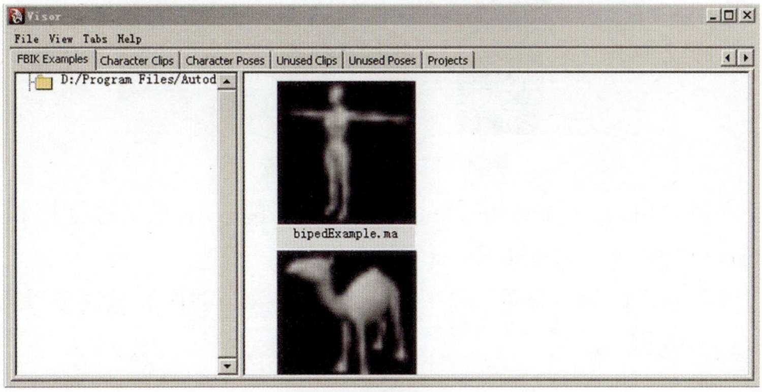

图4-103 Get FBIK Example

step❷ 场景中是已经设定好的FBIK骨骼系统模板，可以查看其每个骨骼的命名，如图4-104所示。

step❸ 根据模板将本案例的模特骨骼命名完毕后，选择整个骨骼系统的根部骨骼Hips，选择Skeleton | Full Body IK | Add Full Body IK命令，模特的骨骼也具有了FBIK系统，如图4-105所示。

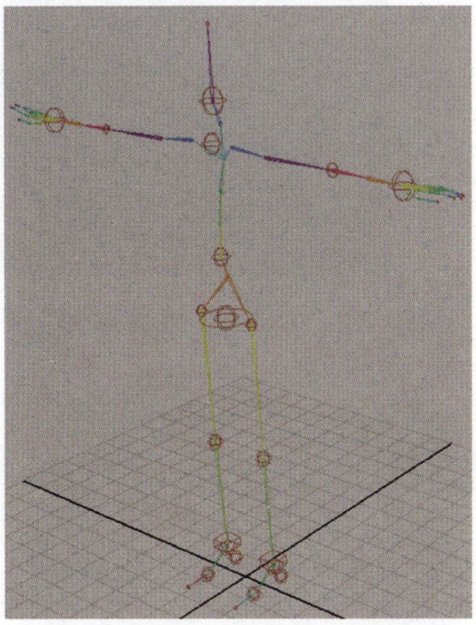

图4-104 FBIK骨骼系统模板

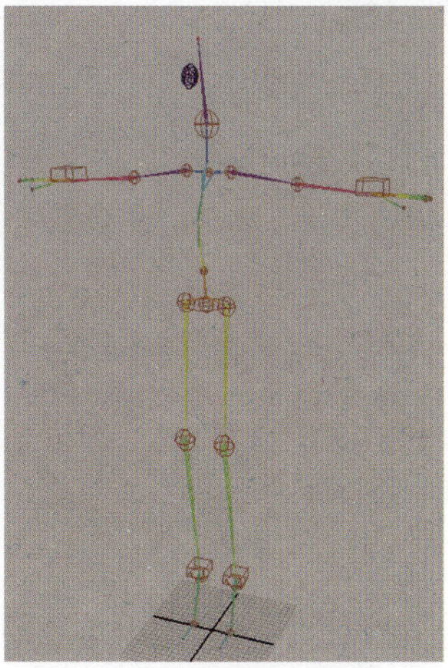

图4-105 模特的FBIK骨骼系统

step❹ 选择模型，按住【Shift】键加选Hips，选择Skin | Bind Skin | Smooth Bind命令，进行蒙皮操作。

step❺ 选择模型网格，选择Skin | Edit Smooth Skin | Paint Skin Weights Tool命令，进行绘画蒙皮权重操作，如图4-106所示。

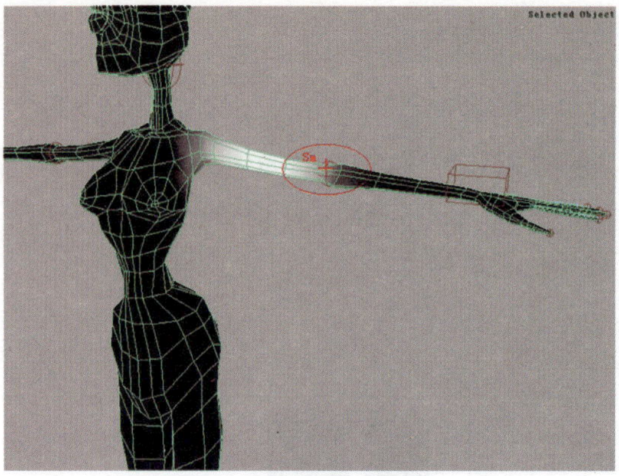

图4-106 绘画蒙皮权重

step6 本案例使用脚本FBIK_CharacterControl来对模特的FBIK系统进行控制，如图4-107所示。根据需要设置模特姿态，如图4-108所示。

step7 为宠物设置骨骼，因为宠物的姿态比较简单，在静帧创作的时候可以直接变换骨骼来设置其姿态，如图4-109所示。

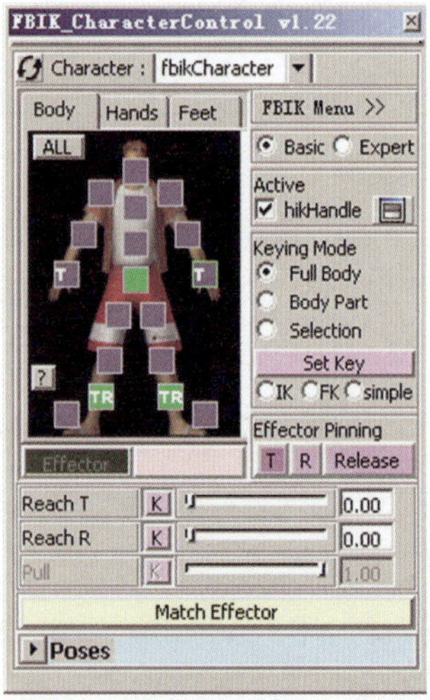

图4-107 FBIK_CharacterControl

图4-108 设置模特姿态

图4-109 设置宠物姿态

4.6 设置场景环境与灯光

本案例中使用了两盏灯光，创造一种比较强烈的灯光效果，让模特在T型台上留下比较浓重的阴影，环境使用HDR贴图，其色彩要与角色的色彩、灯光的色彩相协调，以做到整体画面的和谐统一。

4.6.1 设置灯光

本案例设置了两盏灯光并辅以HDR照明，如图4-110所示。

step 1 在角色的前方放置一盏Spot Light作为主光源，其参数如图4-111所示。

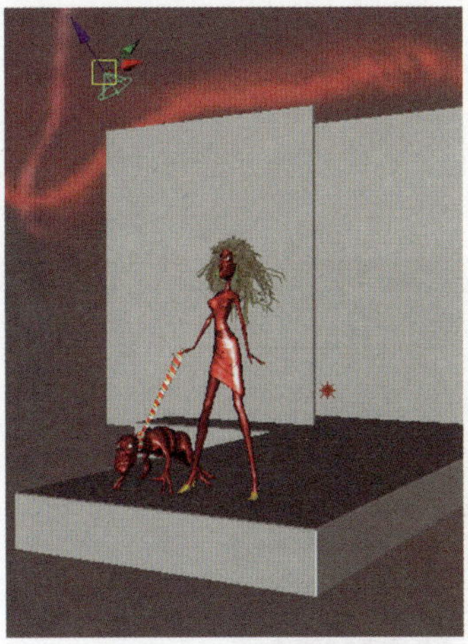

图4-110 场景照明

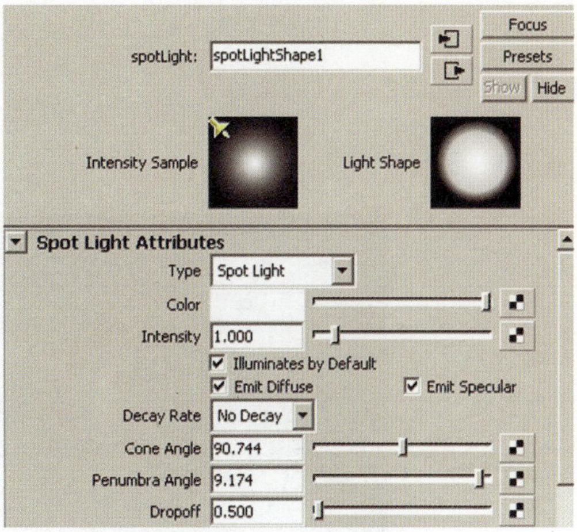

图4-111 聚光灯参数

step 2 开启主光源的光线跟踪阴影，其参数如图4-112所示。

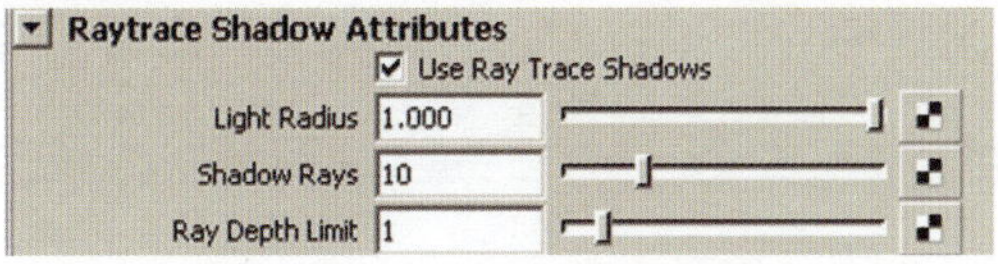

图4-112 光线跟踪阴影设置

step 3 在角色的后面放置一盏Point Light，其参数如图4-113所示。

step 4 场景总体光照效果如图4-114所示。

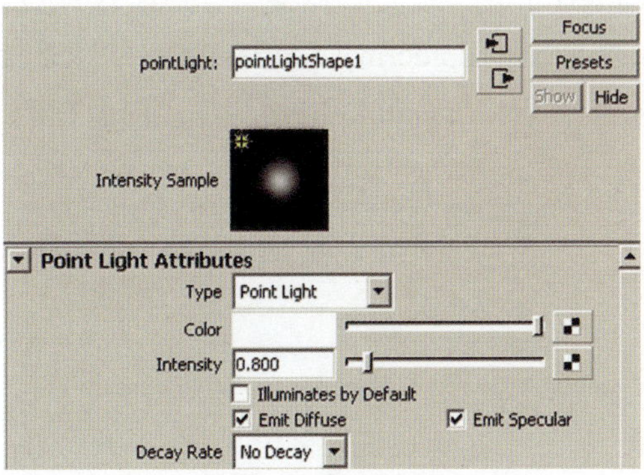

图4-113 点光源参数

图4-114 场景总体光照效果

4.6.2 设置环境

step 1 单击Environment卷展栏下Image Based Lighting选项后面的Create按钮，如图4-115所示，创建一个环境球。

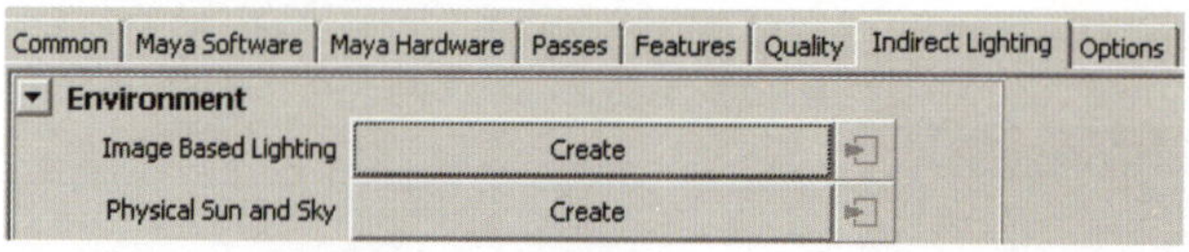

图4-115 单击Create按钮

step❷ 载入一幅HDR图像，如图4-116所示。

图4-116 HDR图像

4.7 设置模特材质

卡通风格的材质制作与写实风格的材质制作相比要简单一些，但本案例并不是要制作2D风格的材质。卡通风格的材质不需要复杂的材质细节，却跟模型一样，需要一些醒目和夸张的成分。

4.7.1 模特sss fast skin材质

step❶ 设置sss fast skin材质从Subsurface Scattering层开始，具体参数如图4-117所示。Epidermal Scatter Color通道使用前面在Photoshop中绘制的Epidermal Scatter Color贴图来控制。

step❷ 接下来设置Diffuse层，具体参数如图4-118所示。Overall Color通道使用前面在Photoshop中绘制的Overall Color贴图来控制。

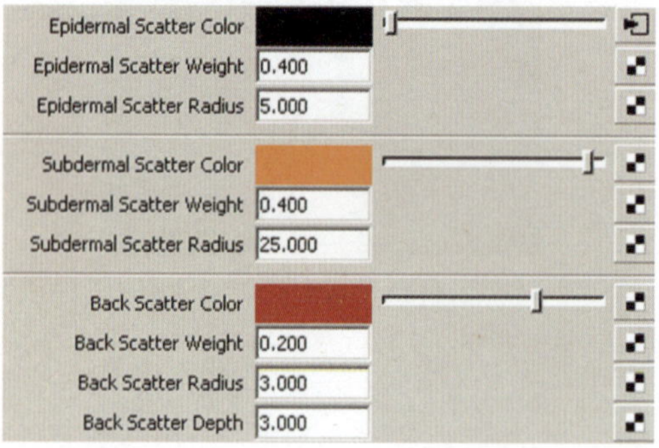

图4-117 Subsurface Scattering层

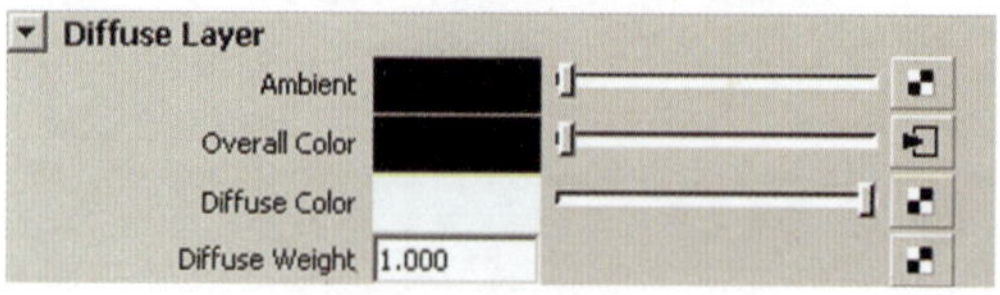

图4-118 设置Diffuse层

step❸ 然后设置Specularity层，具体参数如图4-119所示。

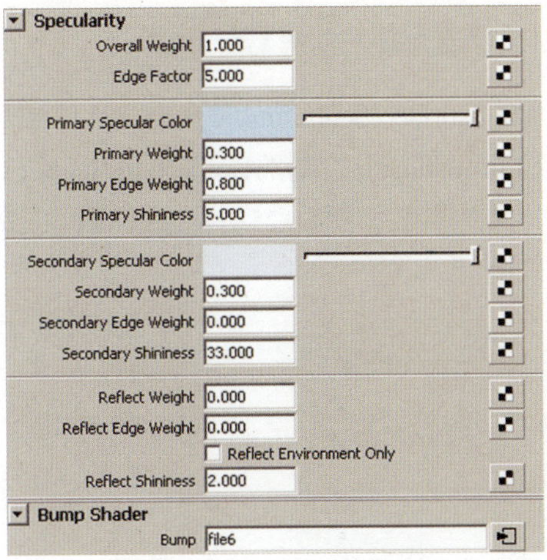

图4-119 设置Specularity层

step 4 展开sss fast skin材质的Bump Shader卷展栏，单击Bump后面的按钮，载入一张在Photoshop中创建的噪波贴图，如图4-120所示。

step 5 设置bump2d1节点的Bump Depth属性都为0.010，如图4-121所示。

图4-120 噪波贴图

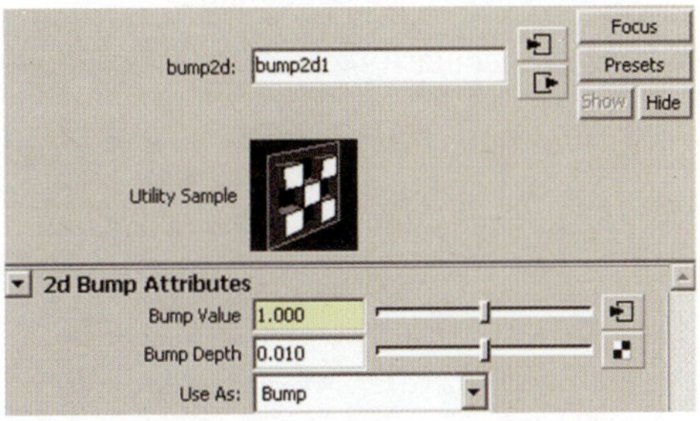

图4-121 设置bump2d1节点

step 6 模特皮肤材质节点的链接如图4-122所示。

step 7 模特皮肤渲染效果如图4-123所示。

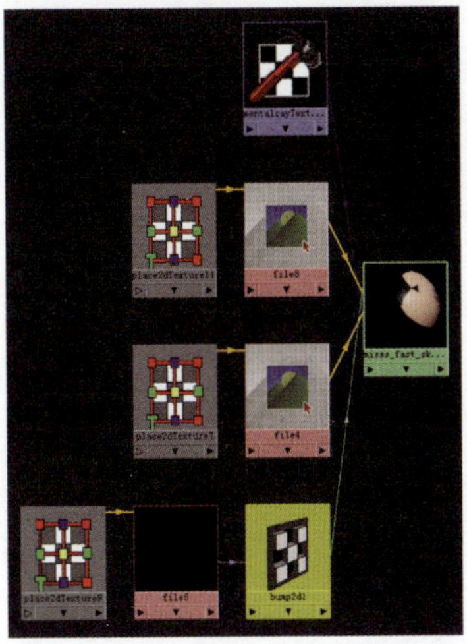

图4-122 模特皮肤材质节点的链接

图4-123 模特皮肤效果

4.7.2 宠物sss fast skin材质

step❶ 设置sss fast skin材质从Subsurface Scattering层开始，具体参数如图4-124所示。Epidermal Scatter Color通道使用前面在Photoshop中绘制的Epidermal Scatter Color贴图来控制。

step❷ 接下来设置Diffuse层，具体参数如图4-125所示。Overall Color通道使用前面在Photoshop绘制中的Overall Color贴图来控制。

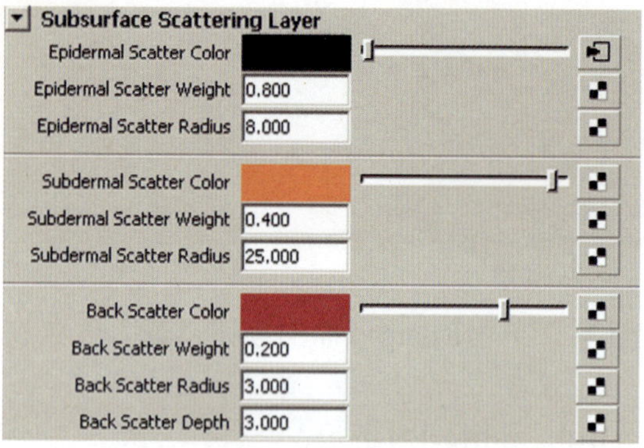

图4-124 Subsurface Scattering层

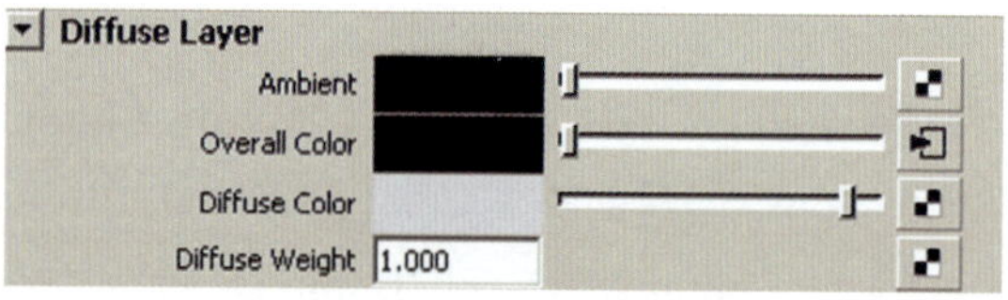

图4-125 设置Diffuse层

step❸ 然后设置Specularity层，具体参数如图4-126所示。

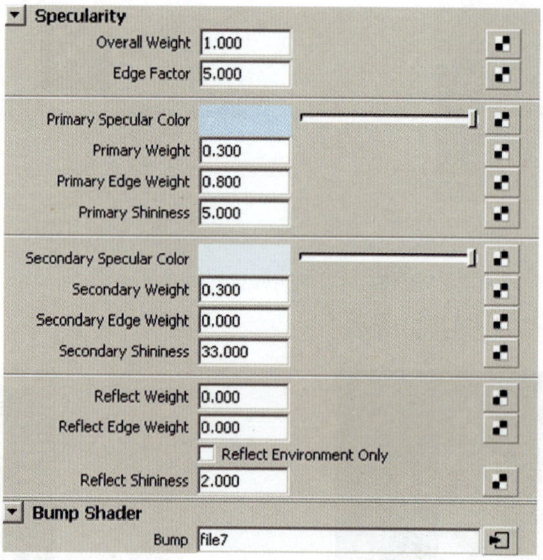

图4-126 设置Specularity层

step❹ 展开sss fast skin材质的Bump Shader卷展栏，单击Bump文本框后面的按钮，载入一张在Photoshop中创建的噪波贴图，如图4-127所示。

step❺ 设置bump2d节点的Bump Depth属性为0.020。

step❻ 宠物皮肤材质节点的链接如图4-128所示。

step❼ 宠物皮肤渲染效果如图4-129所示。

图4-127 噪波贴图

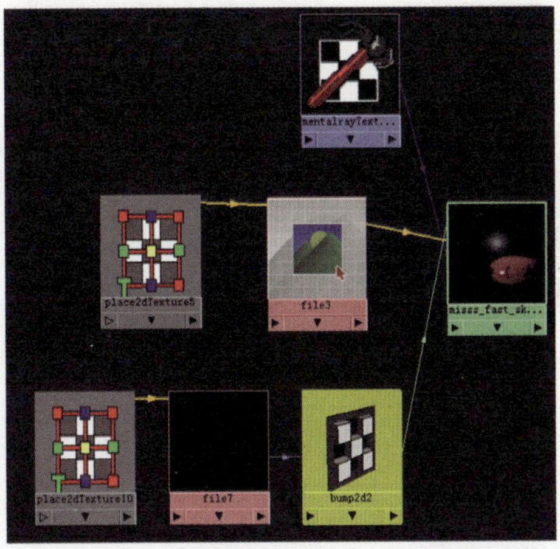

图4-128 宠物皮肤材质节点的链接

图4-129 宠物皮肤渲染效果

4.7.3 衣服材质

step❶ 创建一个Blinn材质，将其赋予衣服模型，材质的具体参数如图4-130所示。

step❷ 衣服渲染效果如图4-131所示。

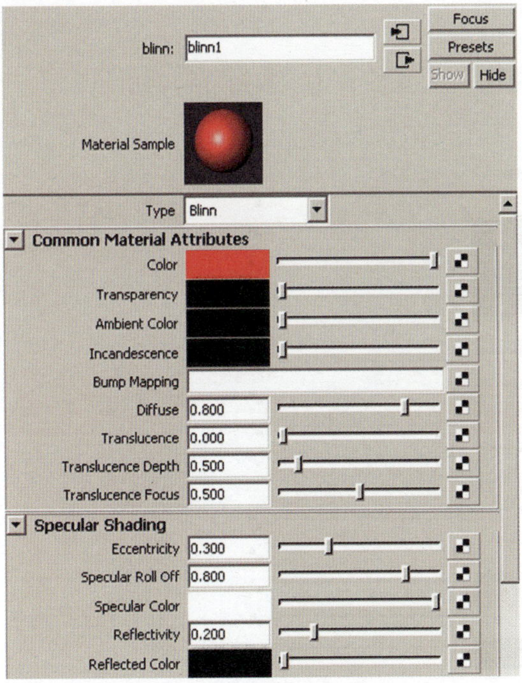

图4-130 材质参数设置

图4-131 衣服渲染效果

4.7.4 领带材质

step❶ 创建一个Blinn材质，将其赋予领带模型，材质的具体参数如图4-132所示。其Color通道载入前面在Photoshop中绘制的领带颜色贴图。

step❷ 领带渲染效果如图4-133所示。

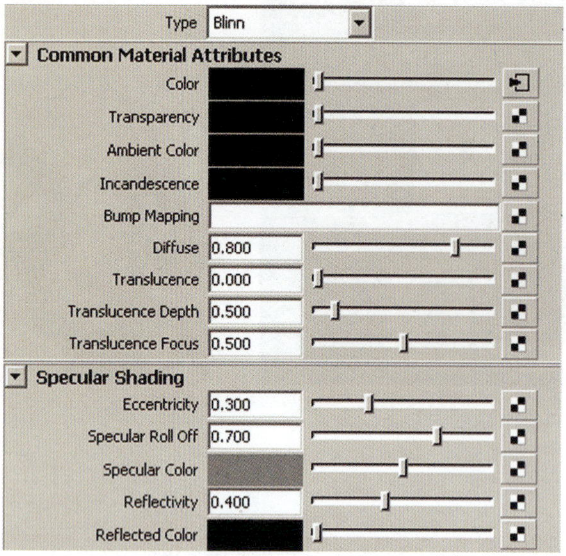

图4-132 Blinn材质参数

图4-133 领带渲染效果

4.7.5 高跟鞋材质

创建一个Blinn材质，将其赋予模特高跟鞋模型，材质的具体参数如图4-134所示。

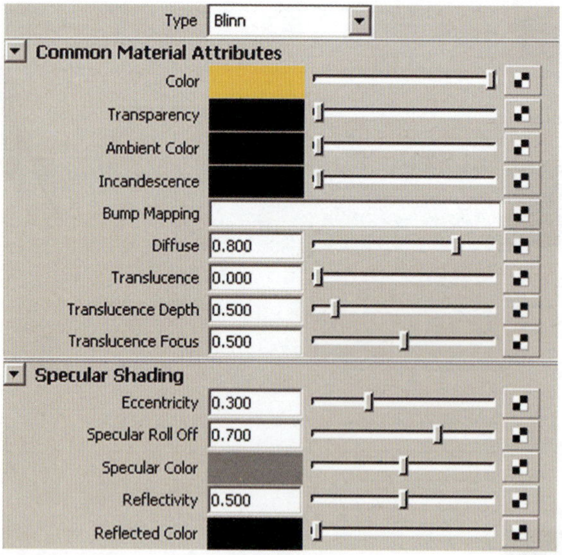

图4-134 Blinn材质参数

4.7.6 耳环材质

step❶ 创建一个Blinn材质，将其赋予耳环模型，材质的具体参数如图4-135所示。

step❷ Color通道使用Maya的程序纹理noise来控制，noise节点的参数如图4-136所示。

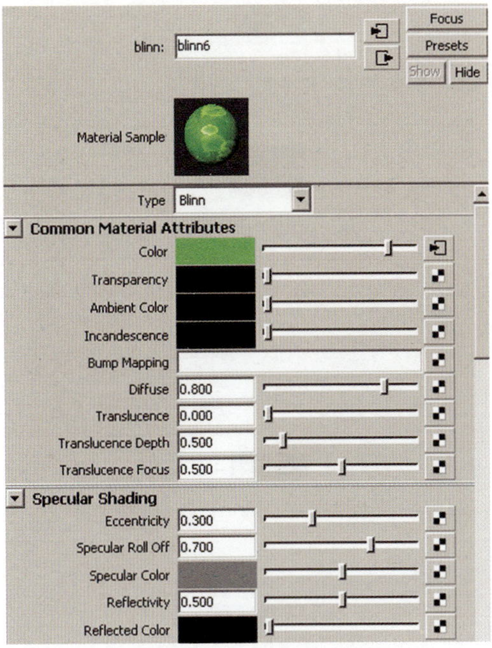

图4-135 材质参数设置

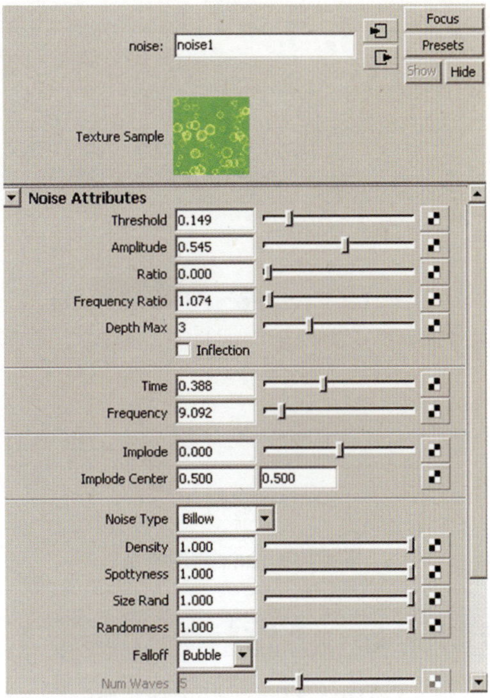

图4-136 noise节点参数设置

4.7.7 眼球材质

step❶ 创建一个Blinn材质，将其赋予模特内眼球模型，材质的具体参数如图4-137所示。

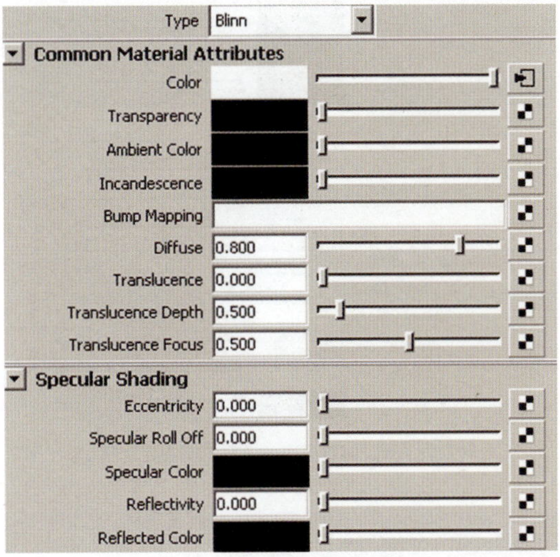

图4-137 Blinn材质参数

step❷ Color通道使用Maya的程序纹理ramp来控制，ramp节点的参数如图4-138所示。

step❸ 创建一个Blinn材质，将其赋予模特外眼球模型，材质的具体参数如图4-139所示。

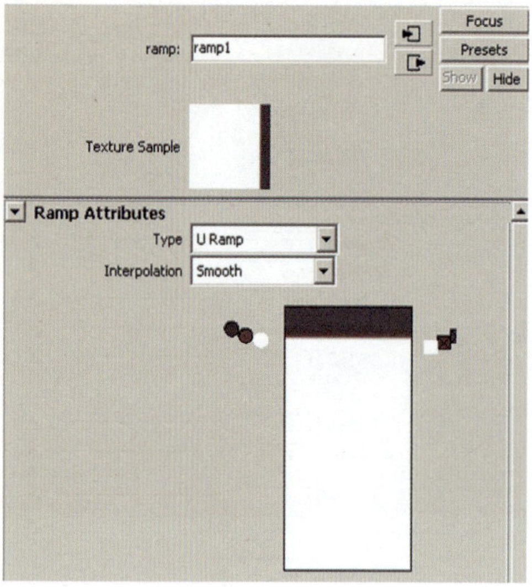

图4-138 ramp节点参数

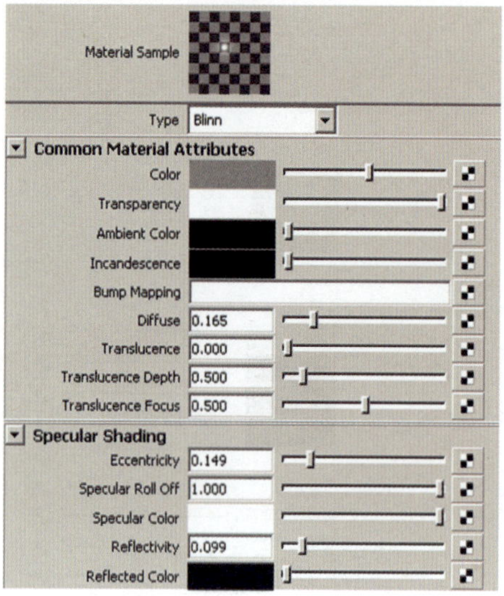

图4-139 Blinn材质参数

4.7.8 模特睫毛材质

创建一个Blinn材质，将其赋予模特睫毛模型，材质的具体参数如图4-140所示。

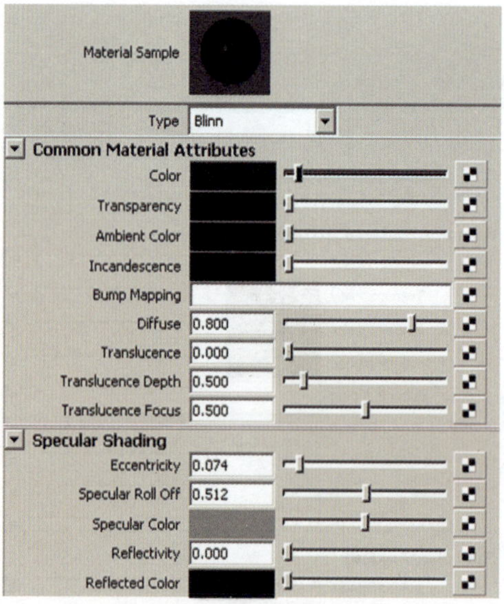

图4-140 Blinn材质参数

4.8 创建模特头发

模特头发是整个画面中较为醒目的部分，造型上是夸张的爆炸式，需要较大的纠结和卷曲参数，色彩设置成浅灰黄色。本案例使用Maya中著名的毛发插件Shave And A Hair Cut来创建模特头发，可以带来更好的发型控制和渲染效果。

4.8.1 制作模特头发

step❶ 制作一个用于生长毛发的“头皮”多边形物体，如图4-141所示。

step❷ 选择Shave | Create New Hair命令，弹出毛发预置窗口，选择其中一种毛发预置。

step❸ 在“头皮”上生成了毛发，选择毛发，选择Shave | Brush Tool命令，对毛发进行梳理，如图4-142所示。

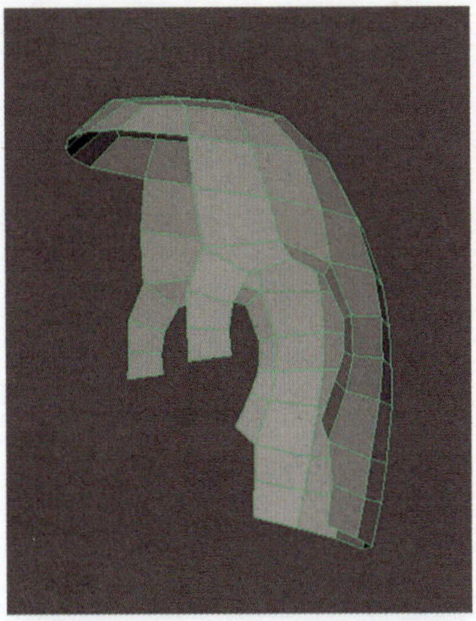

图4-141 “头皮”多边形物体

图4-142 梳理毛发

4.8.2 设置头发参数

下面是本案例shaveHairShape节点的主要参数设置。

step❶ “常规参数”卷展栏的主要参数如图4-143所示。

step❷ “扭结参数”卷展栏与“多发丝参数”卷展栏的主要参数如图4-144所示。

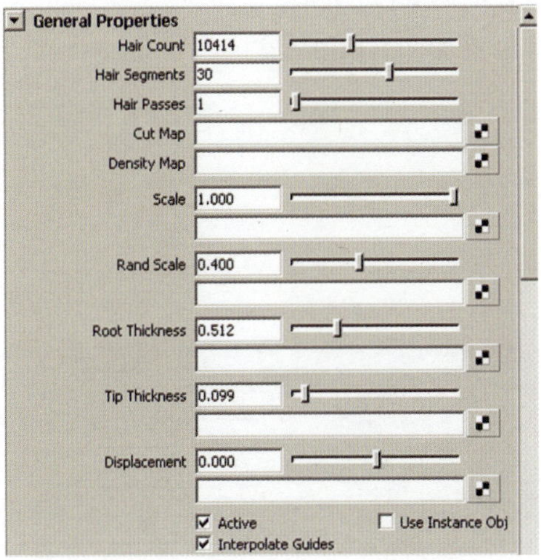

图4-143 “常规参数”卷展栏

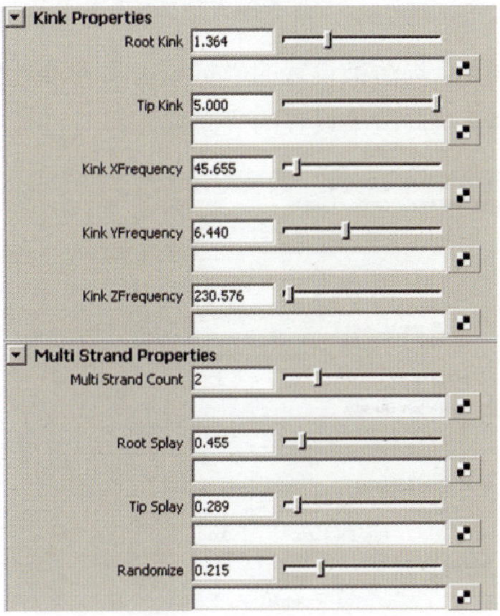

图4-144 “扭结参数”卷展栏

step❸ “材质参数”卷展栏的主要参数如图4-145所示。

step❹ 设置完成后本层即是默认的masterLayer层。头发渲染效果如图4-146所示。

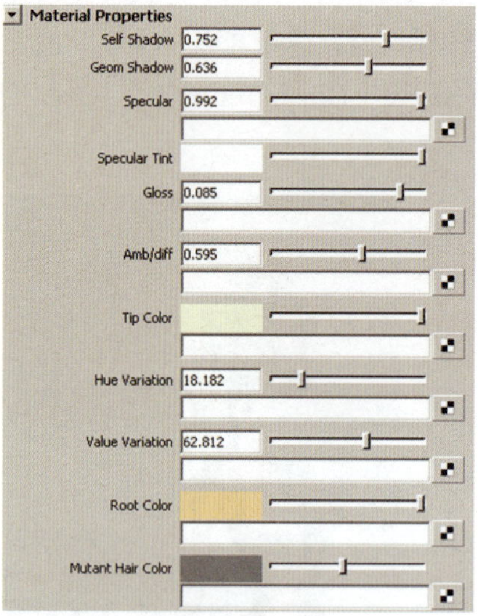

图4-145 “材质参数”卷展栏

图4-146 头发渲染效果

4.9 渲染与合成

全局渲染设置的抗锯齿设置与光线跟踪设置决定了图像的渲染质量，要根据不同的项目要求和电脑硬件配置的高低来合理设置其精度。Z Depth层在本案例中有重要的作用，可以让创作者在后期轻松制作出景深效果。

4.9.1 全局渲染设置

step❶ 全局渲染设置的“抗锯齿”卷展栏的参数设置如图4-147所示。

step❷ 全局渲染设置的“光线跟踪”卷展栏的参数设置如图4-148所示。

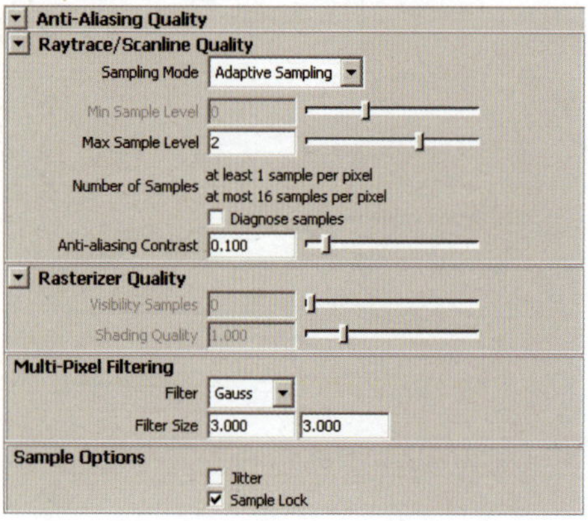

图4-147 “抗锯齿”卷展栏的参数设置

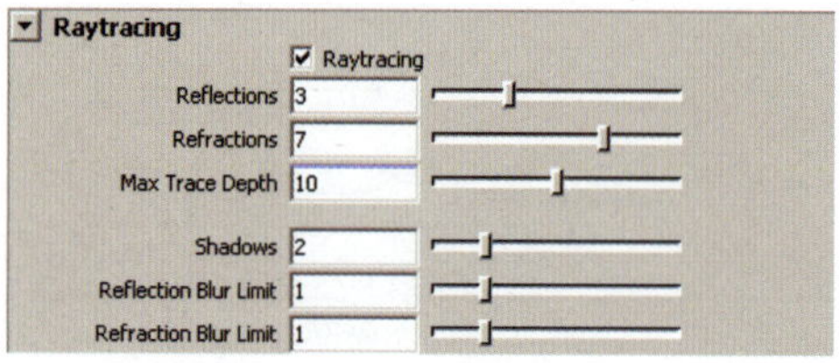

图4-148 “光线跟踪”卷展栏的参数设置

4.9.2 Z Depth层设置

step❶ 新建一个渲染层，命名为Z，将所有模型添加进来，如图4-149所示。

step❷ 右击本层，在弹出的快捷菜单中选择Attributes命令，在弹出的对话框中进行参数的设置，如图4-150所示。

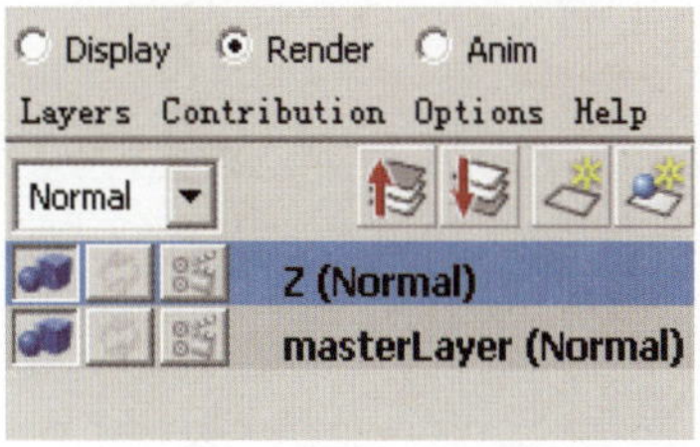

图4-149 新建一个渲染层

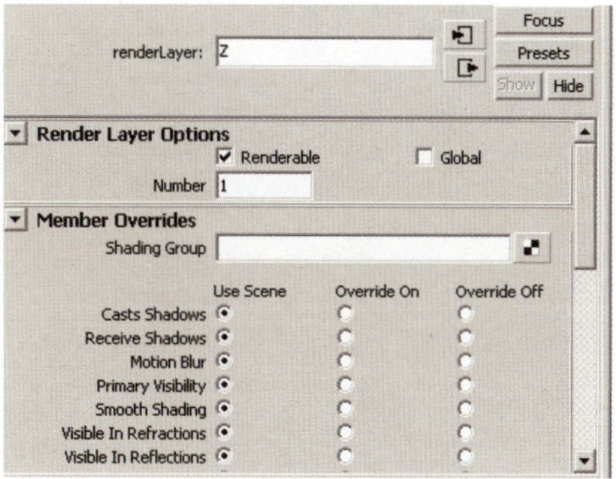

图4-150 设置Z渲染层

step❸ 单击Presets按钮，在弹出的菜单中选择Luminance命令，系统自动进行了材质节点的链接如图4-151所示。

step❹ 本层的渲染结果如图4-152所示。

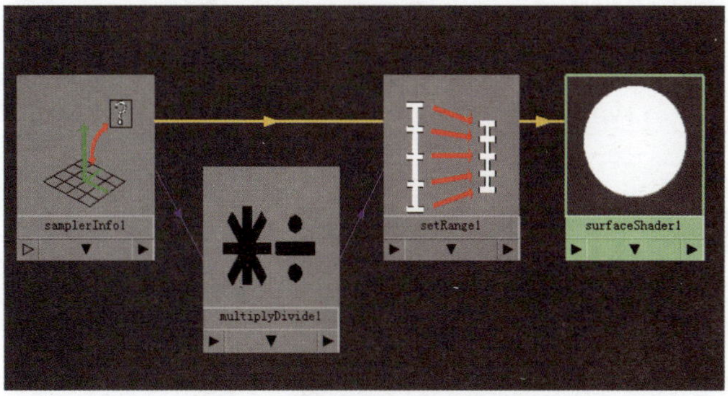

图4-151 Z Depth层的节点链接

图4-152 Z Depth层的渲染结果

4.9.3 毛发渲染层

step❶ 选择Shave | Shave Globals命令，弹出毛发全局设置对话框，将头发渲染模式设置为Buffer模式。

step❷ 对Buffer模式参数进行进一步设置。选择Output Hair Images复选框，并设置其名称与存放路径，这样对毛发及模型渲染之后，单独的毛发图像（不包含头部模型）将被保存在你所设置好的路径文件夹内，以用于后期合成，如图4-153所示。

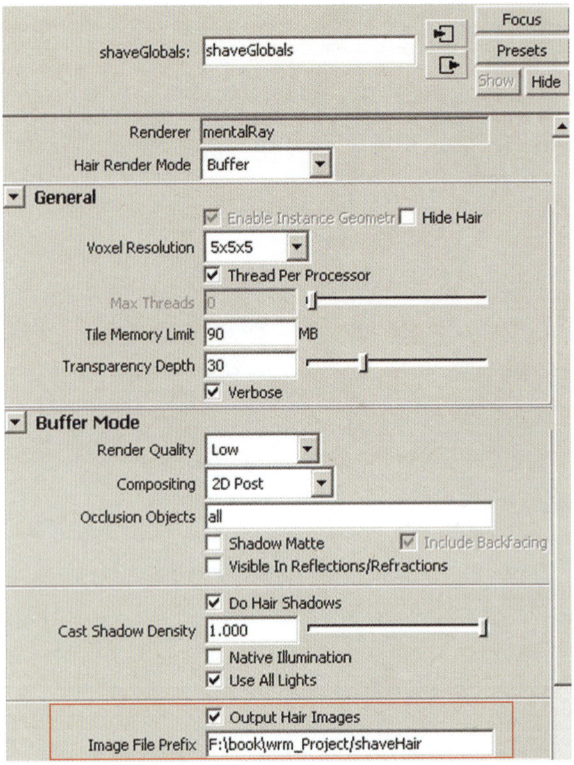

图4-153 毛发全局参数设置

4.9.4 AO渲染层

step❶ 新建一个渲染层，命名为AO，将本层渲染器指定为mental ray，将所有模型都添加到本层，并指定一个surfaceShader。

step❷ 新建一个mib_amb_occlusion节点，将其outValue属性与surfaceShader的outColor属性相连接，如图4-154所示。

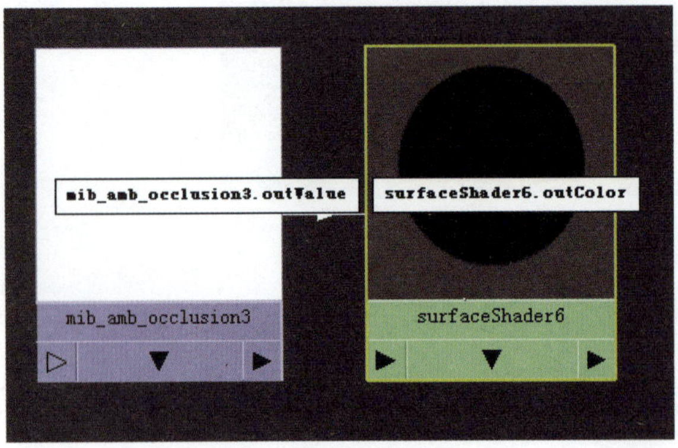

图4-154 属性连接

step❸ 提高mib_amb_occlusion节点的Samples（采样）值，如图4-155所示。

step❹ 将渲染质量设置为产品级，单击渲染按钮进行渲染，效果如图4-156所示。

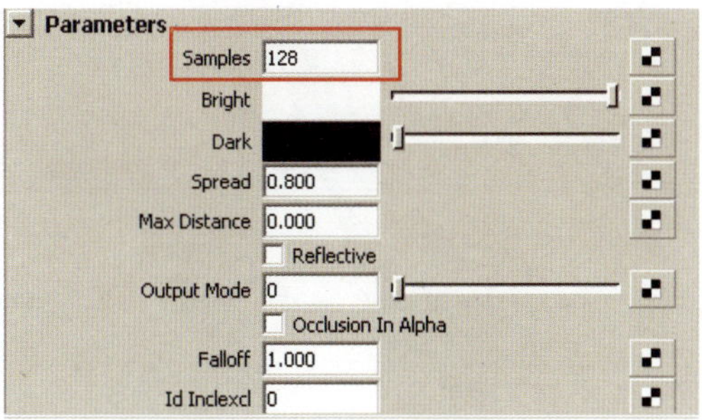

图4-155 提高AO采样值

图4-156 AO层渲染效果图

4.9.5 使用Photoshop合成图像

step❶ 首先合成AO层，将AO层的图层混合模式设置为Multiply，然后拼合所有图层。

step❷ 为上一步合成好的图像新建一个Alpha通道（见图4-157），将Z Depth层图像导入进来，将其全选并复制到此Alpha通道。

step❸ 为合成图像添加Lens Blur（镜头模糊）滤镜，参数设置如图4-158所示。

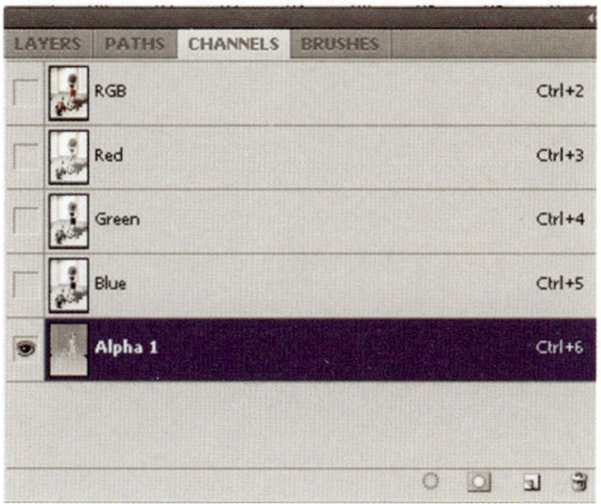

图4-157 新建一个Alpha通道

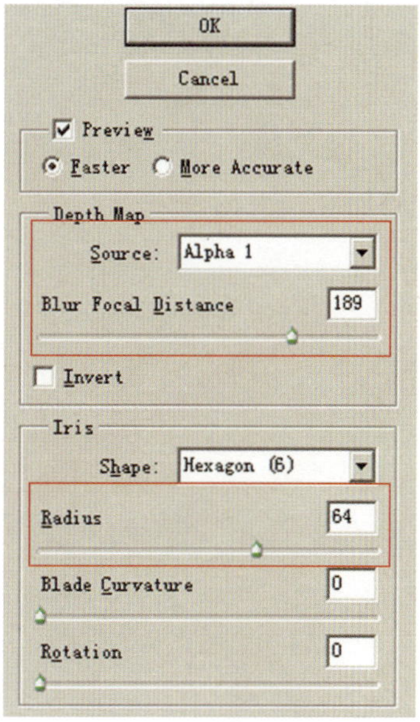

图4-158 镜头模糊滤镜

step4 合成前后的对比效果如图4-159和图4-160所示。

图4-159 合成前

图4-160 合成后

第5章 终结者

本章案例首先在Maya中建立基础模型，然后在ZBrush中进行深入雕刻，使用Photoshop绘制贴图，在Maya中分层渲染，最后使用Photoshop进行合成，并绘制烟雾、制作特效。本章通过对整个流程的讲解，使读者学习机械人的模型与质感制作，再现经典影视作品中的角色。

素材和源文件：\素材和源文件\第5章 终结者

5.1 再现科幻经典

本章的创作主题是电影《终结者》系列中的金属骷髅，本案例制作完成后的最终效果如图5-1所示。

5.1.1 创意分析

本章案例其实不是创作，只能算一件临摹作品。《终结者》系列是科幻电影史上的经典，第四部中的机械人（金属骷髅）形象制作得更加逼真，虽然没有了州长施瓦辛格的加盟，但电脑特技却更显神威，使得场面更加火爆和宏大。

笔者在看完电影《终结者4》后快速雕塑出了金属骷髅的头部形象，不过在制作的过程中也并未想要花费太多的时间一丝不差地还原电影原作，本案例属于一件速写作品。

读者可以通过临摹自己喜爱的电影作品中的经典形象来提高或检验自己的能力与水平。电影原作中的完整机械人形象如图5-2所示。

图5-1 《终结者》案例效果图

图5-2 电影原作中的完整机械人形象

5.1.2 制作流程

本案例的制作流程大致分为：收集电影《终结者》的海报和剧照等参考图、建立基础模型、ZBrush雕刻、Photoshop绘制贴图，Maya 的分层渲染及Photoshop后期合成。详细的制作流程如下。

01 收集电影《终结者》的海报和剧照
本案例属于临摹作品，所以至少需要有90%以上的特点忠于原作。

02 建立基础模型
重点是把握好比例与布线。

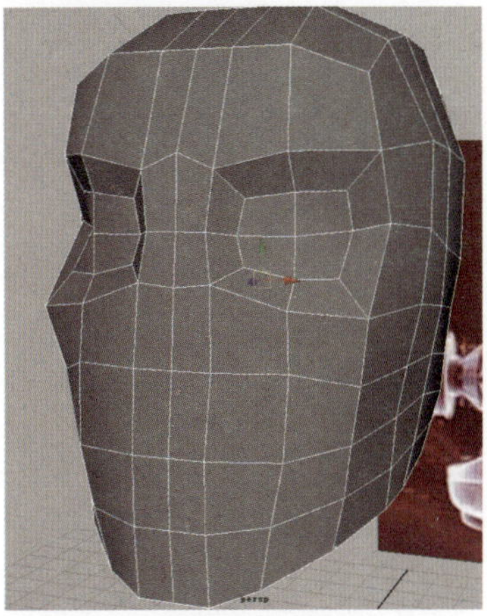

03 ZBrush雕刻
使用ZBrush雕刻细节，雕刻完毕后进行建面操作。

04 Photoshop绘制贴图
本案例使用ZBrush创建Cavity贴图，然后以此为参照和基础，在Photoshop中创建各通道的贴图。

05 Maya渲染
从ZBrush中输出减面的模型到Maya，设置灯光，制作材质并渲染。

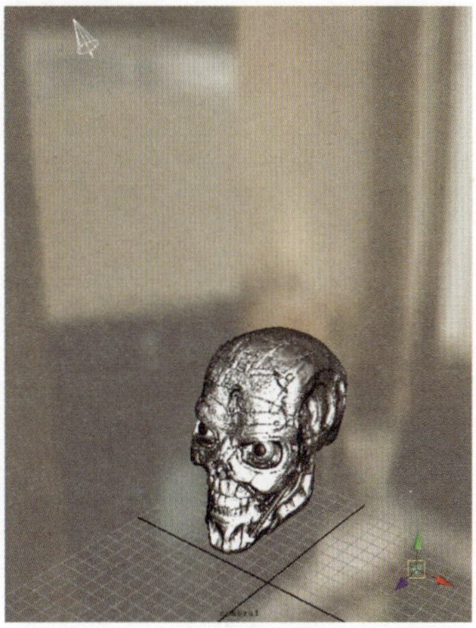

06 Photoshop合成
最后利用Photoshop进行合成和调节，并制作烟雾、发光等特效。

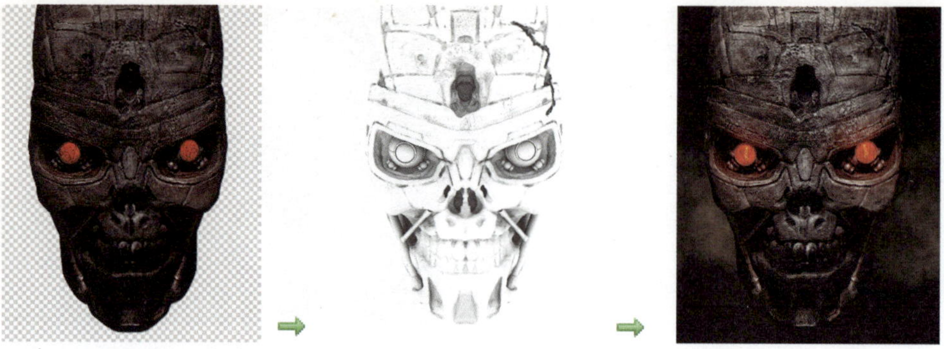

5.1.3 注意事项

以下是为本案例总结出的可能出现的问题及相关的解决方法。

注意1 作品形象要符合原作

要让欣赏者一眼看出制作的形象是什么。

注意2 要注重环境与氛围的重要性

适当加入特效以符合电影原作的氛围。

注意3 要具有一定细节

破损的金属细节让作品更生动。

注意4 减面操作要适当

减面操作要在维持作品细节的基础上进行。

5.2 制作终结者模型

终结者金属骷髅的基础模型主要考虑布线网格要均匀，布线走向要基本符合金属骷髅的结构，其他的零部件都是通过对Maya的基础多边形物体稍作修改而获得的，同样要做到网格均匀。

5.2.1 制作并导入参考图

本案例使用一种新型的建模方式（Z球建模）进行快速建模。

step 1 启动Photoshop软件，将终结者的参考图片导入，利用Photoshop的参考线将侧面与正面的主要部位对齐，然后分别输出为名称为Front与Side的两张JPG格式的图片，如图5-3所示。

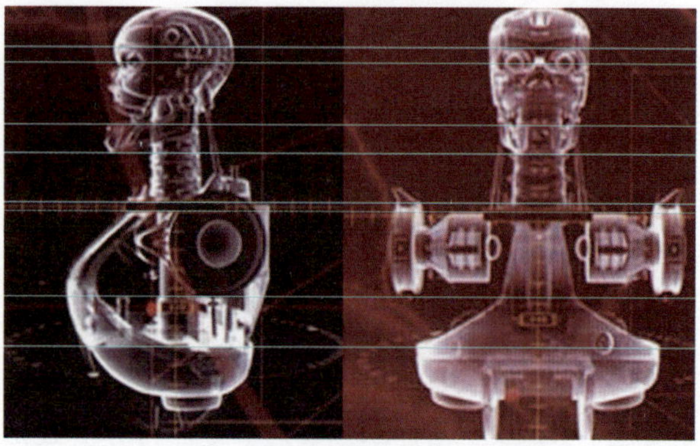

图5-3 制作侧面与正面的参考图

step❷ 启动Maya软件，在前视图中选择View | Image Plane | Import Image命令，将Front参考图导入，同样在侧视图中选择View | Image Plane | Import Image命令，将Side参考图导入，如图5-4所示。

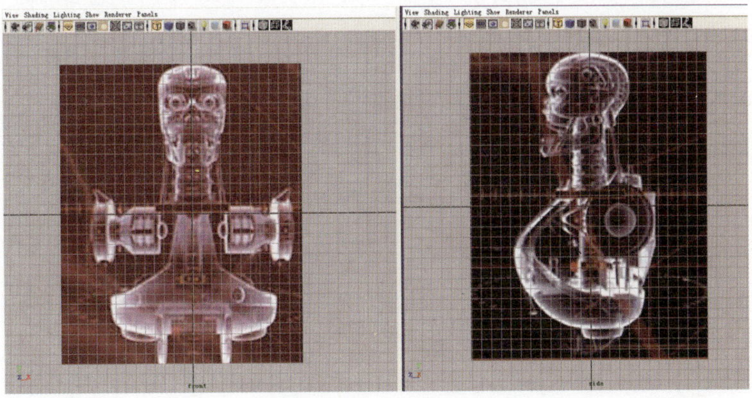

图5-4 导入参考图

step❸ 在透视图中先后选择两个Image Plane，调节其位置，如图5-5和图5-6所示。透视图中调节好参考图位置的效果如图5-7所示。

INPUTS

imagePlane1

Frame Extension	1
Frame Offset	0
Alpha Gain	1
Depth	100
Size X	1.417
Size Y	0.945
Offset X	0
Offset Y	0
Center X	-1.2
Center Y	0
Center Z	-59
Width	30
Height	30

图5-5 调节Front参考图位置

INPUTS

imagePlane2

Frame Extension	1
Frame Offset	0
Alpha Gain	1
Depth	100
Size X	1.417
Size Y	0.945
Offset X	0
Offset Y	0
Center X	-56.9
Center Y	0
Center Z	0
Width	30
Height	30

图5-6 调节Side参考图位置

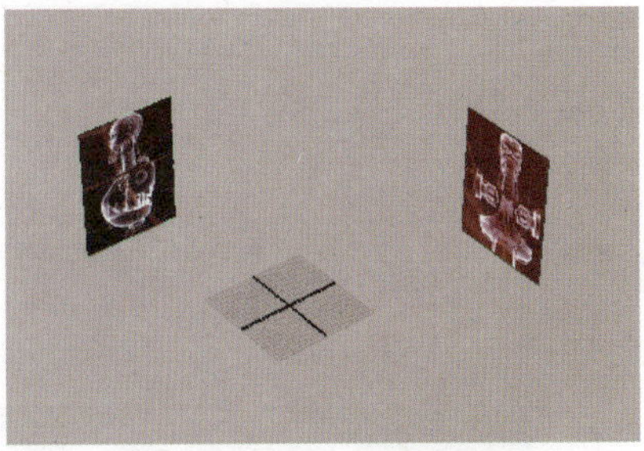

图5-7 调节好参考图位置

step❹ 创建一个多边形Cube，并进行细分，如图5-8所示。

step❺ 选择多边形Cube一半的面，按【Delete】键将其删除，如图5-9所示。

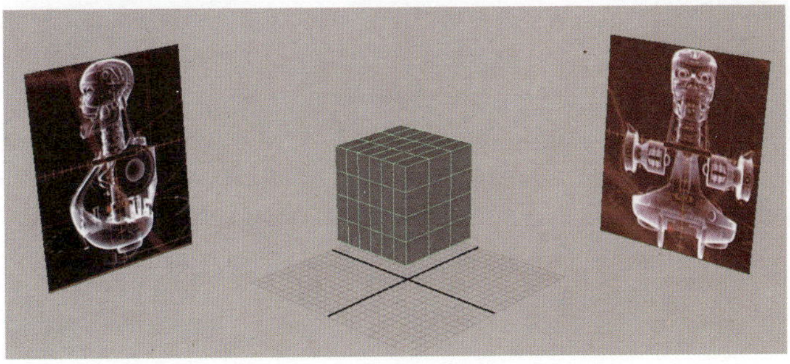

图5-8 创建一个多边形Cube并进行细分

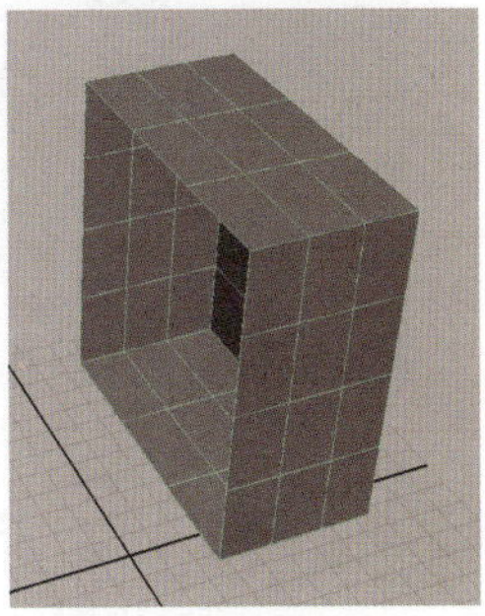

图5-9 删除多边形Cube一半的面

5.2.2 建立基础模型

step❶ 单击Edie | Duplicate Special后面的小方体，弹出Duplicate Special Options对话框，如图5-10所示进行设置。单击Duplicate Special按钮，镜像复制后的模型将随原模型的改变而改变。

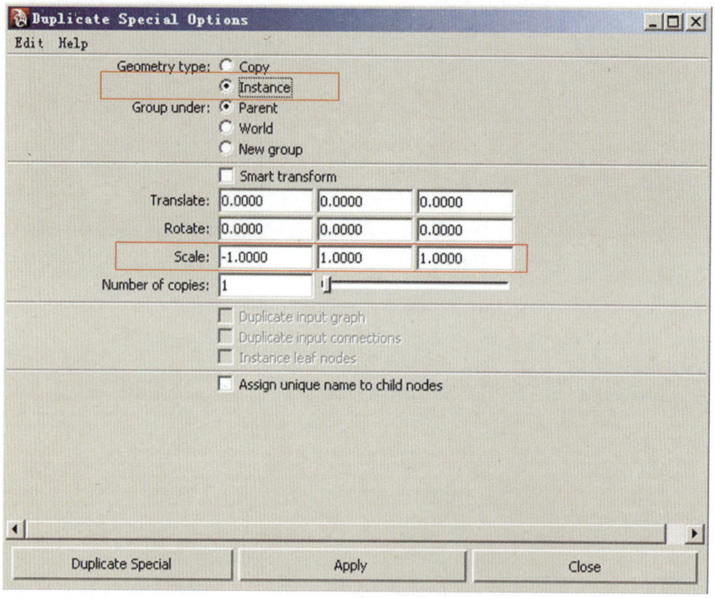

图5-10 Duplicate Special Options对话框

step❷ 在侧视图中调节点，使Cube的形状符合参考图，如图5-11所示。透视图中的效果如图5-12所示。

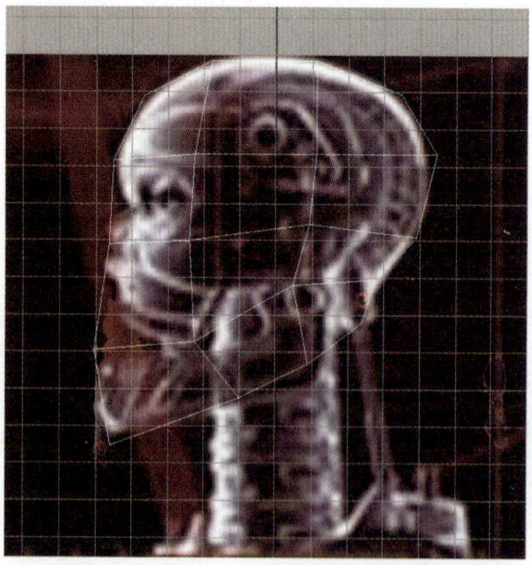

图5-11 使Cube的形状符合参考图

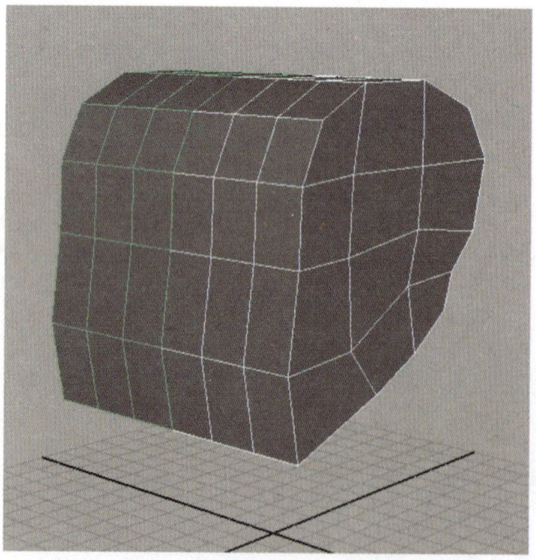

图5-12 透视图中的效果

step❸ 在正视图中调节模型的点，使Cube的形状符合参考图，如图5-13所示。继续在透视图中调节点，如图5-14所示。

step❹ 在透视图使用循环切割工具对模型进行细分并调节点，如图5-15所示。

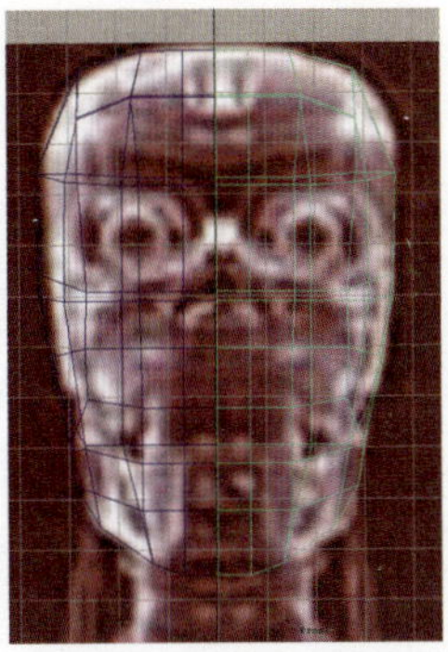

图5-13 使Cube的形状符合参考图

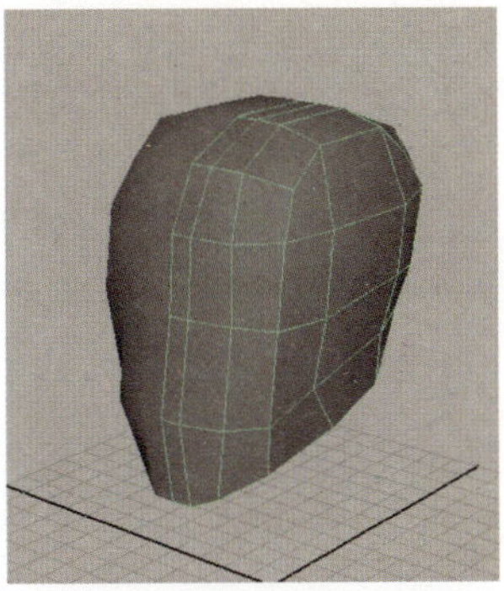

图5-14 透视图中的效果

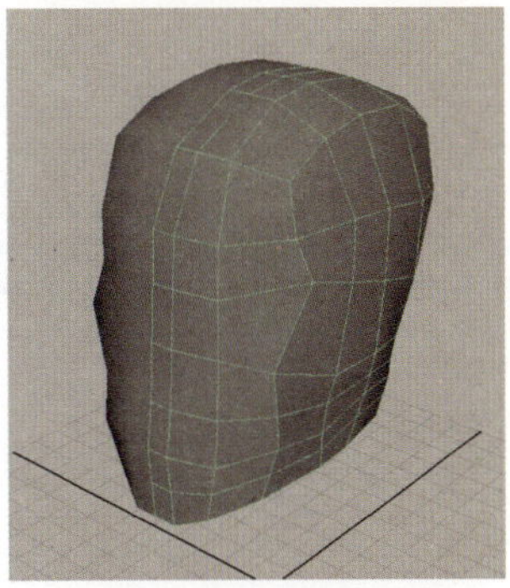

图5-15 对模型进行细分

step5 选择如图5-16所示的面，执行Extrude（挤压）操作，挤压完毕后进行缩放操作，如图5-17所示。

step6 调节眼部的点，使其符合终结者眼部形状，如图5-18所示。

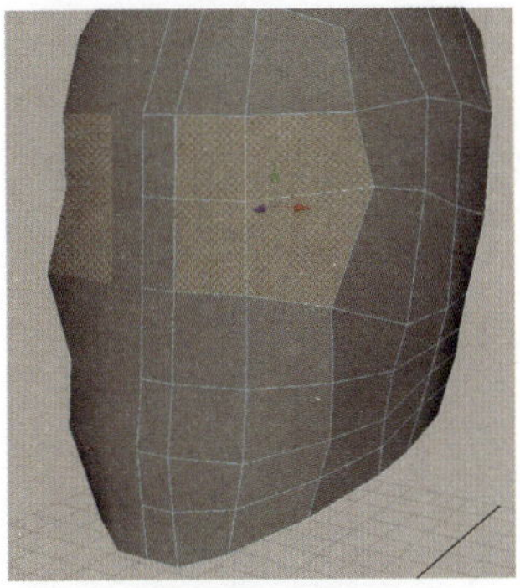

图5-16 选择面

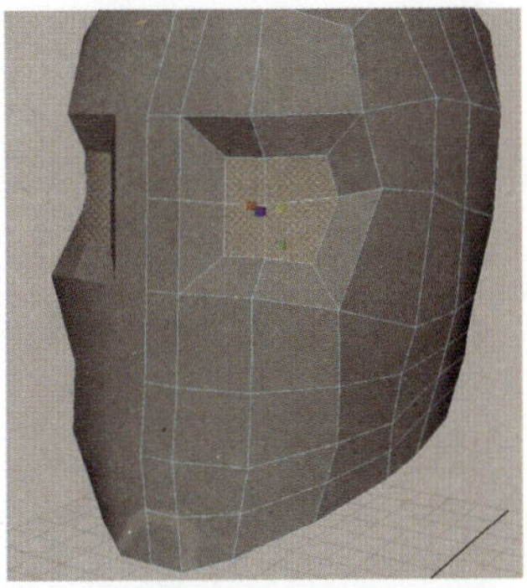

图5-17 执行Extrude（挤压）操作

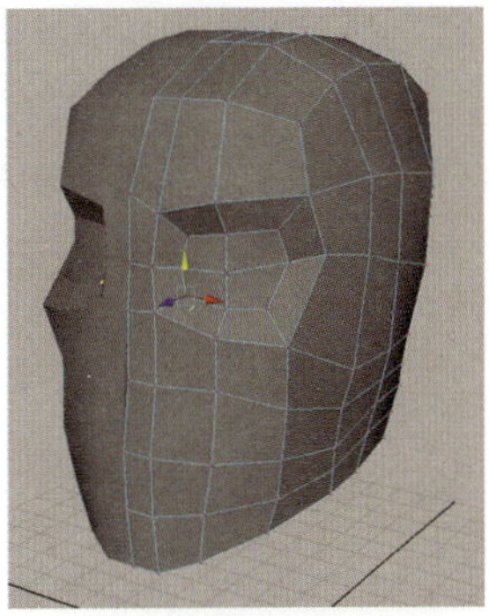

图5-18 调节点

step7 调节完成后删除镜像复制出的模型。然后双击位移工具，在弹出的对话框中取消选择Retain component spacing复选框，如图5-19所示。选择网格捕捉工具，如图5-20所示。

step8 在顶视图中选择所有中间的点，使用移动工具将它们移开后再移回原位，如图5-21所示。

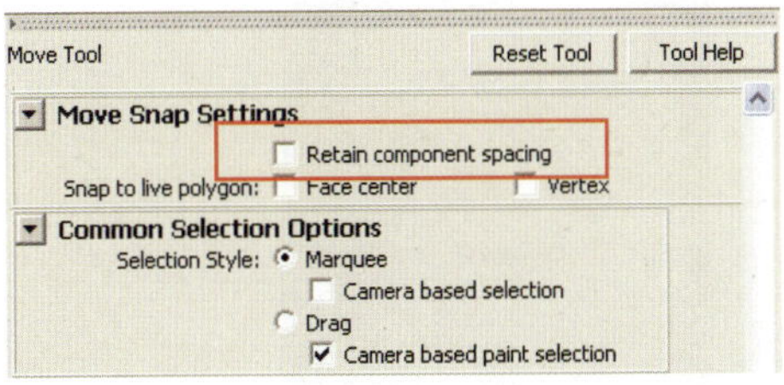

图5-19 取消选择Retain component spacing复选框

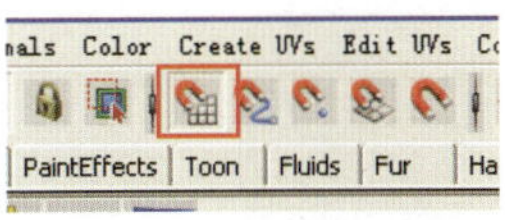

图5-20 按下网格捕捉工具

图5-21 对齐到中心网格

step9 选择剩下的半边头部模型，选择Mesh | Mirror Geometry命令，如图5-22所示进行镜像多边形属性设置。镜像出来的模型如图5-23所示，

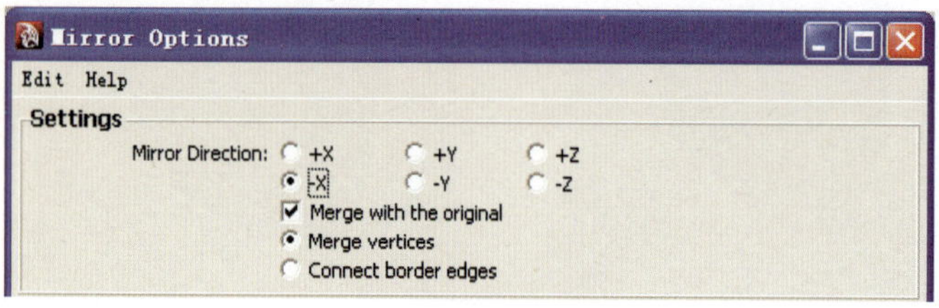

图5-22 镜像多边形

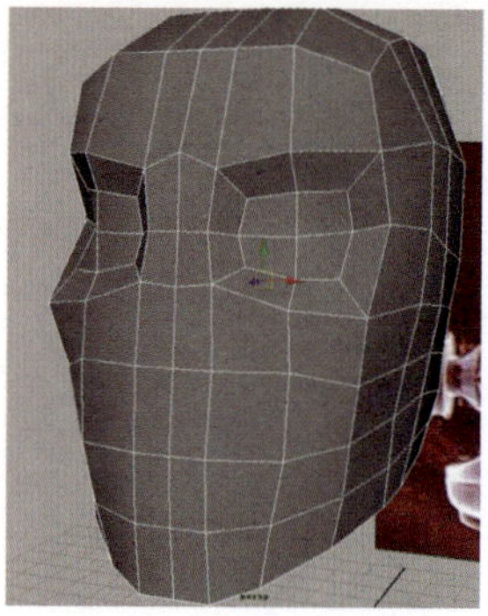

图5-23 镜像完毕的模型

5.2.3 编辑模型UV

step❶ 选择File | Export Selection命令，将模型输出为OBJ格式的数据模型。

step❷ 本案例使用Unfold 3D展开模型UV，启动Unfold 3D软件，单击Load OBJ按钮载入从Maya中输出的模型，如图5-24所示。

step❸ 选择Edie | Mouse Binding命令，弹出键盘和鼠标设置对话框，将载入预设设置为Maya的键盘和鼠标视窗操作方式，如图5-25所示。

图5-24 载入模型

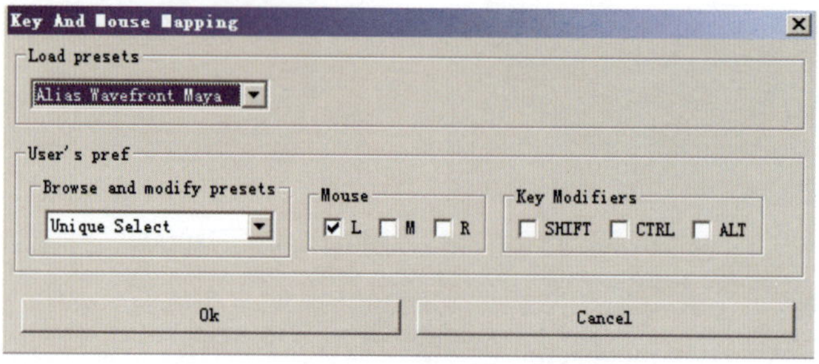

图5-25 载入键盘和鼠标操作方式预设

step❹ 在模型需要进行UV切开的边上单击，使这些边呈蓝色显示。单击Cut Mesh按钮，将模型UV边界切开，模型切开前后效果对比如图5-26和图5-27所示。

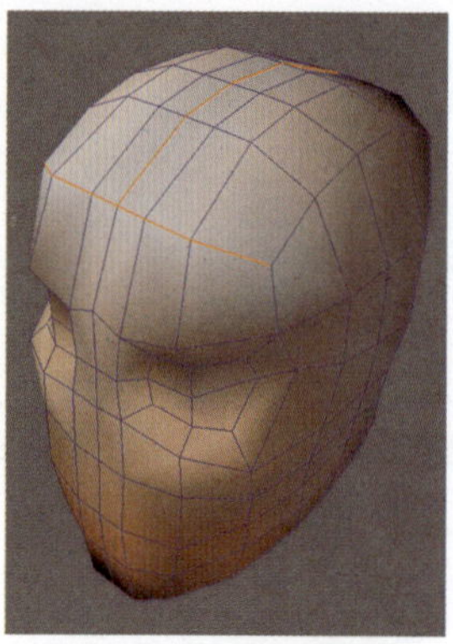

图5-26 切开模型UV边界前的侧面效果

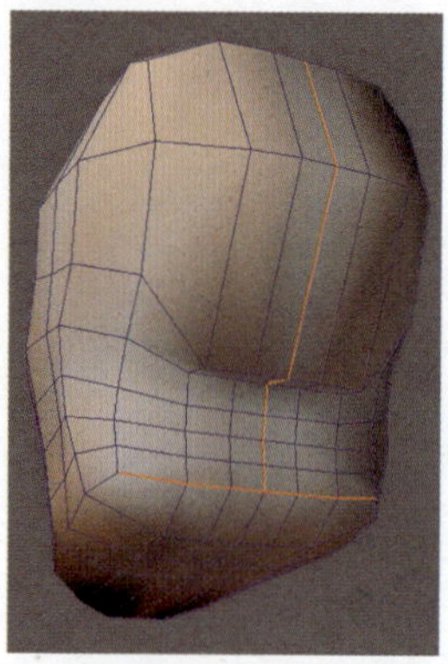

图5-27 切开模型UV边界后的侧面效果

step❺ 单击Auto Unfolding（自动展开）按钮，将模型的UV展开，展开后的效果如图5-28所示。

step❻ 单击Save按钮，将拆分好UV的模型输出，模型将自动保存到与原始模型相同的目录中。

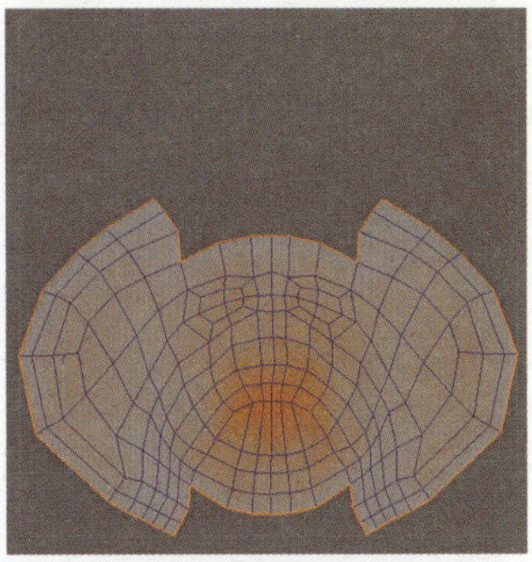

图5-28 展开后的模型UV

5.2.4 创建眼球模型

step❶ 创建一个多边形球体，修改其参数，如图5-29所示。然后变换其顶点，将其修改为如图5-30所示的形状。

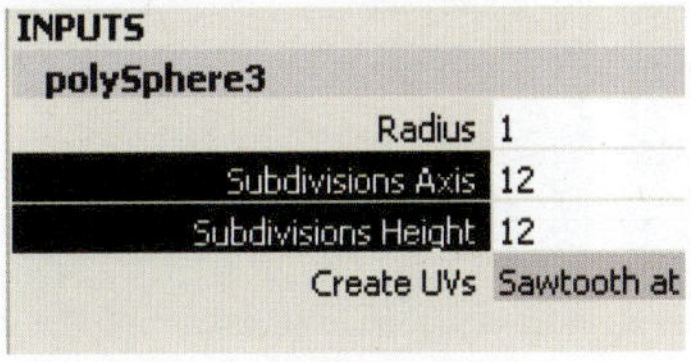

图5-29 修改多边形球体参数

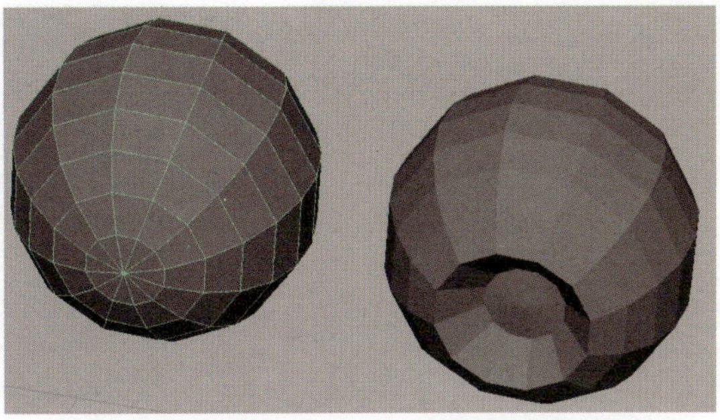

图5-30 变换多边形球体顶点

step❷ 使用循环切割工具插入循环边，并稍作移动，如图5-31所示。继续插入循环边，并选择如图5-32所示的面。

step❸ 对选择的面执行Extrude（挤压）操作，挤压完毕后进行缩放等变换操作，使其凹陷进去，如图5-33所示。最后对其进行平滑细分。

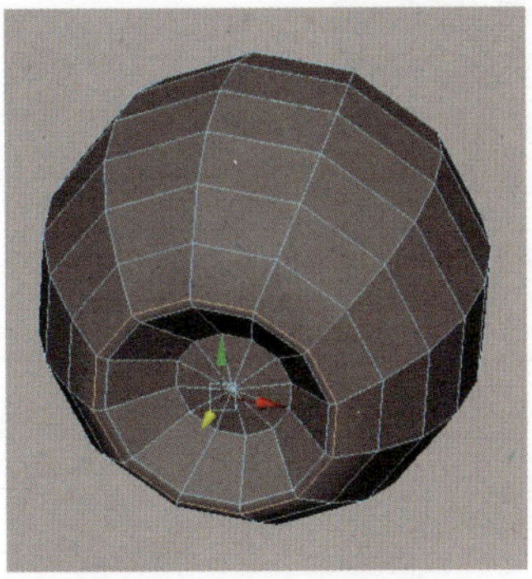

图5-31 插入循环边

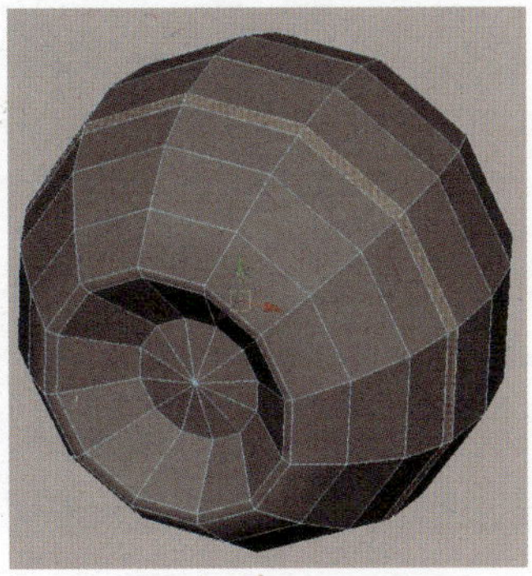

图5-32 选择部分面

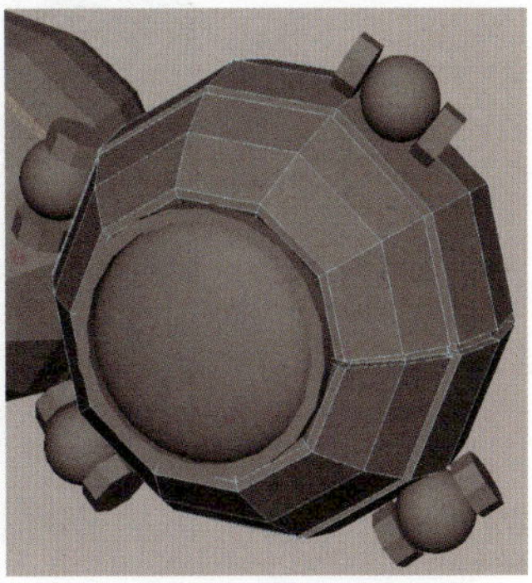

图5-33 眼球模型

step❹ 对圆柱体与球体进行修改与成组得到眼球周围的模型。

5.3 利用ZBrush雕刻金属骷髅

在ZBrush中雕刻金属物与雕刻生物体存在较大的差异，因为金属物较生命体具有平、直和规则等特点，要雕刻金属物可以多使用ClayTubes笔刷，而ZBrush 3.5版本更是针对其早期版本雕刻机械类模型的不足，增加了Planar等笔刷，并改进了LazyMouse，使ZBrush的适应范围更加广阔。

5.3.1 细分并雕刻模型

step❶ 启动ZBrush软件，导入从Unfold 3D中输出的OBJ格式的终结者基础模型，如图5-34所示，并单击Divide按钮数次对其进行细分，细分后的结果如图5-35所示。

图5-34 导入终结者基础模型

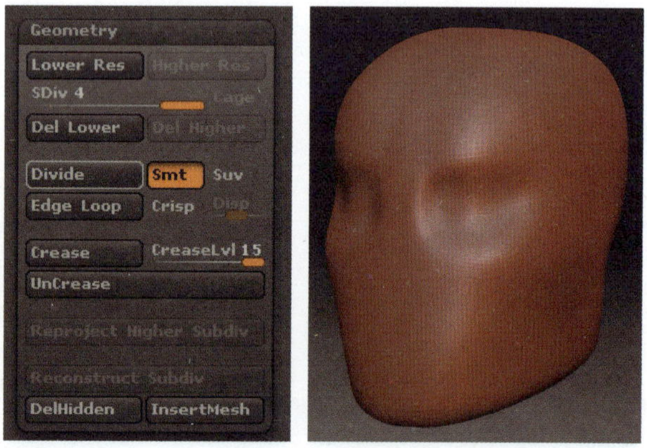

图5-35 细分结果

step❷ 使用Standard笔刷进行雕刻，按【X】键进行对称的镜像绘制，按【Alt】键进行凹陷雕刻，如图5-36所示。

图5-36 Standard笔刷的雕塑过程

step❸ 单击Standard笔刷按钮，在弹出的对话框中选择ClayTubes笔刷并使用ClayTubes笔刷雕刻模型，如图5-37所示。

step❹ 单击Divide按钮对模型进行细分，在窗口中右击，在弹出的对话框中设置Draw Size（笔刷大小）与Z Intensity（纵深压力强度），交替使用Standard笔刷、ClayTubes笔刷和Move笔刷对模型进行深入刻画，如图5-38所示。

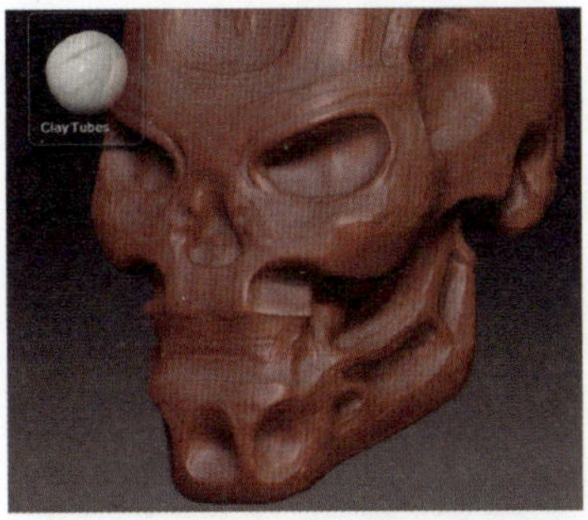

图5-37 使用ClayTubes笔刷调节模型

图5-38 深入刻画过程

step❺ 在Zplugin菜单中展开SubTool Master选项卡，单击SubTool Master按钮，如图5-39所示，在弹出的菜单中单击Multi Append按钮，导入Maya中制作的眼球等其他机械零件模型，如图5-40所示。

step❻ 根据导入的眼球等其他机械零件模型调节头部模型形态，并继续深入刻画，如图5-41所示。

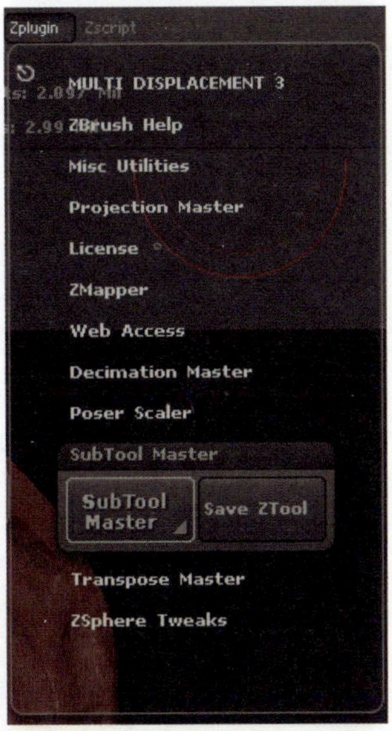

图5-39 使用SubTool Master插件

图5-40 导入眼球

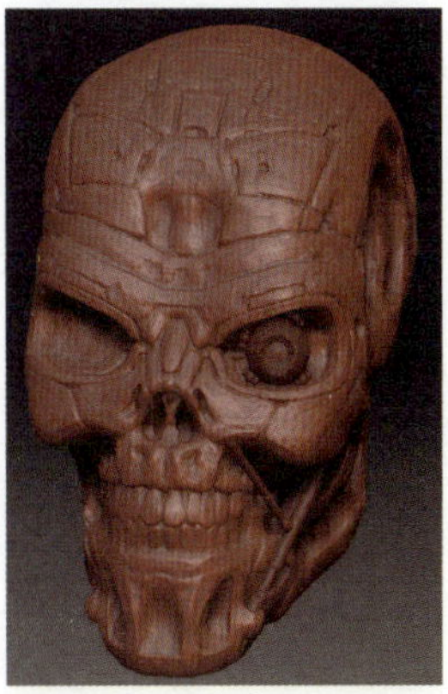

图5-41 调节头部模型形态

step❼ 单击界面左边的Alpha Off按钮，选择一种Alpha图形，继续雕刻，可以让模型表面产生丰富的肌理效果，如果ZBrush预置的Alpha图形不能满足需要，可以自己在Photoshop中制作一个或多个Alpha图形，然后单击Import按钮导入使用，如图5-42所示。

图5-42 使用Alpha图形

可以去ZBrush官方网站免费下载各种类型的Alpha图形导入使用，如图5-43所示。使用Alpha图形在模型上刻画的效果如图5-44所示。

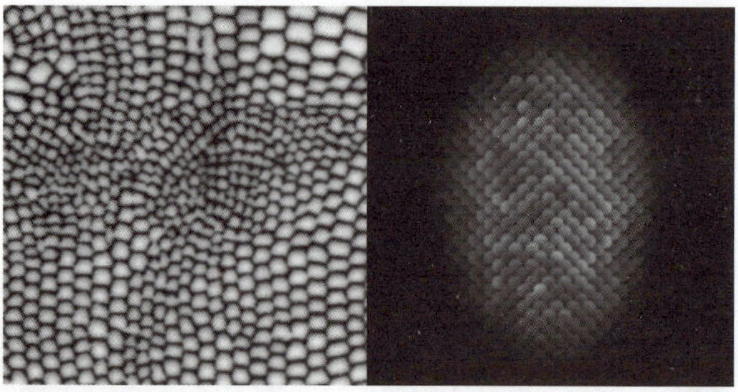

图5-43 Alpha图形

图5-44 使用Alpha图形在模型上刻画

step 8 在界面左边的材质球上单击，可以在弹出的众多材质球中选择一种需要的材质，如图5-45所示。完成的金属骷髅模型如图5-46所示。

图5-45 更换材质

图5-46 完成的金属骷髅模型

5.3.2 为模型减面

step❶ 在Zplugin菜单中展开Decimation Master选项卡，如图5-47所示进行设置，单击Pre-process Current按钮，程序开始计算，计算完毕后模型变为三角面。

step❷ 设置decimation的值为10%，单击Decimate Current按钮，模型面数变为原模型的10%，如图5-48所示。

step❸ 展开左边Tool菜单下的Export选项卡，如图5-49所示进行设置，单击Export按钮，将模型输出。

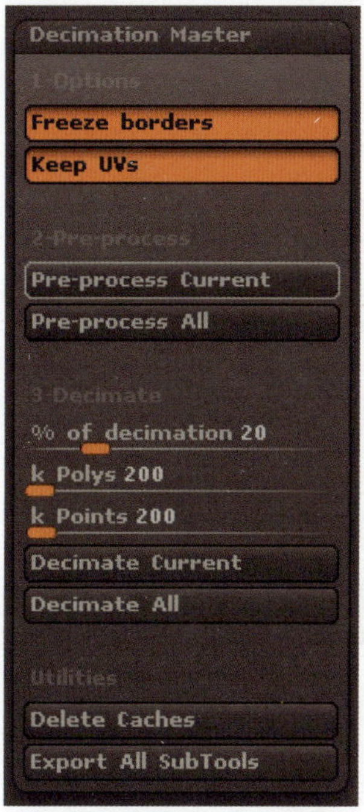

图5-47 Decimation Master插件

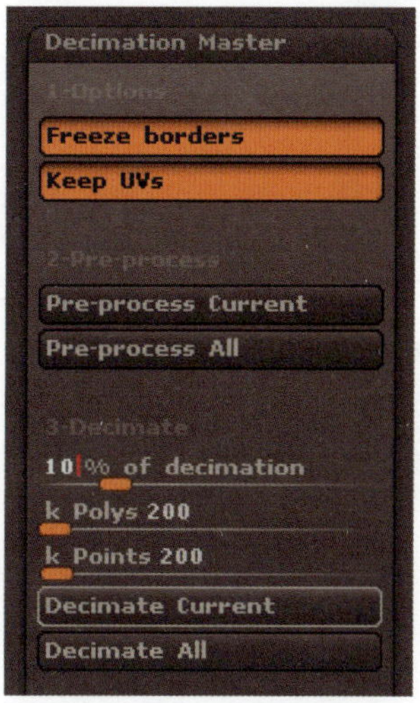

图5-48 减面操作

图5-49 输出模型

5.4 设置终结者材质与贴图

金属骷髅的金属质感制作得是否成功，关键要把握住以下几点：

（1）要把握住金属具有较亮的高光和较强的反射效果。

（2）要表现好锈迹和破损效果。

（3）要注意表现其表面的油漆效果。

5.4.1 利用ZBrush创建Cavity Map

step❶ 单击左上方的ZMapper按钮，进入ZMapper窗口，展开Normal & Cavity Map选项卡，将Cavity Intensity的值增大，如图5-50所示。

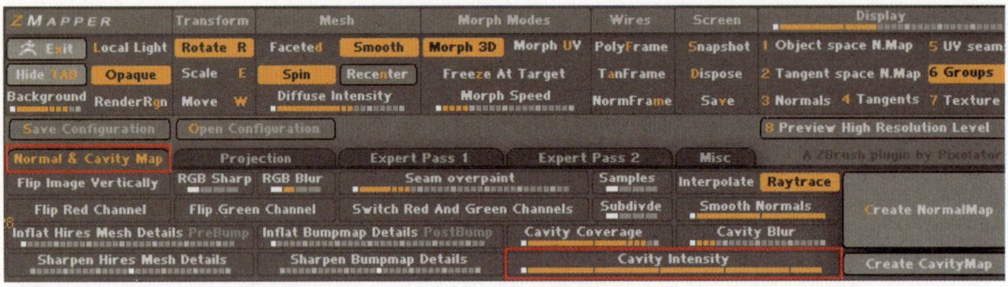

图5-50 创建Cavity Map

step② 单击Create CavityMap按钮，开始创建Cavity Map。

step③ Cavity Map创建完毕后，退出ZMapper窗口，Cavity Map就会出现在Texture菜单中，如图5-51所示。

step④ 在Texture菜单中单击Flip V按钮，将贴图垂直翻转，如图5-52所示。

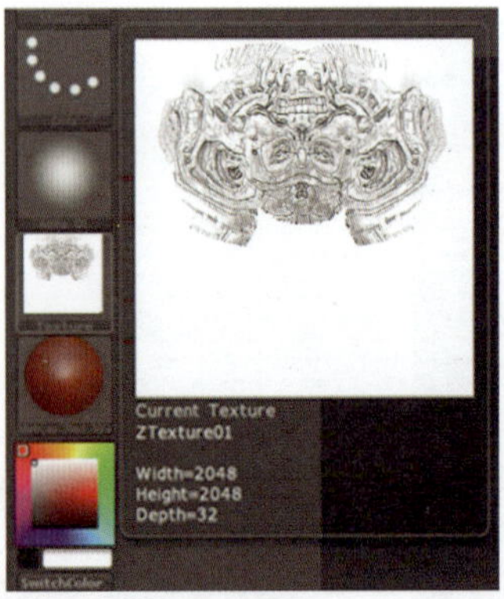

图5-51 Cavity Map出现在Texture菜单中

图5-52 将贴图垂直翻转

step⑤ 单击Export按钮，在弹出的对话框中输入文件名称，保存类型选择TIF格式，单击“保存”按钮进行保存。

5.4.2 利用Photoshop创建各通道贴图

step① 启动Photoshop软件，选择File | Open命令，打开在ZBrush中创建的Cavity Map，如图5-53所示。

step② 新建一个深灰色的图层，放置在Cavity层的下面，将Cavity层的图层混合模式设置为Multiply，得到的Bump贴图，如图5-54所示。

图5-53 Cavity Map

图5-54 Bump贴图效果

step❸ 新建一个空白图层，使用绘图板在本图层上绘画，绘制出油漆与锈迹效果，得到Color（颜色）贴图，如图5-55所示。

step❹ 修改Color贴图，得到Specular（高光）贴图，如图5-56所示。本案例的Specular（高光）贴图与Reflected（反射）贴图都使用同一张贴图。

图5-55 Color贴图

图5-56 高光贴图

5.4.3 金属骷髅材质

step❶ 启动Maya软件，创建一个Blinn材质，将其赋予金属骷髅模型，材质的具体参数如图5-57所示。其Color通道使用前面在Photoshop中绘制的Color贴图，Bump Mapping通道使用在Photoshop中绘制的Bump贴图，Specular Roll Off与Reflected Color通道都使用在Photoshop中绘制的高光贴图。

step❷ Blinn材质的mental ray卷展栏参数如图5-58所示。

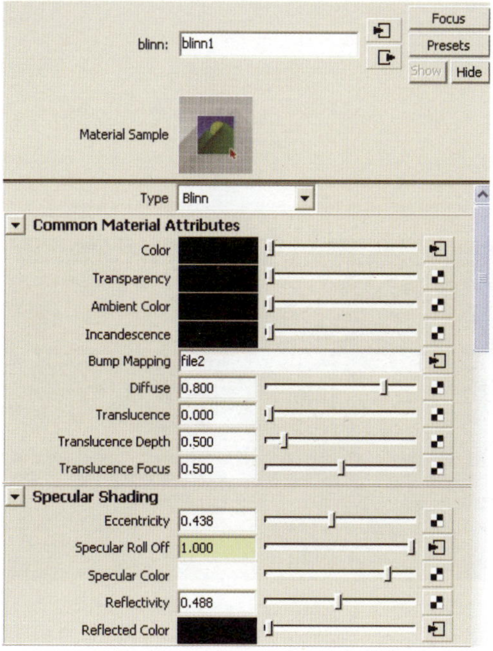

图5-57 Blinn材质参数

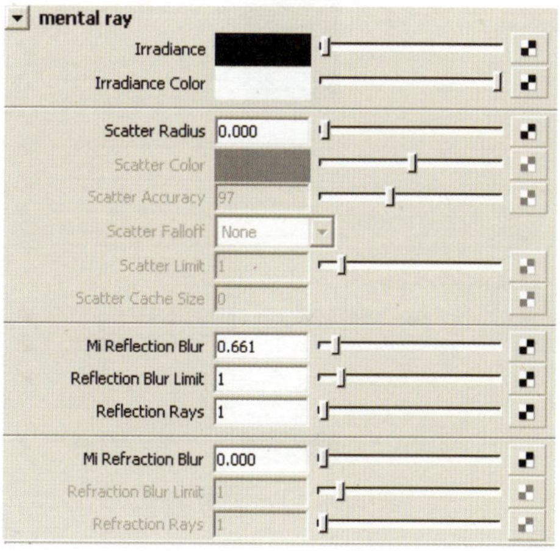

图5-58 mental ray卷展栏参数

step❸ 金属骷髅材质节点的链接如图5-59所示。

step❹ 设置bump2d1节点的Bump Depth属性为0.020，如图5-60所示。

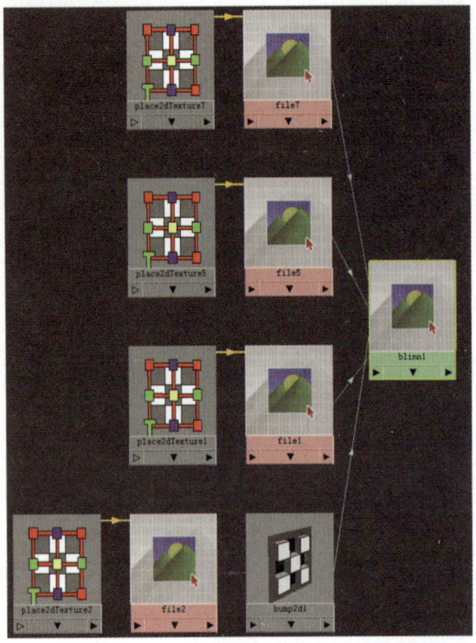

图5-59 金属骷髅材质节点的链接

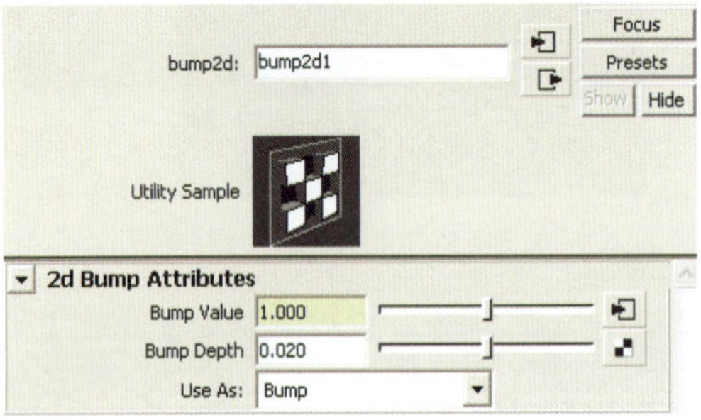

图5-60 设置bump2d1节点

5.4.4 其他机械零件材质

step❶ 创建一个Blinn材质，将其赋予其他机械零件模型，材质的具体参数如图5-61所示。其Color通道使用来自素材库的一张破旧金属贴图，如图5-62所示。

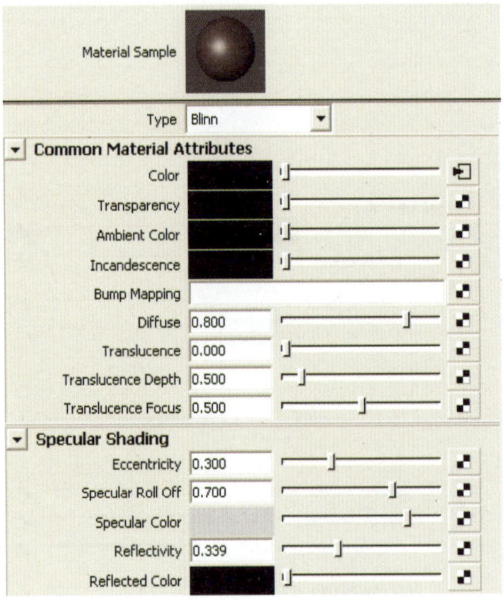

图5-61 Blinn材质参数

图5-62 破旧金属贴图

step❷ 其他机械零件材质节点的链接如图5-63所示。

step 3 Blinn材质的mental ray卷展栏参数如图5-64所示。

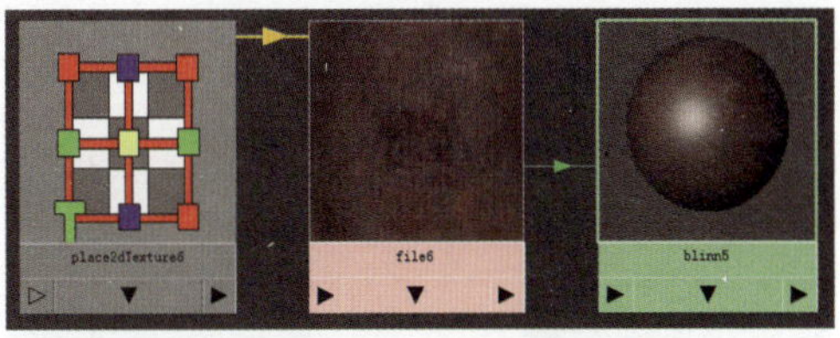

图5-63 其他机械零件材质节点的链接

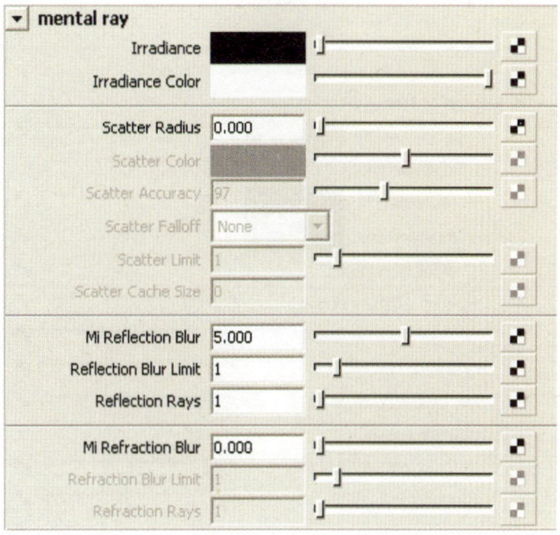

图5-64 Blinn材质的mental ray卷展栏参数

5.4.5 瞳孔材质

瞳孔部分由两个压扁的NURBS球体构成，内部为红色材质，外部为半透明材质，如图5-65所示。

step 1 创建一个Blinn材质，将其赋予内部NURBS球体模型，材质的具体参数如图5-66所示。

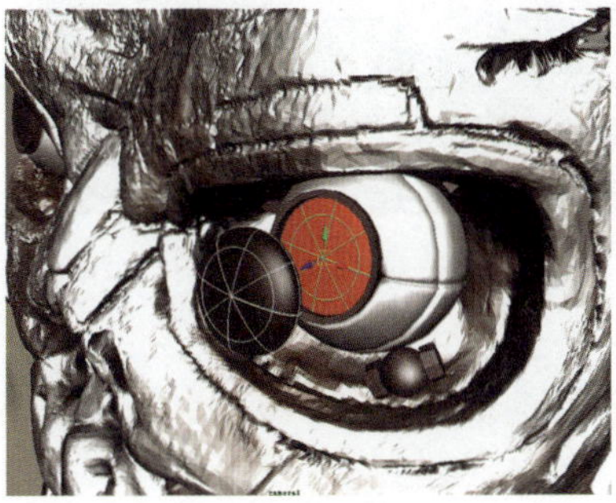

图5-65 瞳孔部分

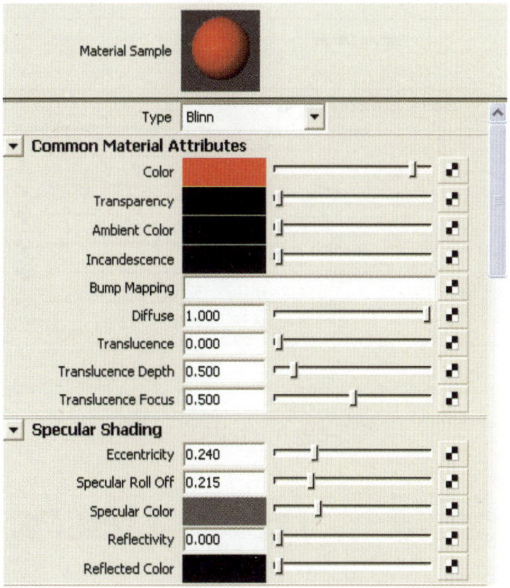

图5-66 Blinn材质参数

step 2 创建一个Blinn材质，将其赋予外部NURBS球体模型，材质的具体参数如图5-67所示。

Transparency使用一个fractal程序贴图来控制，外部NURBS球体材质节点的链接如图5-68所示。fractal程序贴图设置如图5-69所示。

step 3 金属骷髅与其眼球材质的渲染效果如图5-70所示。

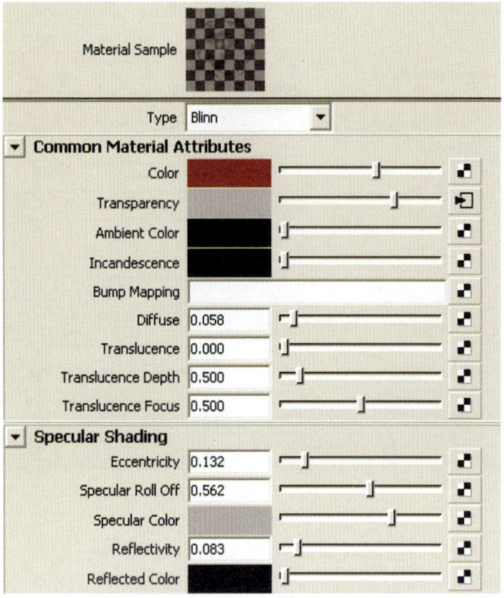

图5-67 Blinn材质参数

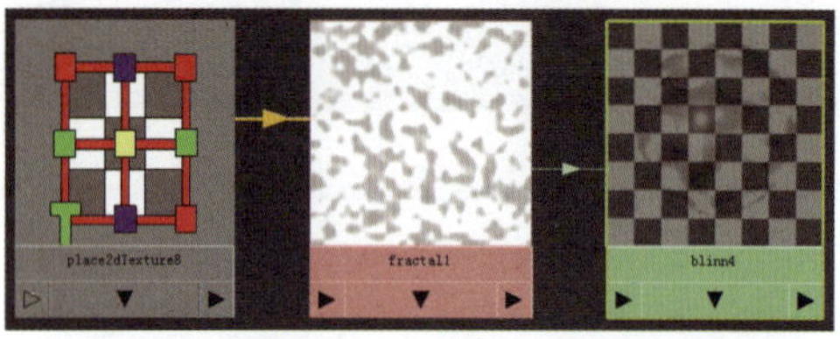

图5-68 外部NURBS球体材质节点的链接

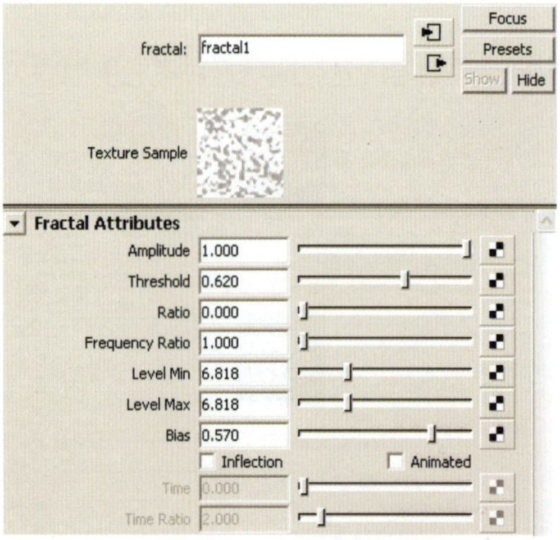

图5-69 fractal程序贴图设置

图5-70 金属骷髅与其眼球材质的渲染效果

5.5 设置场景环境与灯光

因为金属材质具有较强的反射性，所以合理设置环境是非常重要的，本案例应用了HDR图片作为整个场景的环境。布光方面以顶光作为主光源，增加了金属骷髅恐怖与邪恶的感觉与气氛。

5.5.1 设置灯光

本案例使用了两个光源，并结合HDR环境进行照明，如图5-71所示。

step 1 在金属骷髅的正面上方放置一盏Spot Light作为主光源，其参数如图5-72所示。

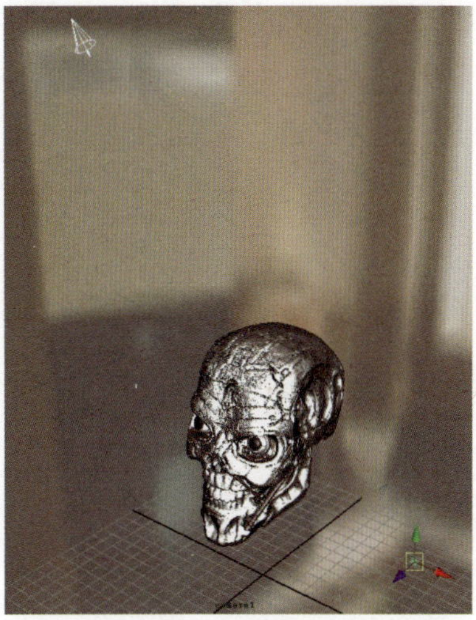

图5-71 照明与环境

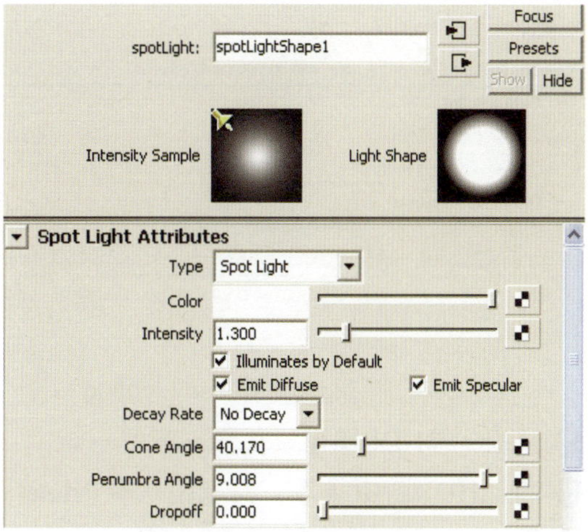

图5-72 主光源参数

step 2 开启主光源的光线跟踪阴影，其参数如图5-73所示。

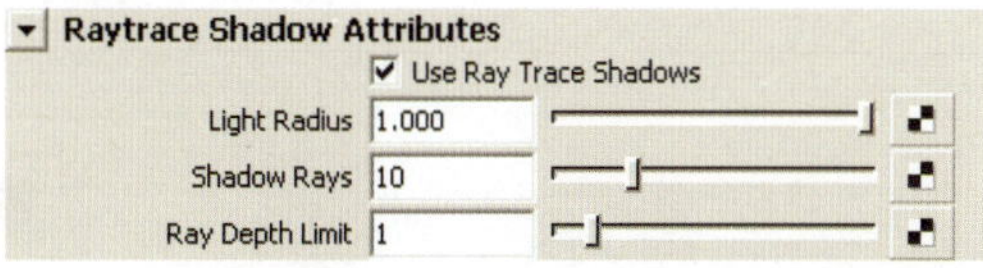

图5-73 主光源参数

step 3 在模型左侧放置一盏Point Light，作为暗部补光，其参数如图5-74所示。

step 4 本案例的光照效果如图5-75所示。

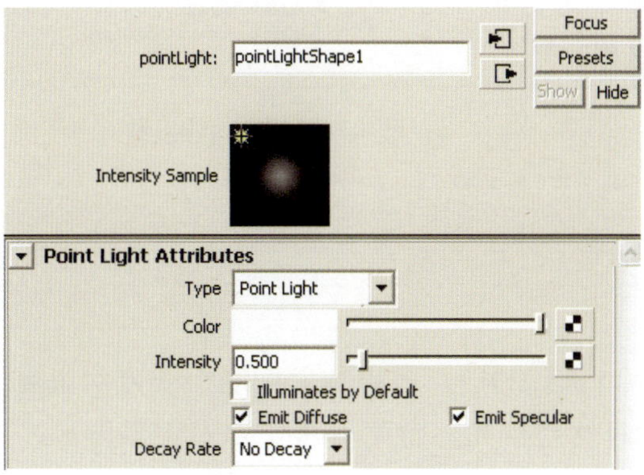

图5-74 点光源参数

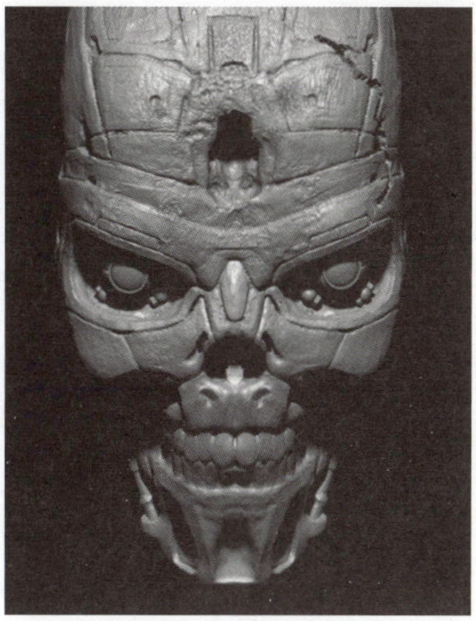

图5-75 总体光照效果

5.5.2 设置环境

step❶ 将渲染器更换为mental ray，单击Environment卷展栏下Image Based Lighting选项后面的Create按钮，如图5-76所示。视图中创建出一个环境球包裹整个场景，如图5-77所示。

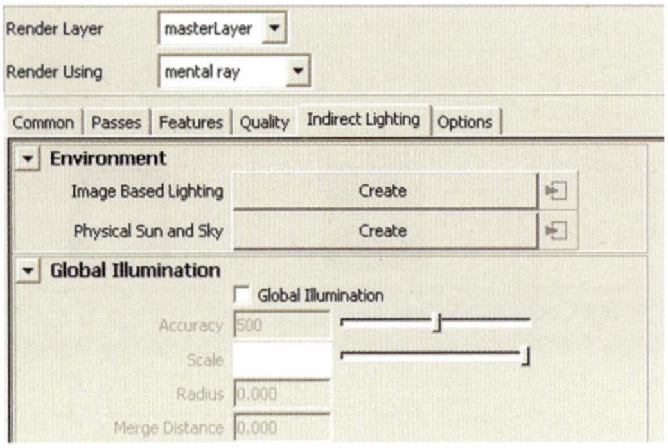

图5-76 创建Image Based Lighting

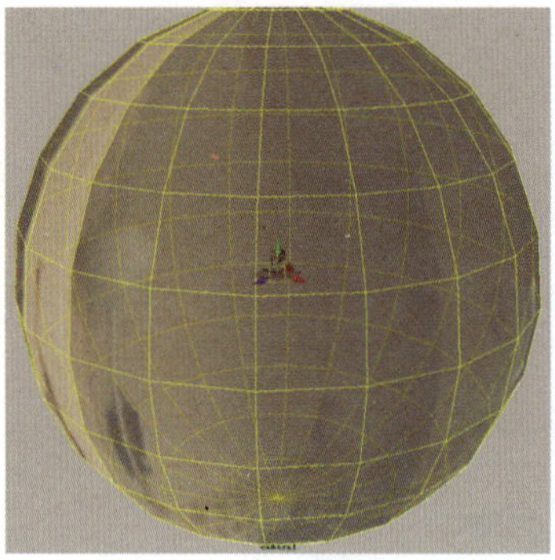

图5-77 环境球

step❷ 预备一幅HDR图像，如图5-78所示。

step❸ 将此HDR图像载入，并取消选择Primary Visibility复选框，使其在渲染时不可见，如图5-79所示。

图5-78 使用HDR图像照明

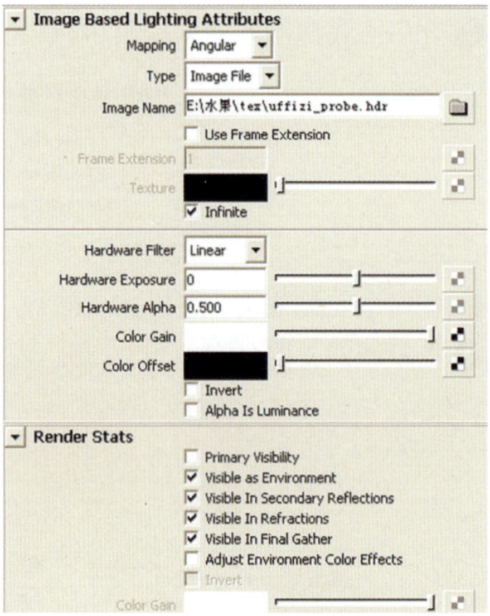

图5-79 HDR图像设置

5.6 渲染与合成

本案例的合成主要是将Master Beauty层合成进AO层，考虑到后期制作的方便快捷，本案例的一些特殊效果，比如终结者眼睛中的灯丝与辉光、背景云雾，以及前景烟雾，都是使用Photoshop绘制所得。

5.6.1 全局渲染设置

step❶ 全局渲染设置的“抗锯齿”卷展栏的参数设置如图5-80所示。

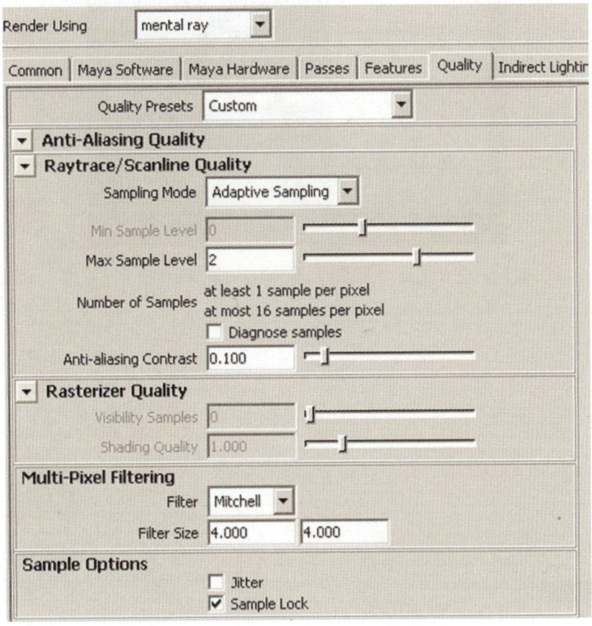

图5-80 “抗锯齿”卷展栏的参数设置

step❷ 全局渲染设置的“光线跟踪”卷展栏的参数设置如图5-81所示。

step❸ 单击渲染按钮进行渲染，得到Master Beauty层的渲染效果，如图5-82所示。

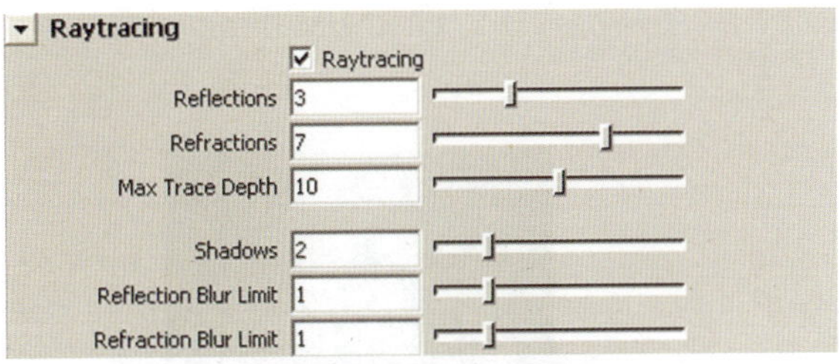

图5-81 “光线跟踪”卷展栏的参数设置

图5-82 Master Beauty默认渲染效果

5.6.2 AO渲染层

step❶ 新建一个渲染层，命名为AO，将本层渲染器指定为mental ray，将所有模型都添加到本层，并指定一个surfaceShader。

step② 新建一个mib_amb_occlusion节点，将其outValue属性与surfaceShader的outColor属性相连接，如图5-83所示。

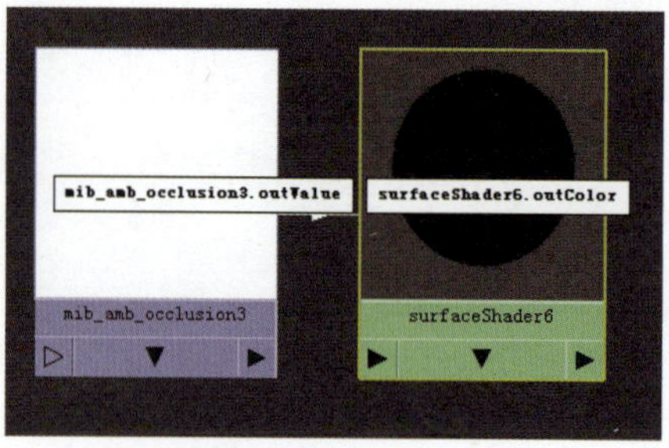

图5-83 属性连接

step③ 提高mib_amb_occlusion节点的Samples（采样）值，如图5-84所示。

step④ 将渲染质量设置为产品级，单击渲染按钮进行渲染，效果如图5-85所示。

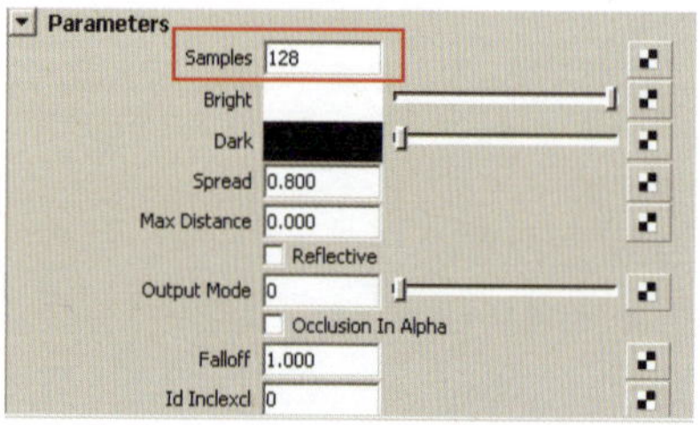

图5-84 提高AO采样值

图5-85 AO层渲染效果图

5.6.3 使用Photoshop合成图像

step① 启动Photoshop软件，在Master Beauty层的下方新建一个背景层，并绘制背景，如图5-86所示。

step② 将AO层放置到Master Beauty层的上面，将图层混合模式设置为Multiply。合成结果如图5-87所示。

图5-86 加入背景的效果

图5-87 加入AO层的效果

step3 绘制瞳孔中的黄的灯丝，并绘制辉光效果，如图5-88所示。最后绘制烟雾效果，完成本案例的制作。

图5-88 绘制灯丝与辉光

第6章 挚爱草莓

本章主要讲解怪兽类角色主题作品的创作方法，雕塑怪兽是ZBrush的强势，可以说是轻而易举。而Maya中mental ray渲染器的SSS皮肤Shader功能强大，本案例不仅要利用它创建怪兽的皮肤，还要用它创造草莓的质感。最后利用Photoshop进行简单合成和处理。读者学习完本案例，就可以轻松创作出任何类型的怪兽作品。

视频文件路径：\Video

素材和源文件：\素材和源文件\第6章 挚爱草莓

6.1 精彩源于创意

本章的创作主题是一个喜欢吃草莓的怪兽，本案例制作完成后的最终效果如图6-1所示。

6.1.1 创意分析

邪恶的怪兽是三维动画和影视作品中经常出现的角色之一，比如电影《指环王》、《木乃伊》和《范海辛》等，还有众多的游戏作品，像《魔兽争霸》等，其中的角色多数呈半人半兽的状态，如图6-2所示。

图6-1 《挚爱草莓》案例效果图

图6-2 吸血鬼德库拉伯爵的怪兽形象

在静帧创作领域里，怪兽类作品也同样是多如牛毛。那么如何让本案例中的这个怪兽更有个性呢？本怪兽虽然面目狰狞，却是一位素食者，最喜欢吃草莓，可以说是“兽不可貌相”。而且“爱美之心兽皆有之”，本怪兽还喜欢化妆，涂了眼影和口红，还佩戴了一对靓丽的心形耳环。

6.1.2 制作流程

本案例的制作流程大致分为：绘制草图、ZBrush建模、Maya的mental ray渲染及Photoshop后期合成。详细的制作流程如下。

01 怪兽的形象与姿态设计

首先，在Photoshop中绘制草图。从图中的草图中可以看出，怪兽形象极其简单，只有一个大致的轮廓和姿态，完全没有细节可言，这样做的目的其实是要把更多的发挥空间留给ZBrush，只要把握住两个表现重点：凶恶和渴望，具体细节可以在雕塑的时候即兴发挥。

02 ZBrush建模

使用ZBrush尽情雕刻细节，雕刻完毕后创建置换贴图。

03 ZBrush与Photoshop结合绘制贴图

本案例使用ZBrush创建Cavity贴图和Color贴图，然后以此为参照和基础，在Photoshop中创建各通道的贴图。

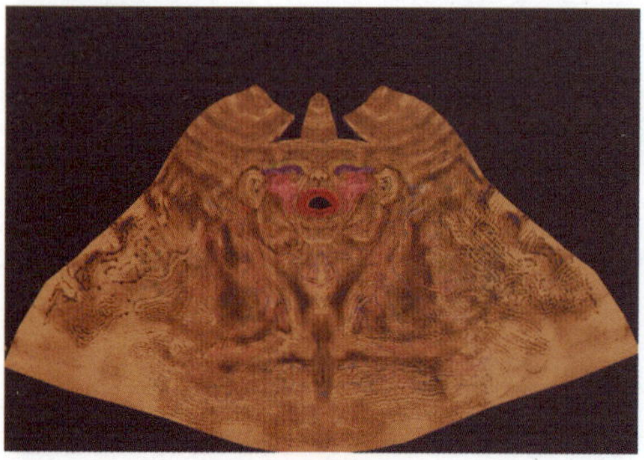

04 Maya渲染

从ZBrush中输出低模到Maya，为其添加mental ray的SSS皮肤材质，使用流程03中创建的贴图来控制SSS皮肤材质的各个通道。

05 Photoshop合成

最后利用Photoshop进行简单的合成和调节，并制作景深效果，完成本案例的制作。

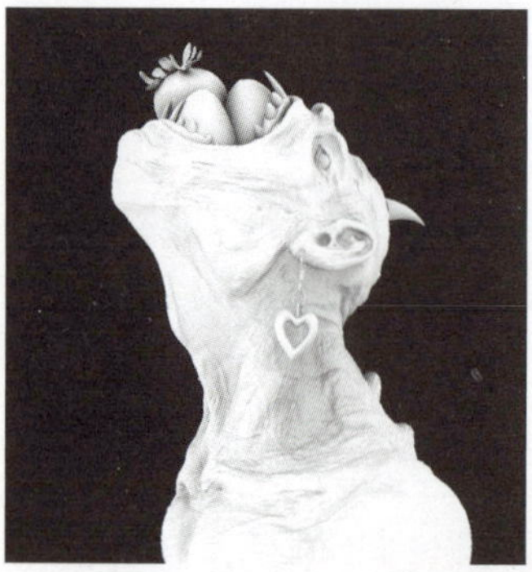

6.1.3 注意事项

以下是为本案例总结出的可能出现的问题及相关的解决方法。

注意1 置换贴图的格式

ZBrush中输出的32位置换贴图默认为TIF格式，保存时最好将其改为MAP格式，否则容易造成渲染失败。

注意2 使用MEL消除贴图接缝

要使用MEL消除贴图的接缝，否则渲染置换效果会在UV的分割处留下难看的贴图接缝。

注意3 置换级别

一般进行静帧创作不必在ZBrush中输出多边形数量过少的低模，一般情况下在ZBrush中低模和高模相差多少级别，在Maya中也可以设置相同的置换级别，但级别过高会造成渲染时间过长，也可以使用凹凸贴图来弥补细节的不足。

注意4 合理使用表达式

只有32位置换贴图需要在Alpha Gain、Alpha Offset这两个贴图属性上添加用于缩放的表达式。

注意5 草莓上的凹凸细节表现

草莓上的凹凸细节（包括草莓籽）可以真实建模，也可使用凹凸贴图表现。

6.2 利用ZBrush雕塑怪兽

怪兽较常人往往具有更加粗糙的皮肤纹理和各种怪异的相貌，而ZBrush正是这方面的塑造专家。传统的三维软件受多边形面数的影响，很难通过建模的手段实现过于细微的表面细节，ZBrush却可以承受巨量的多边形数量而运转自如。

6.2.1 将方盒子变成怪兽

本案例使用一种新型的建模方式（Z球建模）进行快速建模。

step❶ 启动Maya软件，创建一个Cube方盒子，并进行细分，如图6-3所示。

step❷ 将此方盒子输出为OBJ格式的数据文件。

step❸ 启动ZBrush软件，导入OBJ格式的方盒子，并单击Divide按钮数次对其进行细分，如图6-4所示。细分后的结果如图6-5所示。

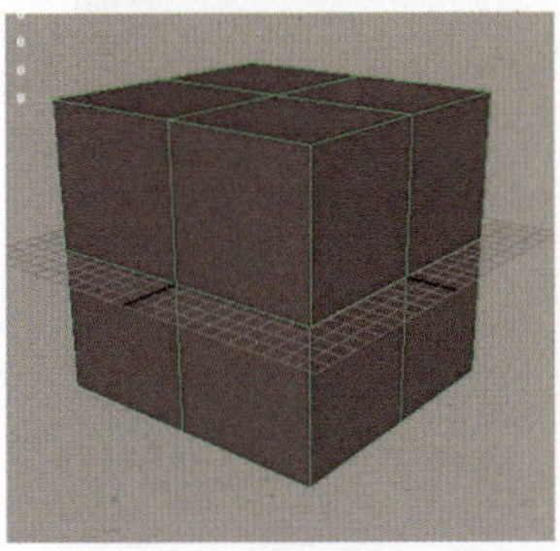

图6-3 在May中创建一个Cube

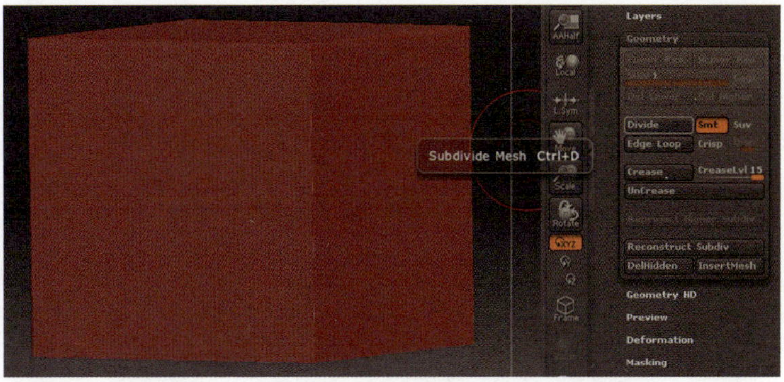

图6-4 导入方盒子并细分

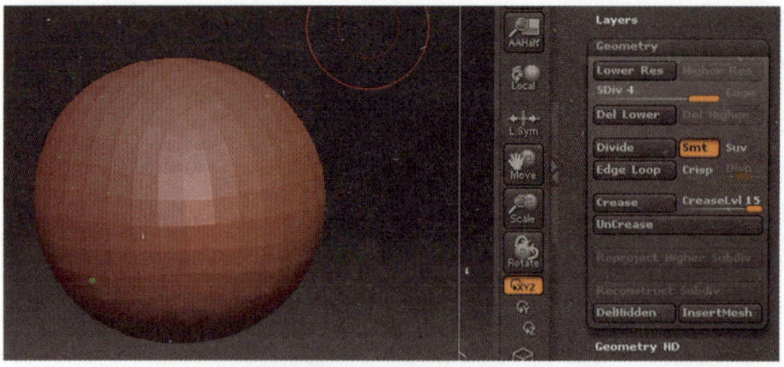

图6-5 细分4级的方盒子

step④ 单击Standard笔刷按钮，在弹出的对话框中选择Move笔刷，按【X】键进行对称的镜像绘制，使用Move（移动）笔刷调节模型，如图6-6所示。

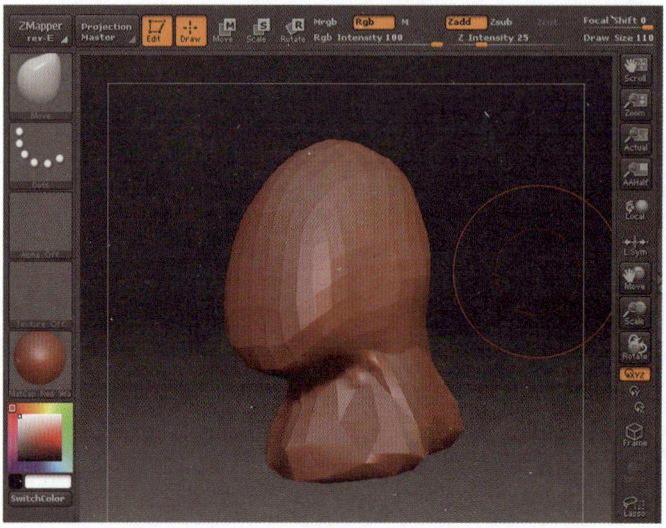

图6-6 使用Move（移动）笔刷调节模型

step⑤ 单击Divide按钮对模型进行细分，使用Move（移动）笔刷调节模型，如图6-7所示。

step⑥ 在窗口中右击，在弹出的对话框中设置Draw Size（笔刷大小）与Z Intensity（纵深压力强度），交替使用Standard笔刷与Move笔刷对模型进行深入刻画，直到将它变成怪兽，如图6-8所示。

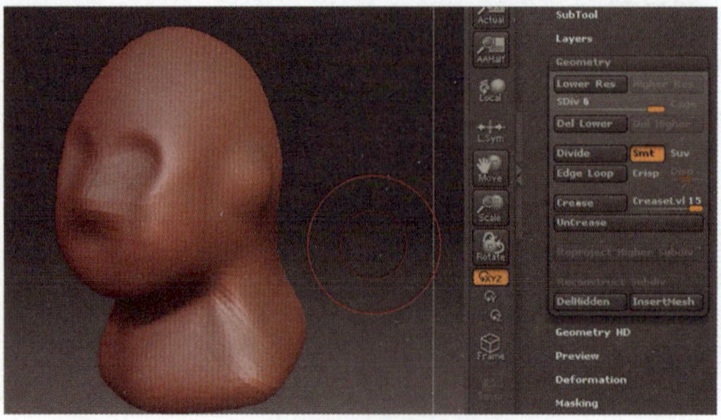

图6-7 继续细分模型

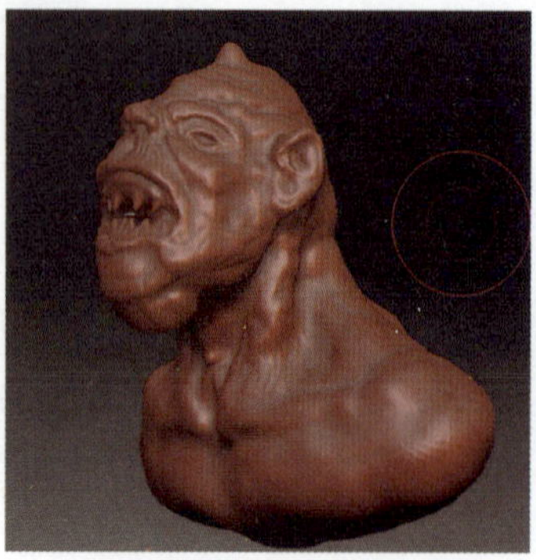

图6-8 深入刻画怪兽形象

6.2.2 重建模型拓扑结构

step❶ 在右边Tool菜单下，选择ZSphere工具，然后在视窗中按住鼠标左键进行拖曳，画出一个Z球，如图6-9所示。

step❷ 展开右边Tool菜单下的Rigging选项卡，单击Select Mesh按钮，在弹出的对话框中选择雕刻好的怪兽模型，如图6-10所示。此时视图中出现Z球和怪兽模型的重叠，如图6-11所示。

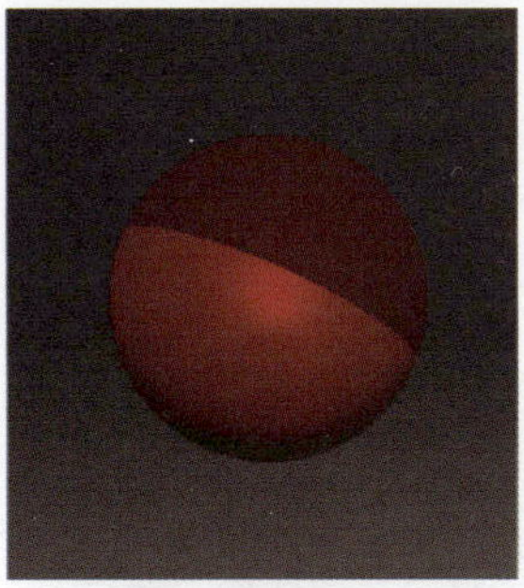

图6-9 创建Z球

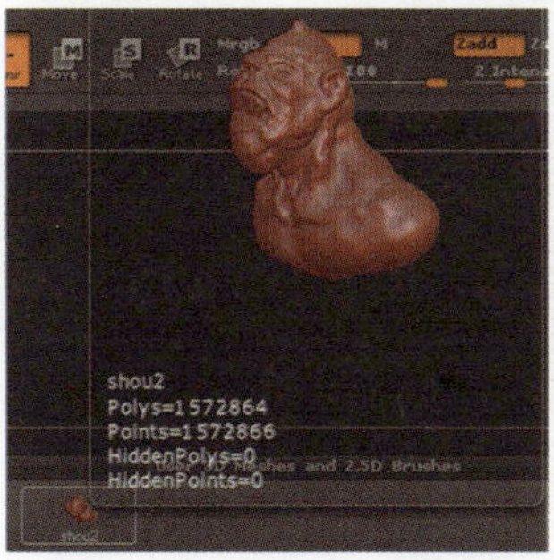

图6-10 选择拓扑对象

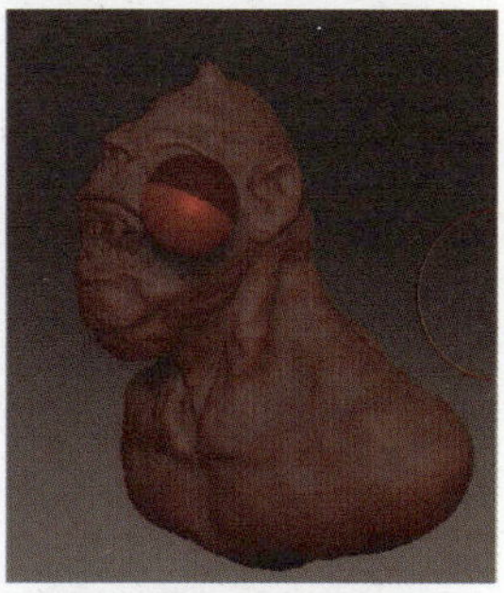

图6-11 Z球和怪兽模型

step❸ 展开左边Tool菜单下的Topology选项卡，单击Edit Topology按钮，如图6-12所示。按【X】键，在模型上根据人物头部结构镜像绘制拓扑线，如图6-13所示。

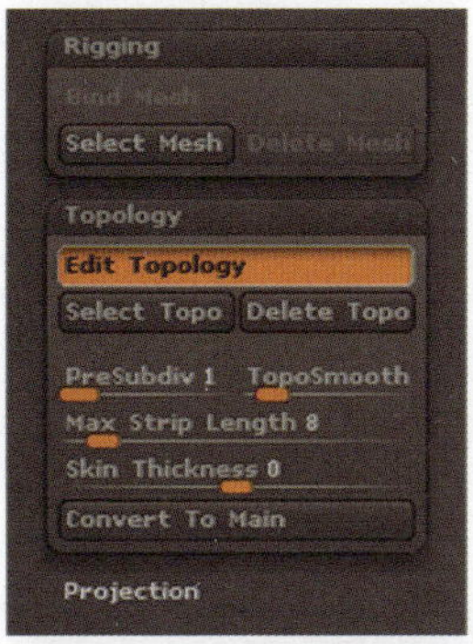

图6-12 Topology选项卡

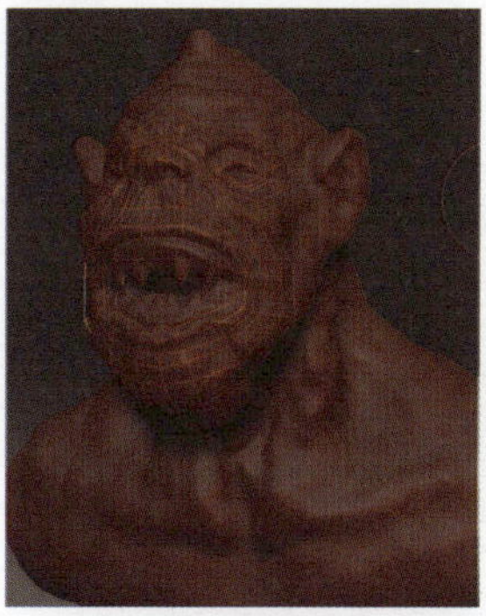

图6-13 绘制拓扑线

step❹ 按【A】键预览模型的多边形形态，如图6-14所示。继续绘制拓扑线，将整个模型的拓扑线全部绘制完毕，如图6-15所示。

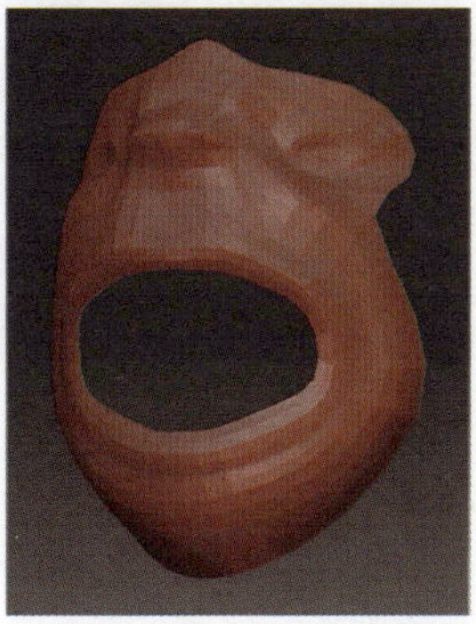

图6-14 预览模型的多边形形态

图6-15 怪兽新的拓扑结构

step5 按【A】键预览，发现新模型与原始模型差别较大，缺少原始模型丰富的细节，如图6-16所示。

step6 展开左边Tool菜单下的Projection选项卡，单击Projection（映射）按钮，如图6-17所示。这样在生成新拓扑结构的多边形模型时，旧模型的形态会最大限度地映射到新模型上，让新模型既有旧模型的形态又有自身新的拓扑结构。

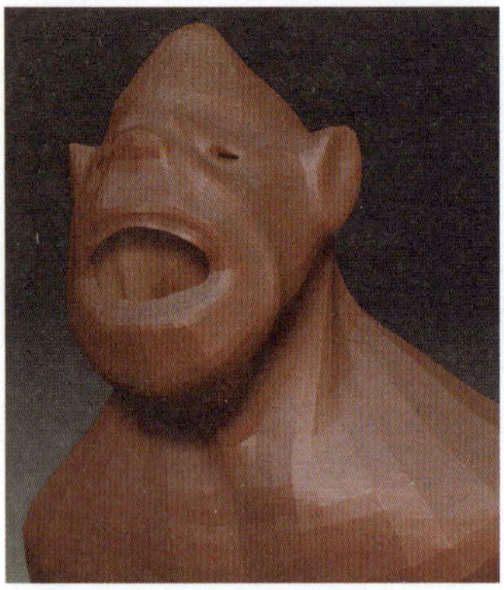

图6-16 按【A】键预览

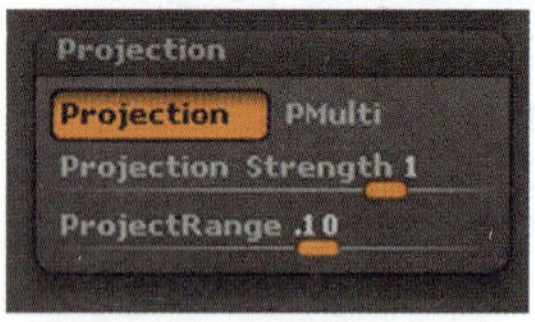

图6-17 映射选项卡

step7 展开左边Tool菜单下的Adaptive Skin选项卡，调节Density的参数到一个较高的级别，单击Make Adaptive Skin按钮，将头部模型转化为多边形形态，如图6-18所示。此时旧模型的细节已经映射到新模型上面了，如图6-19所示。

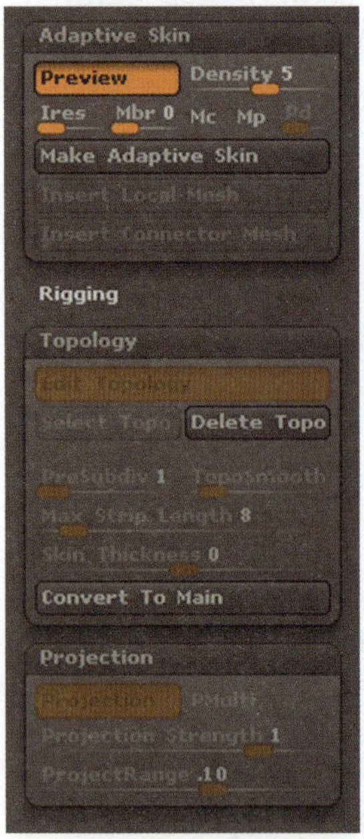

图6-18 Adaptive Skin选项卡

图6-19 新模型

step8 选择已蒙皮的新的已重建了拓扑结构的多边形头部模型（名称前面带有Skin文字），将窗口中的可编辑模型切换到新的已重建了拓扑结构的多边形头部模型，如图6-20所示。

图6-20 切换模型

step 9 此时可以查看模型的SDiv细分级别，发现新的模型保留了5个细分级别，这是因为在上一步中将Adaptive Skin选项卡中的Density的参数设置为5的缘故，如图6-21所示。5级细分与1级细分的比较如图6-22所示。

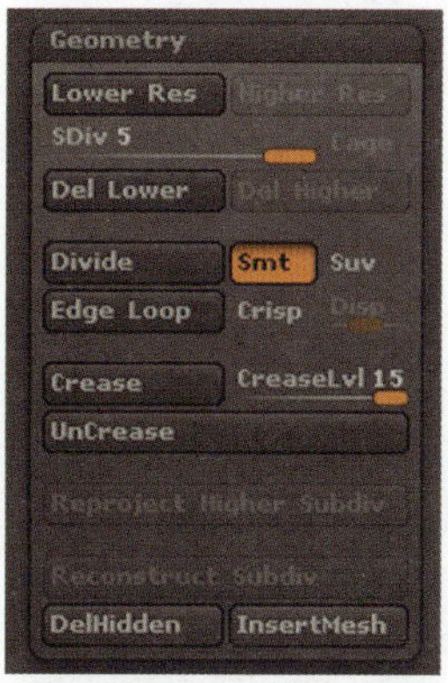

图6-21 新模型的细分级别被保留下来

图6-22 5级细分与1级细分的比较

step 10 保持模型1级细分，将模型输出为OBJ格式的文件，输出设置如图6-23所示。

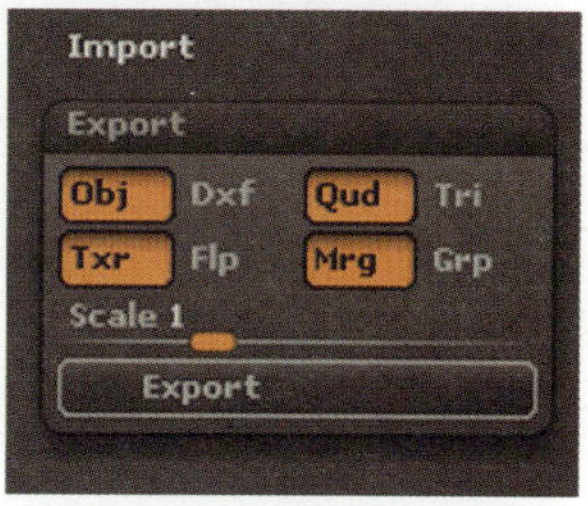

图6-23 模型输出设置

6.2.3 编辑模型UV

step 1 本案例使用Unfold 3D展开模型UV，单击Load OBJ按钮载入从ZBrush中输出的模型。

step❷ 单击Cut Mesh按钮，将模型UV边界沿如图6-24所示的边界切开。

step❸ 单击Auto Unfolding（自动展开）按钮，将模型的UV展开，如图6-25所示。

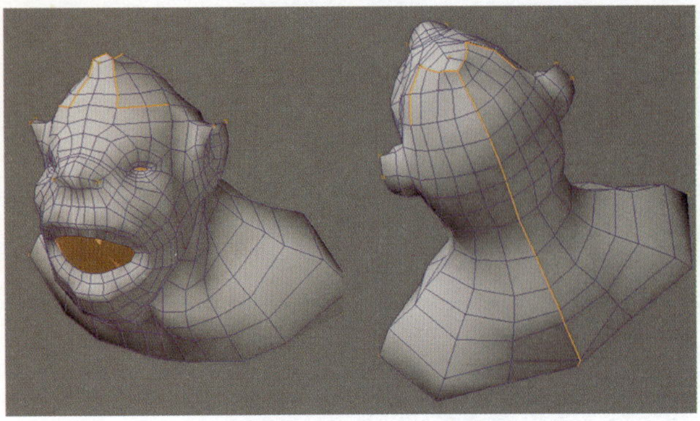

图6-24 模型正面与背面切开位置

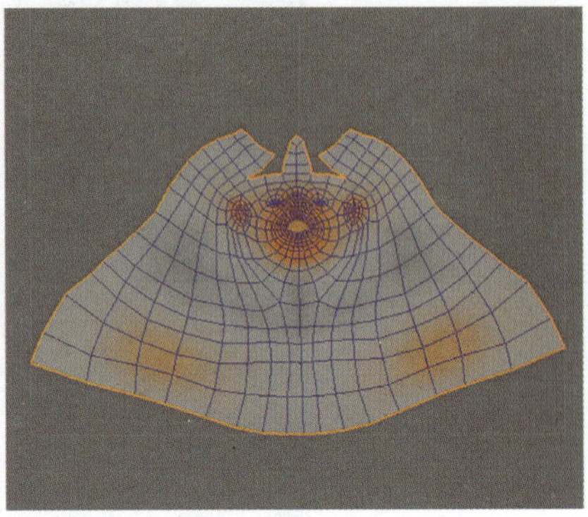

图6-25 保存输出文件

step❹ 单击Save按钮，将分好UV的模型输出，模型将自动保存到与原始模型相同的目录中。

关于使用Unfold 3D展开角色模型UV的更详细的教学请参考第9章。

6.2.4 修正模型UV

step❶ 在Maya中载入从Unfold 3D中输出的展开UV的模型。

step❷ 打开Maya的UV贴图编辑器，查看模型UV，发现模型的UV过于接近UV边界框，如图6-26所示。

step❸ 在模型UV上右击，在弹出的快捷菜单中选择UV命令。

step❹ 使用缩放工具将模型UV稍微缩小一点，如图6-27所示。

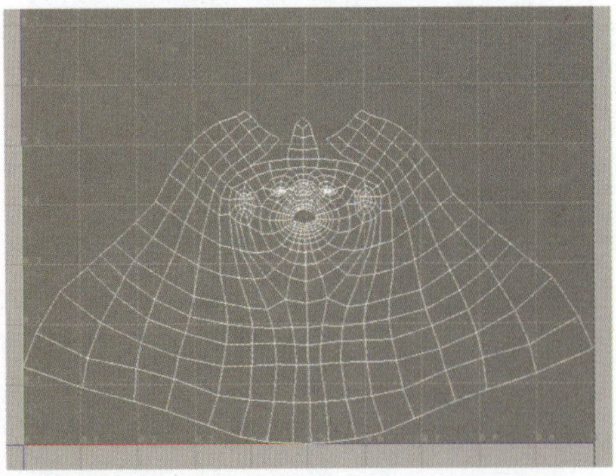

图6-26 模型的UV过于接近UV边界框

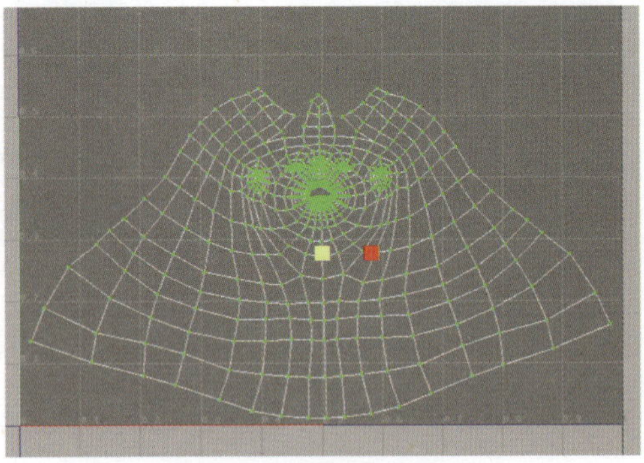

图6-27 将模型UV缩小

6.2.5 载入模型UV

step❶ 回到ZBrush，保持原来的输出状态不变，在Import选项卡中单击Import按钮，如图6-28所示，在弹出的对话框中选择编辑好UV的模型，将其载入，注意一定要按下mental rayg按钮。

step❷ 将模型的细分级别设置为较高的级别，检查模型是否有异常的变化，如果没有，说明模型已经成功载入了UV信息。

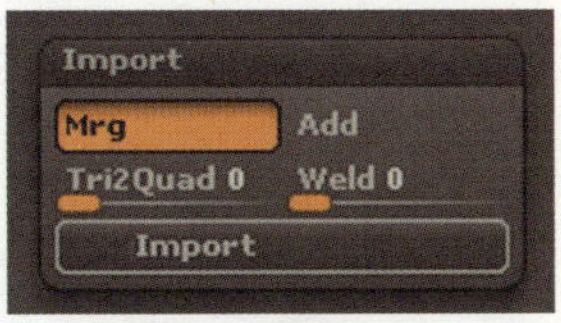

图6-28 输入模型

6.2.6 设置模型姿态并深入刻画细节

step❶ 按住【Ctrl】键不放，同时使用标准笔刷在模型上绘制，可以绘制出遮罩（黑色部分），如图6-29所示。

step❷ 按住【Ctrl】键不放，同时使用鼠标左键在遮罩边缘单击，可以平滑遮罩，如图6-30所示。

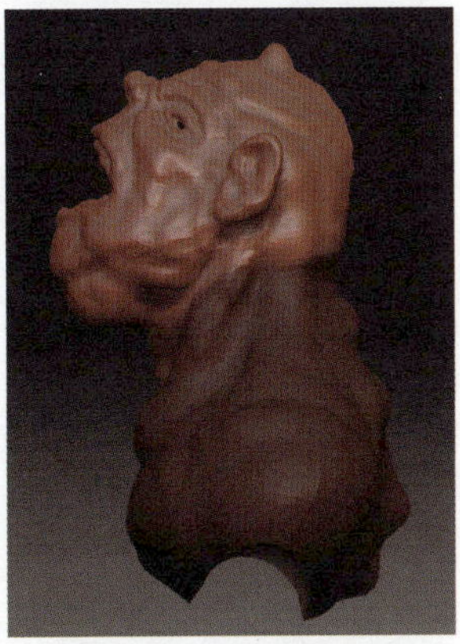
图6-29 绘制遮罩

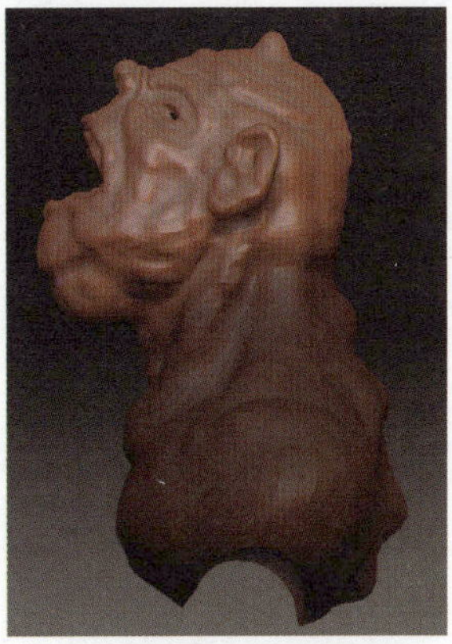
图6-30 平滑遮罩

step❸ 使用旋转工具（见图6-31），也可适当配合移动工具，对模型未遮罩部分进行变换操作，如图6-32所示。

图6-31 使用旋转工具

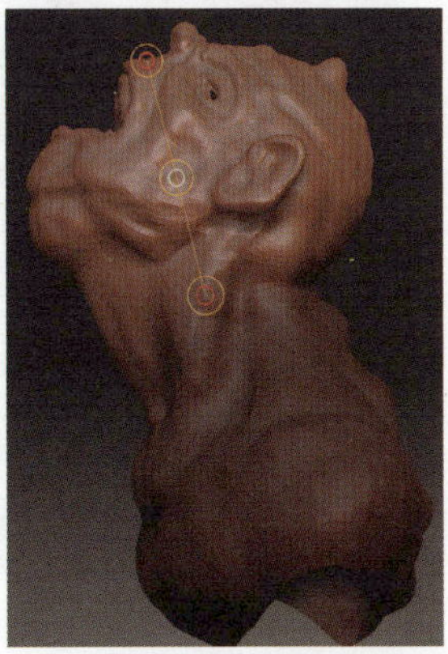
图6-32 旋转模型未遮罩部分

step❹ 使用Move笔刷对模型进行细部的调节，最终完成模型的姿态，如图6-33所示。

step❺ 继续增加模型的细分级别，使用各种笔刷，并且配合各种Alpha图形，对模型进行深入刻画，添加上丰富的皮肤纹理细节，最终完成怪兽模型的制作，如图6-34所示。

图6-33 调节完成的模型姿态

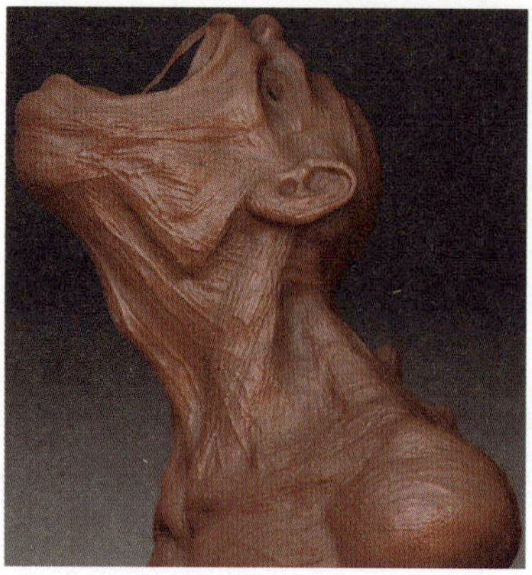

图6-34 模型细节刻画

6.3 创建与绘制怪兽贴图

目前绘制贴图的方式大体可以分为两种：一种是从三维软件输出UV参考图到平面软件，进行贴图绘制；另一种是直接在模型上绘制。第二种方法具有更加直观的优点，能够即时看到贴图在模型上的效果，本案例使用ZBrush直接在模型上绘制颜色贴图。

6.3.1 创建置换贴图

step❶ 将模型细分设置为3级，单击Del Lower按钮，删除此细分级别以下的级别，如图6-35所示。展开左边Tool菜单下的Export选项卡，单击Export按钮输出模型，将模型命名为shou.obj，后面将在Maya中调用。

step❷ 展开右边Tool菜单下的Displacement选项卡，单击Adaptive按钮，如图6-36所示。

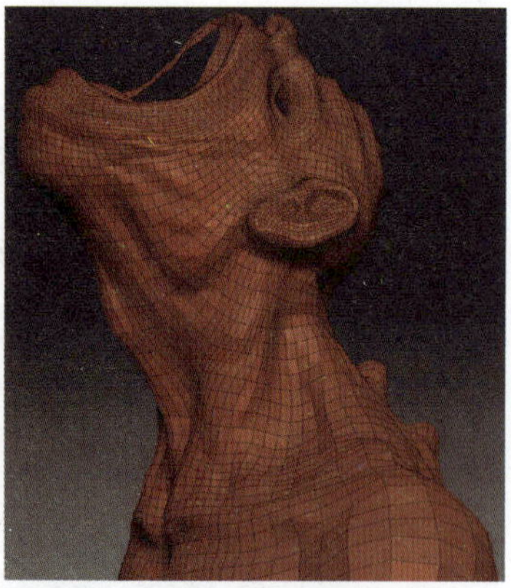

图6-35 删除较低的细分级别

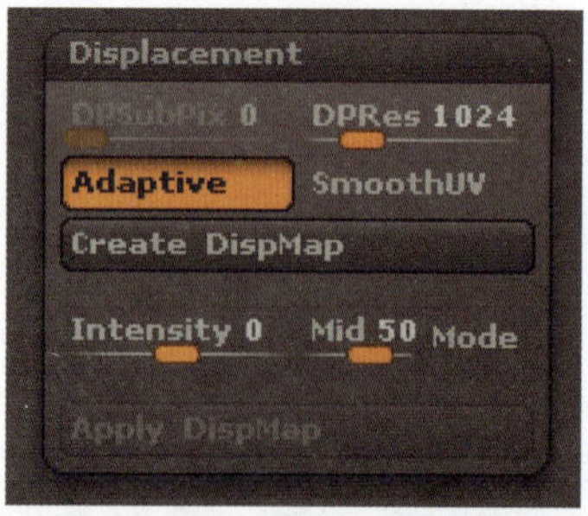

图6-36 选择模型

step❸ 展开右边Zplugin菜单下的MULTI DISPLACEMENT 3选项卡，单击Export Options按钮，弹出置换贴图输出属性对话框，如图6-37所示。

step❹ 在弹出的置换贴图输出属性对话框中，如图6-38所示进行设置。

图6-37 MULTI DISPLACEMENT 3选项卡

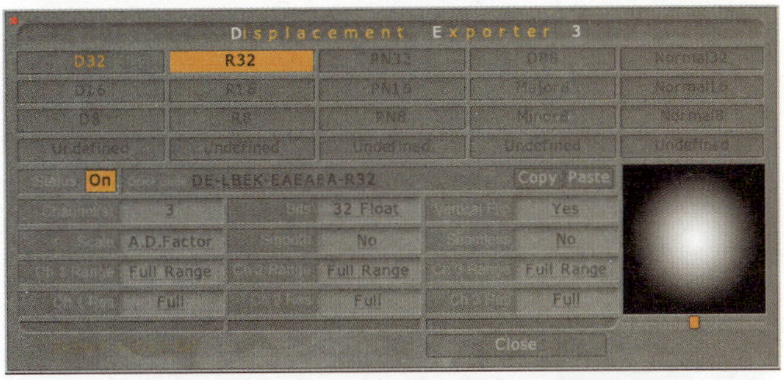

图6-38 MULTI DISPLACEMENT 3输出设置

step 5 单击Create All按钮，如图6-39所示，在弹出的对话框中输入置换贴图的名称，单击“保存”按钮，经过一段时间的运算，置换贴图将保存到选择的目录中。

step 6 在上一步生成的置换贴图所在的文件夹中新建一个记事本文档，输入如下内容并保存，如图6-40所示。

```
:convertfile
@IF %1 == "" GOTO end
imf_copy -p %1 "%~d1%~p1%~n1.map"
@SHIFT
@GOTO convertfile
:end
@ECHO.
@ECHO Done!
@pause
```

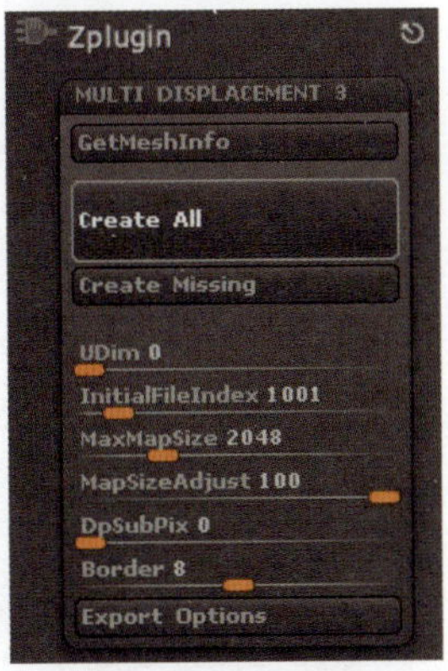

图6-39 创建置换贴图

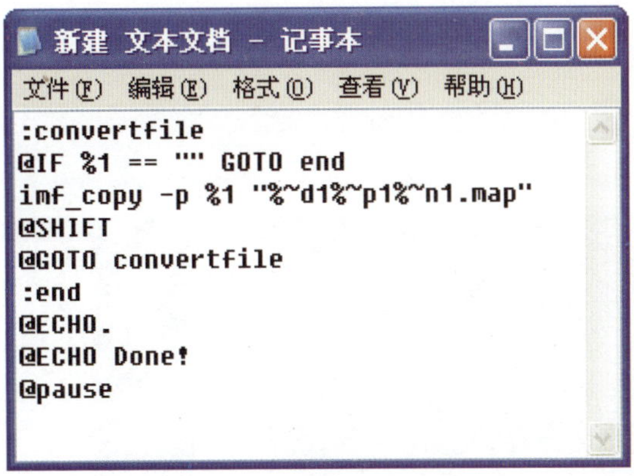

图6-40 新建记事本文档

step 7 将此记事本文档重命名为convertfile.bat，按住鼠标左键将ZBrush中创建的TIF格式的置换贴图拖到convertfile.bat文件上面再释放鼠标左键，当前文件夹中就会生成一个新的MAP格式置换贴图，如图6-41所示。TIF格式的置换贴图就可以删除了。

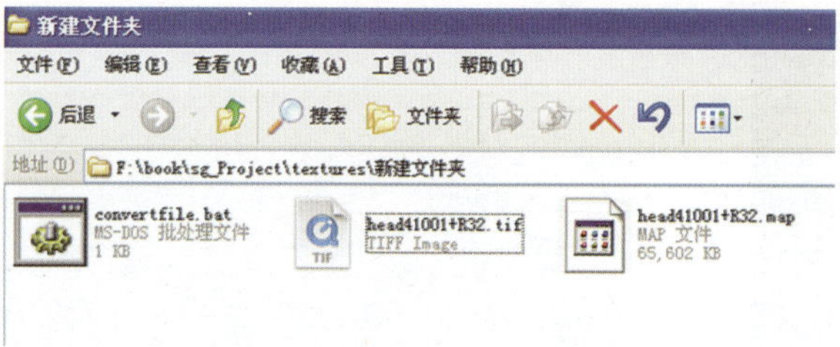

图6-41 转换置换贴图格式

6.3.2 创建Cavity Map

step 1 单击左上方的ZMapper按钮，进入ZMapper窗口，展开Normal & Cavity Map选项卡，将Cavity Intensity的值增大，如图6-42所示。

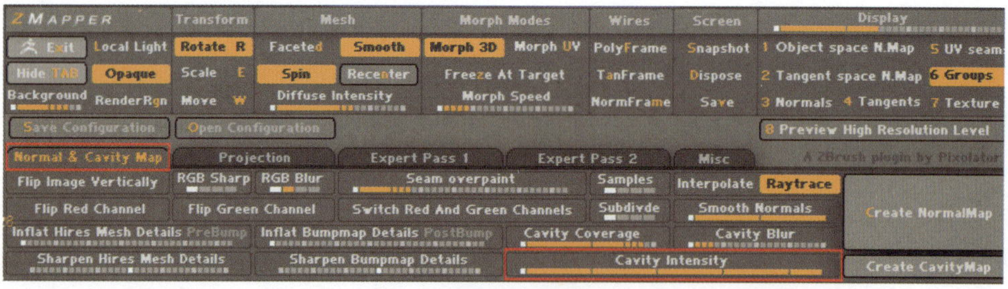

图6-42 ZMapper

step 2 单击Create CavityMap按钮，开始创建Cavity Map，如图6-43所示。

step 3 Cavity Map创建完毕后，退出ZMapper窗口，Cavity Map就会出现在Texture菜单中，如图6-44所示。

step 4 在Texture菜单中单击Flip V按钮，将贴图垂直翻转，如图6-45所示。

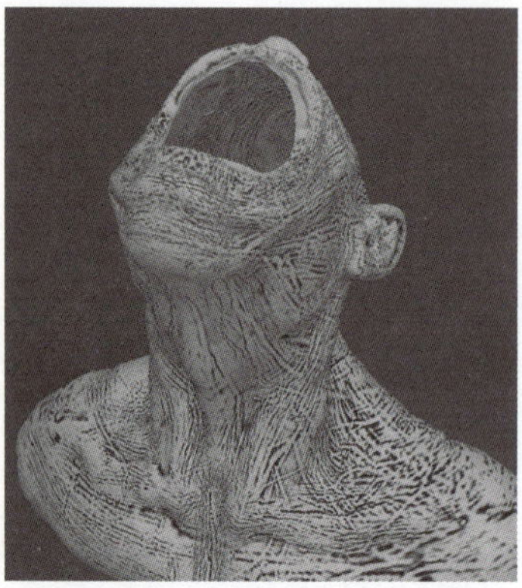

图6-43 创建Cavity Map

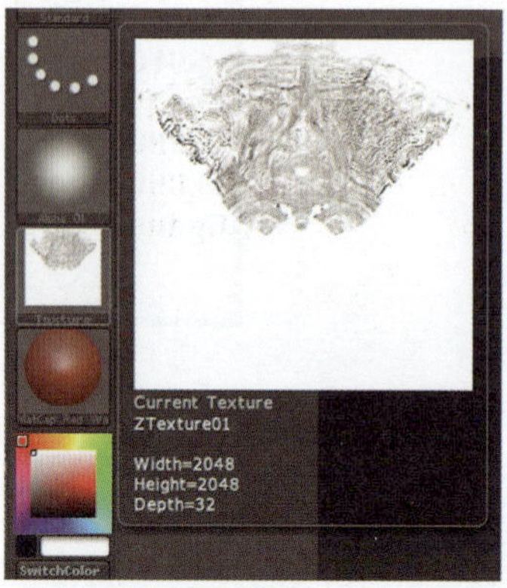

图6-44 Cavity Map出现在Texture菜单中

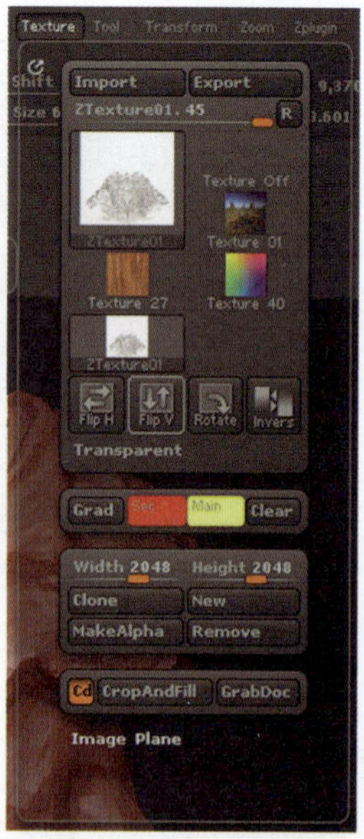

图6-45 将贴图垂直翻转

step5 单击Export按钮，在弹出的对话框中输入文件名称，保存类型选择TIF格式，单击“保存”按钮进行保存。

6.3.3 创建Bump、Specular与Reflected贴图

step1 启动Photoshop软件，选择File | Open命令，打开在ZBrush中创建的Cavity Map，如图6-46所示。

step2 新建一个深灰色的图层，放置在Cavity层的下面，将Cavity层的图层混合模式设置为Multiply，得到Bump贴图，如图6-47所示。

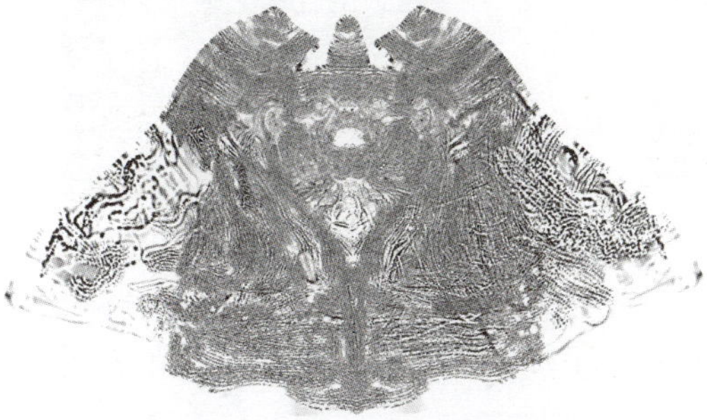

图6-46 Cavity层的图像效果

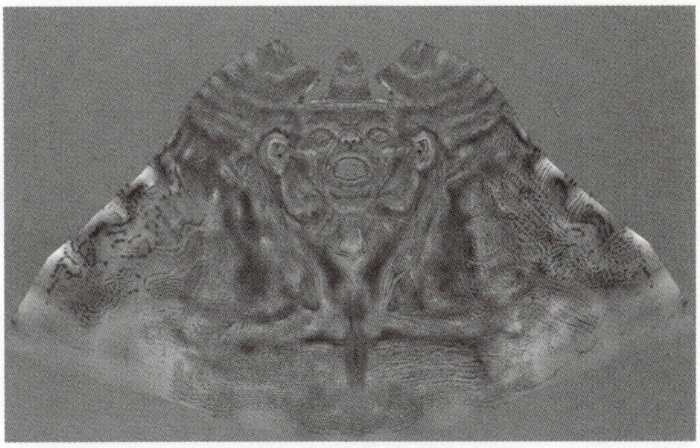

图6-47 Bump贴图效果

step3 新建一个空白层，使用绘图板在本层上绘画，绘制出怪兽部反射较强的部位（包括嘴唇、眼皮厚度部分及额头、脸颊等处），效果如图6-48所示。本案例Specular（高光）贴图与（Reflected）反射贴图都使用同一张贴图。

图6-48 Specular（高光）贴图与Reflected（反射）贴图

6.3.4 绘制Overall Color贴图

本案例将在ZBrush中直接在模型上绘制出Overall Color贴图。

step1 取消画笔的Zadd选项，保留Rgb选项，如图6-49所示。

step② 展开工具菜单的Texture卷展栏，确保Colorize按钮处于按下状态，如图6-50所示。

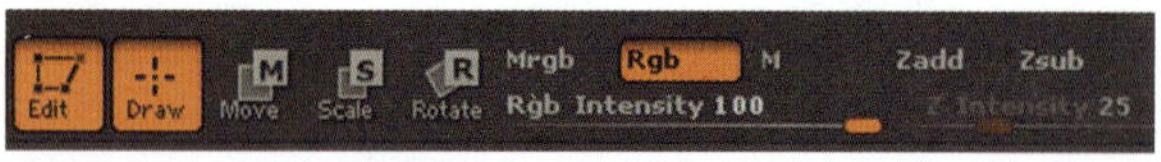

图6-49 画笔设置

图6-50 按下Colorize按钮

step③ 选择一种跟皮肤接近的颜色，如图6-51所示，选择Color | Fill命令，这种颜色将填充整个怪兽模型。选择需要的颜色，使用标准笔刷在模型上绘制颜色，以完成Overall Color贴图的绘制，如图6-52所示。

图6-51 选择颜色

图6-52 直接在模型上绘制颜色

step④ 绘制完成后，取消Edit按钮的按下状态，退出模型的编辑状态。

step⑤ 在Texture菜单下设置要生成贴图的分辨率为2048×2048，单击New按钮生成一个新贴图，如图6-53所示。

step⑥ 单击Texture菜单的Col>Txr按钮，如图6-54所示，将模型上绘制的颜色转成贴图，如图6-55所示。

图6-53 设置贴图分辨率

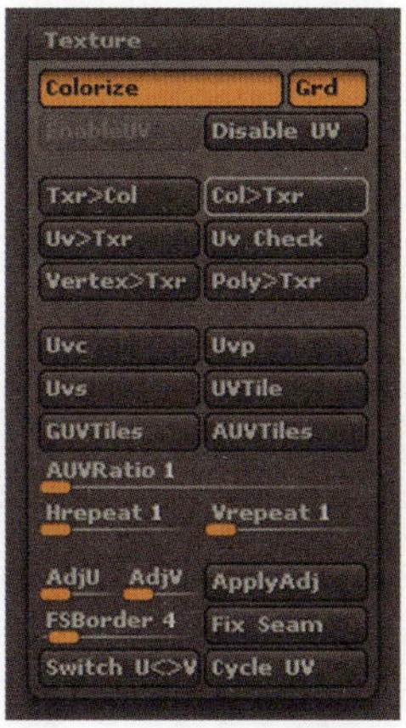

图6-54 颜色转为贴图

图6-55 生成贴图

step 7 在Texture菜单中单击Flip V按钮，将贴图垂直翻转，如图6-56所示。

step 8 单击Export按钮，在弹出的对话框中输入文件名称，保存类型选择TIF格式，单击“保存”按钮进行保存。保存的Overall Color贴图如图6-57所示。

图6-56 翻转贴图

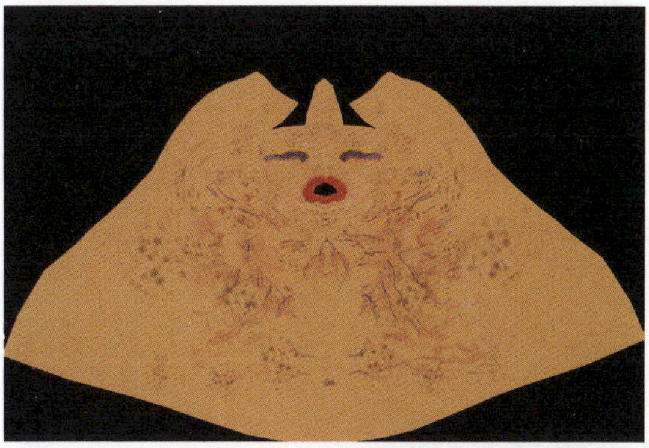

图6-57 Overall Color贴图

6.3.5 绘制Epidermal Scatter Color贴图

step 1 启动Photoshop软件，选择File | Open命令，打开在ZBrush中创建的Cavity Map与Overall Color贴图。

step❷ 将两个图层混合并修改，得到Epidermal Scatter Color贴图，效果如图6-58所示。

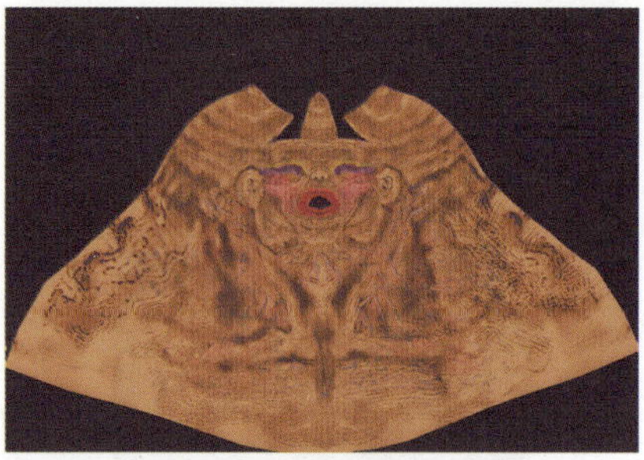

图6-58 Epidermal Scatter Color贴图

step❸ 选择File | Save As命令，将图像命名为Epidermal，保存为TGA或者TIF格式的文件。

step❹ 仍然在Cavity Map与Overall Color贴图基础上进行加工和修改，得到Subdermal Scatter Color贴图与Back Scatter Color贴图，如图6-59和图6-60所示。

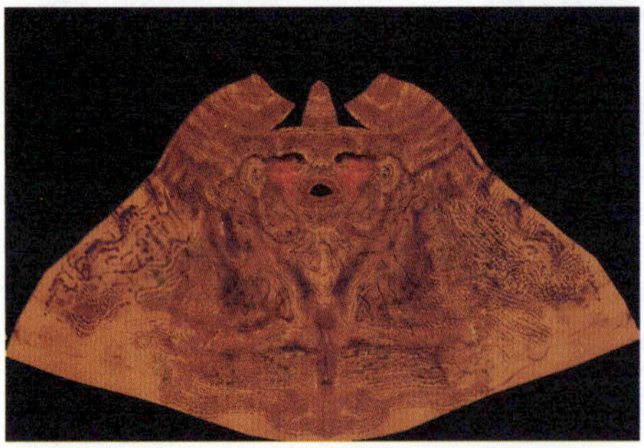

图6-59 Subdermal Scatter Color贴图

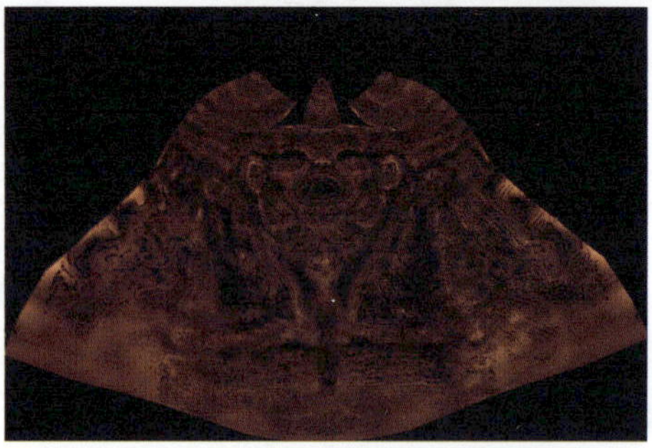

图6-60 Back Scatter Color贴图

6.4 制作其他部分模型

其他部分模型包括草莓、耳环、牙齿和牙龈等物件，相对比较简单，都可以通过对Maya的基本多边形物体稍作修改而获得。草莓上的凹凸细节（包括草莓籽），本案例没有通过真实建模的方法获得，而是使用了凹凸贴图来表现。

6.4.1 草莓模型

step❶ 创建一个多边形球体，变换其点、边、面，将其修改为如图6-61所示的形状。

step❷ 删除部分边，将模型中的面都改为四边形，如图6-62所示。

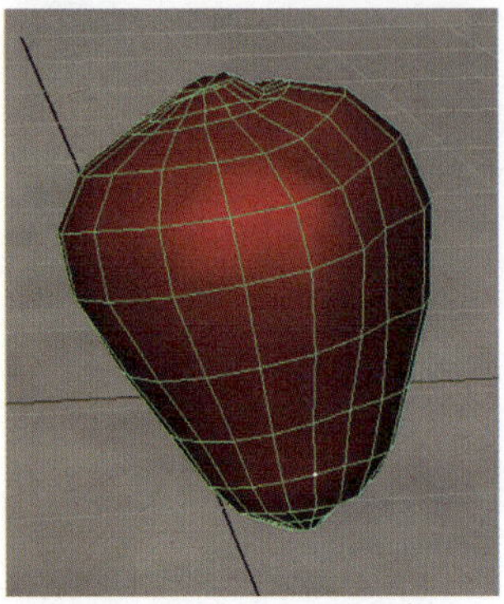

图6-61 修改多边形球体

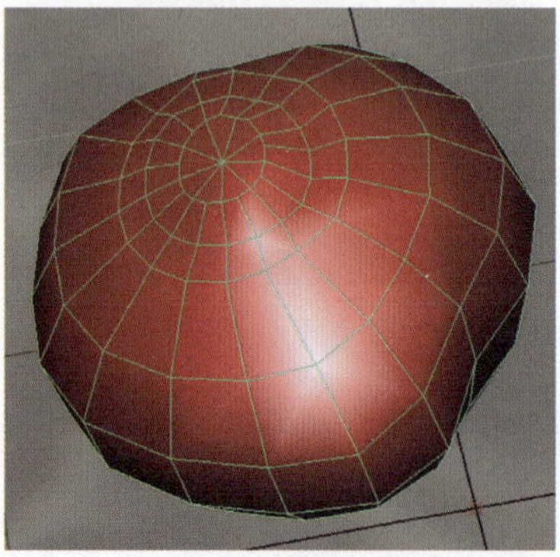

图6-62 删除部分边

step❸ 将创建的草莓模型复制并稍作修改。

6.4.2 牙龈和牙齿模型

step❶ 牙龈模型是通过对一个多边形Cube进行修改，获得如图6-63所示的形状。然后对其进行平滑细分后继续调节其形状而获得的。

step❷ 牙齿和角模型同样是通过对一个多边形Cube进行修改而获得，如图6-64所示。然后对其进行平滑细分即可。

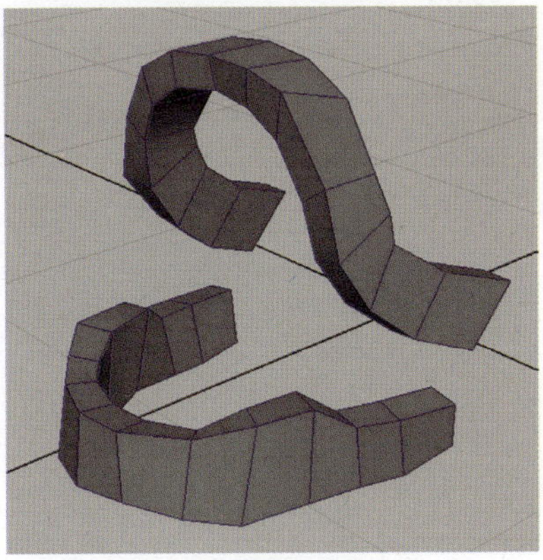

图6-63 牙龈

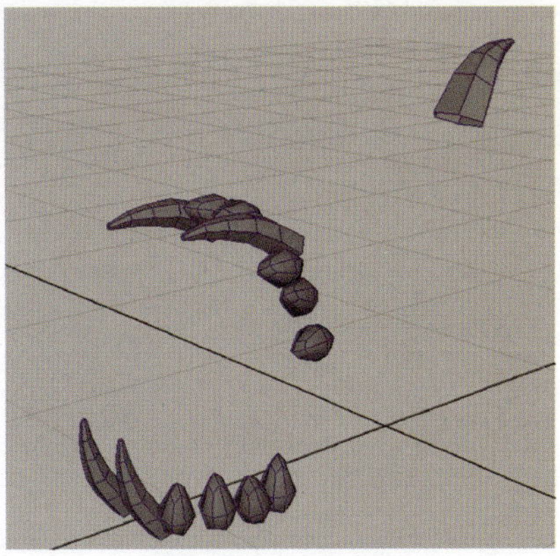

图6-64 牙齿和角

6.4.3 草莓叶子模型

step❶ 创建一个多边形圆柱体，修改其参数，如图6-65所示。

step❷ 选择最下面的一圈面进行Extrude（挤压）操作，如图6-66所示（注意选择Keep Face Together复选框）。生成的形状如图6-67所示。

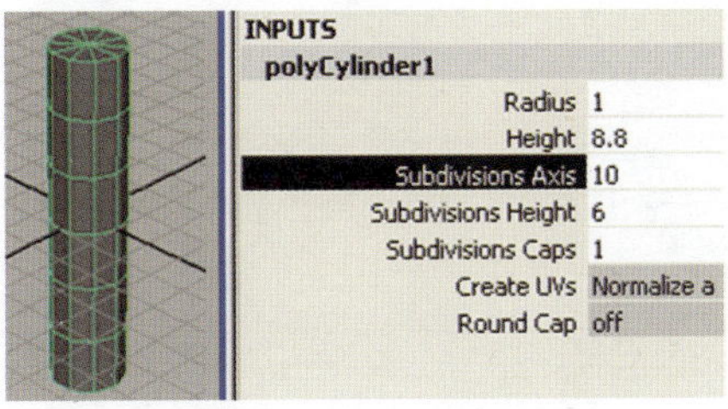

图6-65 创建多边形圆柱体

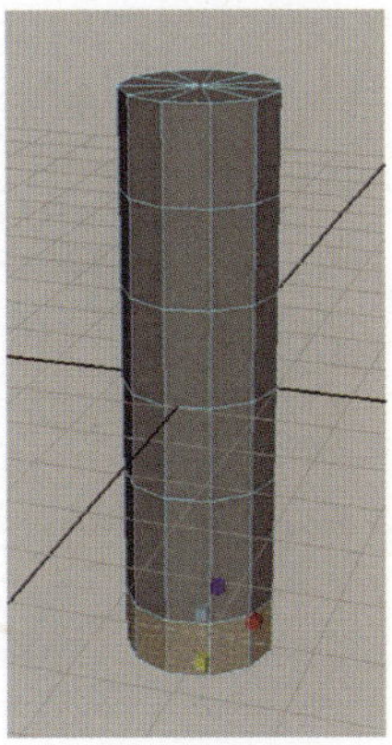

图6-66 选择面

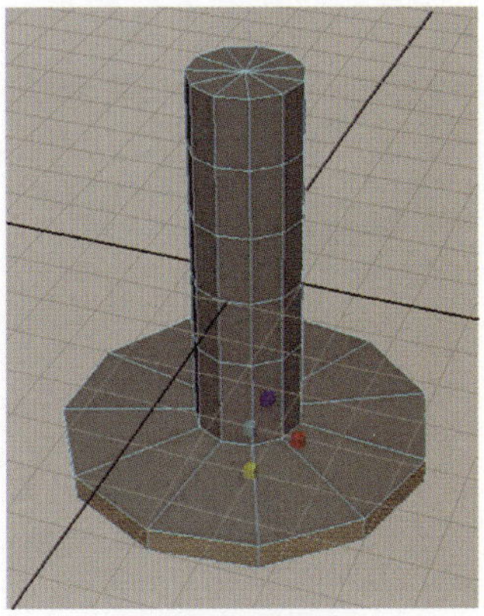

图6-67 挤压面

step❸ 选择如图6-68所示的面进行挤压，对挤压出来的形状用循环切割工具进行细分，调节并平滑模型，如图6-69所示。

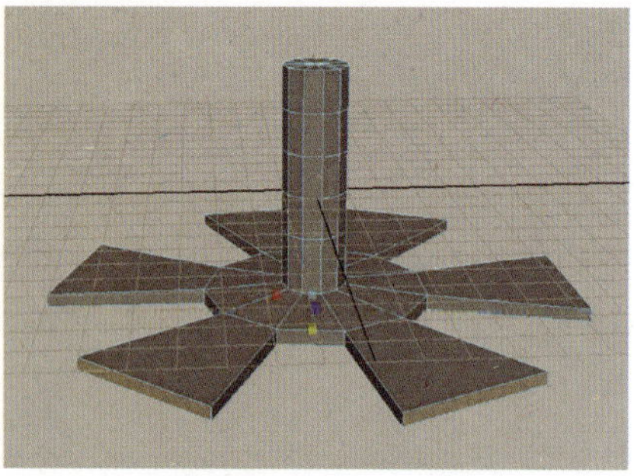

图6-68 挤压选择的面

图6-69 调节并平滑模型

step④ 打开软选择继续调节模型形状，完成草莓叶子模型的制作，如图6-70所示。

图6-70 完成的草莓叶子模型

6.4.4 耳环模型

step① 耳环金属链模型分别是对Maya的多边形基础模型Cylinder、Torus和Helix稍加修改得到的，如图6-71所示。

step② 创建耳环主体要先创建一个多边形Torus物体，如图6-72所示，对其进行修改，使用移动工具变换其部分顶点即可得到，如图6-73所示。

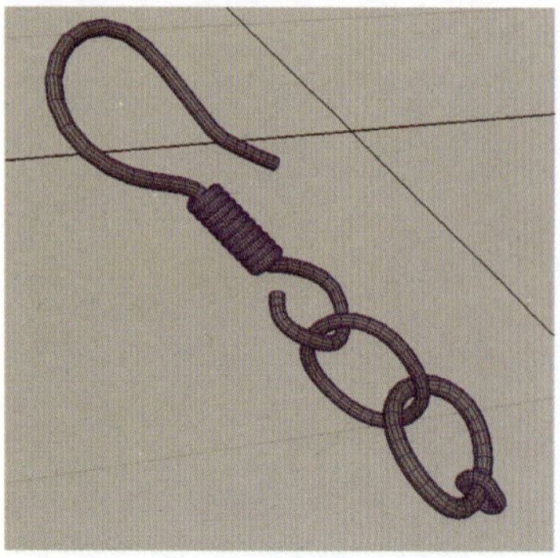

图6-71 隐藏未遮罩的部分

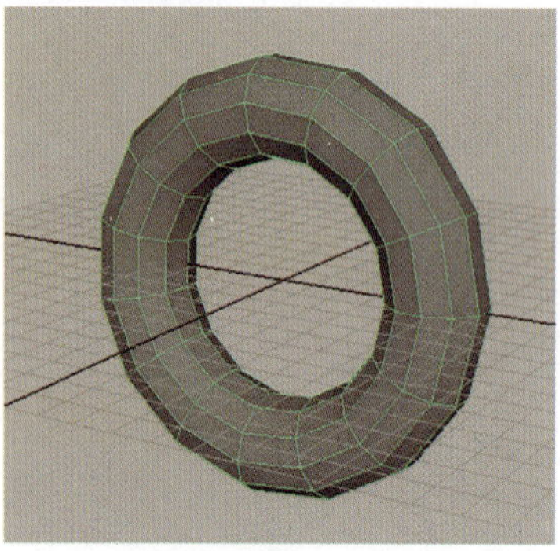

图6-72 创建一个Torus

图6-73 变换Torus顶点

step③ 眼球模型可以通过修改NURBS球体或多边形球体获得，具体做法请参阅本书第9章相关内容。

step❹ 对所有模型进行组合，得到完整的本案例的模型，如图6-74所示。

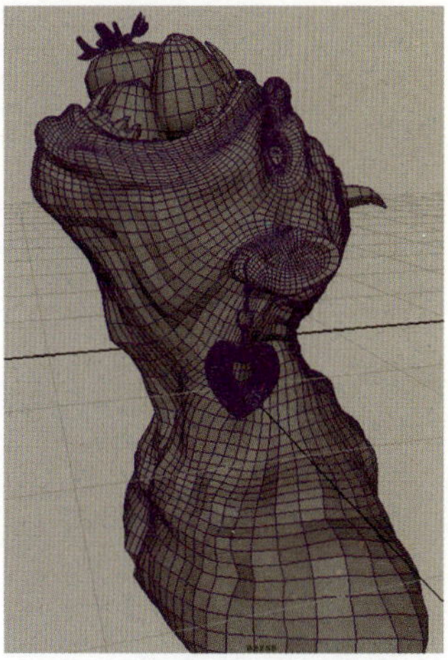

图6-74 完整的本案例模型

6.5 设置环境与灯光

本案例灯光设置需要模拟一种阴暗的逆光效果，以符合怪兽的特点，所以将怪兽背后的光源设定为最强，主光源为面光源，并开启mental ray面光源属性，可以获得细腻的照明效果。环境使用HDR环境，HDR图片应该为室内图片，色调要与主体渲染色彩基本一致。

6.5.1 设置灯光

step❶ 本案例采用三点光源照明，如图6-75所示。在怪兽的正面上方放置一盏Area Light（面光源）作为主光源，其参数如图6-76所示。

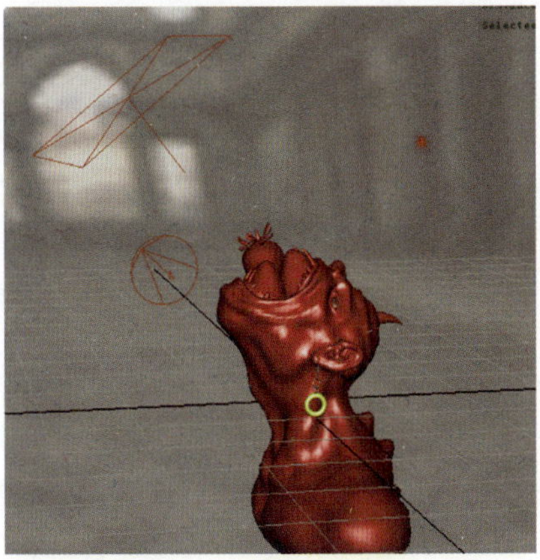

图6-75 三点光源照明

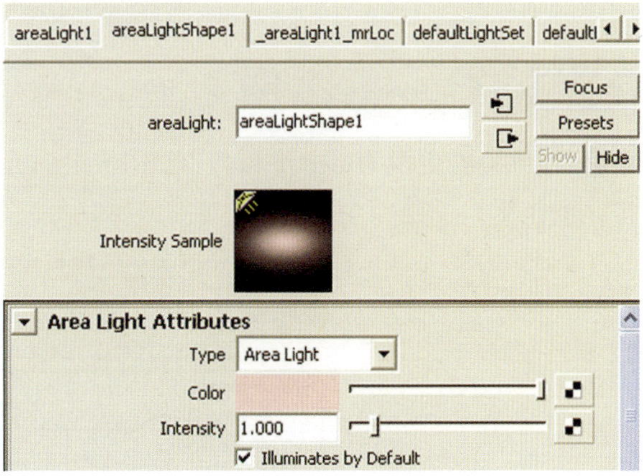

图6-76 面光源参数

step❷ 开启主光源的光线跟踪阴影，并开启mental ray的面光源，选择Use Light Shape复选框，其参数如图6-77所示。

step❸ 在与主光源大体相对的位置放置一盏Point Light，作为暗部补光，其参数如图6-78所示。

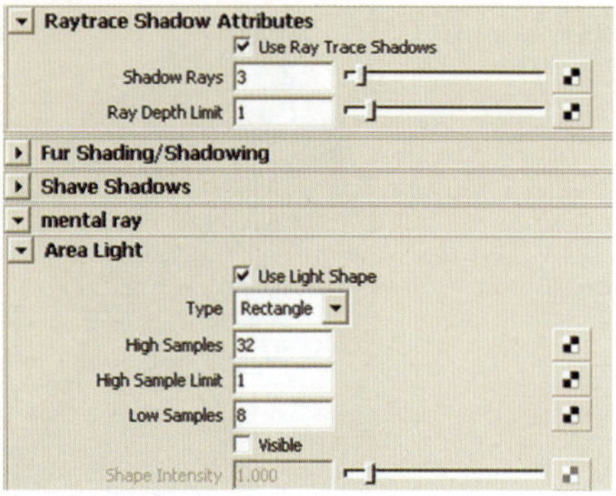

图6-77 面光源参数

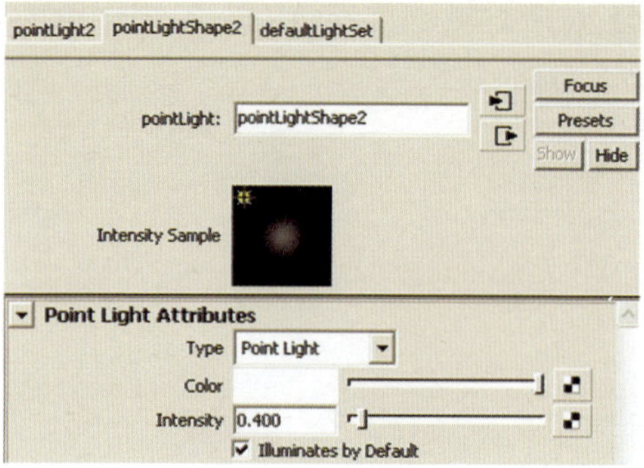

图6-78 点光源参数

step4 在角色的侧面放置一盏Spot Light，与相机相对，用来照亮角色的轮廓，其参数如图6-79所示。

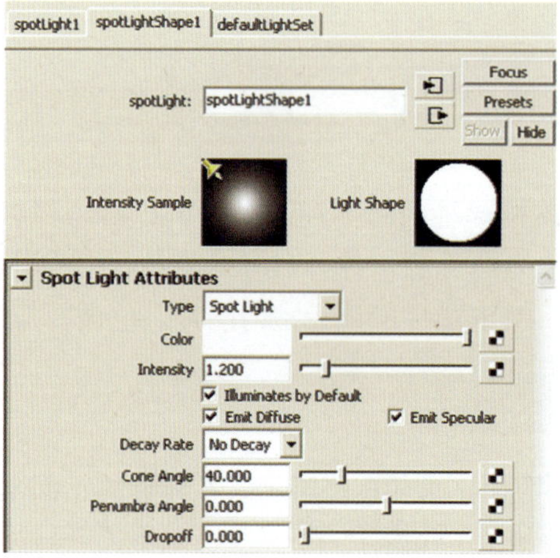

图6-79 修改Spot Light参数

6.5.2 设置环境

step1 将渲染器更换为mental ray，单击Environment卷展栏下Image Based Lighting选项后面的Create按钮，创建一个环境球，如图6-80所示。

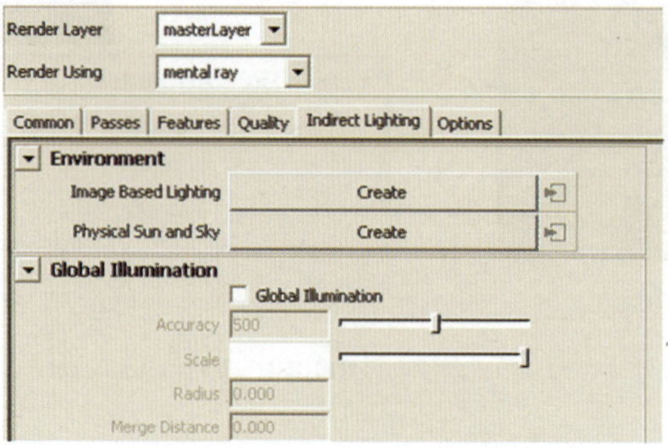

图6-80 创建Image Based Lighting

step❷ 载入一幅HDR图像，如图6-81所示。

step❸ 将此HDR图像载入，并取消选择Primary Visibility复选框，使其在渲染时不可见，如图6-82所示。

图6-81 使用HDR图像照明

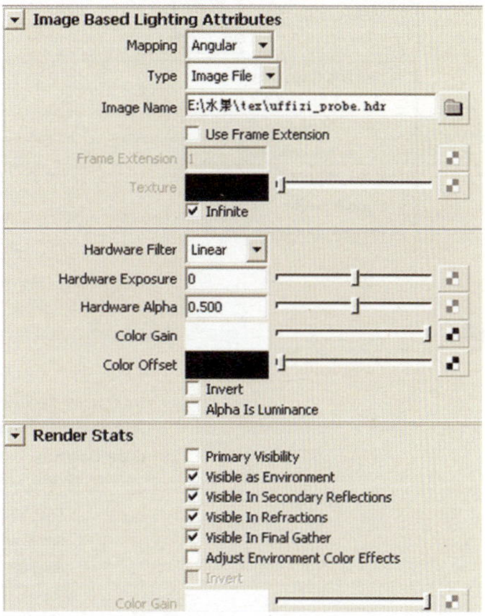

图6-82 取消选择Primary Visibility复选框

6.6 制作怪兽皮肤材质

怪兽皮肤除了与人类一样具有次表面反射属性之外，会更加的粗糙和斑驳，本案例为sss fast skin材质施加了置换贴图，并应用凹凸贴图让皮肤纹理具有更多的细节，合理设置Specularity层，让怪兽皮肤具有一种“油性”的质感。

6.6.1 设置置换贴图

step❶ 创建一个mental ray的 sss fast skin材质，单击其SG工作组的Displacement mat后面的按钮，如图6-83所示。载入前面在ZBrush中创建的置换贴图，如图6-84所示。

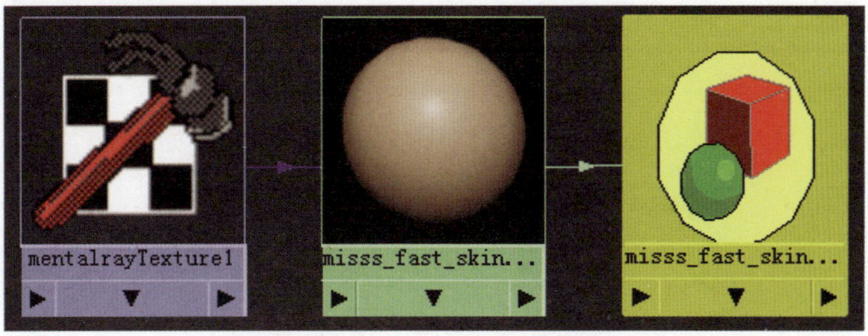

图6-83 sss fast skin材质工作组

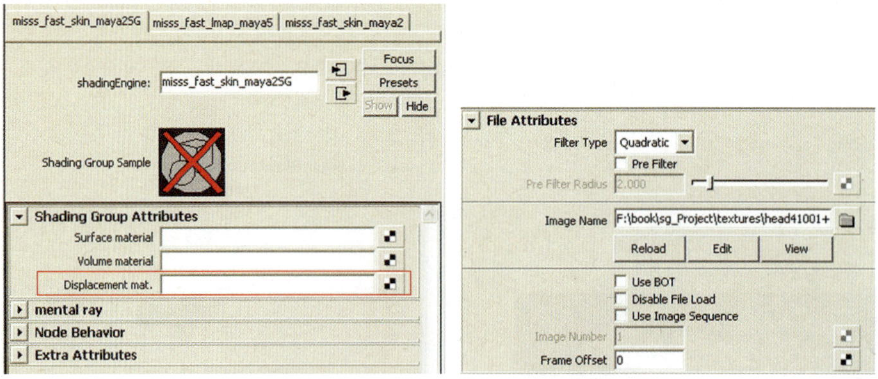

图6-84 载入Displacement mat贴图

step❷ 设置本置换贴图的Color Balance与Effects参数，如图6-85所示。

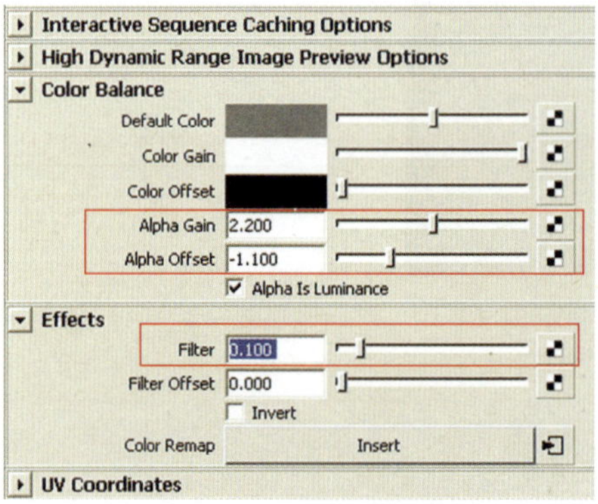

图6-85 设置置换贴图属性

step❸ 选择Window | Rendering Editors | mental ray | Approximation Editor命令，弹出mental ray Approximation Editor对话框，选择怪兽模型，单击Create按钮，如图6-86所示。

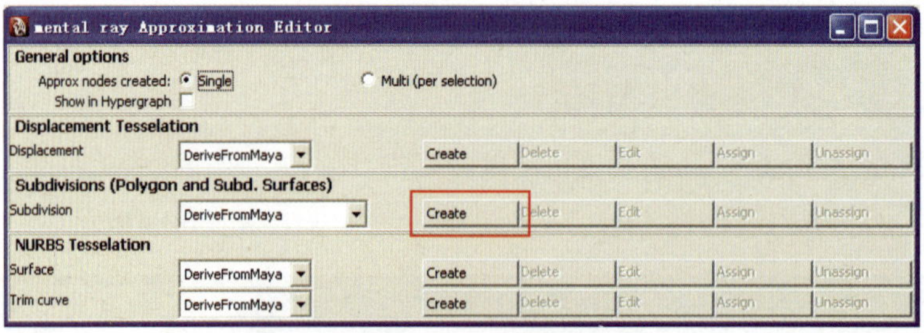

图6-86 创建mental ray置换细分

step❹ 设置Approx Method为Parametric，N Subdivisions为3.000，如图6-87所示。

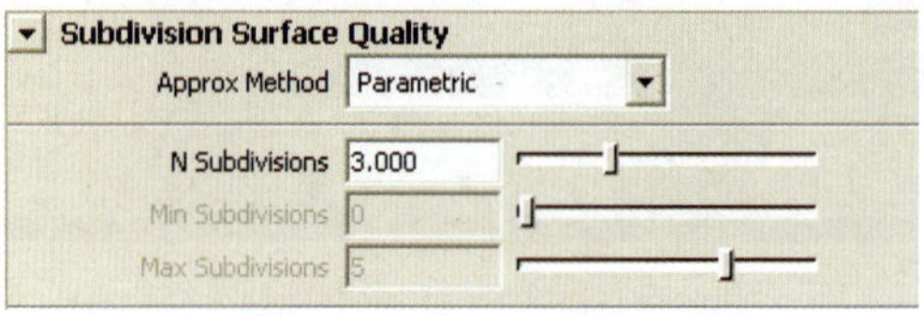

图6-87 设置mental ray置换细分级别

6.6.2 设置sss fast skin材质

step❶ 设置sss fast skin材质从Subsurface Scattering层的Back通道开始，先将其他层与通道的权重全部设置为0，具体参数如图6-88所示。Back Scatter Color通道使用前面在Photoshop中绘制的Back Scatter Color贴图来控制，渲染效果如图6-89所示。

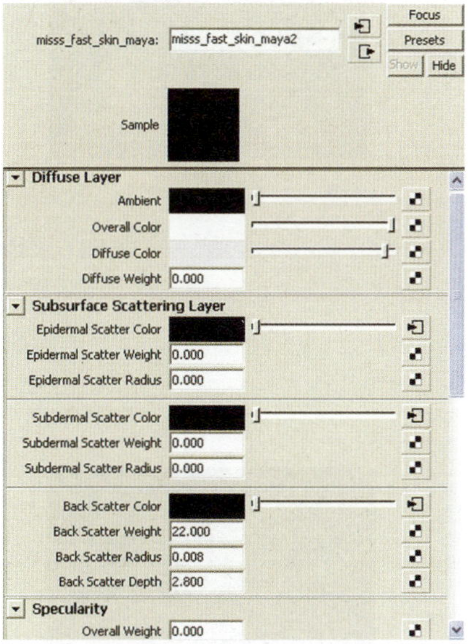

图6-88 设置Back通道

图6-89 Back通道效果

step❷ 接下来设置Subsurface Scattering层的Subdermal通道，具体参数如图6-90所示。Subdermal Scatter Color通道使用前面在Photoshop中绘制的Subdermal Scatter Color贴图来控制，渲染效果如图6-91所示。

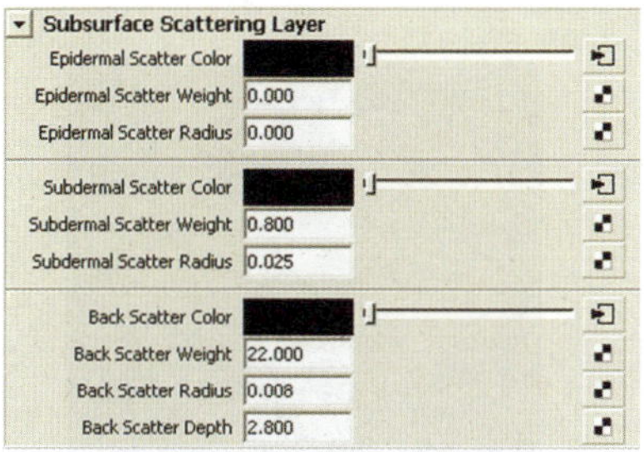

图6-90 设置Subdermal通道

图6-91 Subdermal通道效果

step❸ 接下来设置Subsurface Scattering层的Epidermal通道，具体参数如图6-92所示。Epidermal Scatter Color通道使用前面在Photoshop中绘制的Epidermal Scatter Color贴图来控制，渲染效果如图6-93所示。

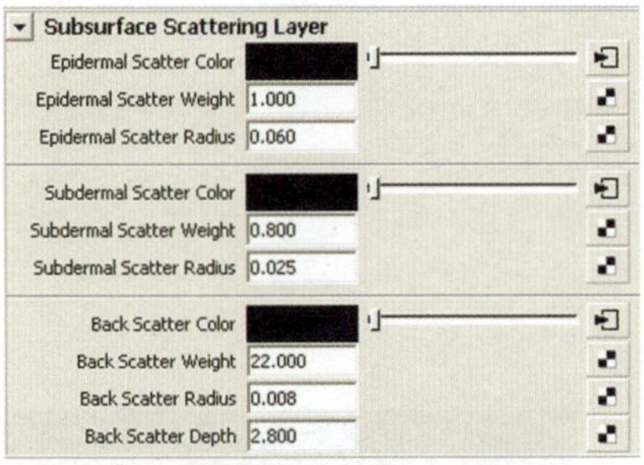

图6-92 设置Epidermal通道

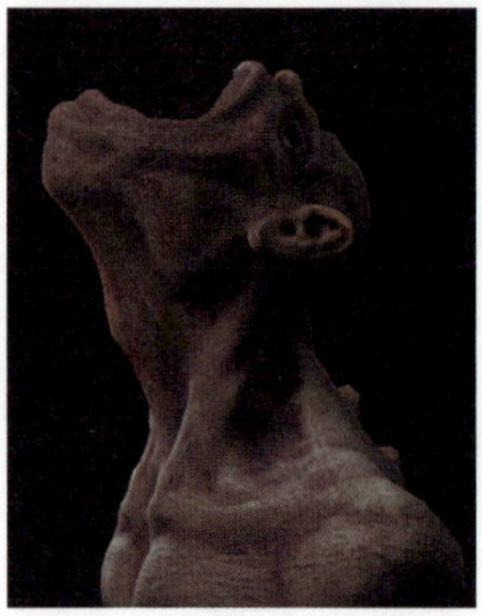

图6-93 Epidermal通道效果

step❹ 接下来设置Diffuse层，具体参数如图6-94所示。Overall Color通道使用前面在ZBrush中绘制的Overall Color贴图来控制，渲染效果如图6-95所示。

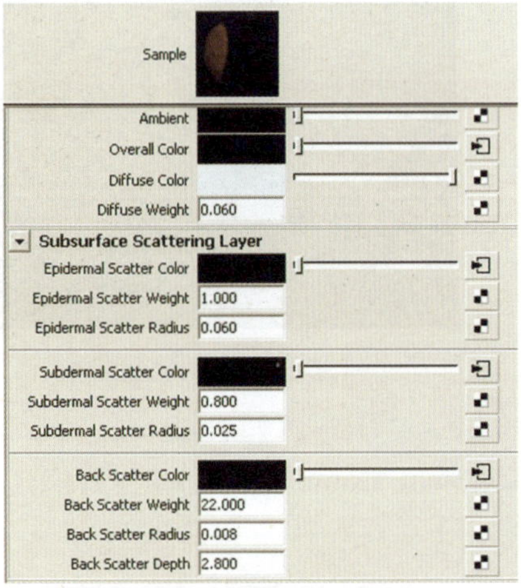

图6-94 设置Diffuse层

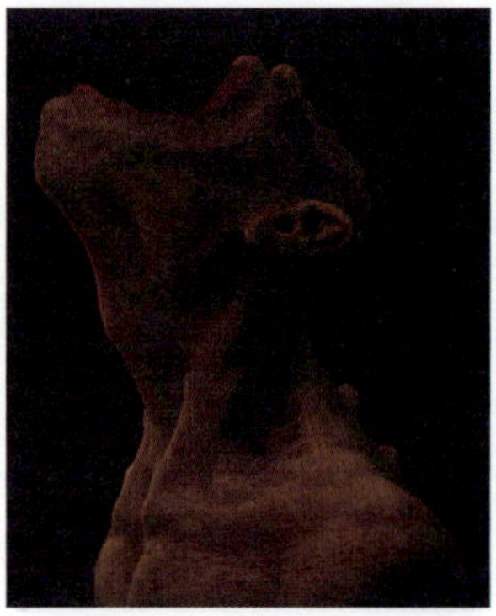

图6-95 Diffuse层效果

step❺ 然后设置Specularity层，具体参数如图6-96所示。Primary Specular Color通道、Secondary Specular Color通道、Reflect Weigh通道使用同一张贴图来控制，为前面在Photoshop绘制的Specular（高光）贴图与Reflected（反射）贴图，渲染效果如图6-97所示。

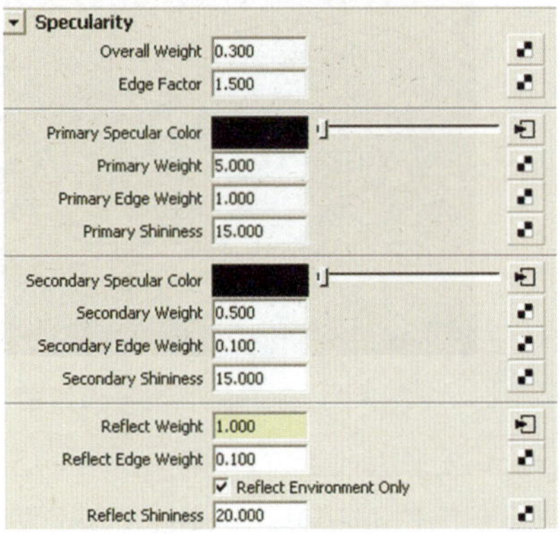

图6-96 设置Specularity层

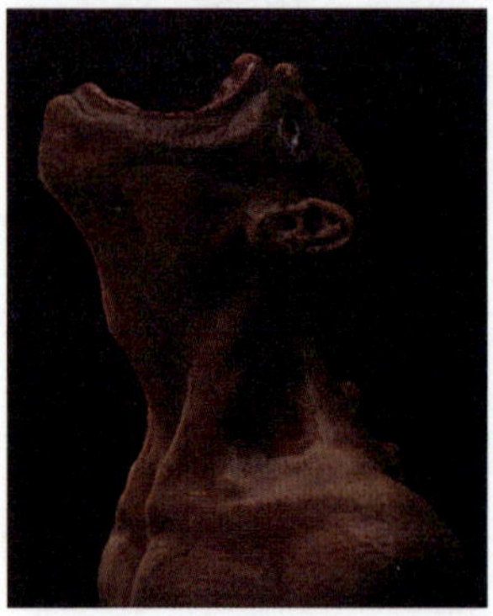

图6-97 Specularity层效果

6.6.3 设置Bump贴图

展开sss fast skin材质的Bump Shader卷展栏，单击Bump文本框后面的按钮，载入前面在Photoshop中创建的Bump Map，如果想获得更细腻的效果，可以提高Lightmap卷展栏下的Samples（采样）值与Algorithm Control卷展栏下的Sale Conversion的值，如图6-98所示。

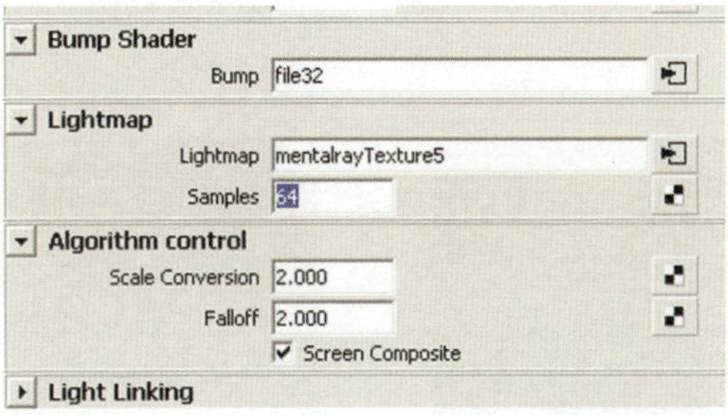

图6-98 Bump Shader与Lightmap卷展栏参数

本案例设置完成的怪兽皮肤材质总体节点如图6-99所示。怪兽皮肤材质效果图如图6-100所示。

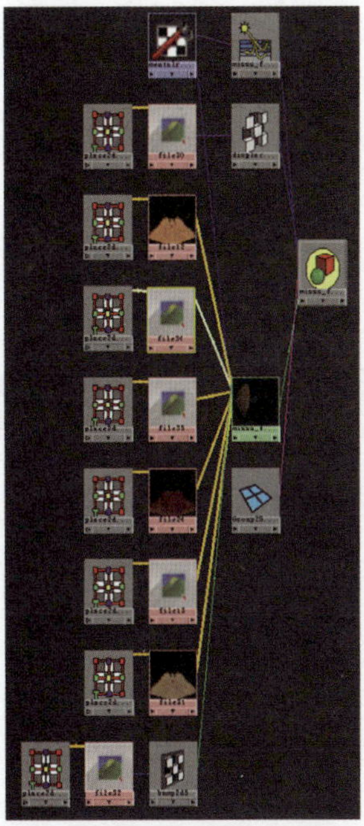

图6-99 怪兽皮肤材质总体节点

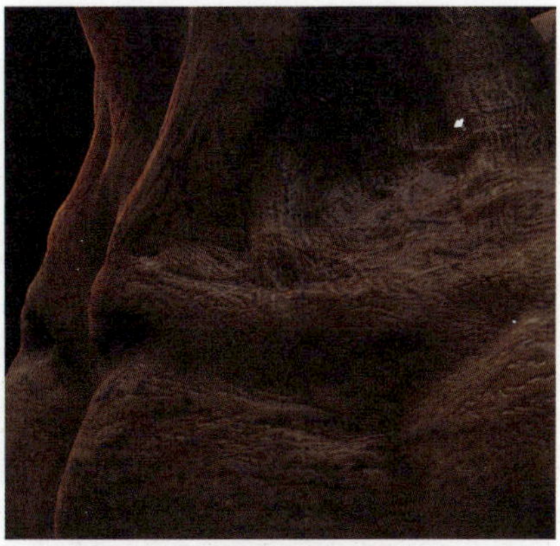

图6-100 怪兽皮肤材质效果

6.7 设置草莓材质

草莓材质与皮肤材质一样具有半透光的特性，所以仍然使用mental ray的sss fast skin材质来创建，因为草莓籽是使用凹凸贴图来模拟的，所以在绘制贴图的时候需要有一定的耐心。

6.7.1 绘制草莓各通道贴图

草莓各通道贴图主要是使用手绘板在Photoshop中绘制而成。

step❶ 使用Maya的UV贴图编辑器编辑好草莓模型的UV，将其导入Photoshop中作为贴图绘制的参考，如图6-101所示。

step❷ 绘制Bump贴图，如图6-102所示。本案例使用凹凸贴图表现草莓上的凹凸细节（包括草莓籽）。

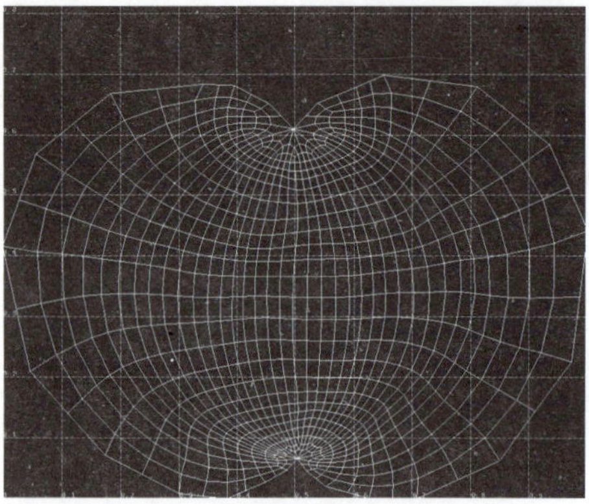

图6-101 草莓模型的UV参考图

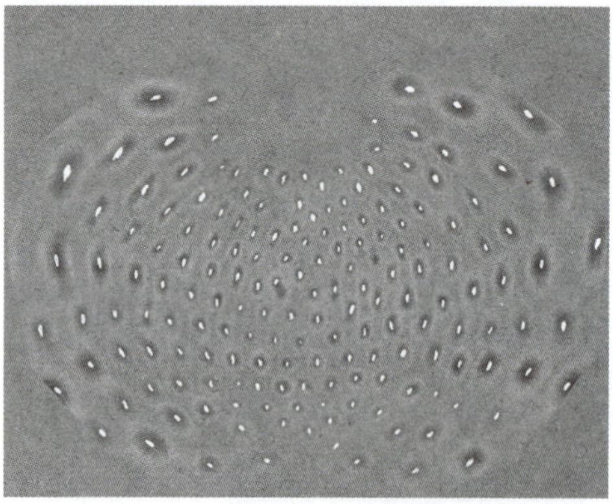

图6-102 Bump贴图

step❸ 绘制Overall Color贴图，如图6-103所示。在凹凸贴图的基础上利用图层混合模式绘制出颜色贴图。

step❹ 绘制Specular（高光）贴图，如图6-104所示。在凹凸贴图的基础上利用图层混合模式绘制出高光贴图。

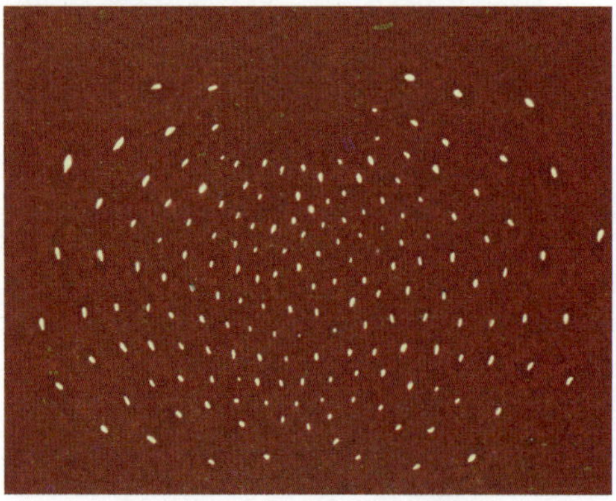

图6-103 Overall Color贴图

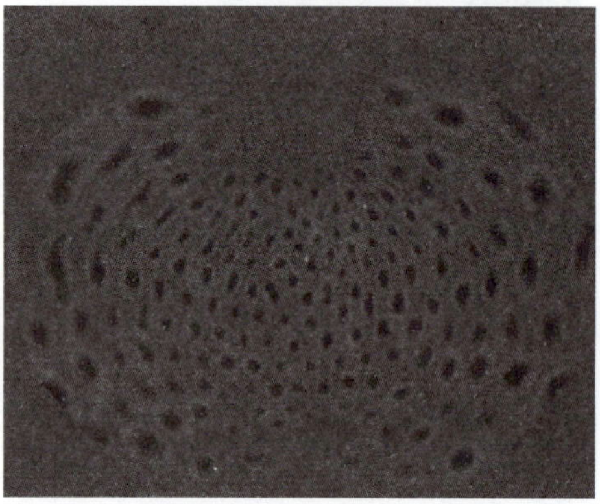

图6-104 Specular（高光）贴图

step❺ 绘制Reflected（反射）贴图，如图6-105所示。在凹凸贴图的基础上利用图层混合模式绘制出反射贴图。

step❻ 绘制Epidermal Scatter Color贴图，如图6-106所示。在凹凸贴图的基础上利用图层混合模式绘制出Epidermal Scatter Color贴图。

图6-105 Reflected（反射）贴图

图6-106 Epidermal Scatter Color贴图

6.7.2 草莓材质

草莓材质使用mental ray的sss fast skin材质来创建。

step 1 设置Diffuse层，具体参数如图6-107所示。Overall Color通道使用前面在Photoshop中绘制的Overall Color贴图来控制。

step 2 设置Subsurface Scattering层的各通道，具体参数如图6-108所示。Epidermal Scatter Color通道使用前面在Photoshop中绘制的Epidermal Scatter Color贴图来控制。

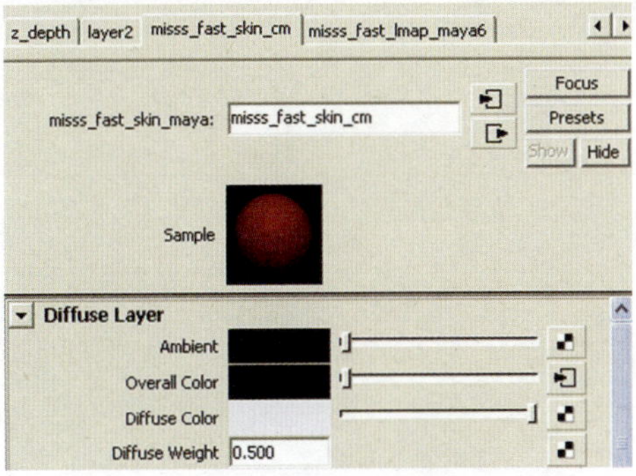

图6-107 设置Diffuse层

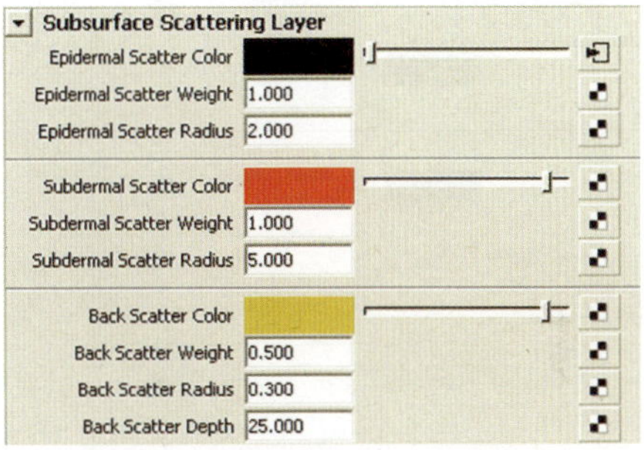

图6-108 设置Subsurface Scattering层

step 3 设置Specularity层，具体参数如图6-109所示。Primary specular Color通道、Secondary specular Color通道使用同一张贴图来控制，为前面在Photoshop中绘制的Specular（高光）贴图。Reflect Weigh通道为前面在Photoshop中绘制的Reflected（反射）贴图。

step 4 设置Bump层，展开sss fast skin材质的Bump Shader卷展栏，单击Bump文本框后面的按钮，载入前面在Photoshop中创建的Bump Map。

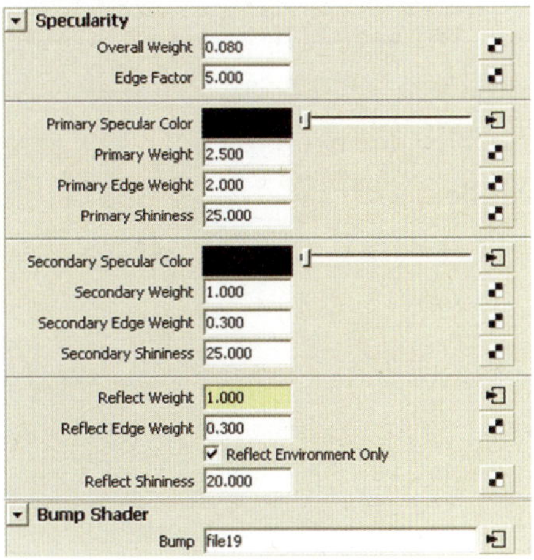

图6-109 设置Specularity层

6.8 设置其他模型材质

其他模型材质的贴图主要使用程序贴图创建。程序贴图为Maya自身带有的纹理节点，其优点是不需要其他软件程序进行绘制，缺点是要想实现比较真实的纹理效果需要对其进行较复杂的编辑与设置。

6.8.1 草莓叶子材质

step 1 创建一个mental ray的sss fast simple材质，将其赋予草莓叶子模型，材质的具体参数如图6-110所示。材质节点的链接如图6-111所示。

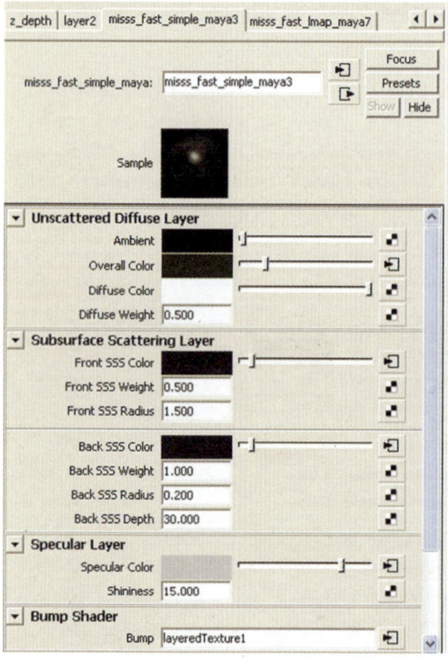

图6-110 sss fast simple材质设置

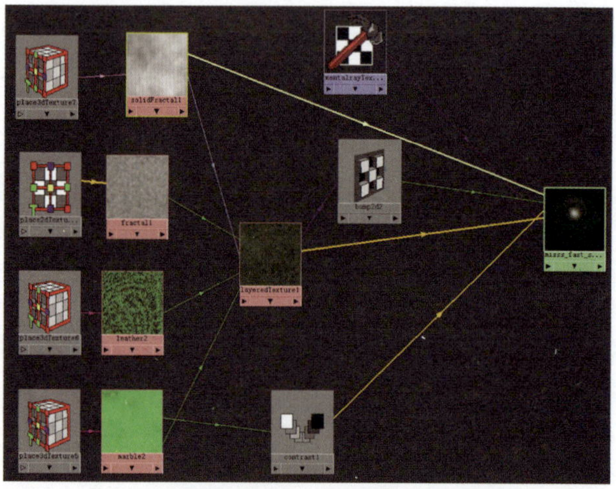

图6-111 sss fast simple材质节点的链接

Diffuse层的Overall Color通道使用Maya的层贴图节点来控制，此层节点共包含3个程序纹理：marble、leather和fractal，要注意设置每层的Blend Mode（混合模式），以达到最佳的混合效果，如图6-112所示。

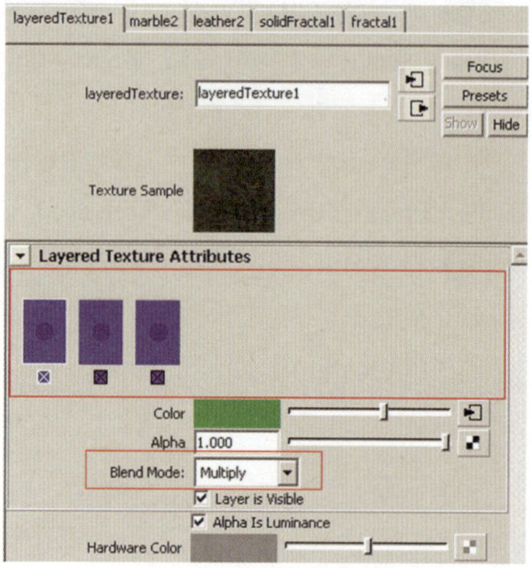

图6-112 层贴图节点

marble节点的参数如图6-113所示。leather节点的参数如图6-114所示。fractal节点的参数如图6-115所示。

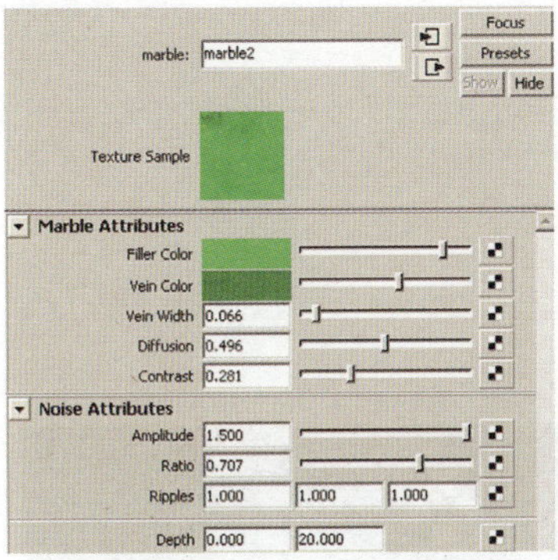

图6-113 marble节点的参数

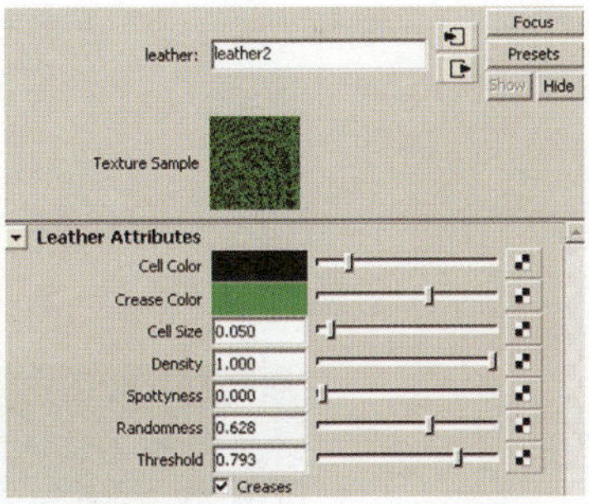

图6-114 leather节点的参数

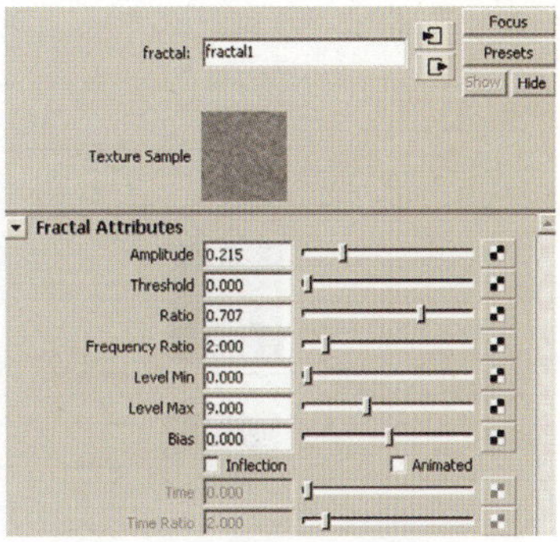

图6-115 fractal节点的参数

Leather层的Alpha通道使用一个solidFractal程序贴图来控制，如图6-116所示。solidFractal程序贴图的参数如图6-117所示。

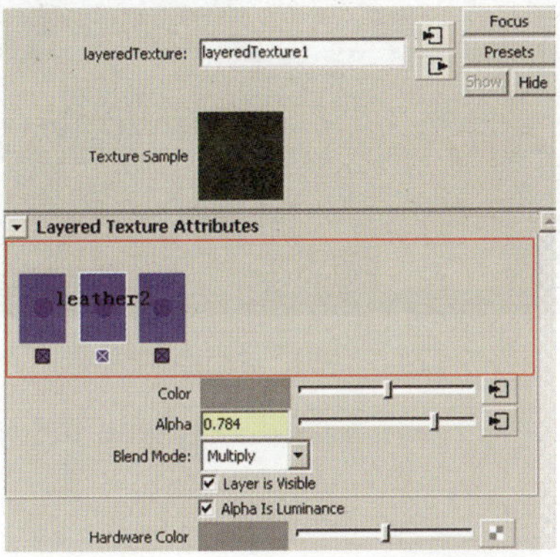

图6-116 Leather层的Alpha通道

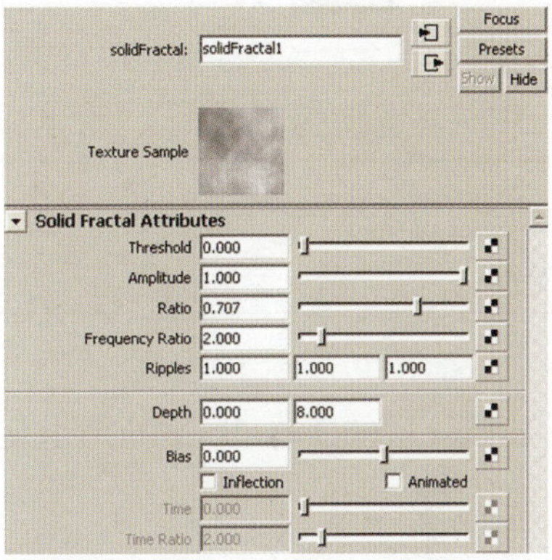

图6-117 solidFractal程序贴图的参数

step❷ Subsurface Scattering层的Front SSS Color通道与Back SSS Color通道使用前面层节点中的Marble程序贴图来控制，Marble程序贴图经过一个contrast节点的调节输入到Front SSS Color通道与Back SSS Color通道。contrast节点的参数如图6-118所示。

step❸ Specular Color通道与Leather层的Alpha通道共用一个solidFractal程序纹理来控制。

step❹ Bump通道与Overall Color通道共用一个相同的层节点来控制。

step❺ 草莓与草莓叶子材质的渲染效果如图6-119所示。

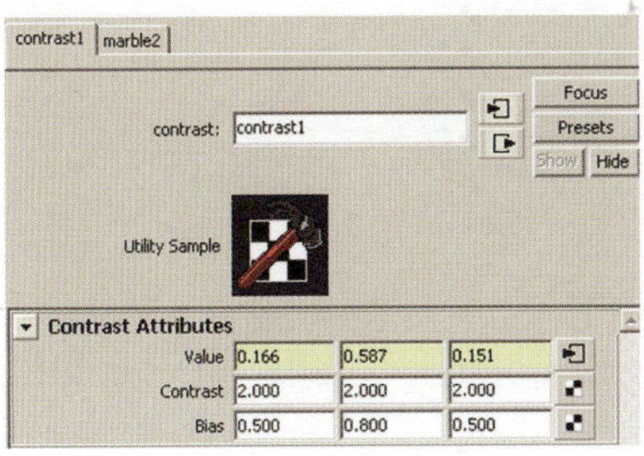

图6-118 contrast节点的参数

图6-119 草莓材质渲染效果

6.8.2 怪兽牙龈材质

step❶ 创建一个mental ray的sss fast skin材质，将其赋予牙龈模型，材质的具体参数如图6-120所示。材质节点的链接如图6-121所示。

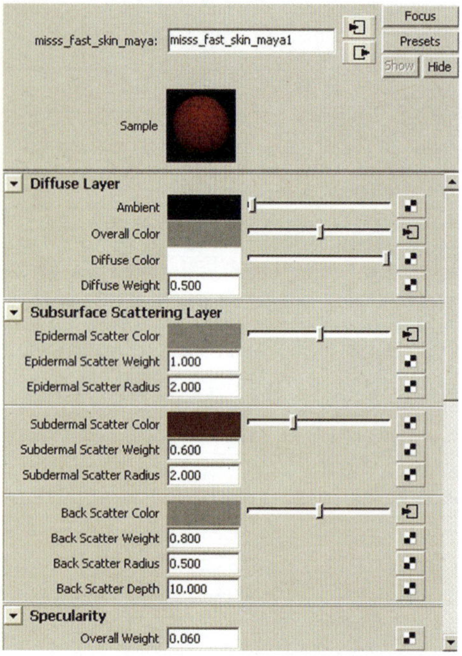

图6-120 牙龈材质参数

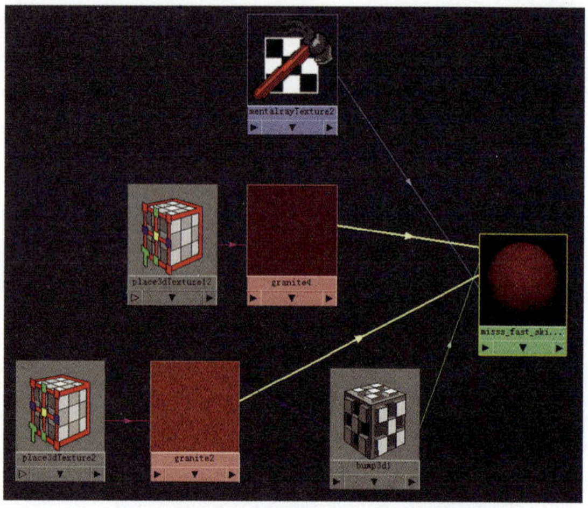

图6-121 牙龈材质节点的链接

step❷ Diffuse层的Overall Color通道使用Maya的granite程序纹理来控制，granite节点的参数如图6-122所示。

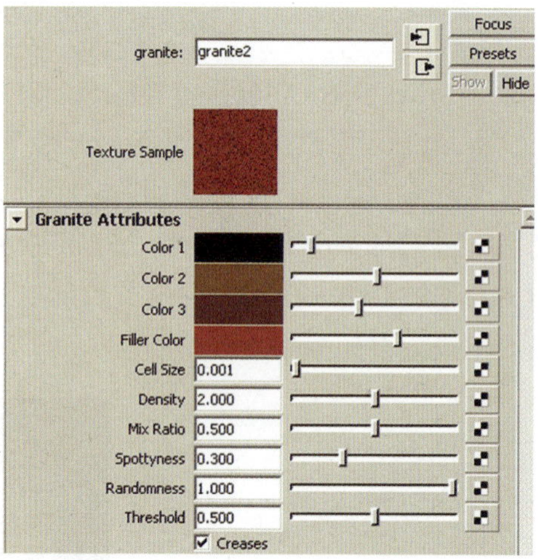

图6-122 granite节点的参数

step❸ Bump通道、Epidermal Scatter Color通道与Overall Color通道共用一个granite程序纹理来控制。

step❹ Back Scatter Color通道使用另外一个granite节点来控制，参数如图6-123所示。

step❺ 设置Specularity层，具体参数如图6-124所示。

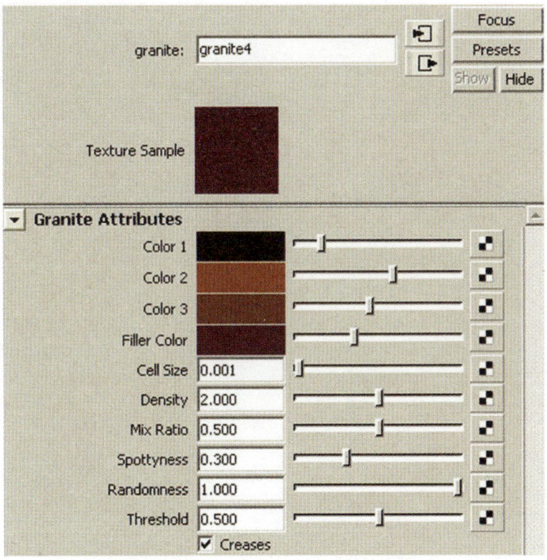

图6-123 granite节点的参数

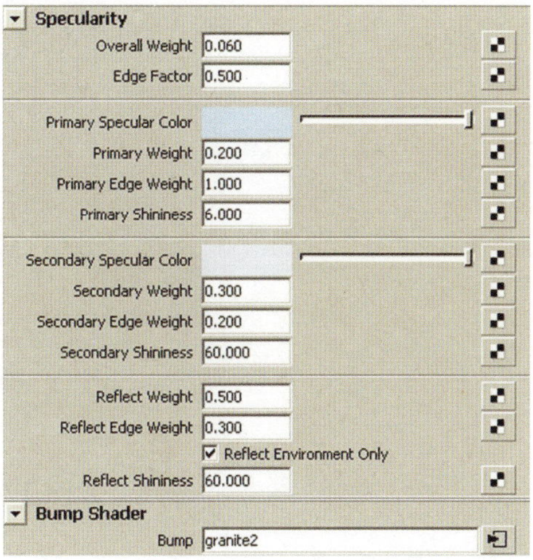

图6-124 Specularity层的参数

6.8.3 怪兽牙齿材质

step❶ 创建一个mental ray的sss fast simple材质，将其赋予怪兽牙齿模型，材质的具体参数如图6-125所示，材质节点的链接如图6-126所示。

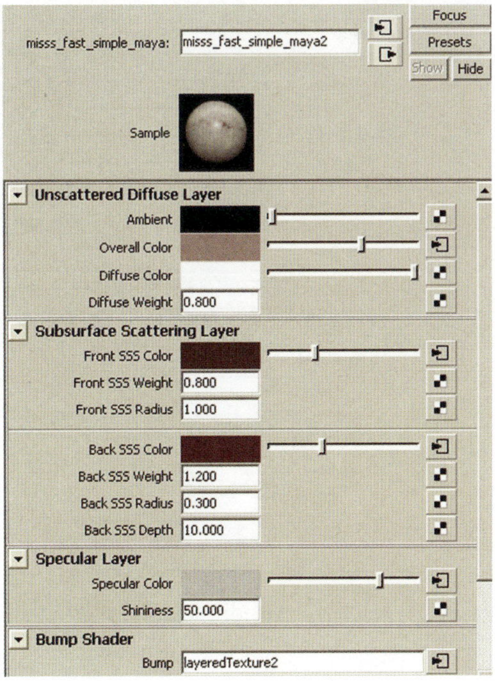

图6-125 sss fast simple材质参数

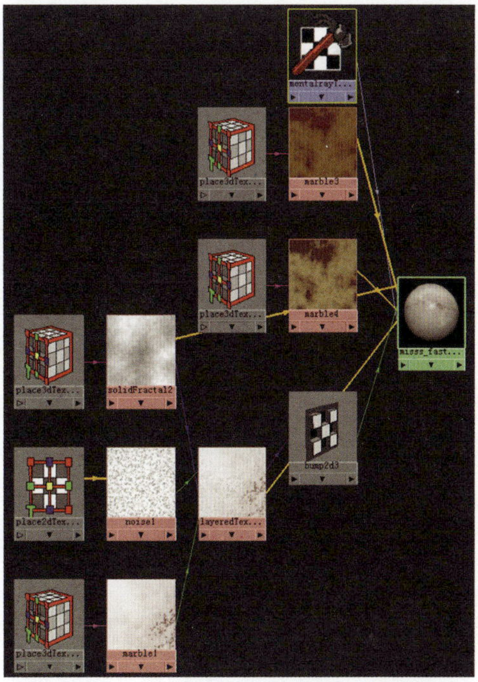

图6-126 sss fast simple材质节点的链接

step② Diffuse层的Overall Color通道使用Maya的层贴图节点来控制，此层节点共包含两个程序纹理：marble和noise，如图6-127所示。

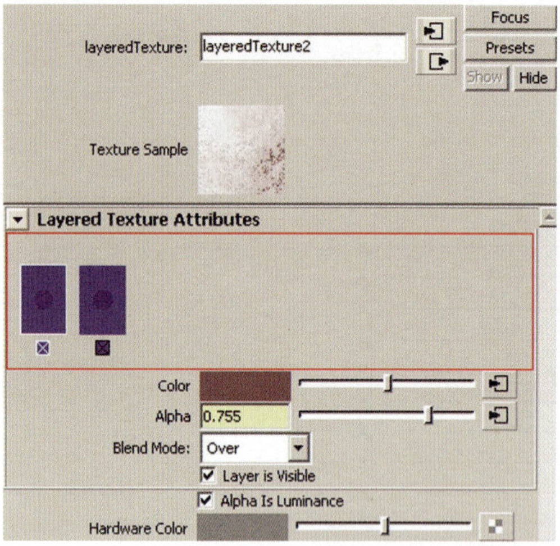

图6-127 层贴图节点

marble节点的参数如图6-128所示。noise节点的参数如图6-129所示。

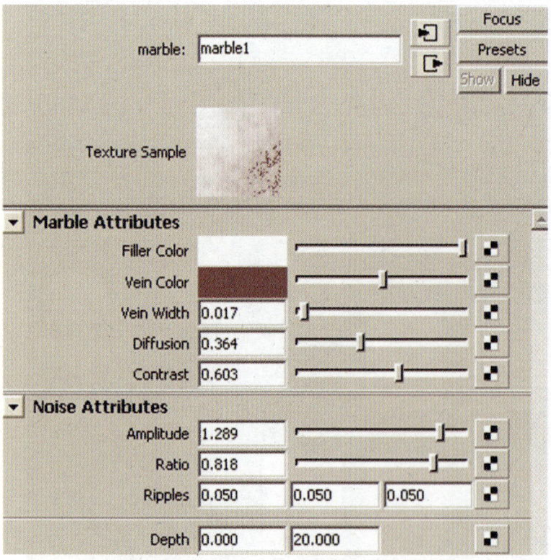

图6-128 marble节点的参数

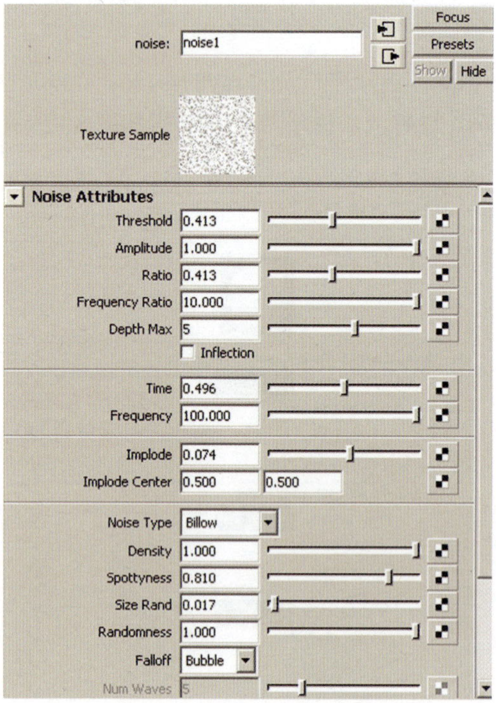

图6-129 noise节点的参数

marble层的Alpha通道使用一个solidFractal程序贴图来控制， solidFractal程序贴图的参数如图6-130所示。

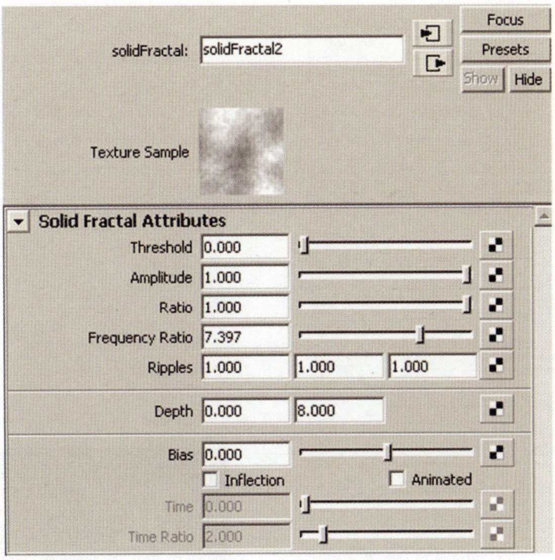

图6-130 solidFractal程序贴图的参数

step❸ Subsurface Scattering层的Front SSS Color通道使用另外一个marble4程序贴图来控制，marble4程序贴图的参数如图6-131所示。

Subsurface Scattering层的Back SSS Color通道使用第三个marble3程序贴图来控制，marble3程序贴图的参数如图6-132所示。

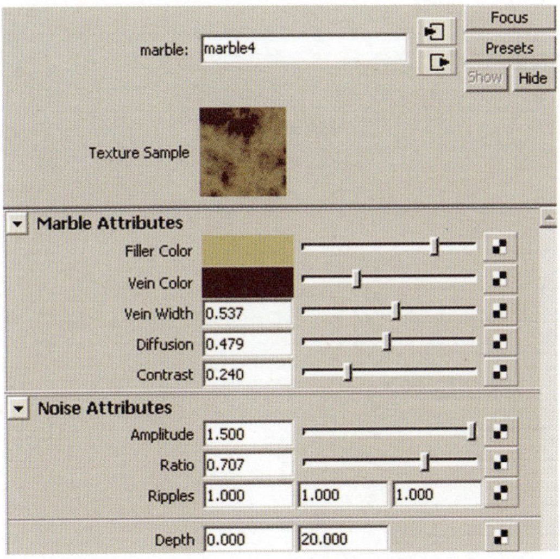

图6-131 marble4程序贴图的参数

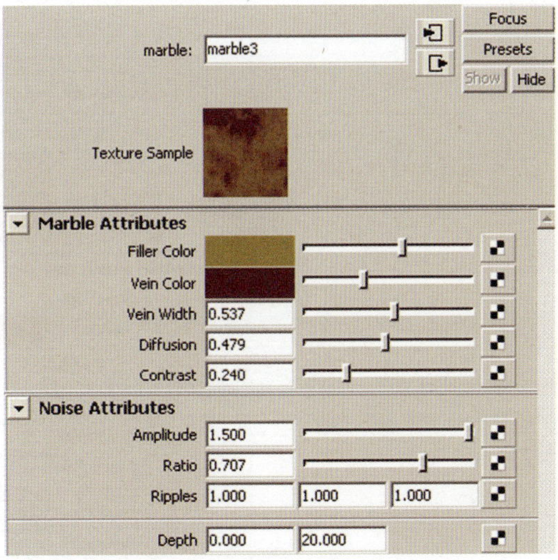

图6-132 marble3程序贴图的参数

step❹ Specular Color通道与Marble层的Alpha通道共用一个solidFractal程序纹理来控制。

step❺ Bump通道与Overall Color通道共用一个相同的层节点来控制。

6.8.4 耳环材质

step❶ 创建一个Blinn材质，将其赋予耳环模型，材质的具体参数如图6-133所示，材质节点的链接如图6-134所示。

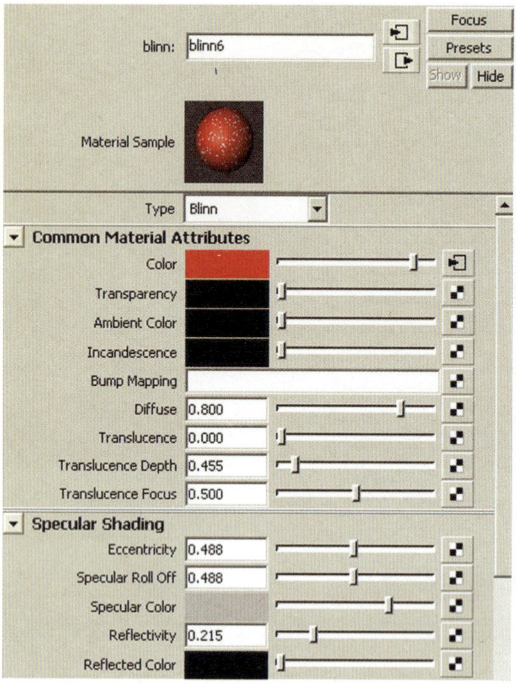

图6-133 Blinn材质参数

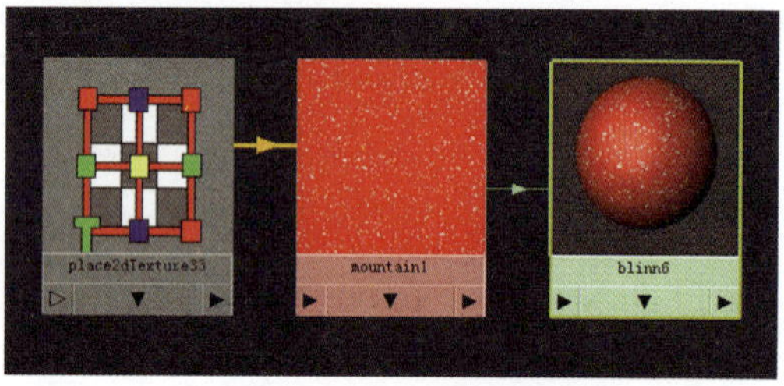

图6-134 材质节点的链接

step❷ Color通道使用Maya的程序纹理mountain来控制，mountain节点的参数如图6-135所示。

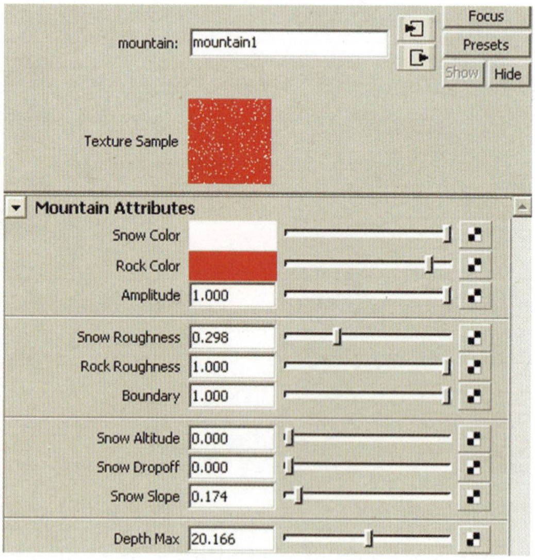

图6-135 mountain节点的参数

6.8.5 耳环金属线材质

step❶ 创建一个Blinn材质，将其赋予耳环金属线模型，材质的具体参数如图6-136所示。

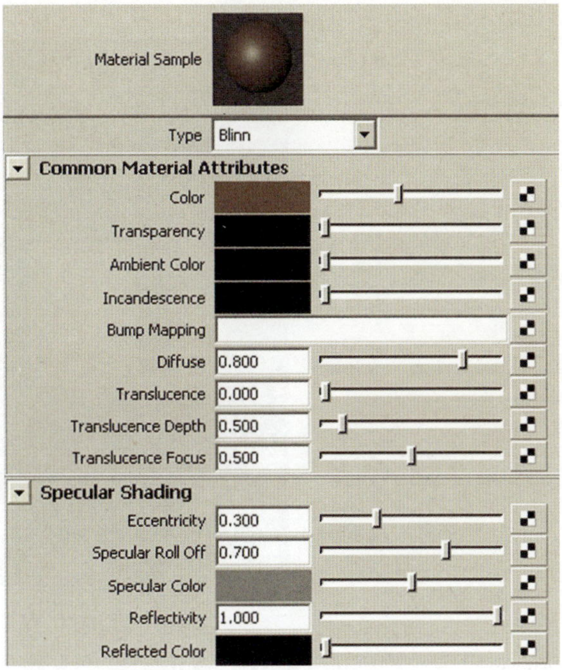

图6-136 Blinn材质参数

step❷ 设置此Blinn材质的mental ray卷展栏下的模糊反射参数如图6-137所示。

step❸ 耳环材质的渲染效果如图6-138所示。

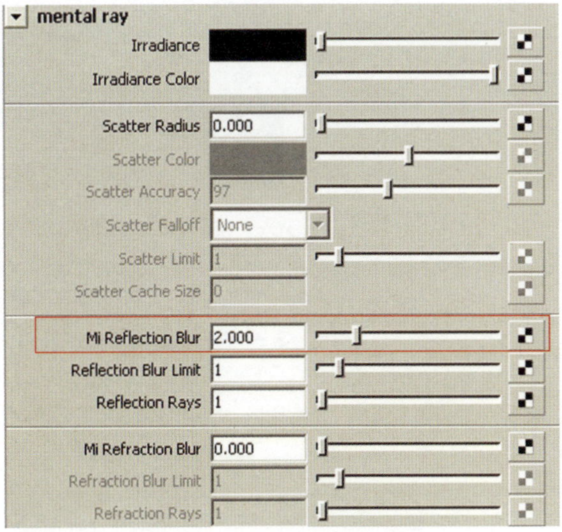

图6-137 设置模糊反射参数

图6-138 耳环渲染效果

6.8.6 怪兽眼球材质

step❶ 创建一个Blinn材质，将其赋予怪兽眼球模型，材质的具体参数如图6-139所示，材质节点的链接如图6-140所示。

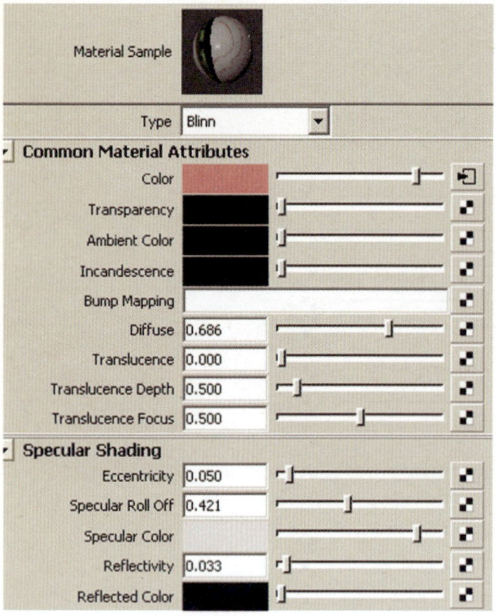

图6-139 Blinn材质参数

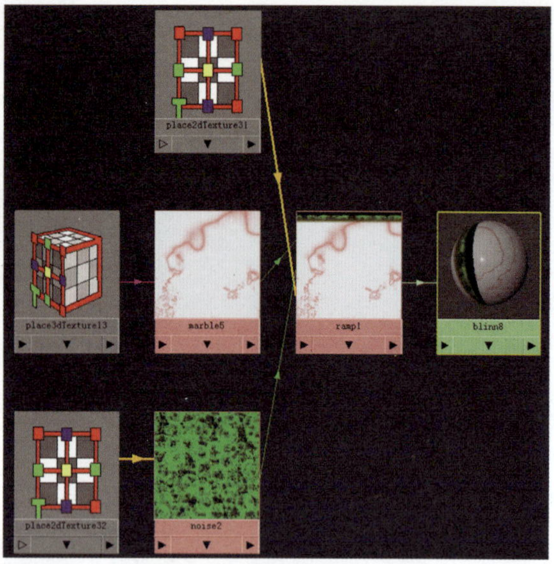

图6-140 材质节点的链接

step❷ Color通道使用Maya的程序纹理ramp来控制，ramp节点的参数如图6-141所示。其中瞳孔外围的绿色放射状纹理使用noise程序纹理来控制，眼白和血丝使用marble程序纹理来控制，noise程序纹理的参数如图6-142所示，marble程序纹理的参数如图6-143所示。

step❸ 怪兽眼球的渲染效果如图6-144所示。

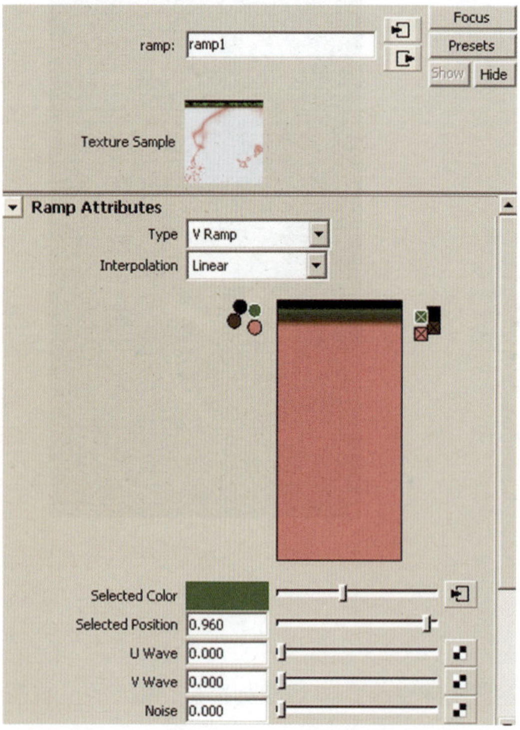

图6-141 ramp节点

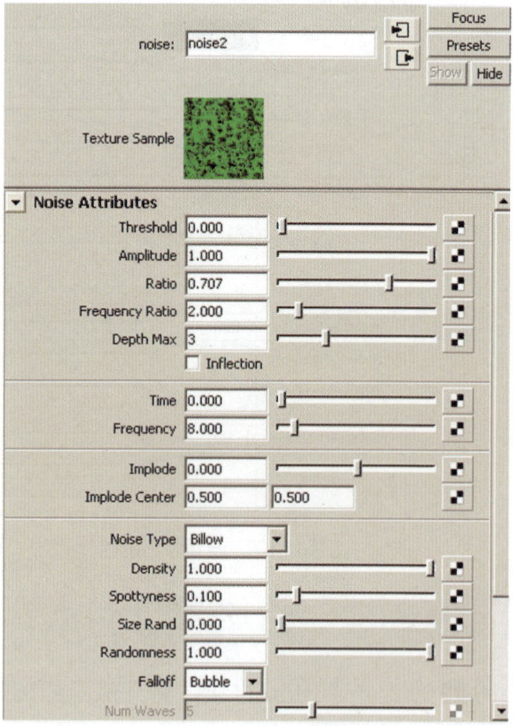

图6-142 noise节点

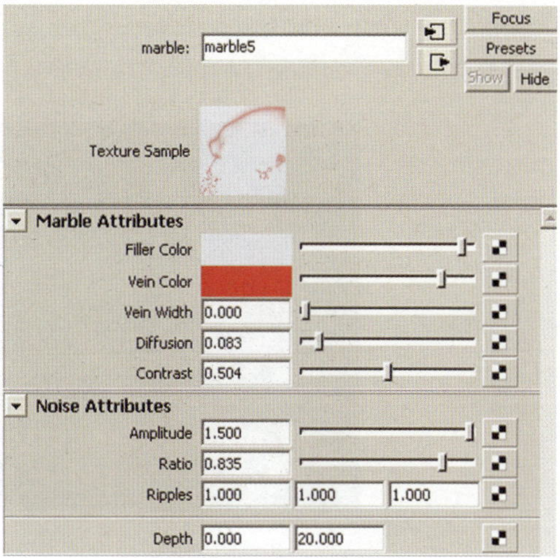

图6-143 marble节点

图6-144 怪兽眼球渲染效果

6.9 渲染与合成

本案例没有对sss fast skin材质进行进一步的分通道渲染，只是增加了AO层增强光照效果，增加了Z深度层以便于在后期软件中制作景深效果。AO层材质制作与链接的时候，不要忘记为模型链接好置换贴图通道。

6.9.1 全局渲染设置

step❶ 全局渲染设置的“抗锯齿”卷展栏的参数设置如图6-145所示。

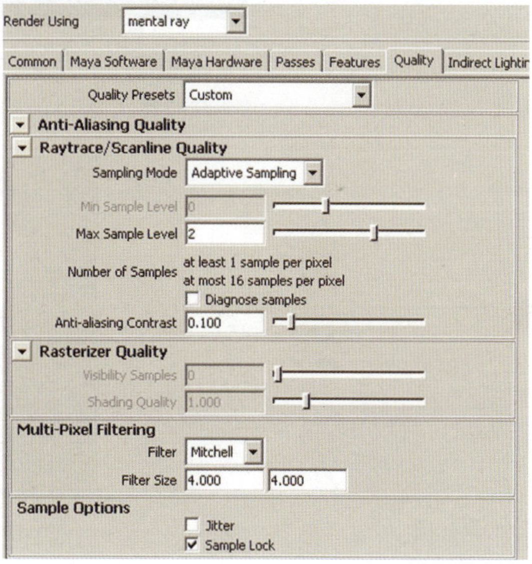

图6-145 “抗锯齿”卷展栏的参数设置

step❷ 全局渲染设置的“光线跟踪”卷展栏的参数设置如图6-146所示。

step❸ 单击渲染按钮进行渲染，得到Master Beauty层的效果，如图6-147所示。

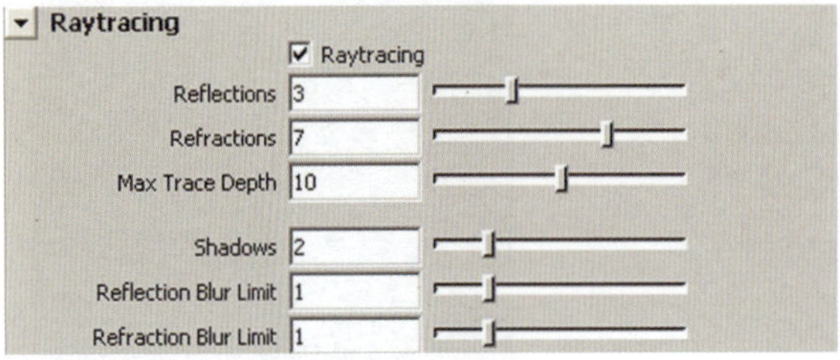

图6-146 “光线跟踪”卷展栏的参数设置

图6-147 默认渲染效果

6.9.2 AO渲染层

step❶ 新建一个渲染层，命名为AO，将本层渲染器指定为mental ray，将所有模型都添加到本层，并指定一个surfaceShader。

step❷ 新建一个mib_amb_occlusion节点，将其outValue属性与surfaceShader的outColor属性相连接，如图6-148所示。

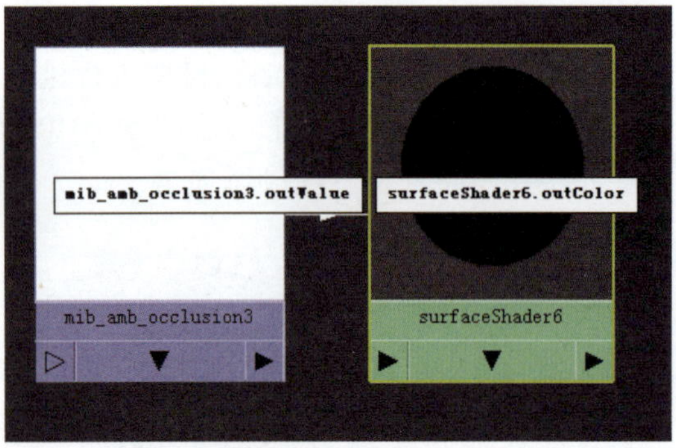

图6-148 属性连接

step❸ 提高mib_amb_occlusion节点的Samples（采样）值，如图6-149所示。

step❹ 将连到怪兽皮肤sss fast skin材质SG工作组的Displacement置换贴图同样连接到此surfaceShader的SG工作组的Displacement mat。

step❺ 将渲染质量设置为产品级，单击渲染按钮进行渲染，效果如图6-150所示。

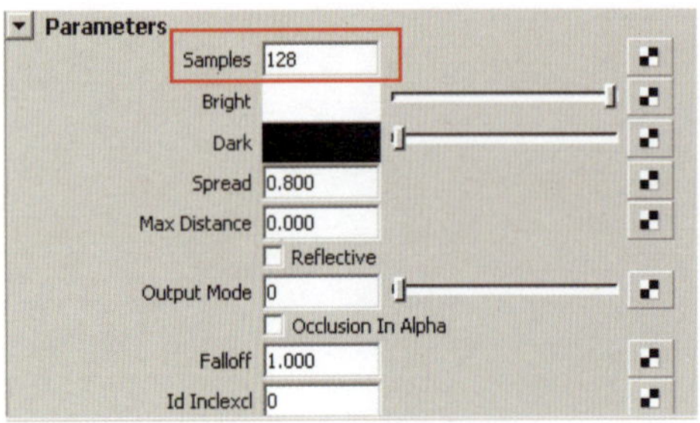

图6-149 提高AO采样值

图6-150 AO层渲染效果图

6.9.3 使用Photoshop合成图像

step① 将AO层放置到Master Beauty层的上面，图层混合模式设置为Multiply。合成效果如图6-151所示。

图6-151 加入AO层的效果

step② 最后加入背景与景深效果即可完成本案例的制作。

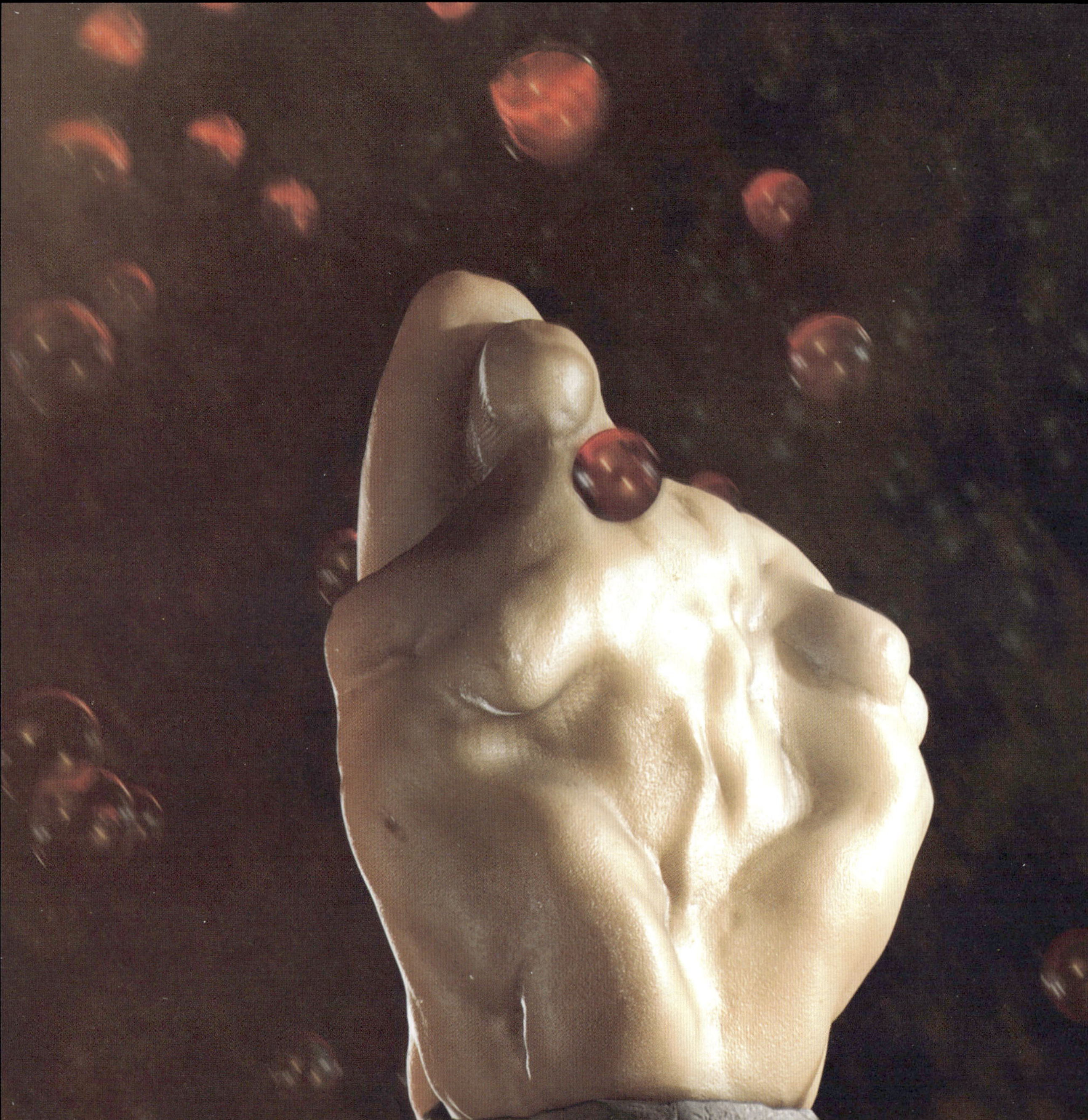

第7章 思想者

本章案例首先在Maya中建立人物头像基础模型，然后在ZBrush中对其进行深入雕刻，接下来建立头像头顶的雕塑，将头像与雕塑减面后导入Maya，使用Maya的多边形建模工具建立中山服模型，在Photoshop中制作贴图，使用Maya的粒子系统创建彩色肥皂泡，在Maya中分层渲染，最后使用Toxik进行合成。本章通过对整个流程的讲解，使读者学习Maya与ZBrush，以及Toxik整合的创作流程。本案例主要运用了Maya 2010的新增功能进行创作，需要读者特别注意。

素材和源文件：\素材和源文件\第7章 思想者

7.1 庄严肃穆的思想者

本案例表现了一个石质的穿中山服的头像，其头脑中生长出几个女体雕像。本案例制作完成后的最终效果如图7-1所示。

7.1.1 创意分析

本案例创作灵感来源于罗丹的雕塑《地狱之门》，他的主体雕塑即是著名的《思想者》，如图7-2所示。

本案例表现了一个庄严肃穆的老人，其眉宇与神态间流露出无比的威严，老人身穿中山服，更加强了其观念的正统性，老人的头部是敞开的，从中生长出一团类似于雕塑的东西，它是由3个女人体组合而成的，她们姿态各异，散发出欲望的气息，在角色的周围，布满了随风飘散的彩色的随时都会破灭的肥皂泡。在创作初期曾考虑将老人头像制作成真实的皮肤质感，将女人体组合制作成雕塑的质感，后来发现将他们的材质进行互换会让作品更加生动。

图7-1 《思想者》案例效果图

图7-2 罗丹雕塑《地狱之门》局部

7.1.2 制作流程

本案例的制作流程大致分为：绘制草图、在Maya中建立基础模型、ZBrush雕刻、Photoshop绘制贴图，Maya的分通道渲染及Toxik后期合成。详细的制作流程如下。

01 绘制草图

本案例的草图是很久以前绘制的，在隔了较长时间拿出来要将它制作成三维作品的时候想法又有了一些改变，将人物表现得更加庄严肃穆，将手换成了女体雕塑。

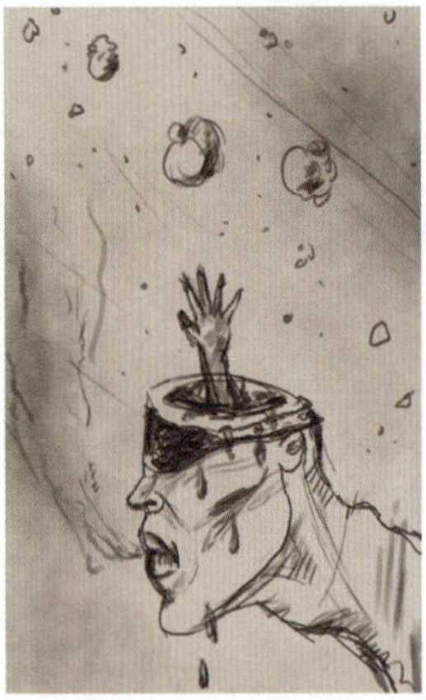

02 建立基础模型

重点是要有均匀的布线，布线要符合面部结构。

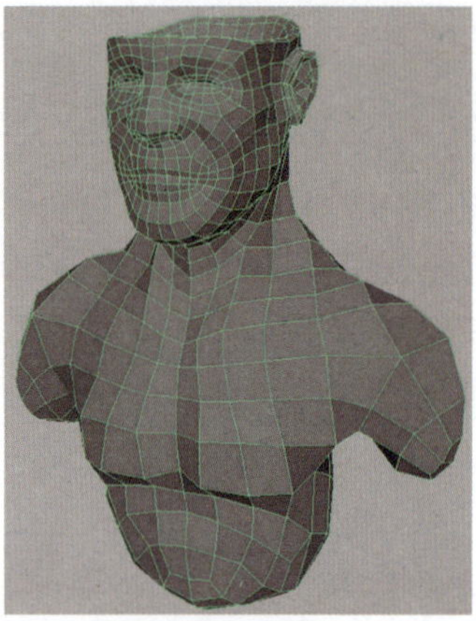

03 ZBrush雕刻

使用ZBrush雕刻细节，人物的皮肤纹理细节雕刻得要充分，雕刻完毕后进行减面操作。

04 Photoshop绘制贴图

本案例使用ZBrush创建Cavity贴图，然后以此为参照和基础，在Photoshop中创建各通道的贴图。

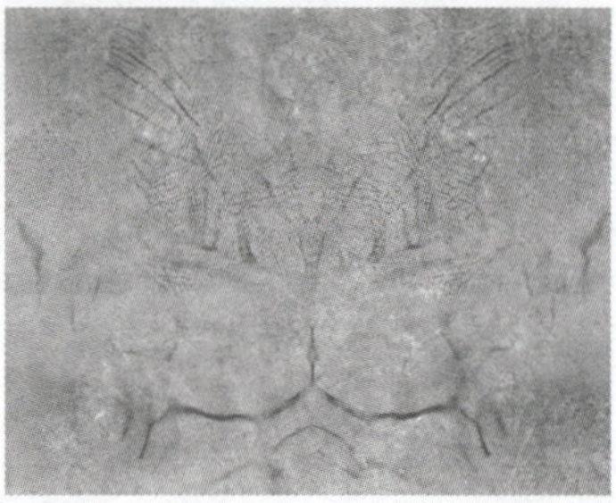

05 分通道渲染

从ZBrush中输出减面的模型到Maya，制作材质并分通道渲染。

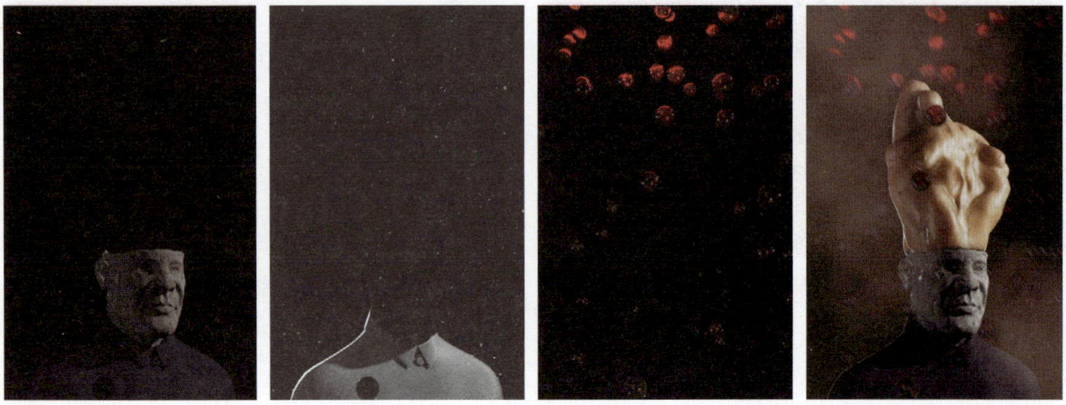

06 Toxik合成

利用Toxik进行合成和调节，并制作辉光等特效。

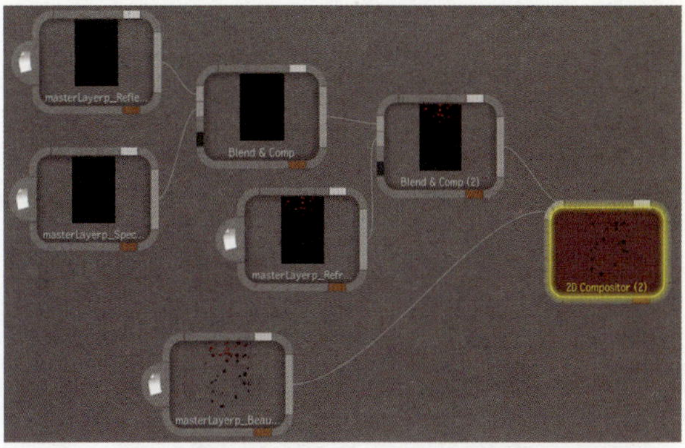

7.1.3 注意事项

以下是为本案例总结出的可能出现的问题及相关的解决方法。

注意1 角色服装可用拓扑工具创建

除了使用本案例介绍的服装创建方法，使用拓扑工具会很方便，比如可以使用ZBrush的拓扑工具。

注意2 过多的皮肤纹理细节会破坏雕塑感

头顶的人体雕塑不要刻画过多的细节，这样会保留更多的雕塑感，与头部形成对比。

注意3 与Toxik整合的相关问题

既可在Maya中输出Pre-Compositing文件，在Toxik中使用合成模板，也可在Toxik中输入各通道的图像，然后完全用手工进行连接操作。

注意4 肥皂泡的创建可用后期软件

本案例使用Maya的粒子系统创建肥皂泡，优点是真实感强，缺点是效率低，所以也可以使用后期软件创建二维粒子，或在Photoshop中绘制。

7.2 制作思想者基础模型

思想者的基础模型主要考虑布线网格要均匀，布线走向要基本符合人物头部的结构，要将人物的比例、结构及大体特征基本体现出来，这样当将模型输入ZBrush进行雕塑时会感到得心应手。

7.2.1 制作并导入参考图

本案例使用一种新型的建模方式（Z球建模）进行快速建模。

step 1 启动Photoshop软件，将思想者的形象图片导入，利用Photoshop的参考线将侧面与正面的主要部位对齐，然后分别输出名称为Front与Side的两张JPG格式的图片，如图7-3所示。

step② 启动Maya软件，在前视图中选择View | Image Plane | Import Image命令，将Front参考图导入，同样在侧视图中选择View | Image Plane | Import Image命令，将Side参考图导入，如图7-4所示。

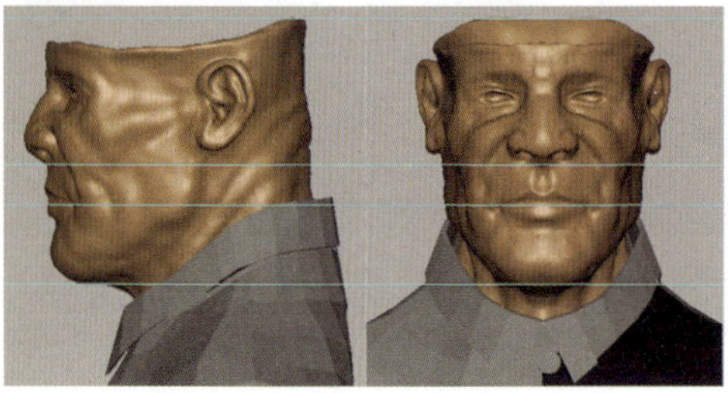

图7-3 制作侧面与正面的参考图

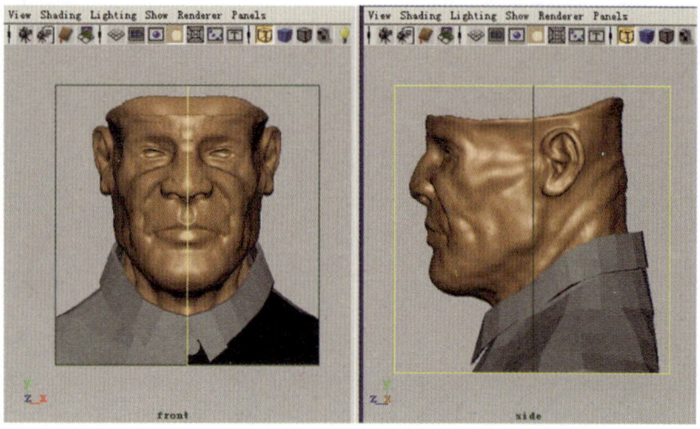

图7-4 导入参考图

step③ 在透视图中先后选择两个Image Plane，调节其位置，如图7-5和图7-6所示。透视图中调节好参考图位置的效果如图7-7所示，这是为了空出一定位置，不会影响到建模操作。

INPUTS

imagePlane1

Frame Extension	1
Frame Offset	0
Alpha Gain	1
Depth	100
Size X	1.417
Size Y	0.945
Offset X	0
Offset Y	0
Center X	0
Center Y	0
Center Z	-40
Width	30
Height	30

图7-5 调节Front参考图位置

INPUTS

imagePlane2

Frame Extension	1
Frame Offset	0
Alpha Gain	1
Depth	100
Size X	1.417
Size Y	0.945
Offset X	0
Offset Y	0
Center X	-50
Center Y	0
Center Z	0
Width	30
Height	30

图7-6 调节Side参考图位置

图7-7 在透视图中调节好参考图位置

7.2.2 头部基础模型

step① 创建一个多边形Cube，并修改其参数，进行细分，如图7-8所示。

step② 选择多边形Cube一半的面，按【Delete】键将其删除，如图7-9所示。

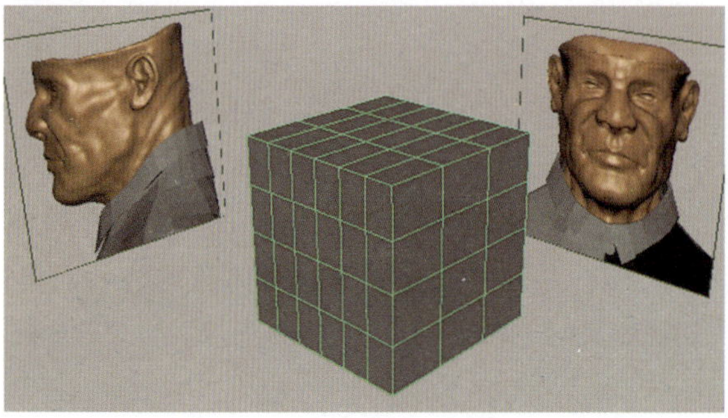

图7-8 创建一个多边形Cube并进行细分

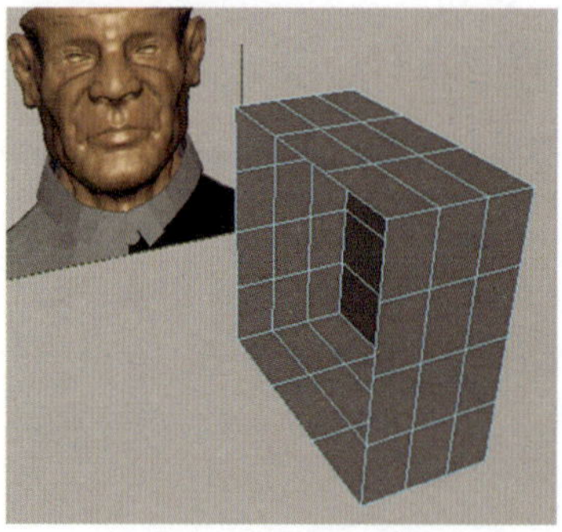

图7-9 删除多边形Cube一半的面

step❸ 单击Edie | Duplicate Special命令后面的小方体，弹出Duplicate Special Options对话框，如图7-10所示进行设置。单击Duplicate Special按钮，镜像复制后的模型将随原模型的改变而改变，如图7-11所示。

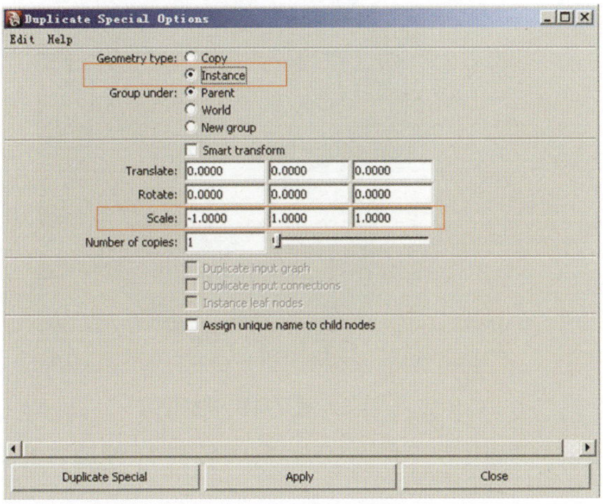

图7-10 Duplicate Special属性对话框

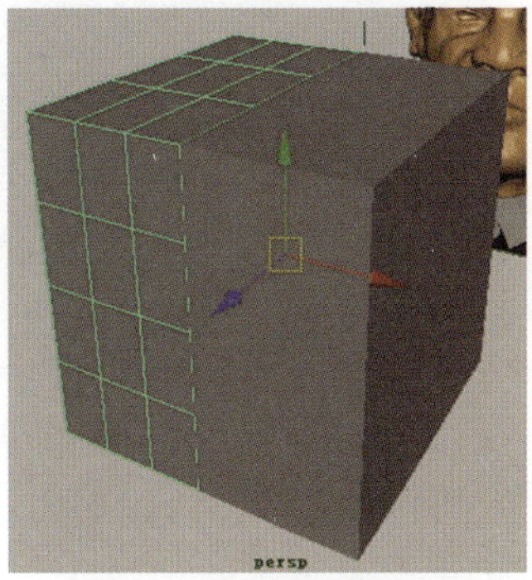

图7-11 镜像复制出的盒子

step❹ 在侧视图中调节点，使Cube的形状符合参考图，如图7-12所示。

step❺ 在正视图中调节模型的点，使Cube的形状符合参考图，如图7-13所示。继续在透视图中调节点，如图7-14所示。

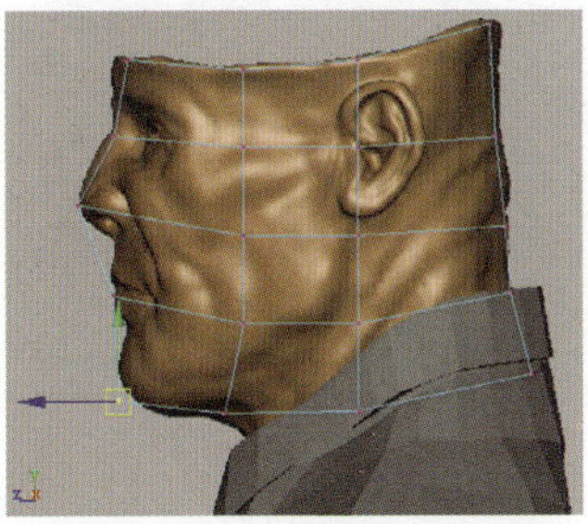

图7-12 使Cube的形状符合参考图

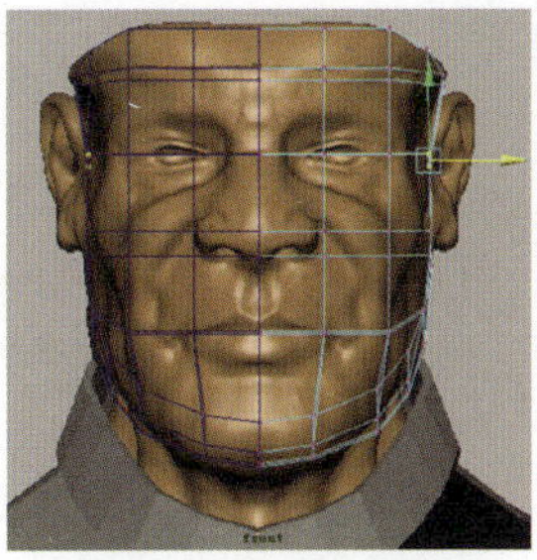

图7-13 使Cube的形状符合参考图

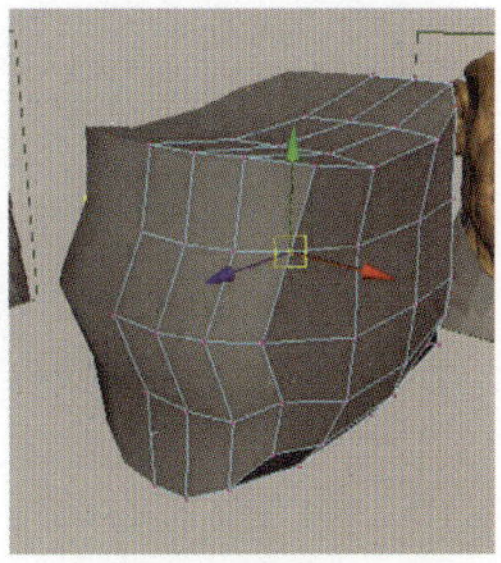

图7-14 透视图中的效果

step❻ 选择如图7-15所示的边，按【Delete】键将其删除。

step❼ 选择如图7-16所示的面，执行Extrude（挤压）操作，挤压完毕后进行缩放操作，如图7-17所示。

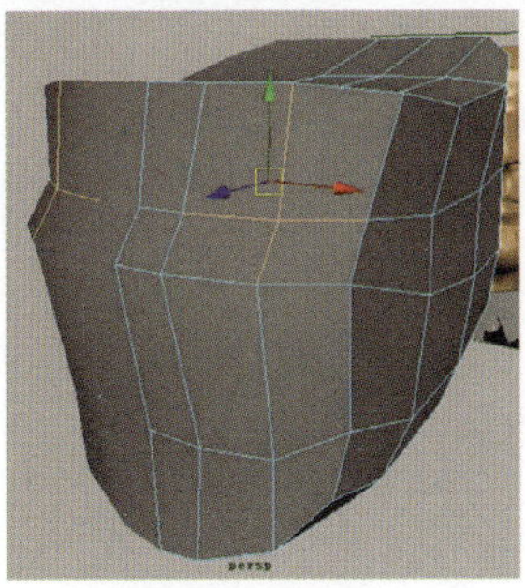

图7-15 选择边

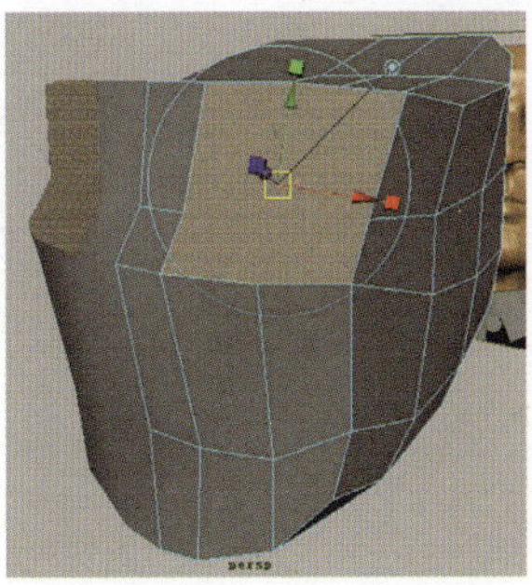

图7-16 执行Extrude（挤压）操作

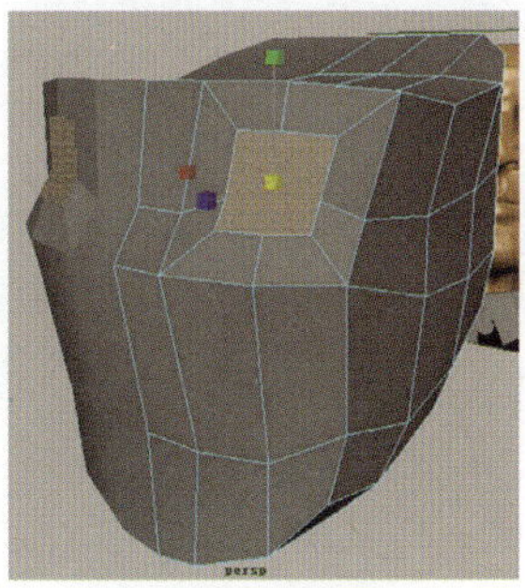

图7-17 缩放操作

step 8 在透视图中使用循环切割工具对模型进行细分并调节点，如图7-18所示。

step 9 选择嘴部的部分边，按【Delete】键将其删除，如图7-19所示。

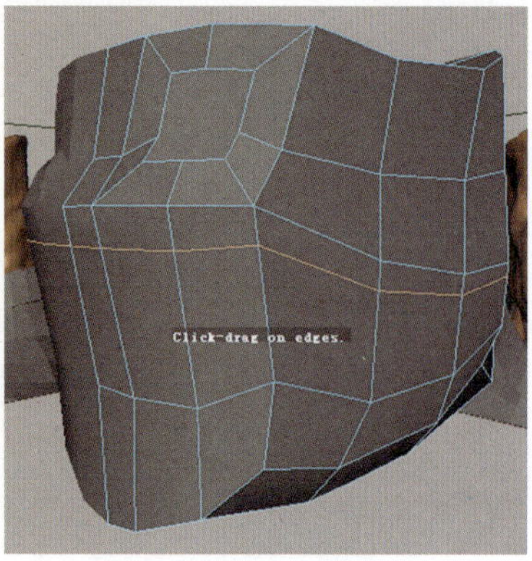

图7-18 循环切割模型

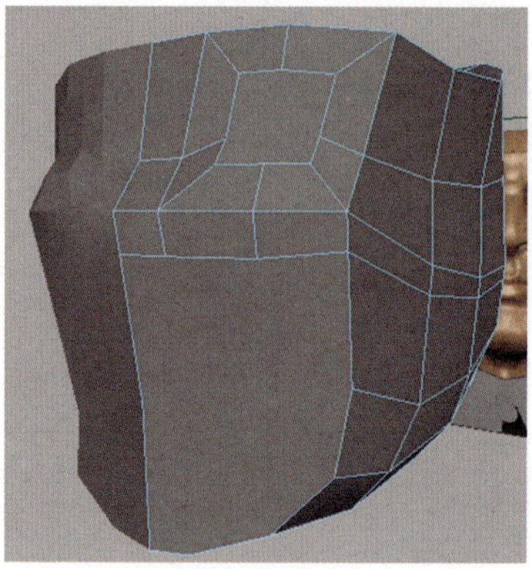

图7-19 删除边

step 10 选择如图7-20所示的面，执行Extrude（挤压）操作，挤压完毕后进行缩放操作，如图7-21所示。

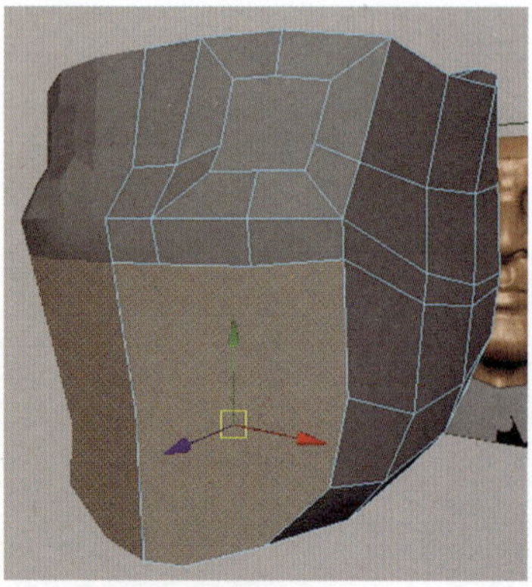

图7-20 执行Extrude（挤压）操作

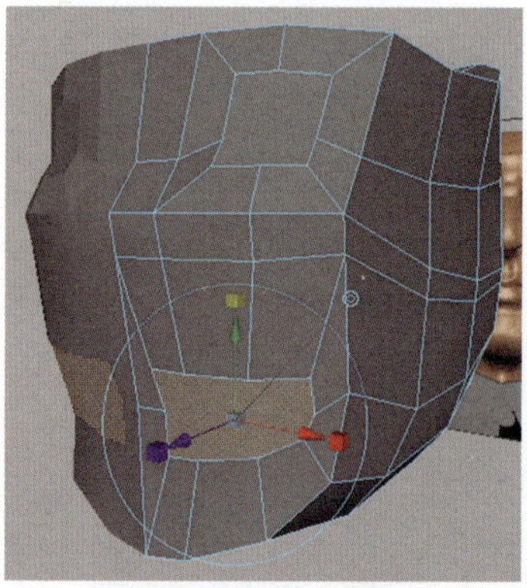

图7-21 缩放操作

step 11 选择嘴部中间的一个面，按【Delete】键将其删除，如图7-22所示。

step 12 调节眼部与嘴部的点，使其符合思想者眼部与嘴部的形状，如图7-23所示。

step 13 选择头顶的所有边，按【Delete】键将其删除，然后选择头顶的面，如图7-24所示。

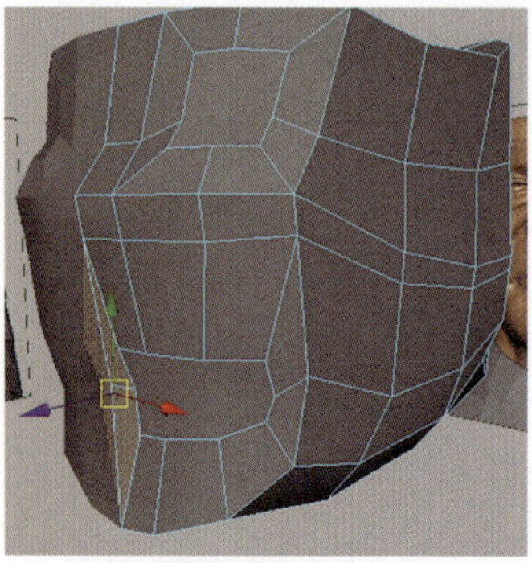

图7-22 删除面

图7-23 调节点

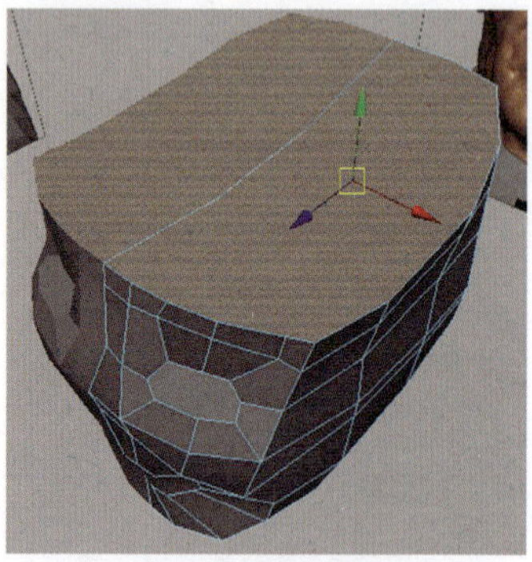

图7-24 删除边

step⑭ 对选择的面执行Extrude（挤压）操作，挤压完毕后进行缩放操作，如图7-25所示。

step⑮ 选择头顶中间的面，按【Delete】键将其删除，如图7-26所示。

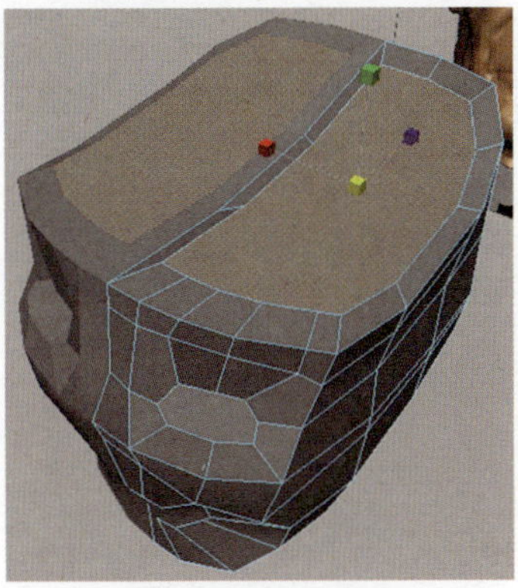

图7-25 挤压并缩放面

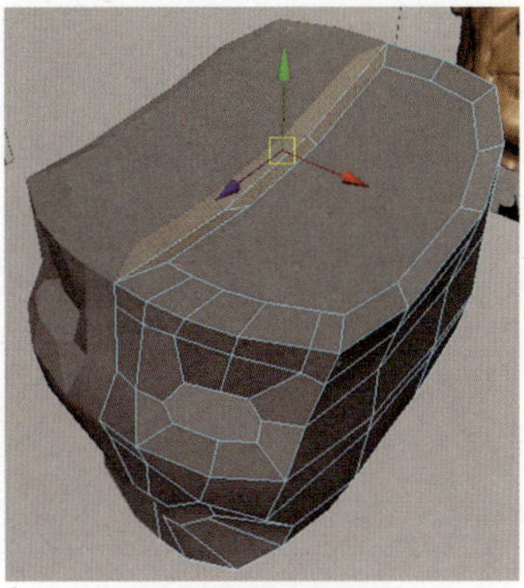

图7-26 删除面

step⑯ 重复以上几步，选择头顶如图7-27所示的一个面，使用移动工具向下移动。

step⑰ 按【Delete】键将上一步移动下来的面删除，如图7-28所示。

图7-27 位移面

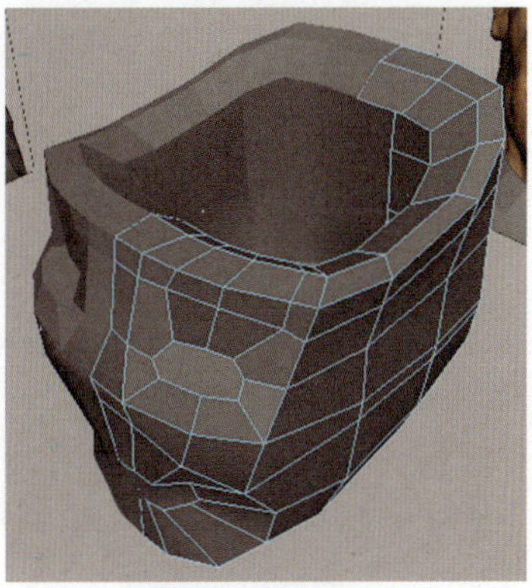

图7-28 删除面

step⑱ 选择如图7-29所示的眼部与嘴部的面，按【Delete】键将其删除，删除后的形态如图7-30所示。

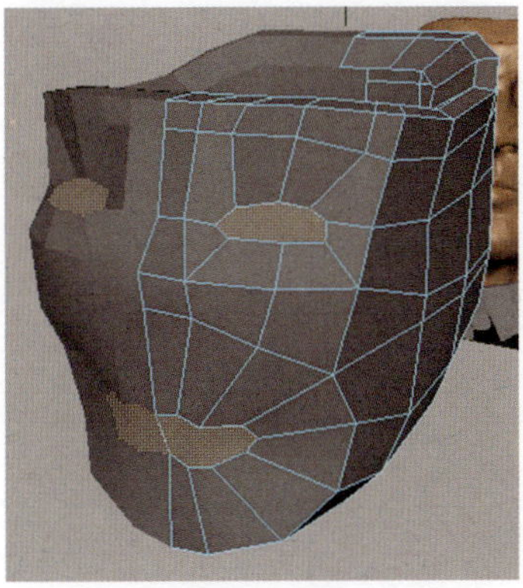

图7-29 选择面

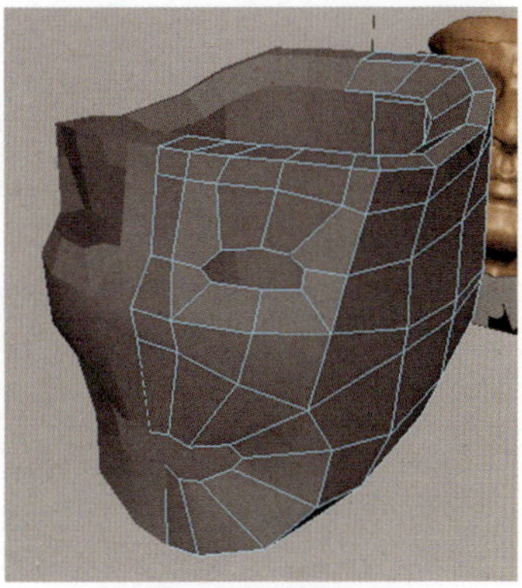

图7-30 删除面

step19 使用循环切割工具对模型眼部进行细分，插入循环线，如图7-31所示。

step20 使用循环切割工具对模型嘴部进行细分，插入循环线，如图7-32所示。

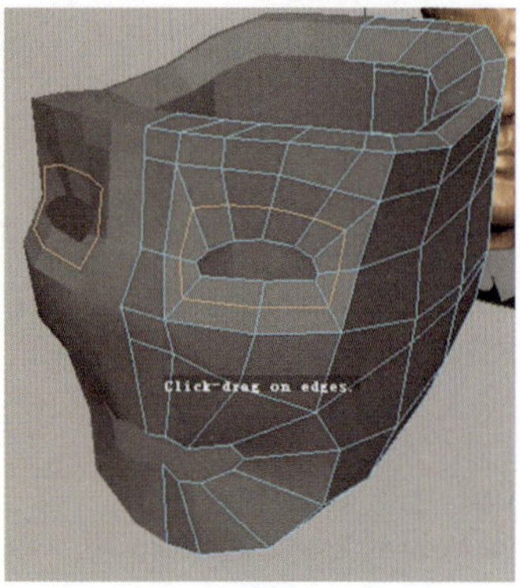

图7-31 循环切割模型

图7-32 循环切割模型

step21 选择如图7-33所示的面，执行Extrude（挤压）操作，挤压完毕后进行缩放操作，如图7-34所示。

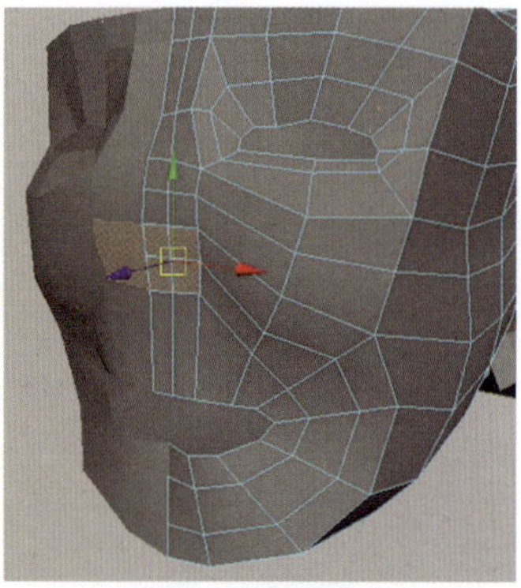

图7-33 选择面

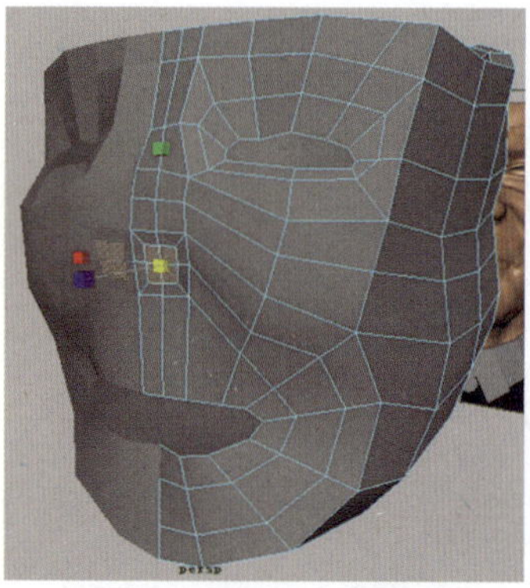

图7-34 挤压并缩放面

step22 删除中间的面，选择鼻子位置的刚才挤压出的面，使用移动工具沿Z轴向外移动出来，形成鼻子形状，如图7-35所示。

step23 使用循环切割工具对模型嘴部进行细分，插入循环线，如图7-36所示。

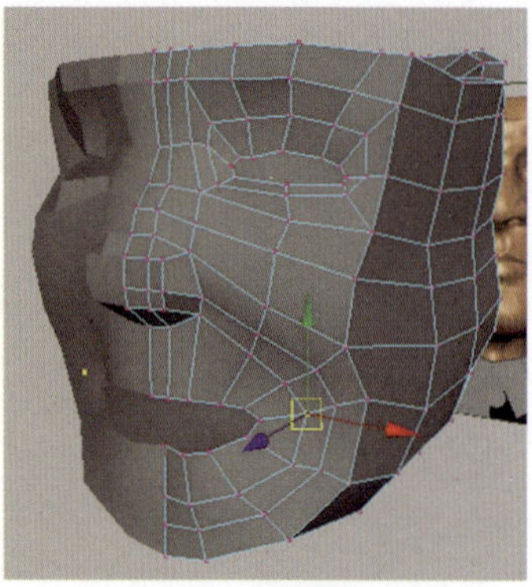

图7-35 调节点

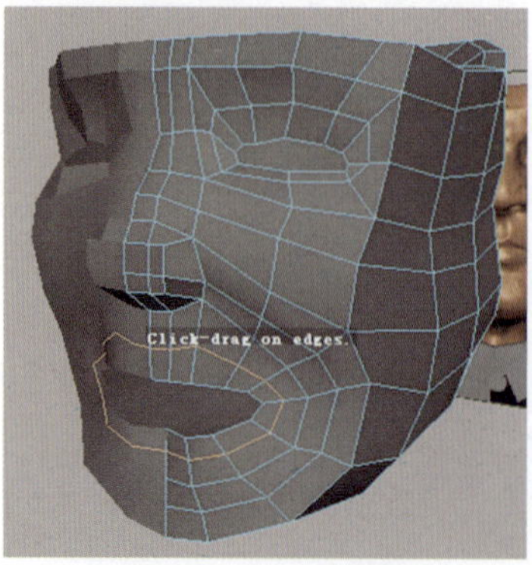

图7-36 循环切割模型

step24 选择如图7-37所示的边，执行Extrude（挤压）操作，挤压完毕后进行缩放操作，如图7-38所示。

step25 使用循环切割工具对模型侧面进行细分，插入循环线，如图7-39所示。

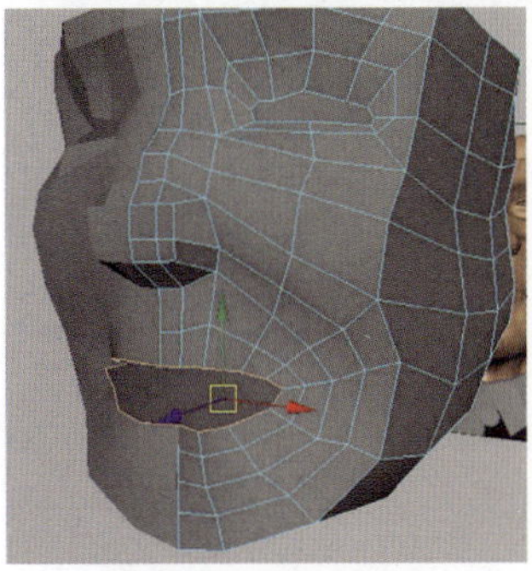

图7-37 选择边

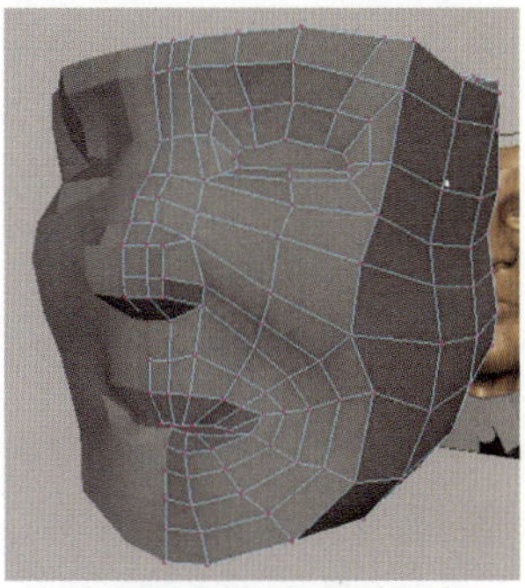

图7-38 挤压并缩放边

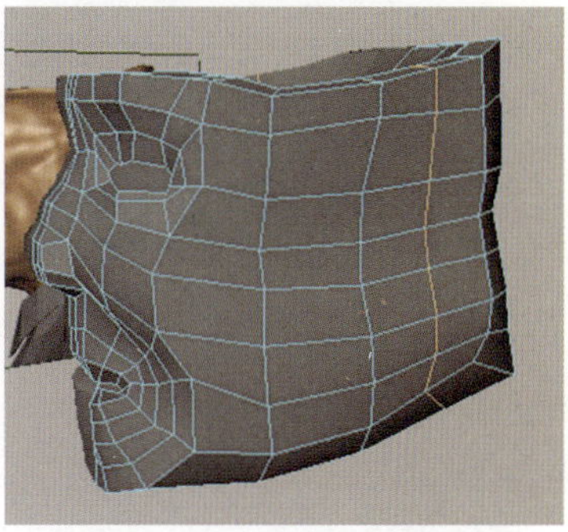

图7-39 循环切割模型

step26 选择如图7-40所示的面，执行Extrude（挤压）操作，挤压完毕后进行缩放操作，如图7-41所示。

step27 调节耳朵部分的点，使其符合思想者耳部的形状，如图7-42所示。

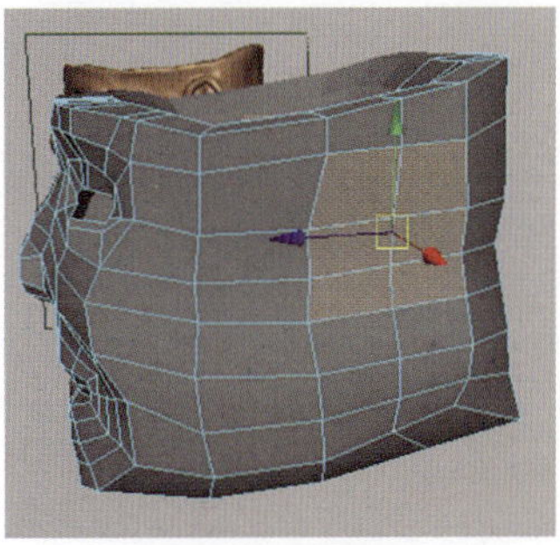

图7-40 选择面

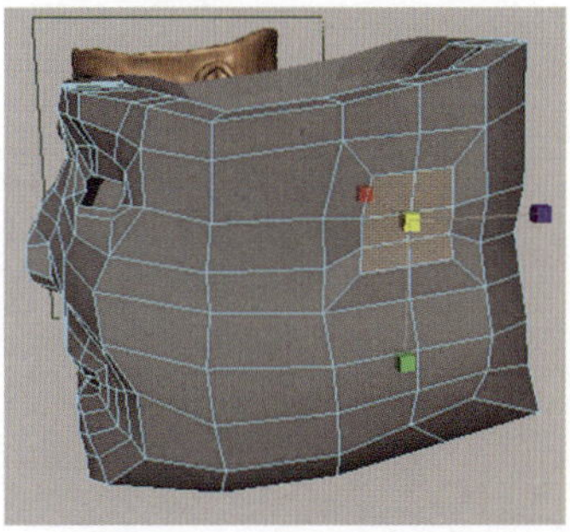

图7-41 挤压并缩放面

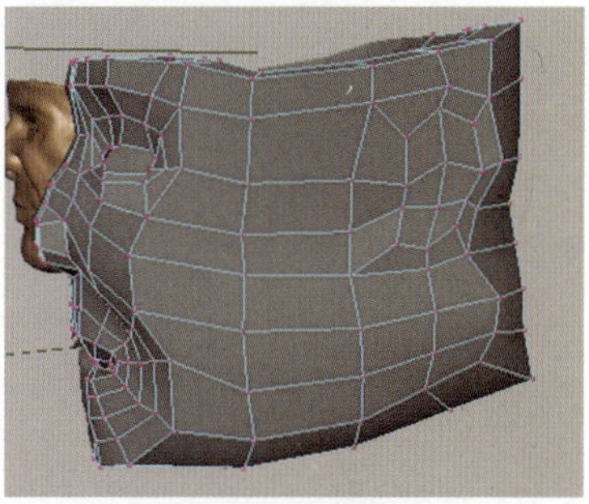

图7-42 调节点

step28 选择如图7-43所示的面，执行Extrude（挤压）操作，挤压完毕后进行位移操作，如图7-44所示。

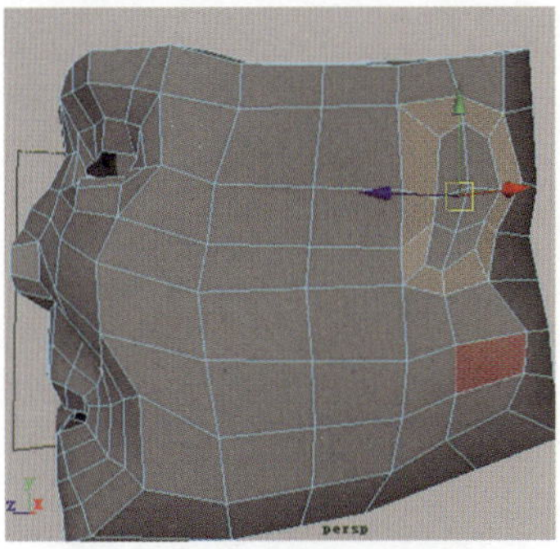

图7-43 选择并挤压面

图7-44 位移面

step29 选择如图7-45所示的面，执行Extrude（挤压）操作，挤压完毕后进行位移操作，如图7-46所示。

图7-45 选择并挤压面

图7-46 位移面

step30 选择脖子中间的面，按【Delete】键将其删除，如图7-47所示。

step31 制作完成后删除镜像复制出的模型。

step32 双击位移工具，在弹出的对话框中取消选择Retain component spacing复选框，如图7-48所示。

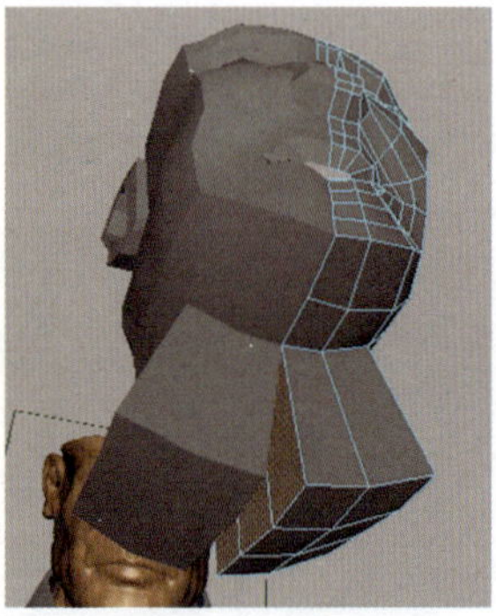

图7-47 删除面

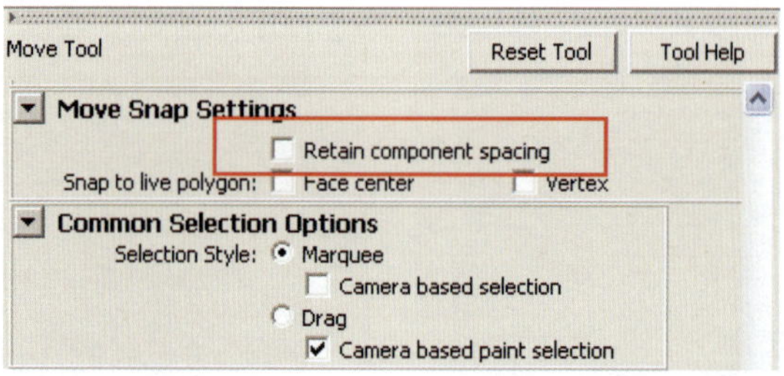

图7-48 取消选择Retain component spacing复选框

step33 选择网格捕捉工具，如图7-49所示。

step34 在顶视图中选择所有中间的点，使用移动工具将它们移开后再移回原位，如图7-50所示。

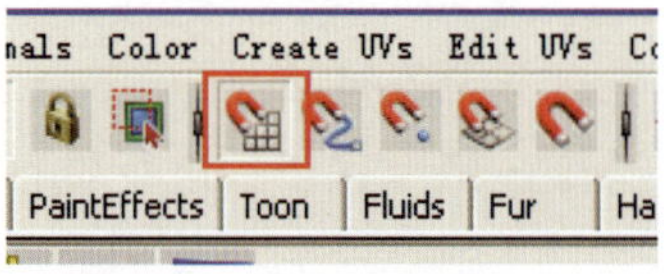

图7-49 按下网格捕捉工具

图7-50 中间的点对齐到中心网格

step35 选择剩下的半边头部模型，选择Mesh | Mirror Geometry命令，如图7-51所示进行镜像多边形属性设置。镜像出来的模型如图7-52所示。

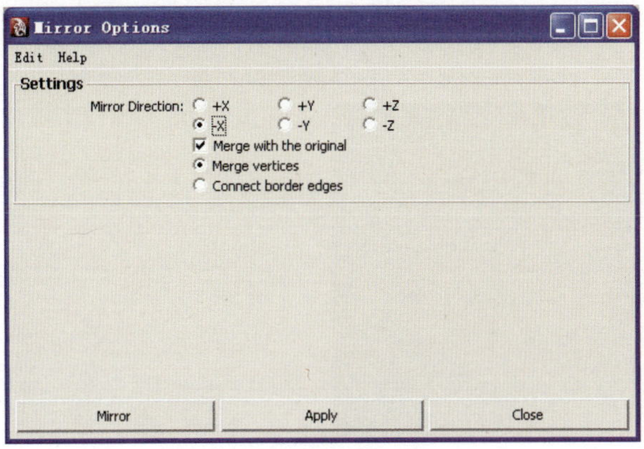

图7-51 镜像多边形

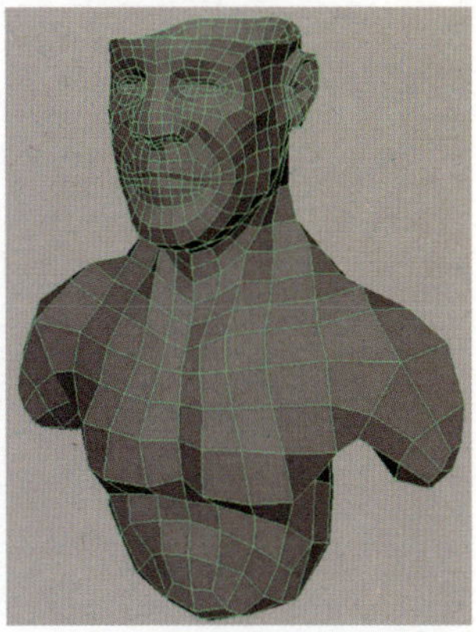

图7-52 镜像完毕的模型

7.2.3 编辑模型UV

本案例使用Unfold 3D展开模型UV。

step1 选择File | Export Selection命令，将模型输出为OBJ格式的数据模型。

step2 启动Unfold 3D软件，单击Load OBJ按钮载入从Maya中输出的模型，如图7-53所示。

step3 选择Edie | Mouse Binding命令，弹出键盘和鼠标设置对话框，将载入预设设置为Maya的键盘和鼠标视窗操作方式，如图7-54所示。

图7-53 载入模型

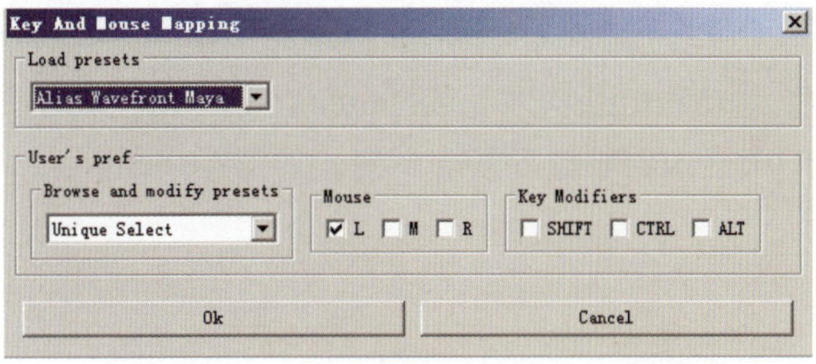

图7-54 载入键盘和鼠标操作方式预设

step4 在模型需要进行UV切开的边上单击，使这些边呈蓝色显示。单击Cut Mesh按钮，将模型UV边界切开，模型前后效果如图7-55和图7-56所示。

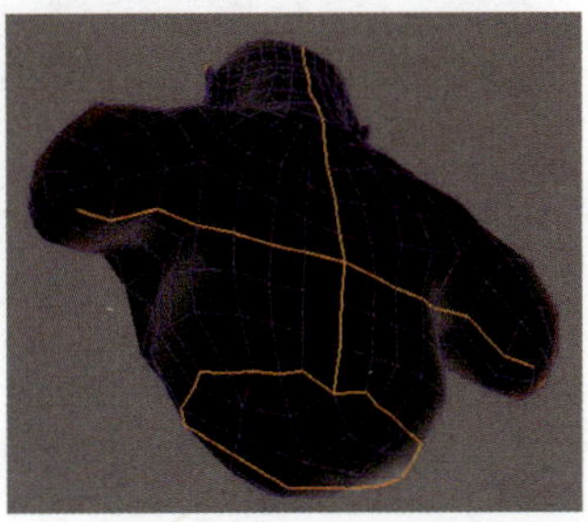

图7-55 切开模型UV边界前侧效果

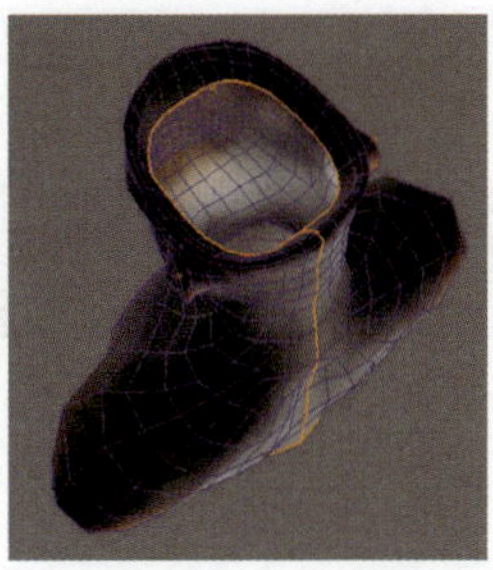

图7-56 切开模型UV边界后侧效果

step❺ 单击Auto Unfolding（自动展开）按钮，将模型的UV展开，如图7-57所示。展开后的效果如图7-58所示。

step❻ 单击Save按钮，将拆分好UV的模型输出，模型将自动保存到与原始模型相同的目录中，如图7-59所示。

图7-57 Auto Unfolding按钮

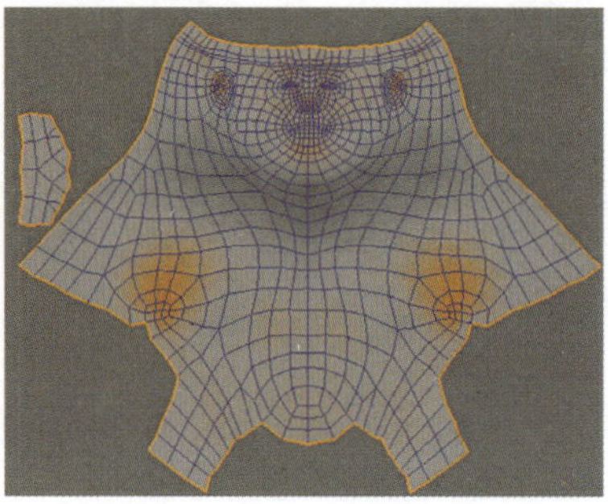
图7-58 展开后的模型UV

图7-59 输出模型

7.3 利用ZBrush雕刻模型

在ZBrush中雕刻生物体可以多使用Clay笔刷和标准笔刷，并且一定要结合Alpha图形来使用，可以自定义一个皮肤纹理（使用Photoshop对皮肤照片进行编辑），这样可以雕刻出丰富的纹理细节。

7.3.1 细分并雕刻思想者模型

step❶ 启动ZBrush软件，选择Import an OBJ file选项，如图7-60所示，导入从Unfold 3D中输出的OBJ格式的思想者基础模型，如图7-61所示。

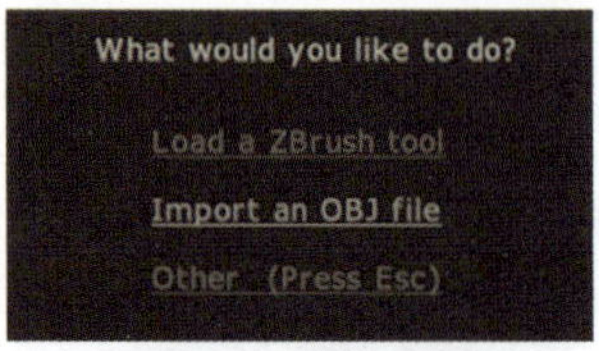

图7-60 导入模型

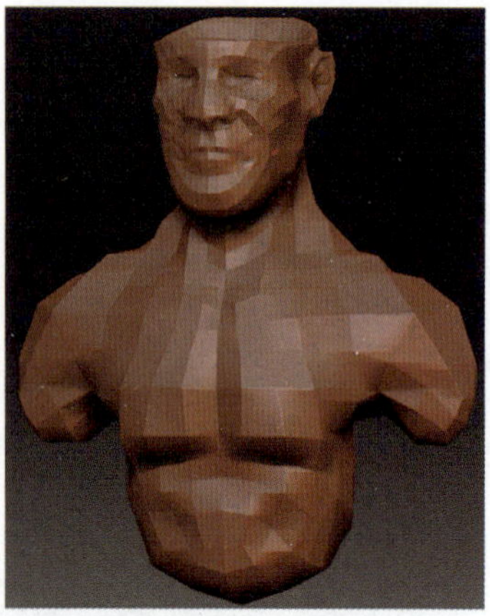
图7-61 导入后的思想者基础模型

step❷ 单击Divide按钮数次对其进行细分，如图7-62所示。细分后的效果如图7-63所示。

图7-62 单击Divide按钮进行细分

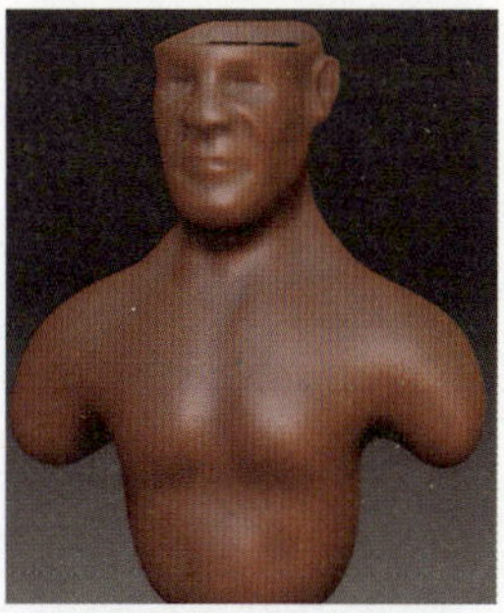

图7-63 细分效果

step❸ 使用Standard笔刷进行深入雕刻，按【X】键进行对称的镜像绘制，按【Alt】键进行凹陷雕刻，单击Standard笔刷按钮，在弹出的对话框中选择Clay笔刷，如图7-64所示，使用Clay笔刷雕刻模型。

step❹ 在窗口中右击，在弹出的对话框中设置Draw Size（笔刷大小）与Z Intensity（纵深压力强度），交替使用Standard笔刷、Clay笔刷和Move笔刷对模型进行深入刻画，如图7-65所示。

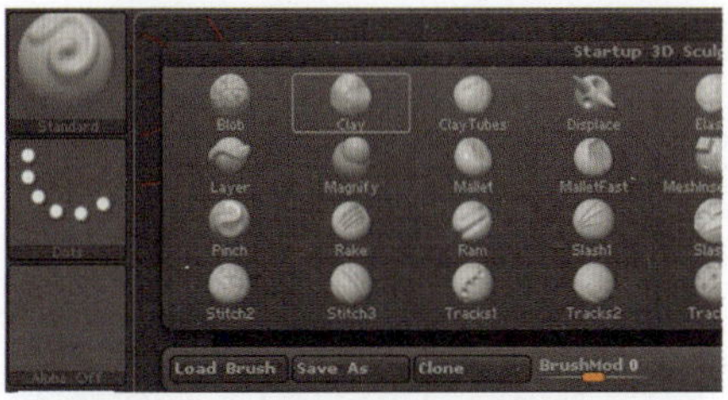

图7-64 使用Clay笔刷雕刻模型

图7-65 深入刻画过程

step❺ 单击Divide按钮对模型进行细分，单击界面左边的Alpha Off按钮，选择一种Alpha图形，继续雕刻，可以让模型表面产生丰富的肌理效果，如果ZBrush预置的Alpha图形不能满足需要，可以自己在Photoshop中制作一个或多个Alpha图形，然后单击Import按钮导入使用，如图7-66所示。

图7-66 使用Alpha图形

读者也可以去ZBrush官方网站免费下载各种类型的Alpha图形，导入使用，如图7-67所示。使用Alpha图形在模型上刻画的效果如图7-68所示。

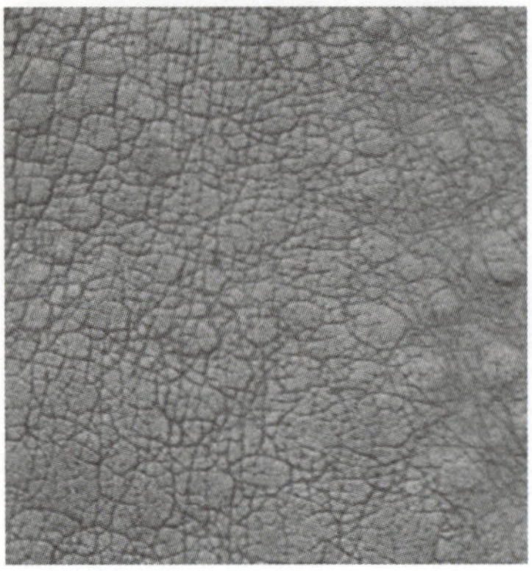

图7-67 皮肤Alpha图形

图7-68 完成的思想者模型

7.3.2 雕刻女体模型

step❶ 在Tool工具栏中单击Sphere3D按钮，创建一个球体，然后单击Make PolyMesh3D按钮，将其转化为多边形球体，如图7-69所示。

step❷ 重新切换到思想者头部模型，在Tool菜单中展开SubTool选项卡，单击Append按钮，在弹出的菜单中选择刚才创建的球体，将球体作为头部模型的次物体。切换到Move（位移）模式。

step❸ 在球体上拖出位移杠杆状手柄，拖动中间的圆环对球体进行位移操作，如图7-70所示。

step❹ 交替使用Move（位移）模式与Scale（缩放）模式，对球体进行变换操作，使球体位于头部上方合适的位置，如图7-71所示。

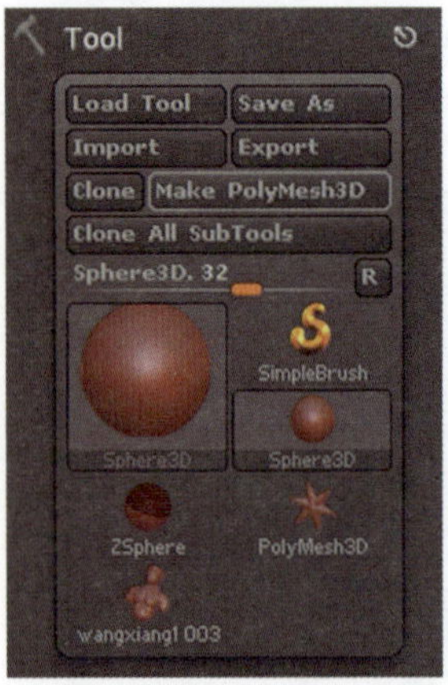

图7-69 创建球体

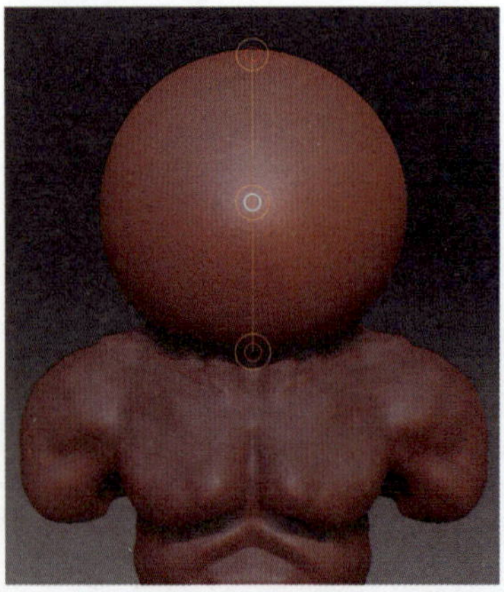

图7-70 拖出位移杠杆状手柄

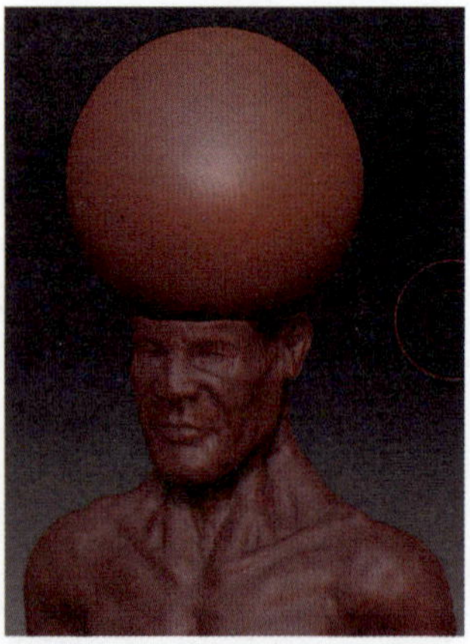

图7-71 变换球体到合适位置

step❺ 交替使用Standard笔刷、Clay笔刷和Move笔刷对球体模型进行刻画，雕刻出大概的人体形状，正面和背面效果如图7-72和图7-73所示。

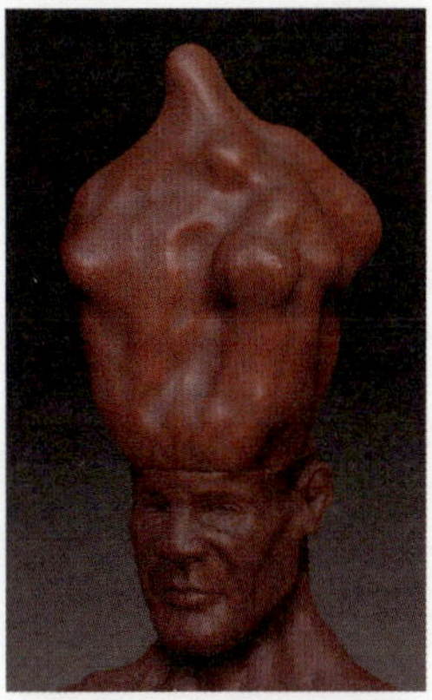

图7-72 前面雕刻效果

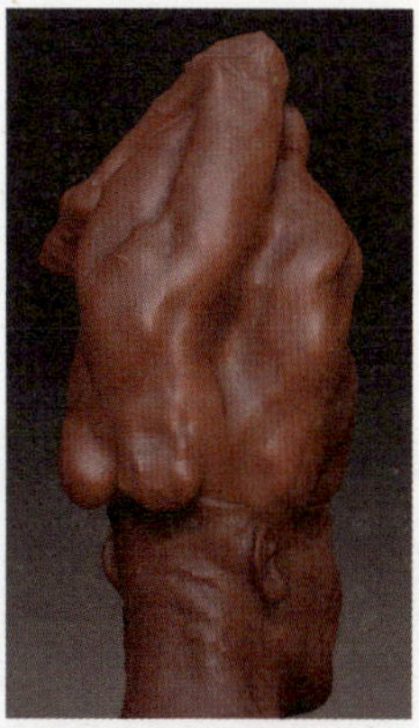

图7-73 后面雕刻效果

7.3.3 重建女体模型拓扑结构

重建模型拓扑结构的目的是让模型的布线更加合理。重建模型拓扑结构让布线的走向符合人体结构，以利于变形需要和人物表情的制作；让布线疏密均匀，以利于编辑UV和为模型增加更多的细节。

step❶ 在右边Tool菜单下，选择ZSphere工具，然后在窗口中按住鼠标左键进行拖曳，画出一个Z球，如图7-74所示。

step❷ 展开右边Tool菜单下的Rigging选项卡，单击Select Mesh按钮，如图7-75所示。在弹出的对话框中选择前面雕刻好的女体模型。

图7-74 画出Z球

图7-75 选择网格

step❸ 展开左边Tool菜单下的Topology选项卡，按下Edit Topology按钮，如图7-76所示。

step❹ 按【X】键，在模型上根据人体结构镜像绘制拓扑线，如图7-77所示。

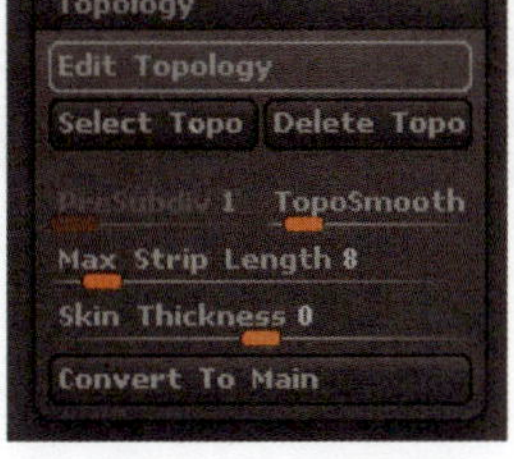

图7-76 Topology选项卡

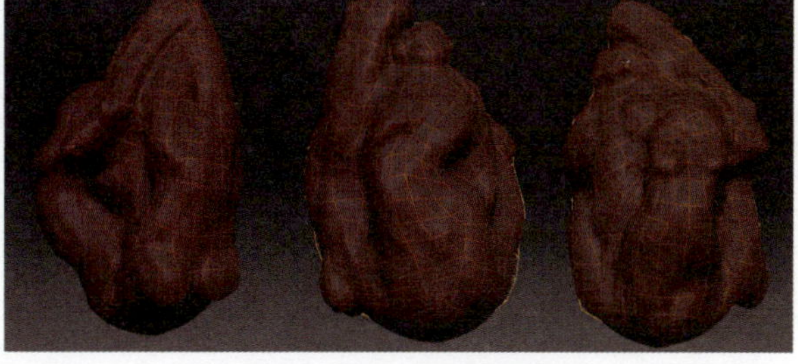

图7-77 绘制拓扑线角度

step5 按【A】键预览模型的多边形形态，如图7-78所示。继续绘制拓扑线，将整个模型的拓扑线全部绘制完毕。

step6 展开左边Tool菜单下的Projection选项卡，单击Projection（映射）按钮，这样在生成新拓扑结构的多边形模型时，旧模型的形态会最大限度地映射到新模型上，让新模型具有旧模型的形态又有自身新的拓扑结构，如图7-79所示。

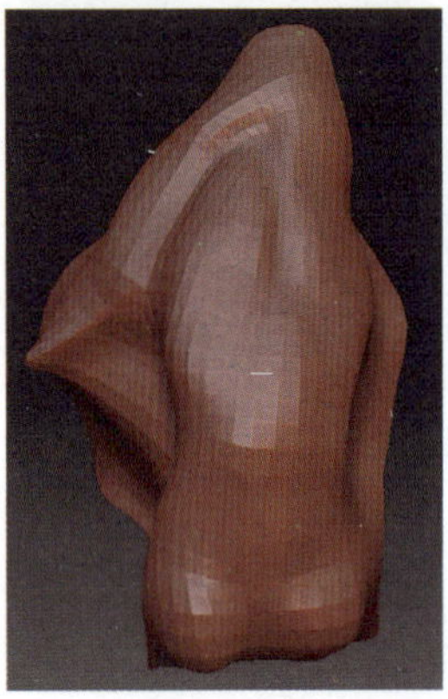

图7-78 预览模型多边形形态

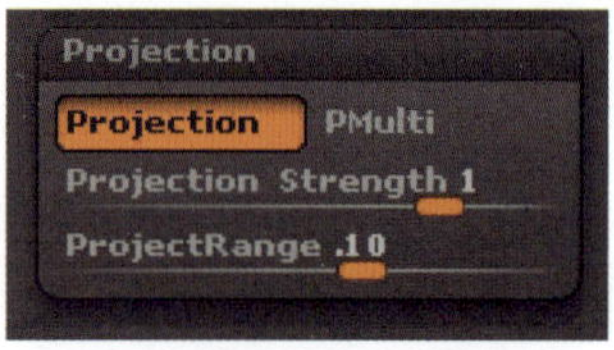

图7-79 映射选项卡

step7 展开左边Tool菜单下的Adaptive Skin选项卡，调节Density的值到一个较高的级别，单击Make Adaptive Skin按钮，将头部模型转化为多边形形态，如图7-80所示。选择已蒙皮的新的已重建了拓扑结构的多边形女体模型（名称前面带有Skin文字），将窗口中的可编辑模型切换到新的已重建了拓扑结构的多边形女体模型，如图7-81所示。此时我们查看模型的SDiv细分级别，发现新的模型保留了6个细分级别，这是在上一步中将Adaptive Skin选项卡中的Density的参数设置为6的缘故。

step8 单击窗口右边的Frame按钮，如图7-82所示。观察模型新的拓扑布线，如图7-83所示。

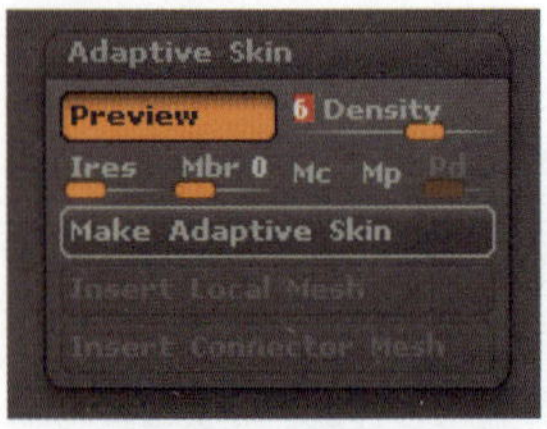

图7-80 Adaptive Skin选项卡

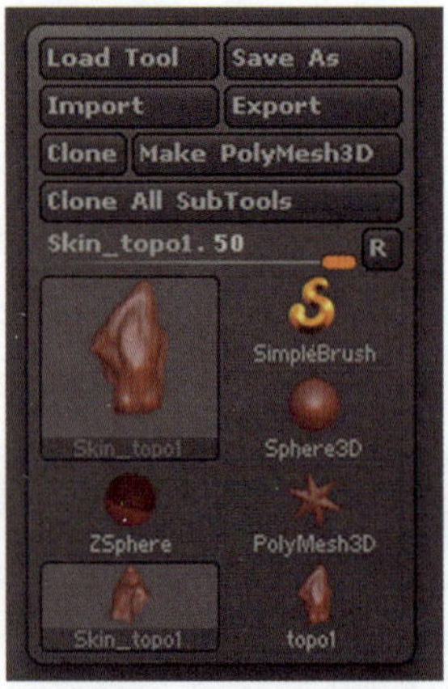

图7-81 切换模型

图7-82 单击Frame按钮

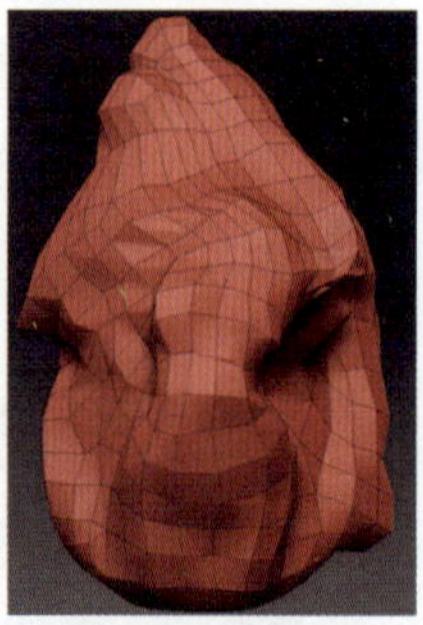

图7-83 新的拓扑布线

step9 将模型的SDiv细分级别设置为6，如图7-84所示。观察到模型的细节依然被保留下来了，如图7-85所示。

图7-84 将SDiv细分级别设置为6

图7-85 第6级细分的模型效果

step10 继续对模型进行深入刻画，最好各个角度都能认真对待，这样在最终渲染的时候有更多的角度可以选择，完成的女体模型各角度的效果如图7-86所示。

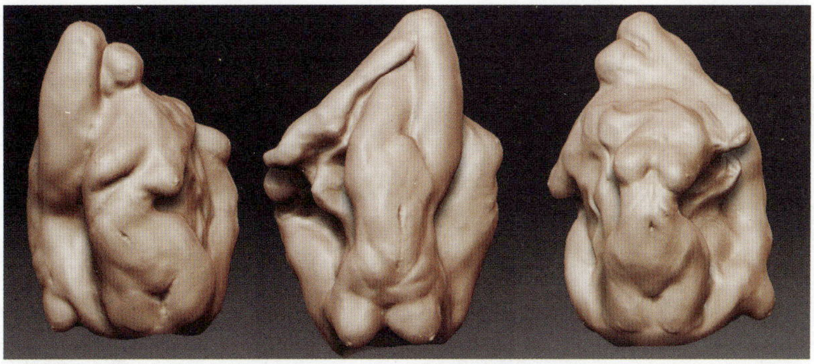

图7-86 完成的女体模型各角度的效果

7.4 制作中山服模型

中山服模型中的衣身、衣领和纽扣等物件，相对比较简单，都可以通过对Maya的基本多边形物体稍作修改而获得。可以利用Maya动画模块的弯曲变形工具对方体进行修改，获得衣领模型。

7.4.1 上衣模型

step1 创建一个多边形圆柱体，修改其参数如图7-87所示。

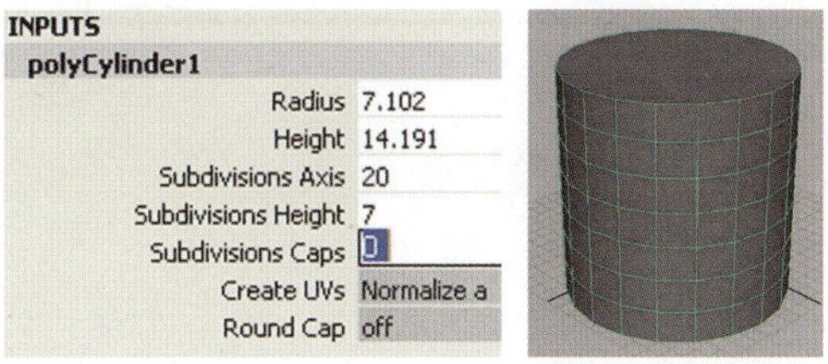

图7-87 圆柱体效果图

step❷ 删除其顶部和底部的两个面，如图7-88所示。

step❸ 进入点级别，打开软选择，在前视图中沿X轴放大圆柱最下方的一圈点，如图7-89所示。

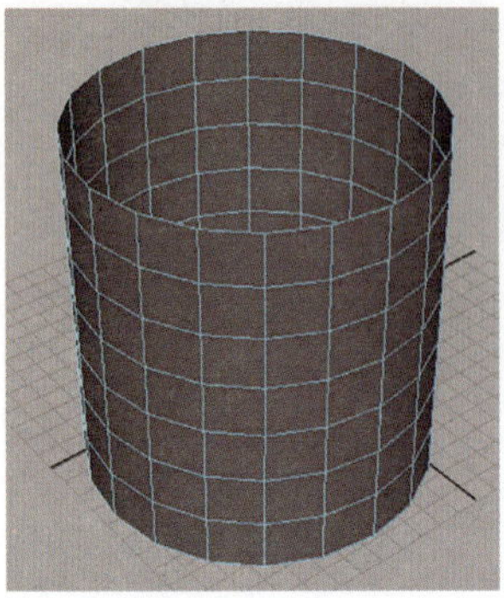

图7-88 删除面

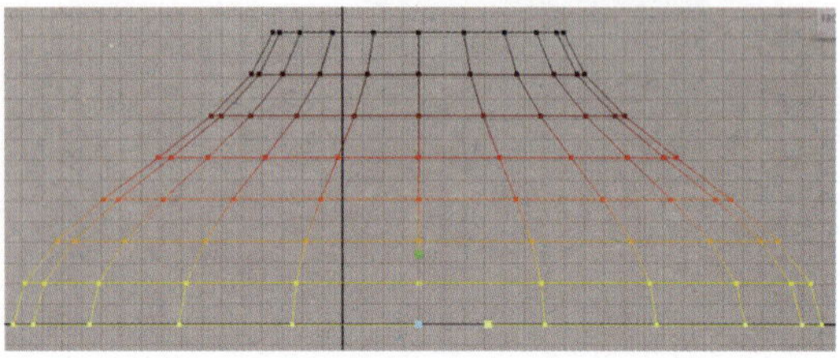

图7-89 放大圆柱最下方的一圈点

step❹ 在侧视图中沿Z轴缩小圆柱最上方的一圈点，如图7-90所示。模型在透视图中的形态如图7-91所示。

step❺ 从ZBrush中导入较低级别的思想者头部模型作为衣服建模的参考，完成上衣模型的创建，如图7-92所示。

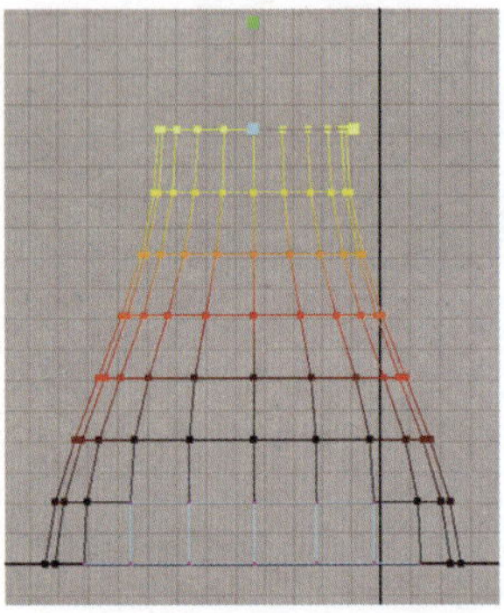

图7-90 放大圆柱最下方的一圈点

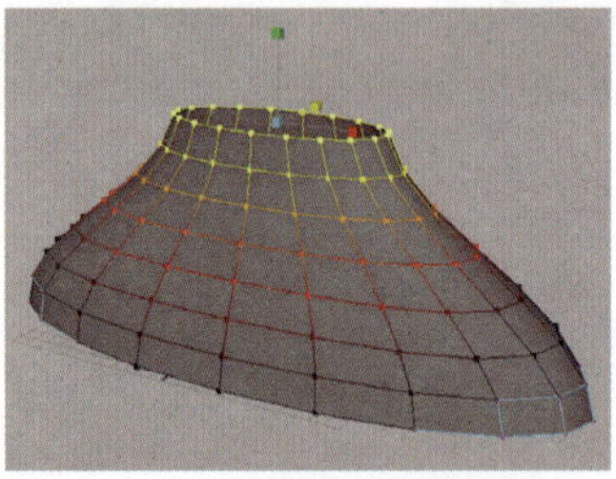

图7-91 透视图模型形态

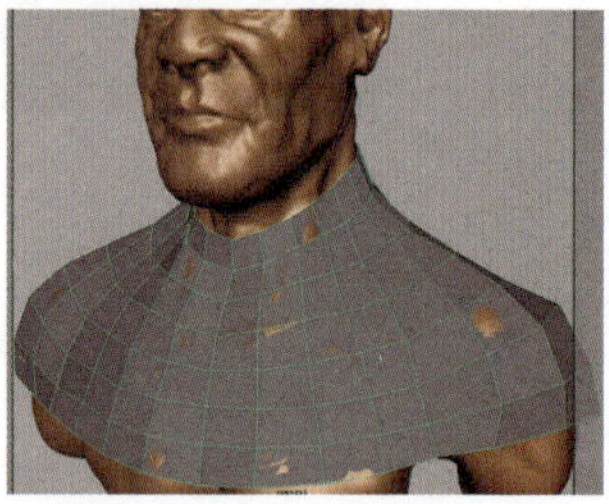

图7-92 根据人体修改衣服模型

7.4.2 衣领模型

step❶ 创建一个多边形立方体，修改其参数如图7-93所示。

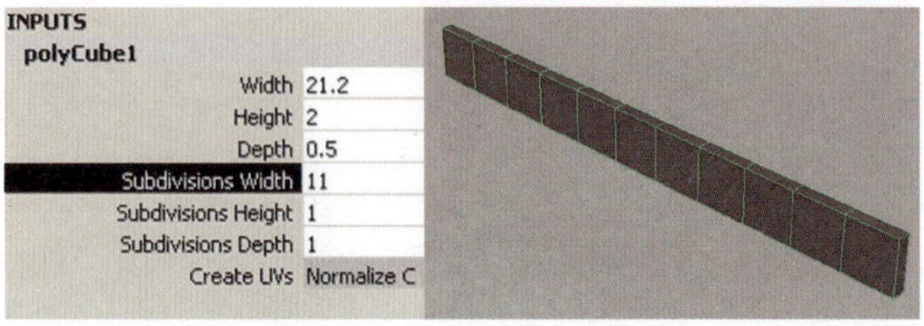

图7-93 多边形立方体形态

step❷ 选择Create Deformers | Nonlinear | Bend命令，对立方体进行弯曲操作。

step❸ 对Bend参数进行修改，如图7-94所示，修改后的立方体如图7-95所示。

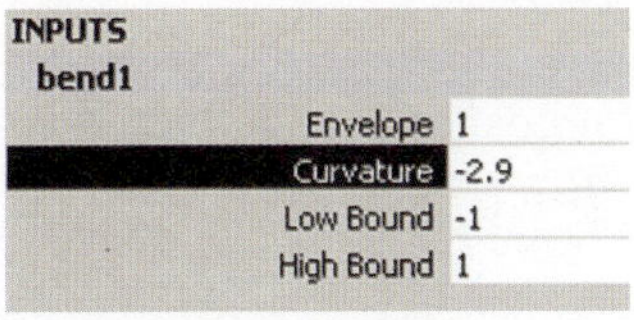

图7-94 对Bend参数进行修改

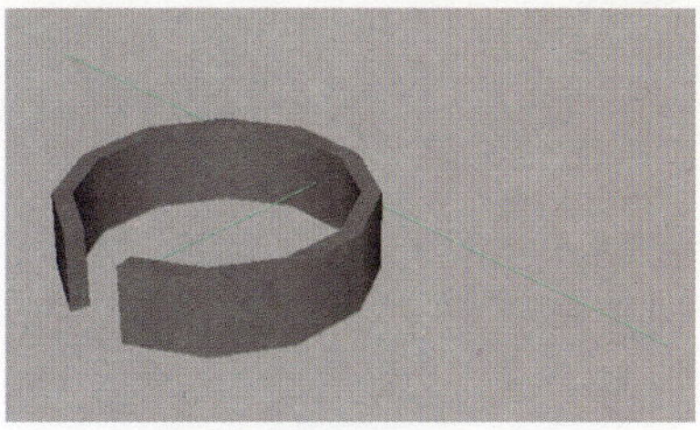

图7-95 修改后的立方体

step❹ 进入点级别，打开软选择，对部分点进行位移操作，如图7-96所示。

step❺ 使用循环切割工具插入循环边，并稍作移动，完成衣领模型的制作，如图7-97所示。

step❻ 创建一个多边形圆柱体，稍作修改即成纽扣模型，如图7-98所示。

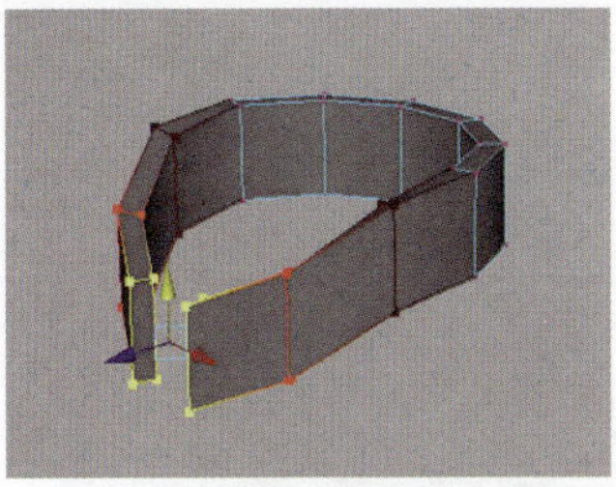

图7-96 软选择位移操作

图7-97 插入循环边

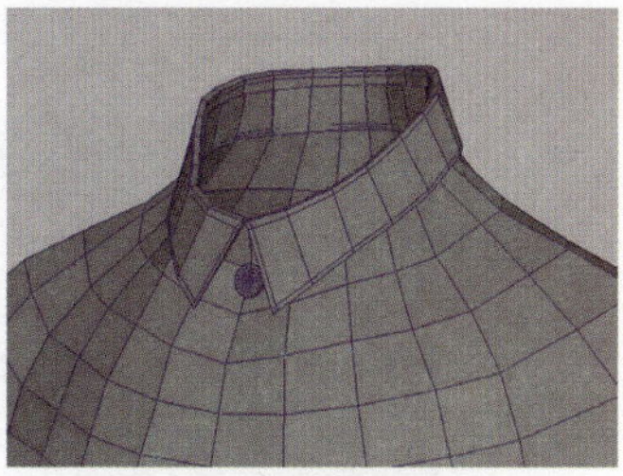

图7-98 创建纽扣模型

7.4.3 组合模型

step❶ 回到ZBrush，在Zplugin菜单中展开SubTool Master选项卡，单击SubTool Master按钮，在弹出的菜单中单击Multi Append按钮，如图7-99所示，导入在Maya中制作的眼球与衣服等其他模型，如图7-100所示。

step❷ 将导入的模型适当调节，使各部分合理组合，如图7-101所示。

图7-99 单击Multi Append按钮

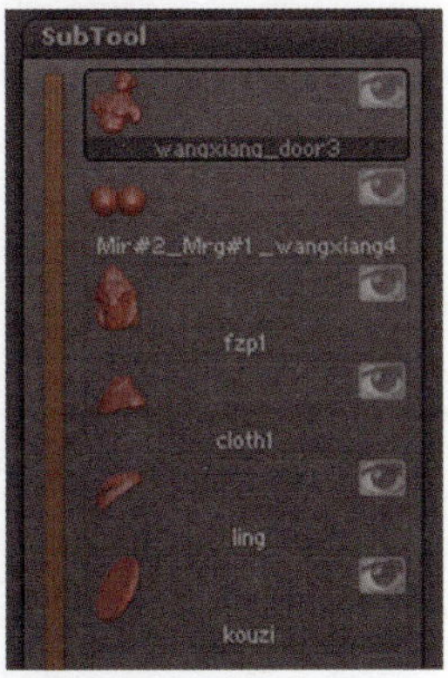

图7-100 SubTool卷展栏

图7-101 合理组合模型

7.5 制作贴图并为模型减面

使用ZBrush创建模型Cavity Map，根据Cavity Map在Photoshop中创建其他各通道的贴图。要将模型输入Maya就要对模型进行减面，或者利用置换贴图的方法也可以，本案例应用了对模型进行减面的方法。

7.5.1 创建女体Cavity Map

step❶ 选择女体雕塑次物体，展开Texture卷展栏，单击EnableUV按钮，为女体雕塑创建UV，如图7-102所示。

step❷ 单击AUVTiles按钮，如图7-103所示。

图7-102 开启UV

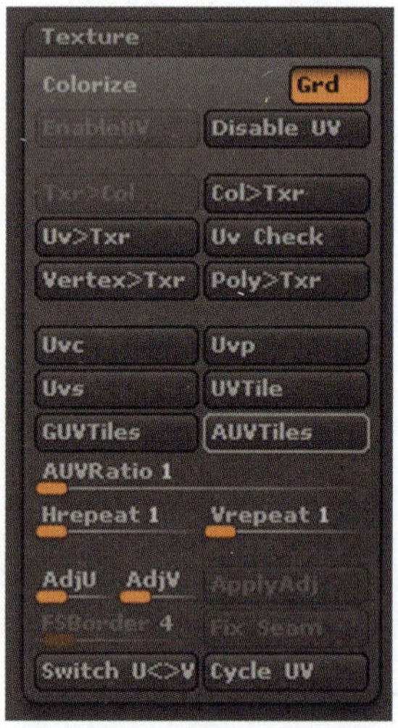

图7-103 单击AUVTiles按钮

step❸ 将女体雕塑的细分级别调至1级，如图7-104所示，视图效果如图7-105所示。

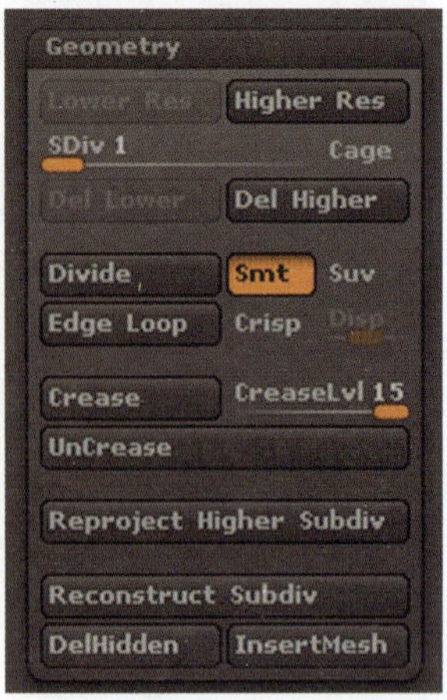

图7-104 将女体雕塑的细分级别调至1级

图7-105 1级细分级别视图效果

step4 单击左上方的ZMapper按钮，进入ZMapper窗口，展开Normal & Cavity Map选项卡，将Cavity Intensity的值增大，如图7-106所示。

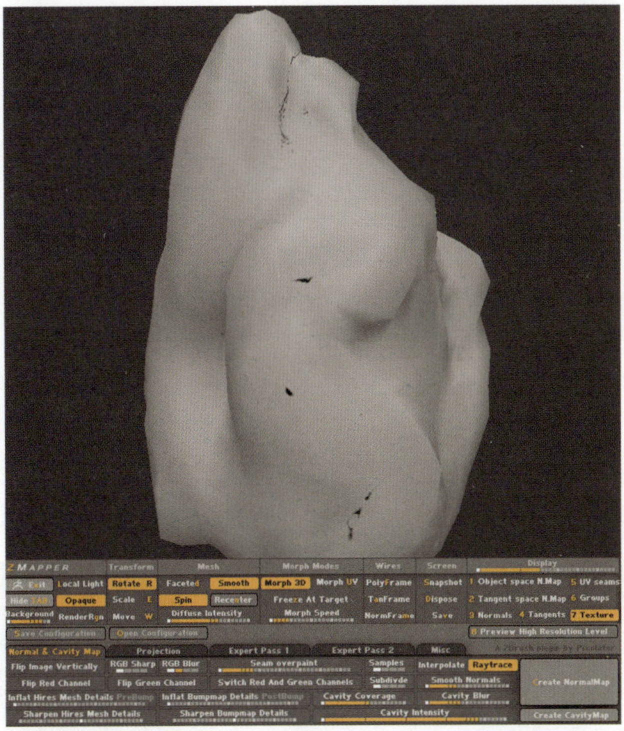

图7-106 创建Cavity Map

step5 单击Create CavityMap按钮，开始创建Cavity Map。

step6 Cavity Map创建完毕后，退出ZMapper窗口，Cavity Map就会出现在Texture菜单中，如图7-107所示。

step7 在Texture菜单中单击Flip V按钮，将贴图垂直翻转，如图7-108所示。

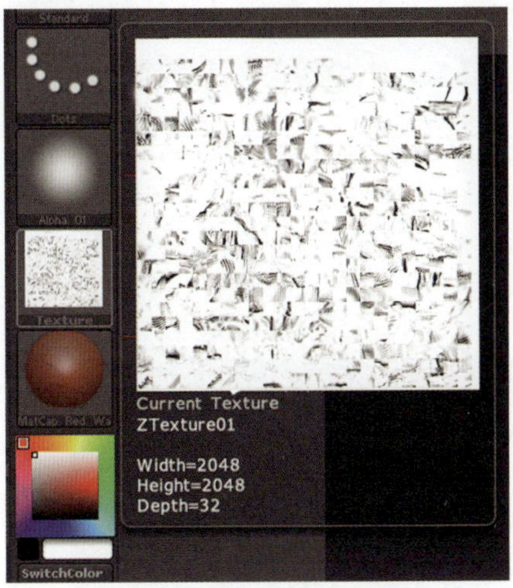

图7-107 生成Cavity Map

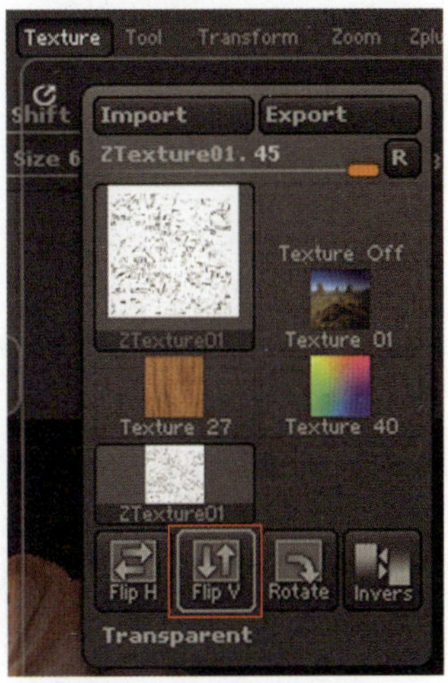

图7-108 翻转Cavity Map

step❽ 单击Export按钮，在弹出的对话框中输入文件名称，保存类型选择TIF格式，单击“保存”按钮进行保存，如图7-109所示。

图7-109 女体Cavity Map

7.5.2 创建女体凹凸与反射贴图

step❶ 启动Photoshop软件，选择File | Open命令，打开在ZBrush中创建的女体Cavity Map。

step❷ 新建一个灰色的图层，放置在Cavity层的下面，将Cavity层的图层混合模式设置为Multiply，得到的Bump贴图效果如图7-110所示。

step❸ 对Bump贴图进行对比度与亮度调节，得到反射贴图，如图7-111所示。

图7-110 女体Bump贴图

图7-111 女体反射贴图

step❹ 选择File | Save As命令，将图像分别命名为Bump、spec_reflect，保存为TIF格式的文件。

7.5.3 创建思想者头部Cavity Map

思想者头部Cavity贴图的创建与女体Cavity贴图的创建方法大致相同，只是不需要为其开启UV，因为已经在Unfold 3D中为其创建了UV。

step❶ 单击左上方的ZMapper按钮，进入ZMapper窗口，展开Normal & Cavity Map选项卡，将Cavity Intensity的值增大，如图7-112所示。

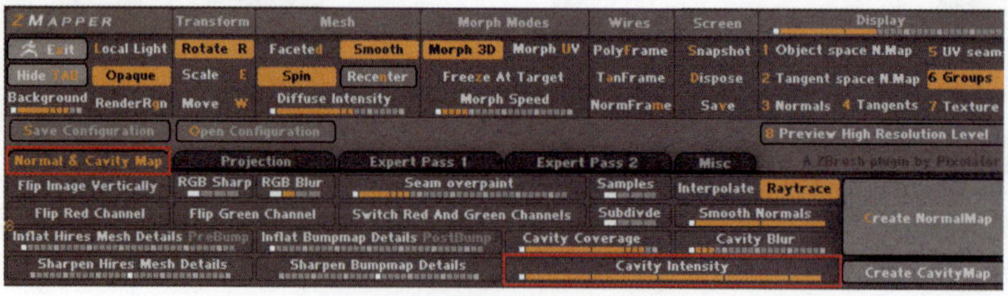

图7-112 设置Cavity Map参数

step❷ 单击Create CavityMap按钮，开始创建Cavity Map。Cavity Map创建完毕后，退出ZMapper窗口，Cavity Map就会出现在Texture菜单中，如图7-113所示。

step❸ 在Texture菜单中单击Flip V按钮，将贴图垂直翻转，如图7-114所示。

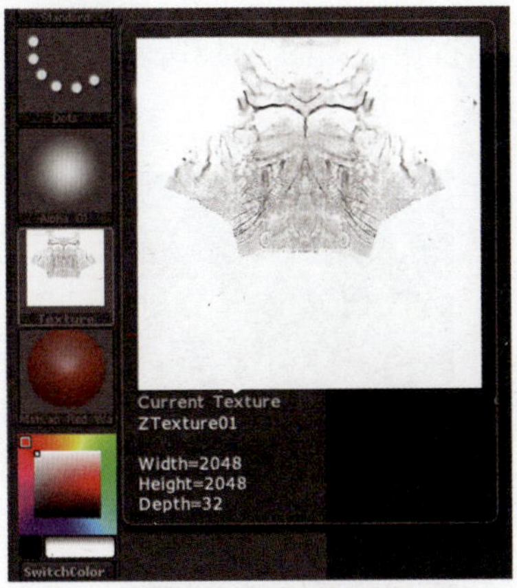

图7-113 Cavity Map出现在Texture菜单中

图7-114 将贴图垂直翻转

step❹ 单击Export按钮，在弹出的对话框中输入文件名称，保存类型选择TIF格式，单击“保存”按钮进行保存，如图7-115所示。

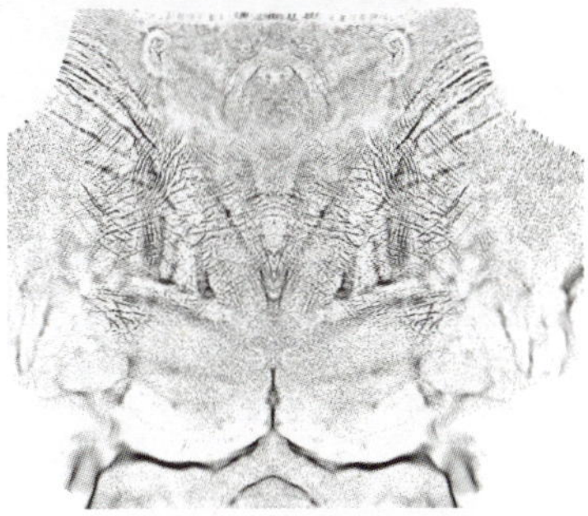

图7-115 Cavity Map

7.5.4 创建各通道贴图

step❶ 启动Photoshop软件，选择File | Open命令，打开在ZBrush中创建的Cavity Map。

step❷ 从素材库中调入一张布满污迹的石墙的贴图，放置在Cavity层的下面，将Cavity层的图层混合模式设置为Multiply，适当编辑，得到Color（颜色）贴图，如图7-116所示。

step❸ 将Color（颜色）贴图取色，适当调节对比度与亮度，得到的Bump贴图如图7-117所示。

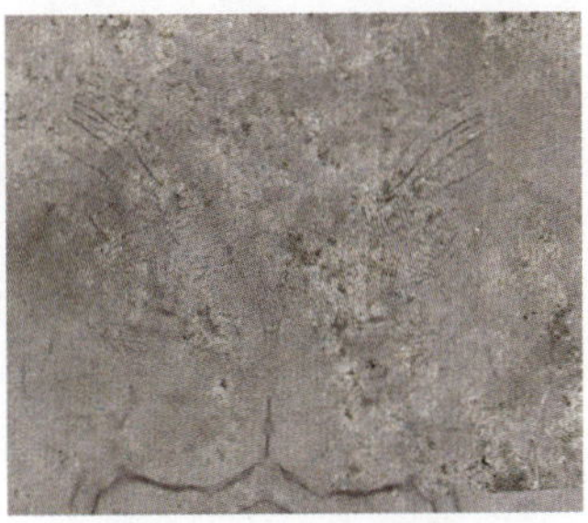

图7-116 Color贴图

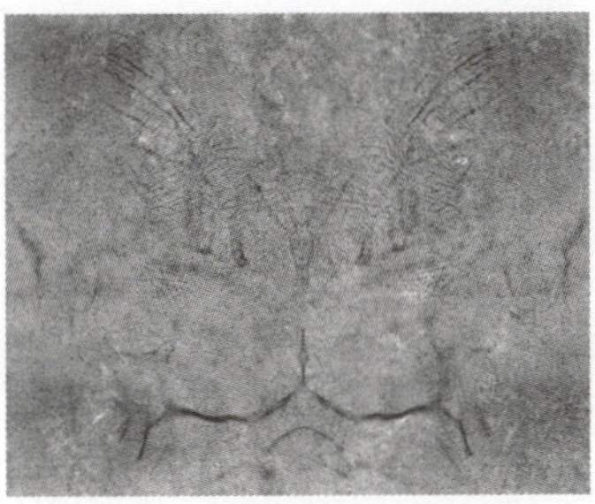

图7-117 Bump贴图效果

7.5.5 利用ZBrush为模型减面

step❶ 在Zplugin菜单中展开Decimation Master选项卡，单击Pre-process Current按钮，程序开始计算，计算完毕后模型变为三角面。

step❷ 设置decimation的值为10%，单击Decimate Current按钮，如图7-118所示。模型面数变为原模型的10%，如图7-119所示。

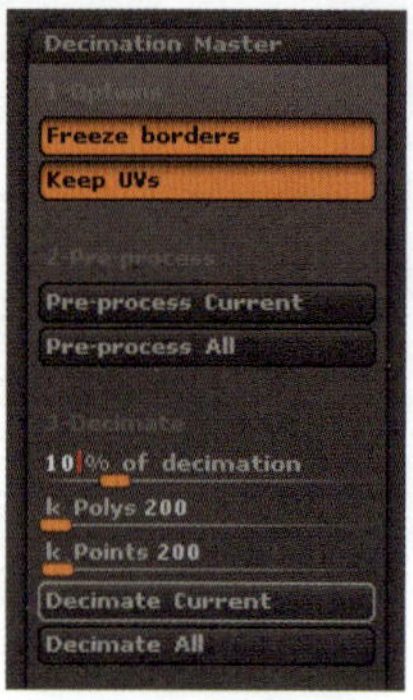

图7-118 减面操作

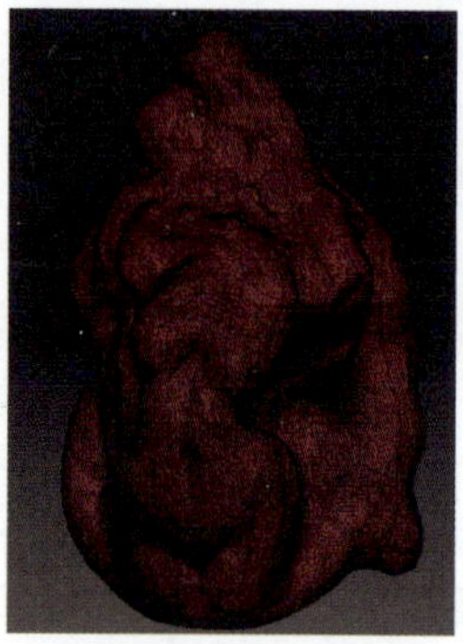

图7-119 减面后的模型

step❸ 展开左边Tool菜单下的Export选项卡，如图7-120所示进行设置，单击Export按钮，将模型输出。使用相同的方法为思想者头部减面并输出。

step❹ 将减面后的模型导入Maya，对其执行Quadrangulate（四边面化）操作，可以进一步减少模型面数，如图7-121所示。

图7-120 输出模型

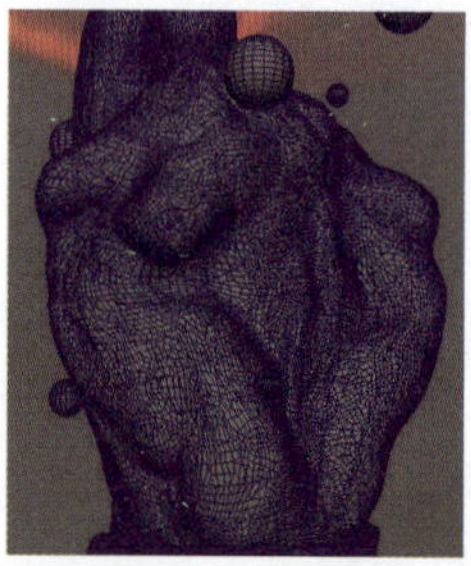

图7-121 对模型执行四边面化操作

7.6 制作粒子特效

粒子特效属于动力学系统，所以要将Maya切换到动力学模块，创建粒子后，将粒子替换为多边形球体，并为其施加重力，使其下落，要注意设置好粒子的发射速率，并设置发射速度的随机性。

7.6.1 粒子发射器

step❶ 创建一个多边形平面，对其进行适当的细分，放置于场景的上方，如图7-122所示。

step❷ 选择此平面，选择Particles | Emite from Object命令，创建一个从选择物体发射粒子的粒子发射器，设置此发射器的参数如图7-123所示。

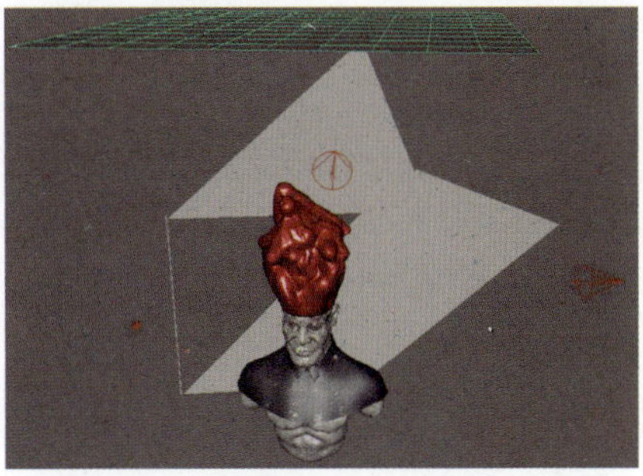

图7-122 创建用于发射粒子的平面

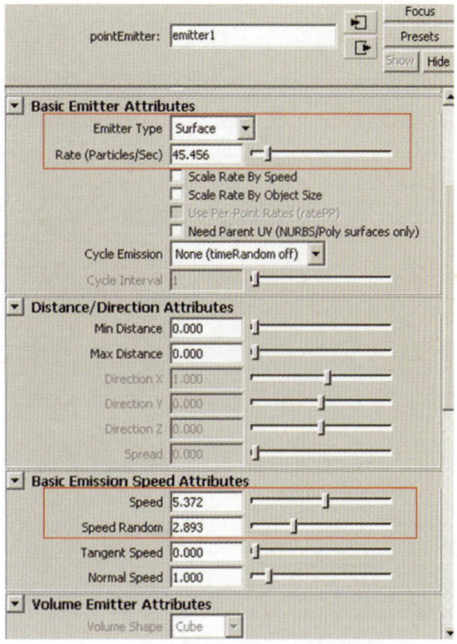

图7-123 设置粒子发射器的参数

7.6.2 粒子替代

step❶ 创建一个多边形球体，如图7-124所示。

step❷ 单击Particles | Instanser命令后面的❐按钮，弹出Particles Instanser Options设置对话框，如果多边形球体没有被载入，需要选择多边形球体，单击Add Selection按钮，将其载入，如图7-125所示。

step❸ 选择Fields | Gravity命令，为粒子加入重力场，如图7-126所示。

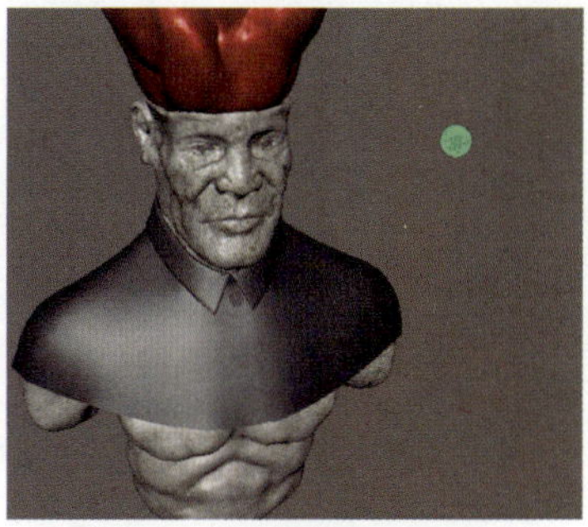

图7-124 创建多边形球体

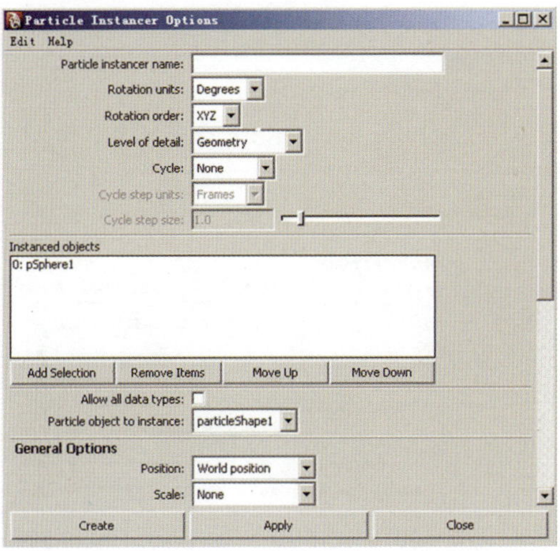

图7-125 Particles Instanser Options设置对话框

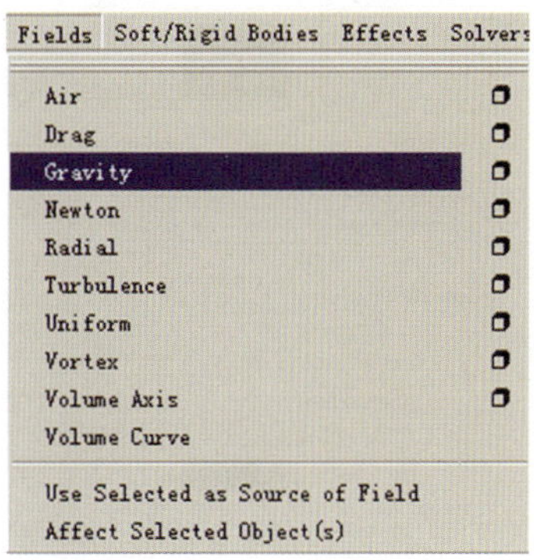

图7-126 为粒子加入重力场

step❹ 设置重力场的参数，加大其强度，如图7-127所示。

step❺ 单击播放按钮，粒子球开始下落，如图7-128所示。

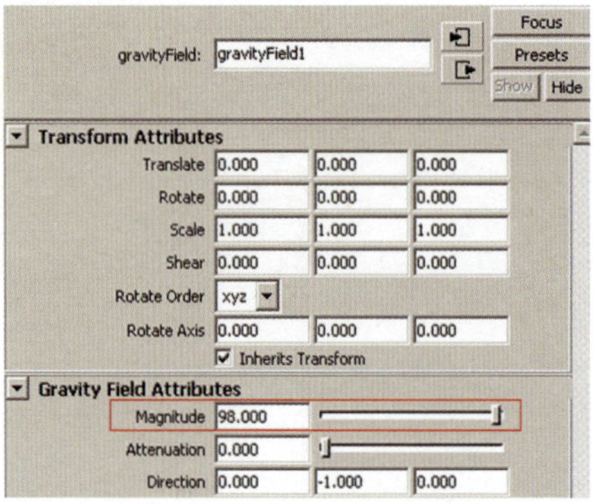

图7-127 加大重力场强度

图7-128 粒子球下落

7.7 设置思想者及场景材质

本案例将老人头像制作成石料雕塑的质感，将女人体组合制作成真实半透光性的、细腻的皮肤质感，获得了有趣而生动的效果。为肥皂泡模型应用了玻璃质感，并通过对环境的反射，获得了斑斓的色彩效果。

7.7.1 肥皂泡材质

step❶ 启动Maya软件，创建一个Maya的Blinn材质，将其赋予肥皂泡模型，材质的具体参数如图7-129所示。

step❷ Blinn材质的Raytrace Options卷展栏参数，如图7-130所示。

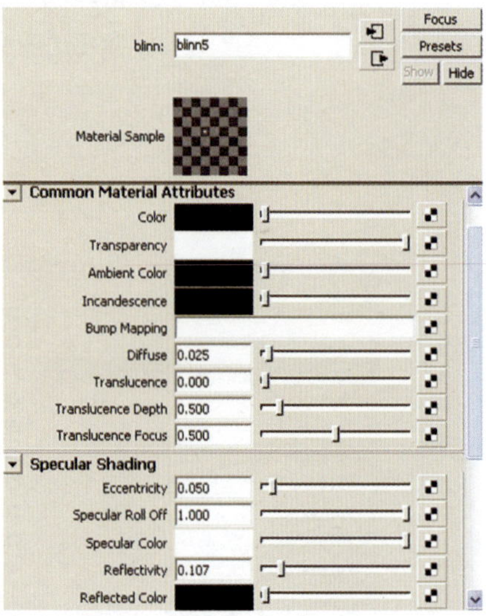

图7-129 Blinn材质参数

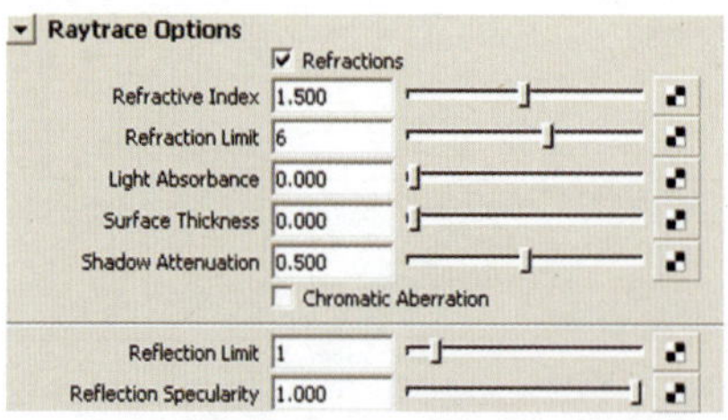

图7-130 Blinn材质的Raytrace Options参数

step 3 肥皂泡渲染效果如图7-131所示。

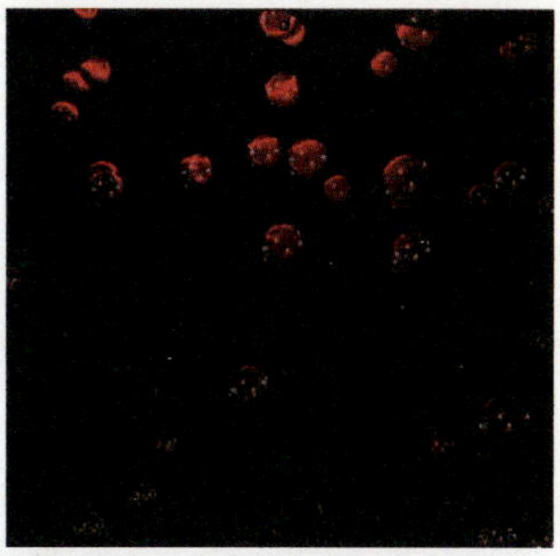

图7-131 肥皂泡渲染效果

7.7.2 思想者头部材质

step 1 创建一个Maya的Blinn材质，将其赋予思想者头部模型，材质的具体参数如图7-132所示。其Color通道载入前面在Photoshop中绘制的Color颜色贴图，Bump Mapping通道载入在Photoshop中绘制的Bump贴图，如图7-132所示。

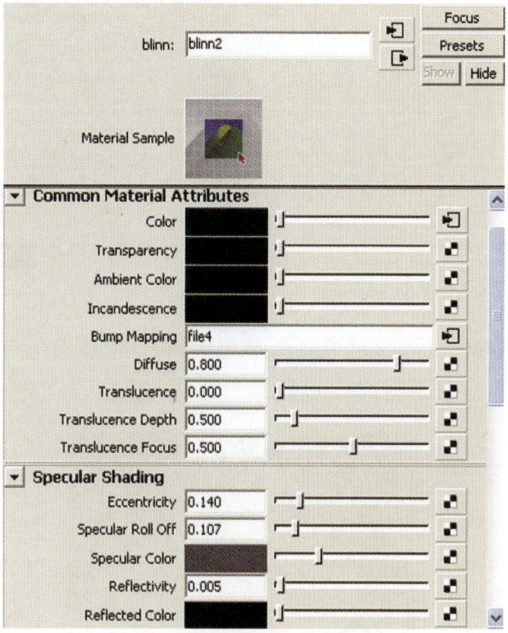

图7-132 Blinn材质参数

step 2 思想者头部材质节点的链接如图7-133所示。

step 3 设置bump2d2节点的Bump Depth属性为0.007，如图7-134所示。

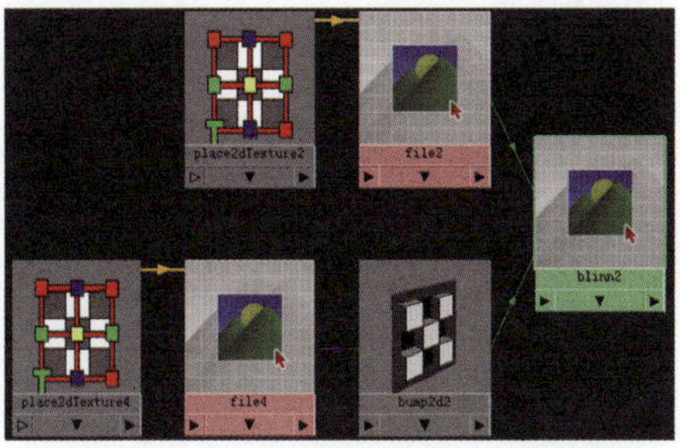

图7-133 思想者头部材质节点的链接

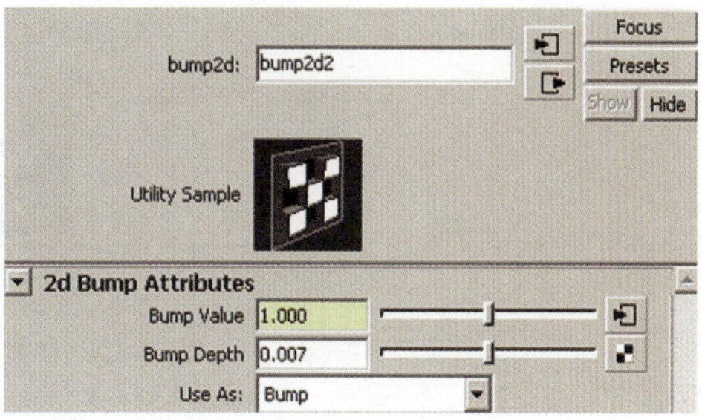

图7-134 设置bump2d2节点

7.7.3 思想者眼球材质

step❶ 创建一个Maya的Blinn材质，将其赋予思想者眼球模型，材质的具体参数如图7-135所示。

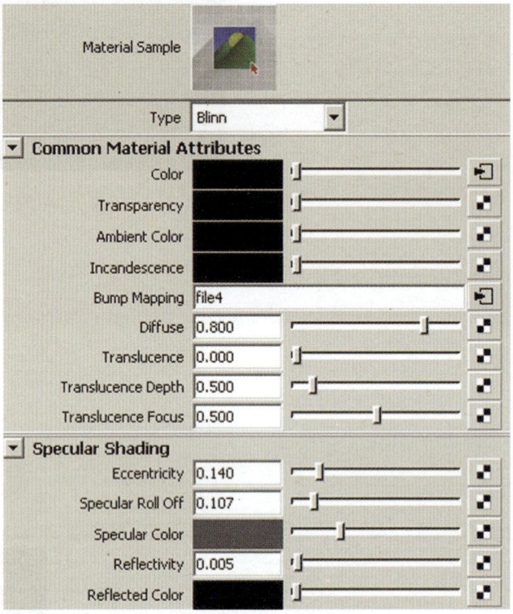

图7-135 Blinn材质参数

step❷ Color通道载入从素材库中选择的一张墙壁贴图，如图7-136所示。Bump Mapping通道载入从素材库中选择的一张墙壁凹凸灰度贴图，如图7-137所示。

图7-136 Blinn材质Color通道贴图

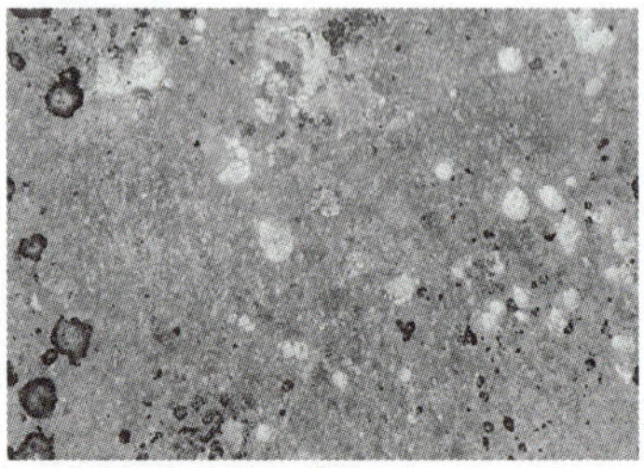

图7-137 Blinn材质Bump Mapping通道贴图

step❸ 设置bump2d3节点的Bump Depth属性为0.008，如图7-138所示。

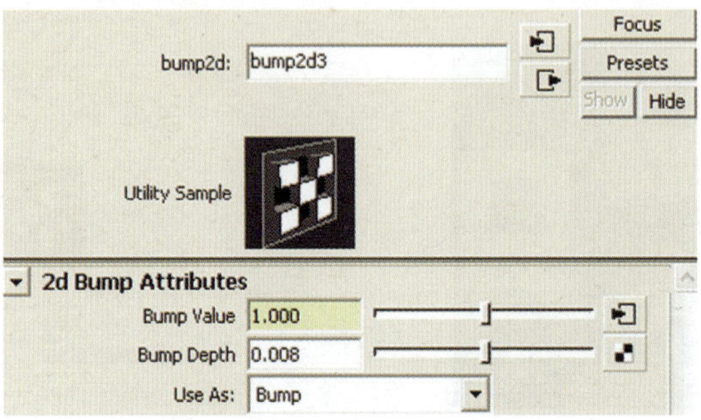

图7-138 设置bump2d3节点

step❹ 思想者眼球材质节点链接如图7-139所示。最后思想者头部渲染效果如图7-140所示。

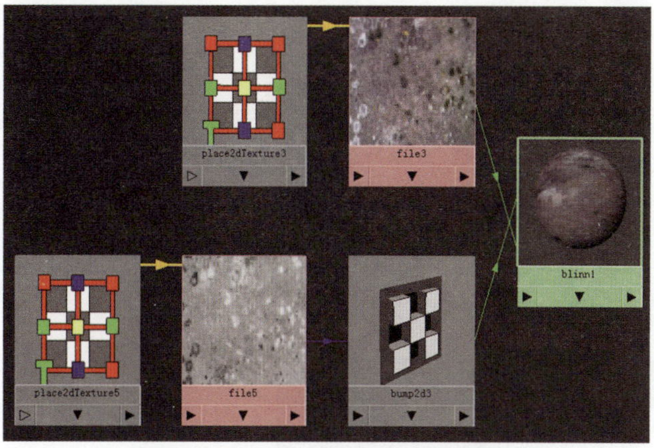

图7-139 思想者眼球材质节点链接

图7-140 思想者头部渲染效果

7.7.4 中山服材质

step❶ 创建一个Blinn材质，将其赋予中山服模型，材质的具体参数如图7-141所示。其Color通道使用来自素材库的一张布纹贴图，如图7-142所示。

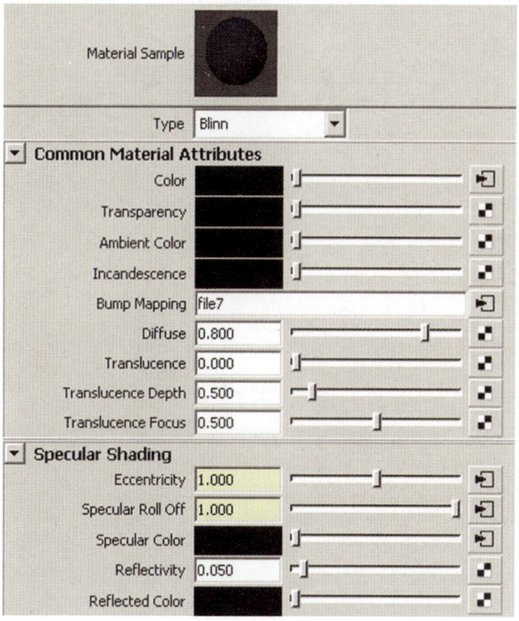

图7-141 Blinn材质参数

图7-142 布纹贴图

step❷ Bump Mapping通道使用从素材库中选择的一张与Color通道对应的凹凸灰度贴图，如图7-143所示。Specular Shading的3个通道与Color通道共用一张贴图。

step❸ 设置bump2d4节点的Bump Depth属性为0.008，如图7-144所示。

图7-143 布纹凹凸贴图

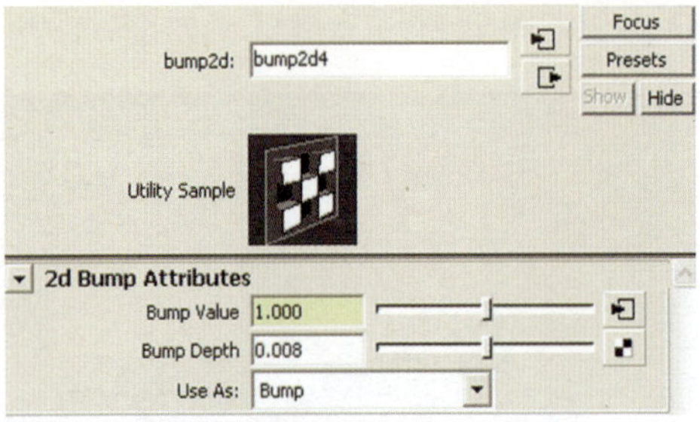

图7-144 设置bump2d4节点

step 4 思想者中山服材质节点的链接如图7-145所示。

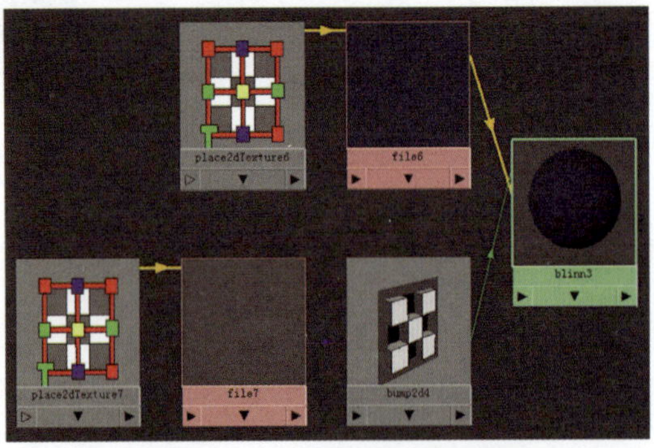

图7-145 中山服材质节点的链接

7.7.5 女体雕塑材质

step 1 创建一个mental ray的sss fast skin材质，将其赋予女体雕塑模型，材质的具体参数如图7-146所示。

step 2 设置Specularity层的参数如图7-147所示。

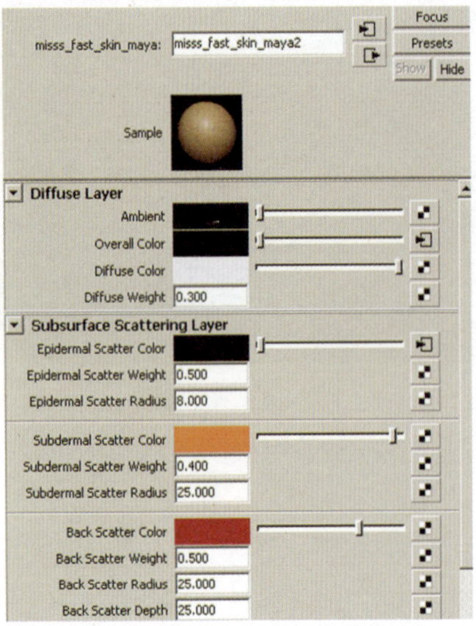

图7-146 sss fast skin材质参数

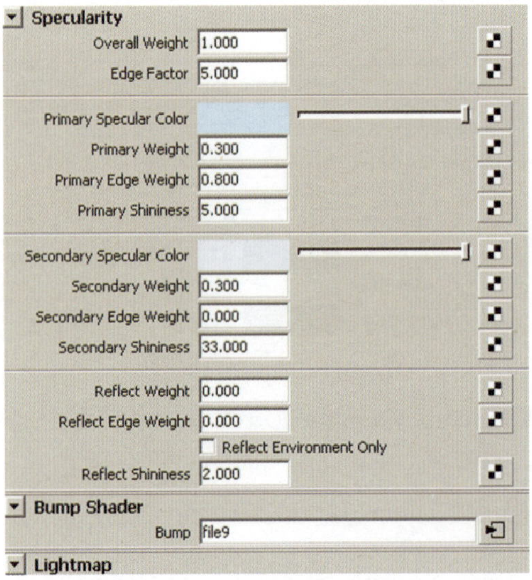

图7-147 sss fast skin材质Specularity层的参数

step❸ 提高Lightmap的采样值，如图7-148所示。

step❹ 展开sss fast skin材质的Bump Shader卷展栏，单击Bump后面的按钮，载入前面在ZBrush中创建的Cavity Map，如图7-149所示。

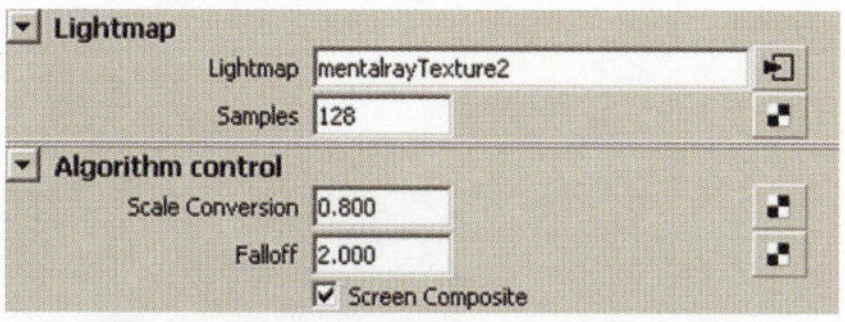

图7-148 提高Lightmap的采样值

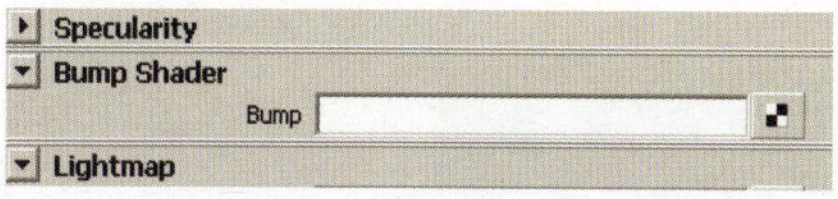

图7-149 设置Bump Shader

step❺ 新建一个bump2d节点和一个file节点，将file节点使用鼠标中键拖到bump2d节点的Bump Value属性通道上，将新建的bump2d节点使用鼠标中间拖到上一步产生的bump2d节点上，如图7-150所示。在弹出的对话框中选择Other选项。

step❻ 在弹出的属性连接面板中的Right Display菜单中选择Show Hidden命令，如图7-151所示。

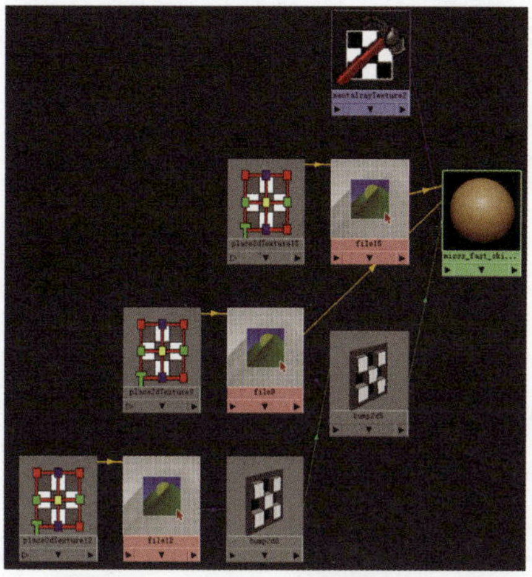

图7-150 连接两个bump2d节点

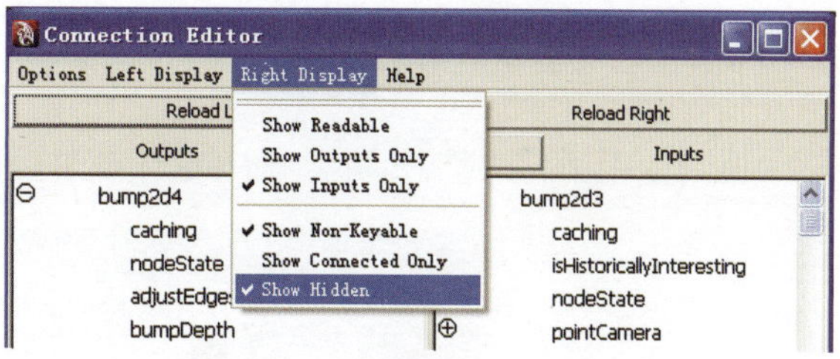

图7-151 选择Show Hidden命令

step❼ 将左边bump2d4节点的outNormal属性与右边bump2d3节点的normalCamera属性相连接，如图7-152所示。

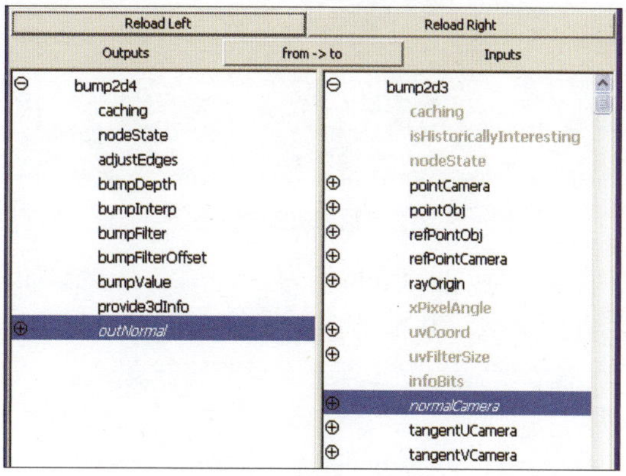

图7-152 属性连接

step8 在Photoshop中创建一幅噪波贴图，如图7-153所示，将其载入到步骤5新建的file节点中。

step9 设置两个bump2d节点的Bump Depth属性都为0.030，如图7-154所示。

step10 女体雕塑渲染效果如图7-155所示。

图7-153 创建噪波贴图

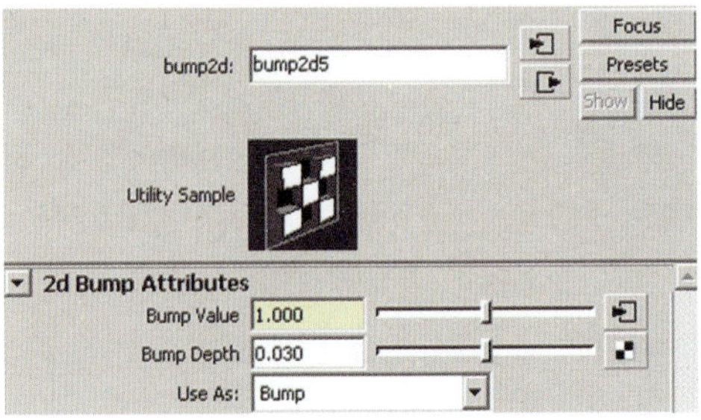

图7-154 设置两个bump2d节点

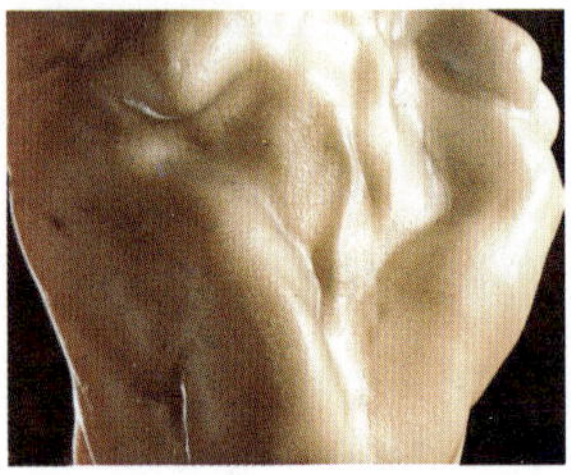

图7-155 女体雕塑渲染效果

7.8 设置场景环境与灯光

本案例设置三点光源照明，强调一种强烈的侧光效果，特别要强调一种女体在灿烂的光照下舒展扭动的效果。后期将通过添加Glow等特效，加强女体雕塑的辉光效果。环境使用HDR环境。

7.8.1 设置灯光

本案例使用了3个光源，并结合HDR环境进行照明，如图7-156所示。

图7-156 照明与环境

step1 在模型的左前上方放置一盏Spot Light作为主光源，其参数如图7-157所示。

step2 开启主光源的光线跟踪阴影，其参数如图7-158所示。

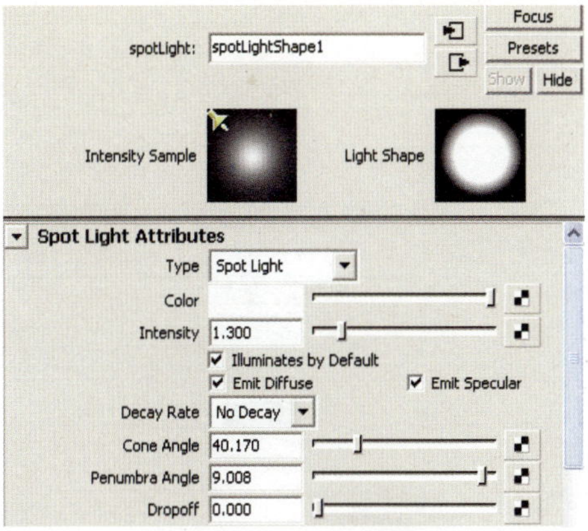

图7-157 主光源参数

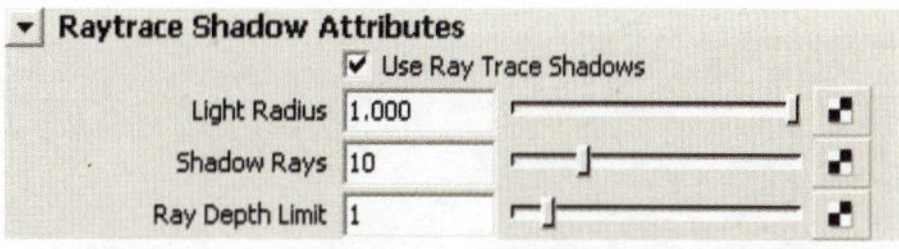

图7-158 开启主光源的光线跟踪阴影

step❸ 在模型右侧放置一盏Point Light，作为暗部补光，其参数如图7-159所示。

step❹ 在角色的后面放置一盏Spot Light，与相机相对，用来照亮角色的轮廓，其参数如图7-160所示。

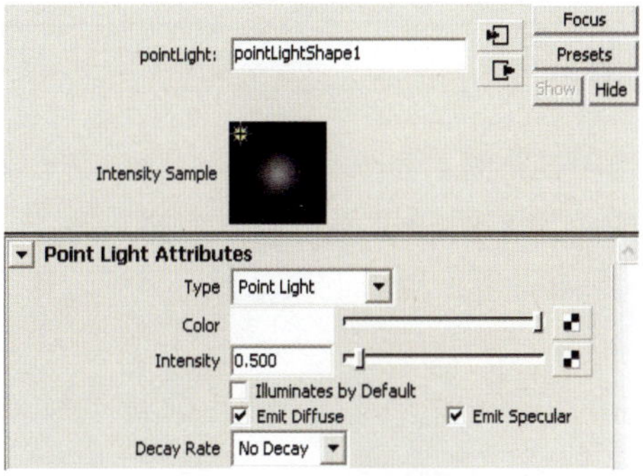

图7-159 点光源参数

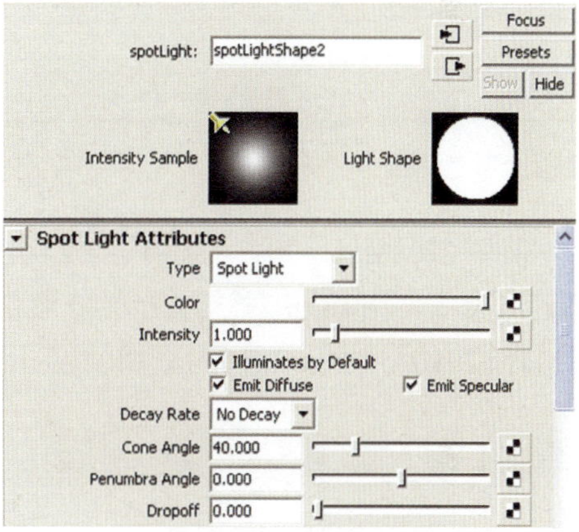

图7-160 聚光灯参数

7.8.2 设置环境

step❶ 将渲染器更换为mental ray，单击Environment卷展栏下Image Based Lighting选项后面的Create按钮，如图7-161所示，在视图中创建出一个环境球包裹整个场景，如图7-162所示。

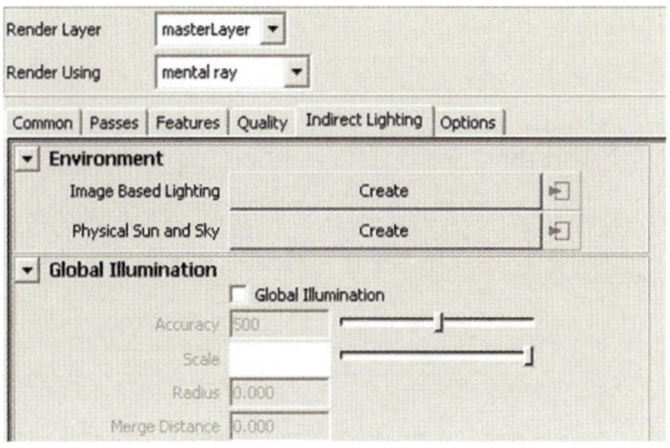

图7-161 创建Image Based Lighting

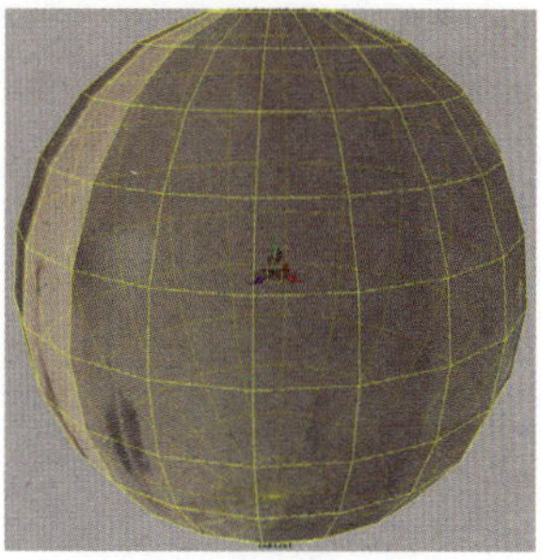

图7-162 环境球

step❷ 预备一幅HDR图像，如图7-163所示。

step❸ 将此HDR图像载入，并取消选择Primary Visibility复选框，使其在渲染时不可见，如图7-164所示。

图7-163 使用HDR图像照明

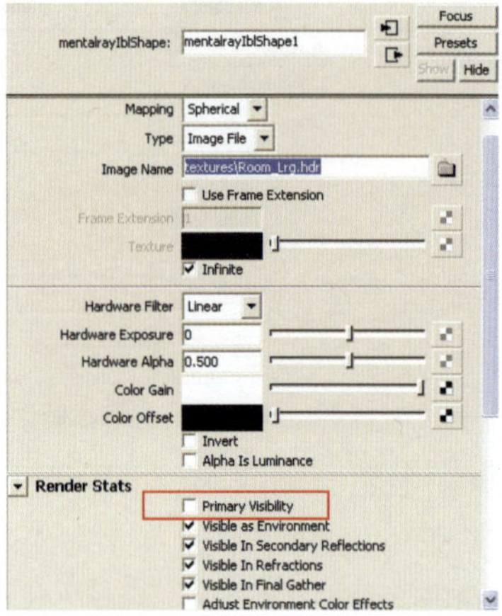

图7-164 HDR图像设置

7.9 渲染与合成

本案例强调Maya 2010与后期合成软件Toxik 2010进行整合的流程。在Maya中进行分层分通道渲染，使用Toxik对这些分层分通道进行合成。本案例提供两种合成方案，方案一更强调Maya 2010与Toxik 2010的新增功能，而方案二更强调手工合成的灵活性。

7.9.1 全局渲染设置

step❶ 全局渲染设置的“抗锯齿”卷展栏的参数设置如图7-165所示。

step❷ 全局渲染设置的“光线跟踪”卷展栏的参数设置如图7-166所示。

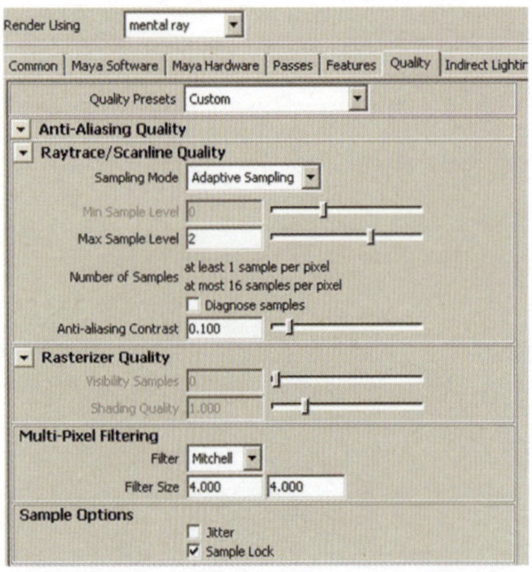

图7-165 “抗锯齿”卷展栏的参数设置

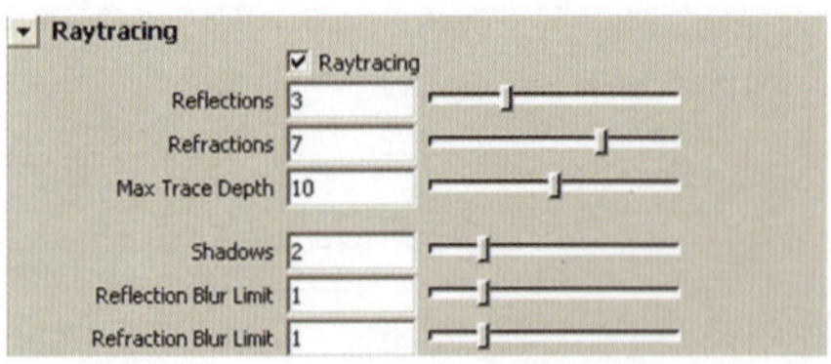

图7-166 “光线跟踪”卷展栏的参数设置

7.9.2 AO渲染层

step❶ 新建一个渲染层，命名为AO，将本层渲染器指定为mental ray，将所有模型都添加到本层。

step❷ 右击本层，在弹出的快捷菜单中选择Attributes命令，在弹出的对话框中单击Presets按钮，在弹出的菜单中选择Occlusion命令，系统自动进行材质节点的链接，如图7-167所示。

step❸ 本层的渲染效果如图7-168所示。

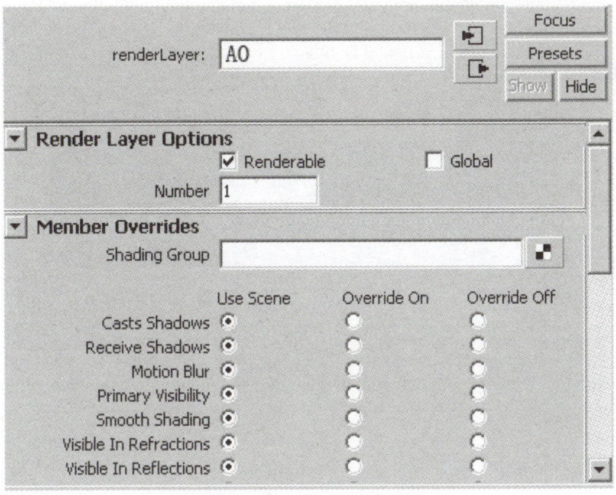

图7-167 设置AO渲染层

图7-168 AO层的渲染效果

7.9.3 使用Toxik合成图像

本方案借助Maya 2010与Toxik 2010的新增功能，在Maya中输出Pre-Compositing，使用Toxik的合成模板进行合成。

step❶ 启动Maya软件，创建一个mental ray的sss_fast_shader_x_passes材质，将其赋予女体雕塑模型，如图7-169所示。

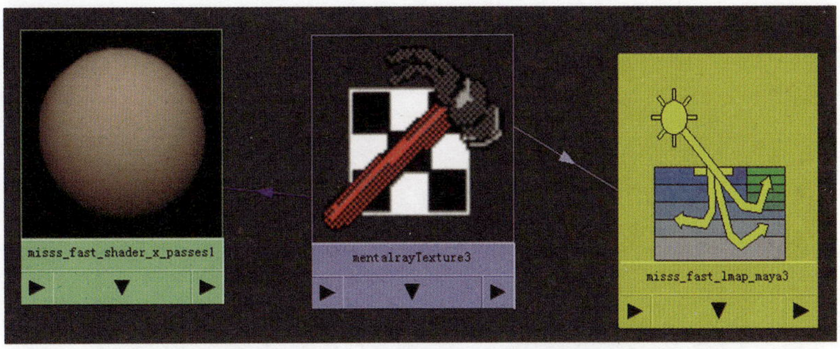

图7-169 sss_fast_shader_x_passes材质

step❷ 设置文件输出名称与格式，如图7-170所示。

step❸ 选择Final Gathering复选框，并对相应的参数进行设置，如图7-171所示。

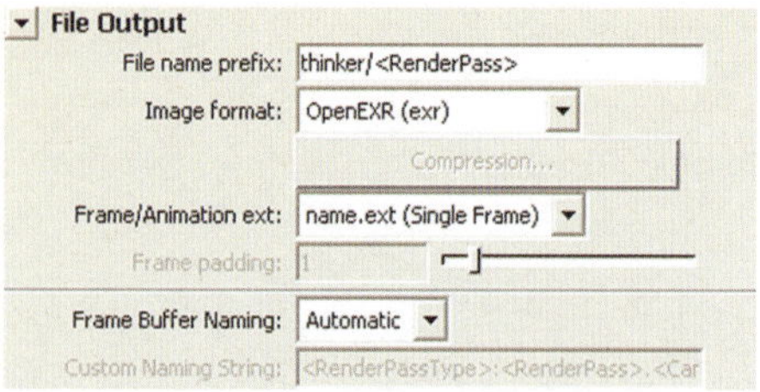

图7-170 设置文件输出名称与格式

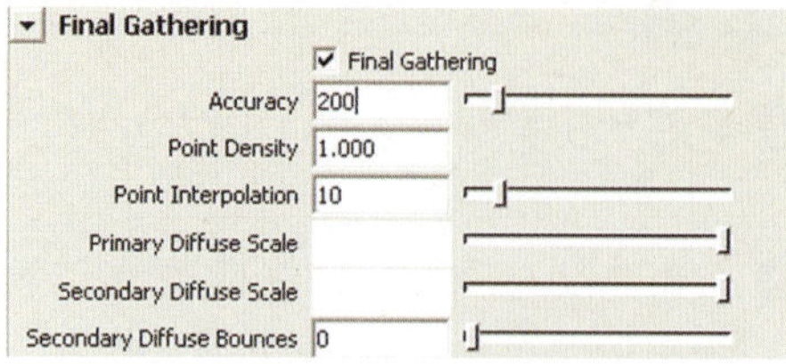

图7-171 选择Final Gathering复选框

step 4 打开Maya的全局设置对话框，切换到Passes选项卡，单击Create New Render Pass按钮。

step 5 按【Ctrl】键选择需要的部分Passes，如图7-172所示。

step 6 单击Create and Close按钮，选择的Passes被加入进来，如图7-173所示。

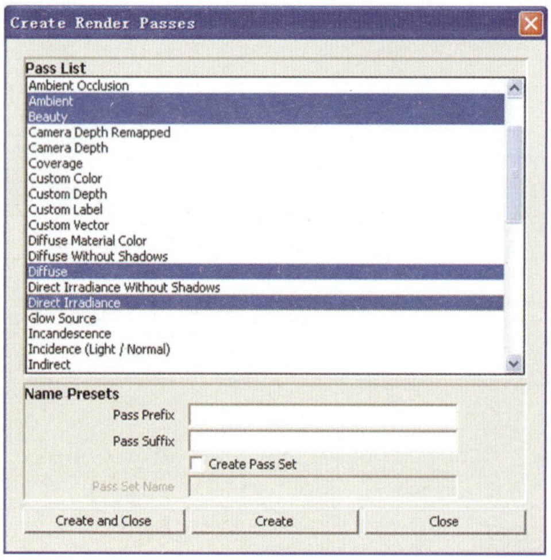

图7-172 选择需要的部分Passes

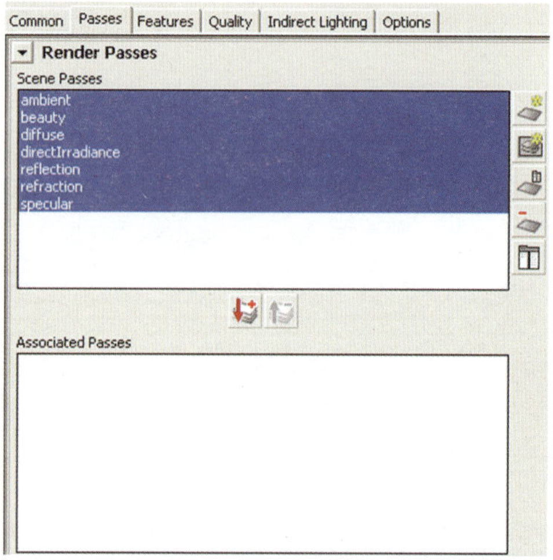

图7-173 选择的Passes被加入进来

step 7 选择所有的Scene Passes，单击向下箭头，将它们移动到Associated Passes列表框中。

step 8 单击Render | Export Pre-Compositing | 命令后面的□按钮，弹出Export Pre-Compositing对话框，输入Pre-Compositing场景名称，单击Export All按钮，输出Precomp格式的合成文件。选择Render | Batch Render命令，进行批量渲染。

step 9 启动Toxik软件，选择File | Import命令，找到上一步从Maya中输出的Precomp格式的合成文件，单击Import按钮，如图7-174所示。

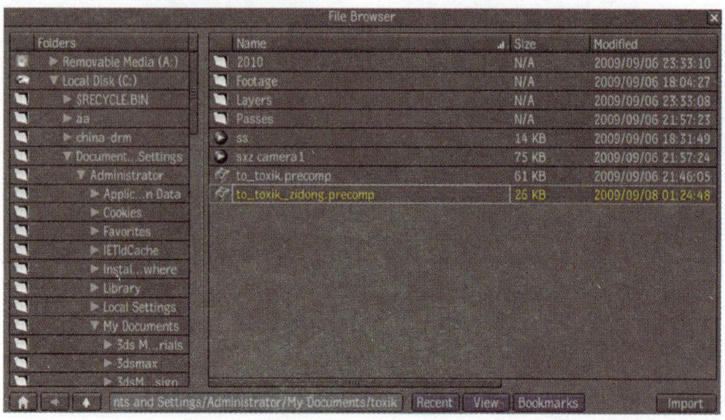

图7-174 输入Precomp格式的合成文件

step10 在弹出的Pre-Compositing Import Options设置对话框中使用默认设置，单击OK按钮，如图7-175所示。

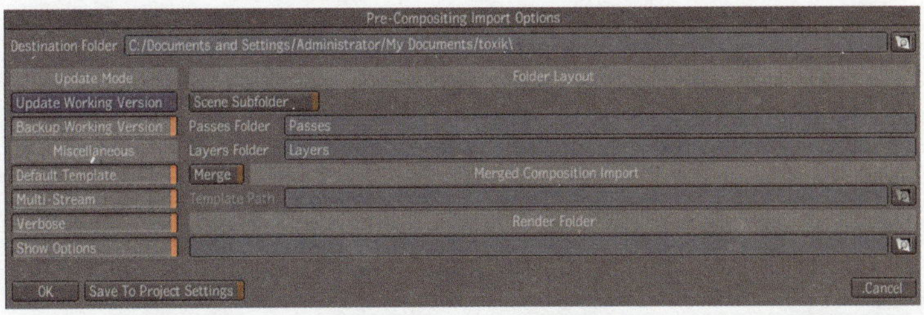

图7-175 输入设置

step11 找到新生成的Thinker Camera1合成文件，单击Open按钮，将其打开。

step12 在打开的Thinker Camera1合成文件上右击，在弹出的快捷菜单中选择Open命令。

step13 Toxik模板默认的链接如图7-176所示，默认的合成效果如图7-177所示，可以通过加入新的节点对图像进行修改和调节，并加入Photoshop中绘制的背景和烟雾，完成本案例的制作。

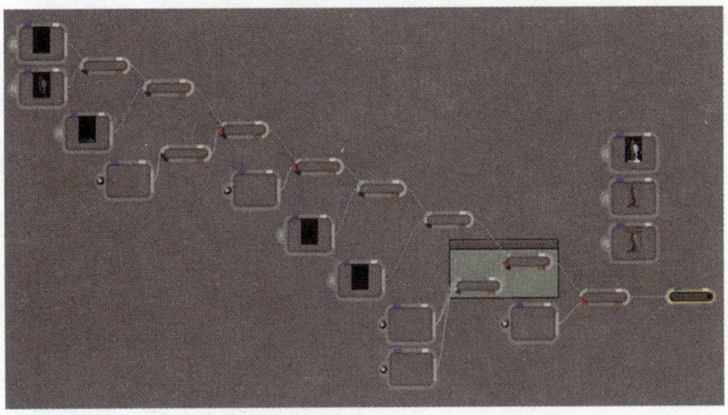

图7-176 Toxik模板

图7-177 默认合成效果

step14 渲染效果如图7-178所示。

图7-178 渲染效果

第8章 化妆的艺术

本章主要讲解利用Maya进行人物建模，并运用灯光、材质、渲染和ZBrush进行细部雕琢，以及使用Photoshop进行后期处理等。本章通过对整个流程的讲解，使读者能够对人物三维静帧有很深的了解并熟练运用。

素材和源文件：\素材和源文件\第8章 化妆的艺术

8.1 让漂亮女孩儿不落俗套

本章的创作主题是一位面对镜子正在梳妆的女孩儿，本例制作完成后的最终效果如图8-1所示。

图8-1 《化妆的艺术》案例效果图

8.1.1 创意分析

本案例从创意上看是一个比较传统的主题，但也是许多艺术家竞相表达的静帧画面。从古典到现代艺术，从中国到西方艺术，对镜前人物的容貌、衣着、眼神与映射环境的刻画，特别是一颦一笑的神态的表达都是艺术家永远追逐的目标，如图8-2所示。

图8-2 相关古典绘画

本章的人像创作的与众不同之处在于：

首先，是绘画与CG艺术创作理念及形式的融会贯通。本案例没有一味地追求写实性，而是加入了绘画元素的抽象艺术与装饰效果。

其次，是幻想空间的构成。镜前人物与非真实空间相互融为一体。

再次，强大的CG技术是对整体艺术效果的技术支持。例如，Maya的建模、灯光、材质、渲染和ZBrush的细部雕琢，以及Photoshop的后期处理等。

最后，是整体色调的绘画感。利用CG的特效功能使创作融入更多现代艺术元素。

8.1.2 制作流程

整个制作流程大致分为：绘制草图、ZBrush建模、分层渲染及Photoshop后期制作。详细的制作流程如下。

01 草图的设计与构思

本案例初期只是打算刻画出墙面悬挂的镜面、镜内的人物及映射的室内环境。但在勾画草图的过程中，为了加入更多的绘画形式感，最终决定把镜面放置在抽象的环境内。

02 ZBrush建模

此案例使用了新的的建模方式。首先，使用ZBrush的Z球直接建模。然后对模型重建拓扑结构（有利于将来人物的表情制作）。

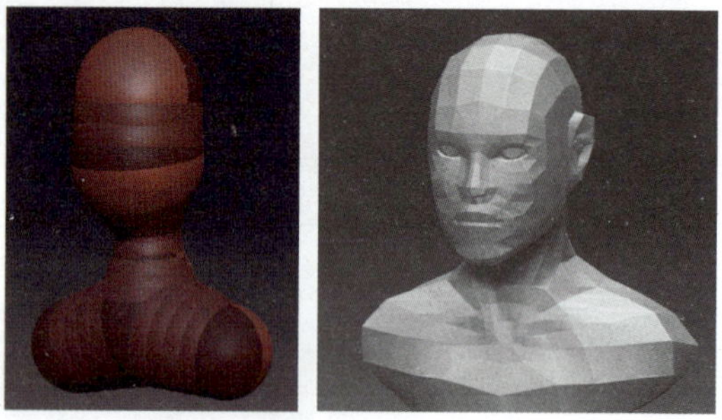

03 Maya分层渲染

毛发使用Shave And A Hair Cut来创建毛发，进行各贴图通道的渲染：AO→Cavity→高光→反射→sss fast skin→毛发→衣服。

04 Photoshop合成与后期制作

最后利用Photoshop的图层和通道进行后期的处理和调节，这样这幅三维静帧作品就制作完成了。

8.1.3 注意事项

在整个制作过程中，会遇到很多问题，以下为总结出的可能的问题及相关的解决方法。

注意1 UV的创建

为防止拆分UV后导入ZBrush的模型炸裂，要注意从ZBrush输入或输出模型时都要选择mental rayg合并选项，并注意模型的UV不能超过UV边界框。

注意2 重建拓扑

要根据人物的面部结构布线，要适应表情动画的需要。

注意3 置换贴图

在渲染的过程中如果多边形数量太多，会占用较大内存，导致Maya无法运行或速度慢。为解决此问题，Maya不能导入多边形数量太多的高模，低模又没有细节。一般情况下，可以在低模和高模之间生成一张置换贴图，先将低模导入Maya，再对其添加置换贴图，就赋予了低模高模的细节。

注意4 毛发的创建

在Maya中创建毛发一般有两种选择：一种是使用Maya Hair；另一种是使用Maya著名的毛发插件Shave And A Hair Cut（此插件由于在《金刚》等大片中的使用而广有盛誉）。本案例中使用了Shave And A Hair Cut，可以与其他章节中使用Maya Hair创建的毛发效果进行对比。

注意5 分层与合成

因为本案例着重讲解Maya的分层渲染，所以锁定相机的参数非常重要，以使各层在合成时位置能够完全重合。

8.2 制作女孩头部模型

很多人都认为ZBrush软件既不适合建造年轻女性模型，也不适合建造机械类模型，其实ZBrush的建模功能极其强大，可以说能够快速建立任何风格的模型，本案例完全使用ZBrush来建立女孩的模型。

8.2.1 Z球建模

本案例使用一种新型的建模方式（Z球建模）进行快速建模。

step❶ 启动ZBrush软件，在软件界面的右边Tool菜单下，选择ZSphere工具，如图8-3所示。然后在窗口中按住鼠标左键进行拖曳，画出一个Z球，如图8-4所示。

图8-3 选择ZSphere工具

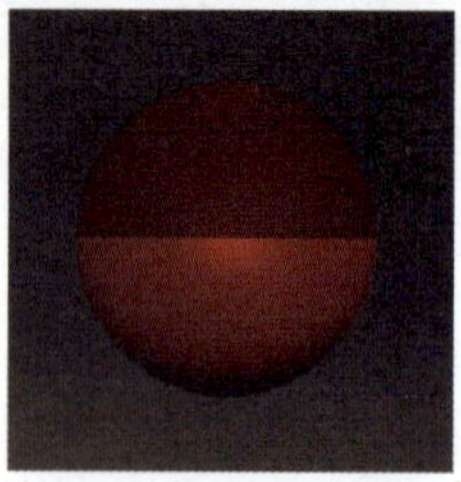

图8-4 画出ZSphere

step❷ 单击Edit按钮，对ZSphere进行编辑，如图8-5所示。在初始Z球上继续绘制，并使用Move、Scale和Rotate工具对Z球进行移动、缩放和旋转的变换操作，按【X】键可进行对称的镜像绘制，最后组合出一个人物头部的大概形象，如图8-6所示。

图8-5 单击Edit按钮

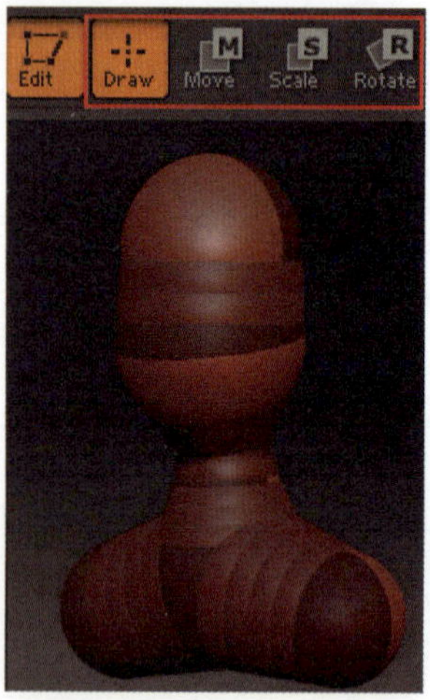

图8-6 ZSphere头部形象

step❸ 按【A】键预览模型的多边形形态，如图8-7所示。展开左边Tool菜单下的Adaptive Skin选项卡，调节Ires与Mbr的参数，使多边形头部看起来正常，单击Make Adaptive Skin按钮，将头部模型从Z球形态转化为多边形形态，如图8-8所示。

step❹ 选择转化过来的多边形头部模型，如图8-9所示。下面的工作就是对此多边形头部进行进一步的塑造。

图8-7 多边形预览

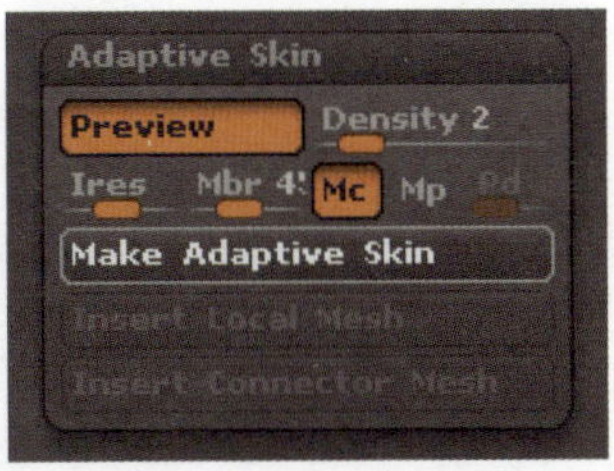

图8-8 转化为多边形

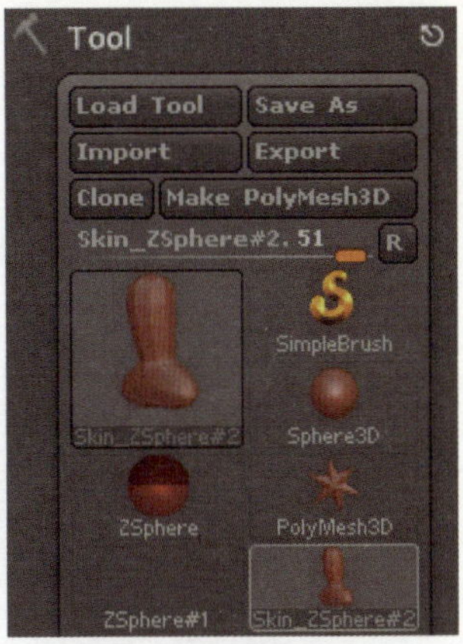

图8-9 选择多边形头部

8.2.2 制作模型细节

step 1 单击Standard笔刷按钮，在弹出的对话框中选择Move笔刷，如图8-10所示。

图8-10 选择Move笔刷

step 2 在窗口中右击，在弹出的对话框中设置Draw Size（笔刷大小）与Z Intensity（纵深压力强度），如图8-11所示。然后移动模型的各个部位，改变模型的形态，如图8-12所示。

图8-11 设置笔刷

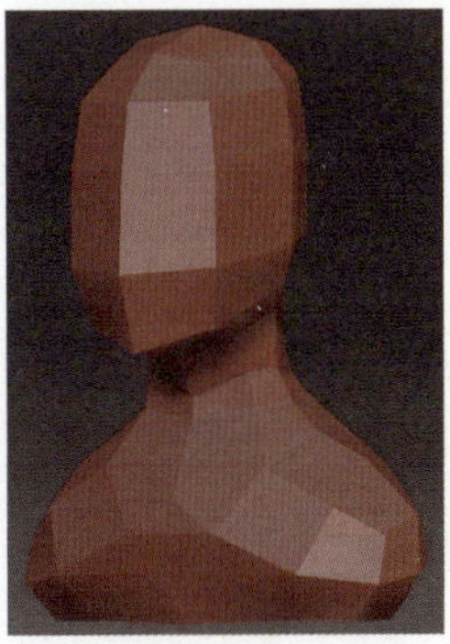

图8-12 改变模型的形态

step3 展开左边Tool菜单下的Geometry选项卡，单击Divide按钮多次，将头部模型进行多次细分，细分的级别数要根据不同的计算机硬件配置来决定，硬件配置较高的计算机可以获得较高的细分级别，如图8-13所示。模型被细分后的形态如图8-14所示。

图8-13 增加细分级别

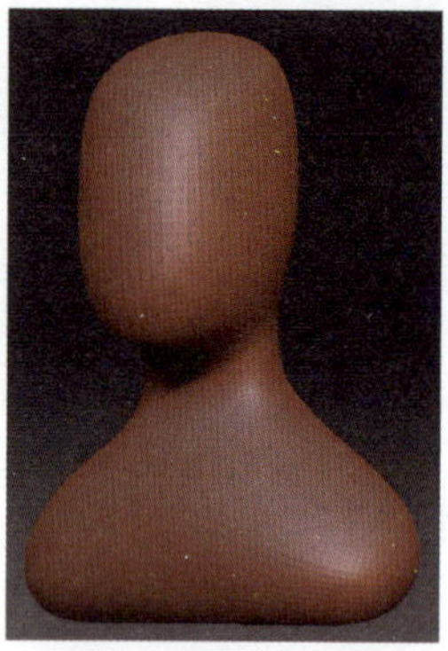

图8-14 细分后的模型

step4 交替使用Standard笔刷与Move笔刷对模型进行深入刻画，如图8-15所示。不用担心初期模型丑陋的外观，在对人物头部结构有深入理解的基础上，耐心刻画，最终会得到比较满意的模型，如图8-16所示。

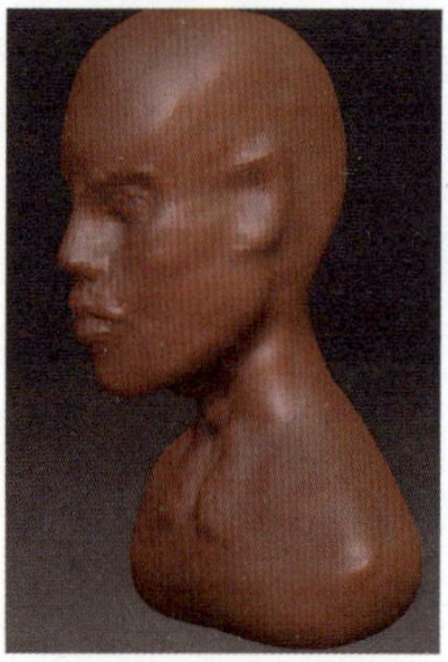

图8-15 深入刻画

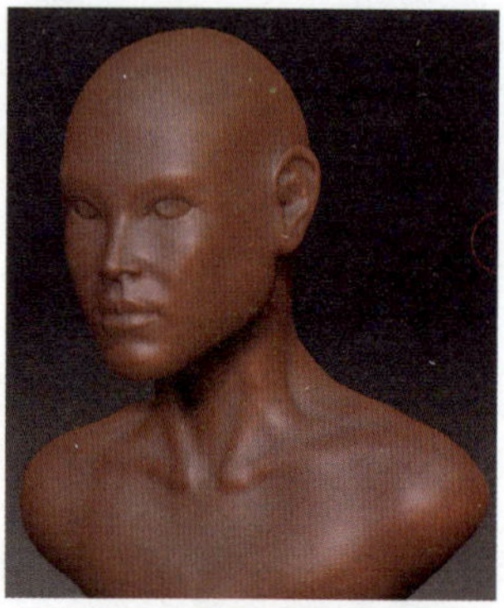

图8-16 刻画结果

8.2.3 重建模型拓扑结构

重建模型拓扑结构的目的是让模型的布线更加合理。重建模型拓扑结构让布线的走向符合人物面部结构，以利于变形需要和人物表情的制作；让布线疏密均匀，以利于编辑UV和为模型增加更多的细节。

step1 在右边Tool菜单下，选择ZSphere工具，然后在窗口中按住鼠标左键进行拖曳，画出一个Z球。

step2 展开右边Tool菜单下的Rigging选项卡，单击Select Mesh按钮，如图8-17所示。在弹出的对话框中选择雕塑好的头像模型，如图8-18所示。

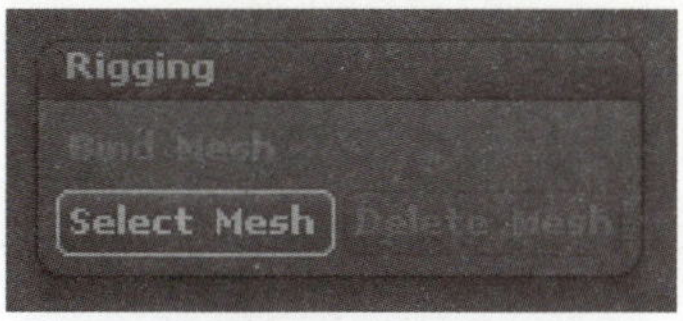

图8-17 Rigging选项卡

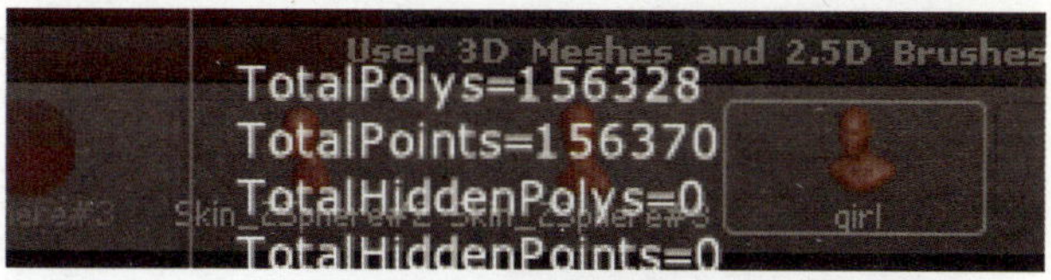

图8-18 选择拓扑对象

step❸ 展开左边Tool菜单下的Topology选项卡，单击Edit Topology按钮，如图8-19所示。按【X】键，在模型上根据人物头部结构镜像绘制拓扑线，如图8-20所示。

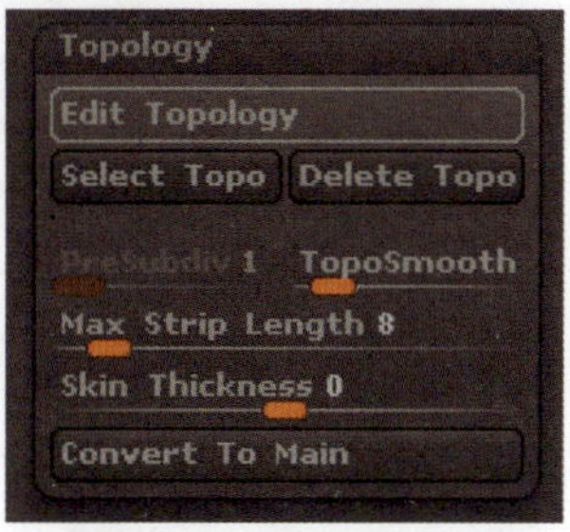

图8-19 Topology选项卡

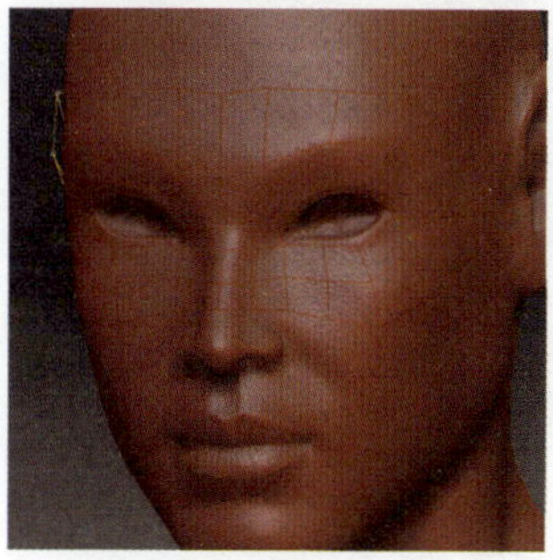

图8-20 绘制拓扑线

step❹ 按【A】键预览模型的多边形形态，如图8-21所示。继续绘制拓扑线，将整个模型的拓扑线全部绘制完毕。

step❺ 展开左边Tool菜单下的Projection选项卡，单击Projection（映射）按钮，这样在生成新拓扑结构的多边形模型时，旧模型的形态会最大限度地映射到新模型上，让新模型既有旧模型的形态又有自身新的拓扑结构，如图8-22所示。

step❻ 展开左边Tool菜单下的Adaptive Skin选项卡，调节Density的参数到一个较高的级别，单击Make Adaptive Skin按钮，将头部模型转化为多边形形态，如图8-23所示。

图8-21 预览模型

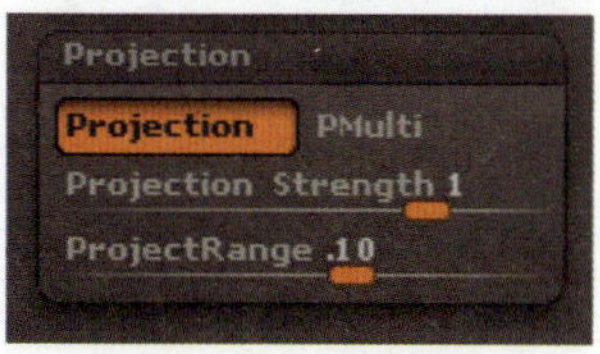

图8-22 映射选项卡

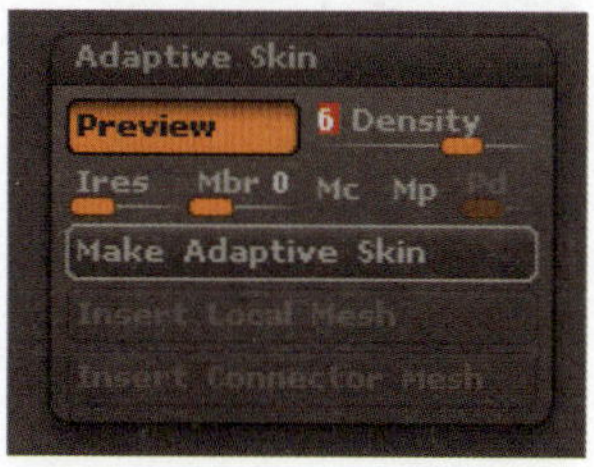

图8-23 Adaptive Skin选项卡

step❼ 选择已蒙皮的新的已重建了拓扑结构的多边形头部模型（名称前面带有Skin文字），将窗口中的可编辑模型切换到新的已重建了拓扑结构的多边形头部模型，如图8-24所示。此时可以查看模型的SDiv细分级别，发现新的模型保留了6个细分级别，这是在上一步中将Adaptive Skin选项卡中的Density的参数设置为6的缘故。

step❽ 单击窗口右边的Frame按钮，如图8-25所示，观察模型新的拓扑布线，如图8-26所示。

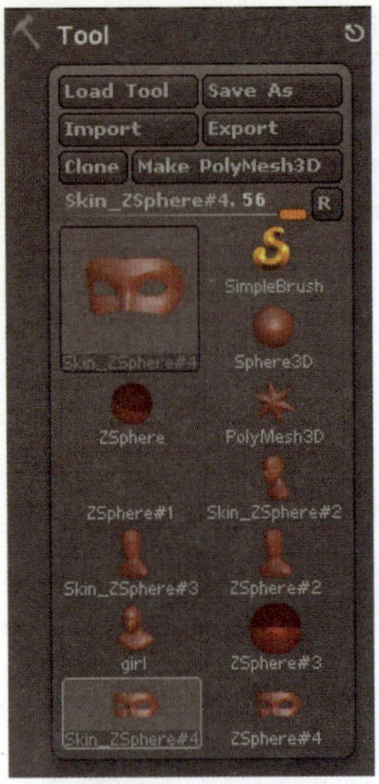

图8-24 切换模型

图8-25 单击Frame按钮

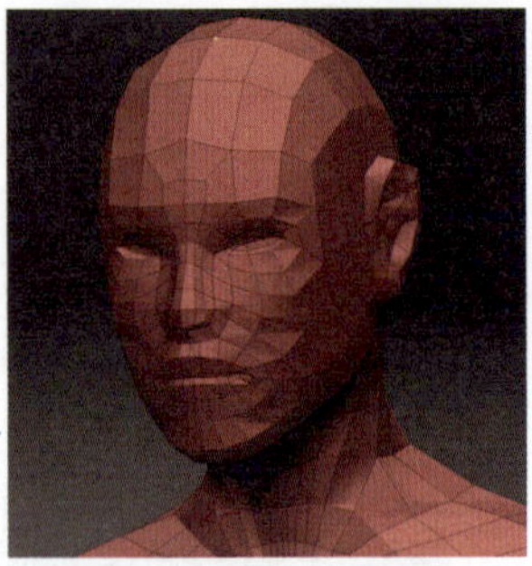

图8-26 模型新的拓扑布线

step9 将模型的SDiv细分级别设置为6，如图8-27所示。观察到模型的细节依然被保留下来了，如图8-28所示。

step10 接下来也可以对模型继续细分，为模型添加更多的皮肤纹理细节，如图8-29所示。

图8-27 将SDiv细分级别设置为6

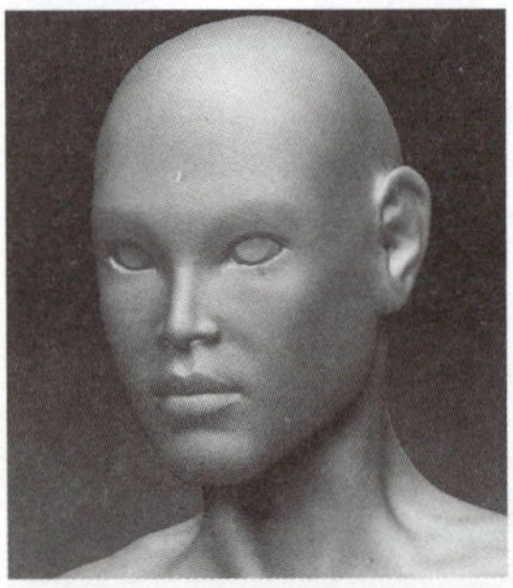

图8-28 第6级细分的模型效果

图8-29 添加皮肤纹理细节

8.3 编辑女孩头部模型UV

Unfold 3D是目前流行的3D模型UV自动展开工具，Unfold 3D具有自动、高效、快捷的优点，并且将模型UV信息重新载入ZBrush后也不会出现模型炸裂的意外现象。

8.3.1 ZBrush输出模型

step1 将模型的细分级别设置为1，展开左边Tool菜单下的Export选项卡，单击Export按钮输出模型，输出设置如图8-30所示。

step❷ 在弹出的对话框中输入文件名，单击“保存”按钮，如图8-31所示。

图8-30 输出设置

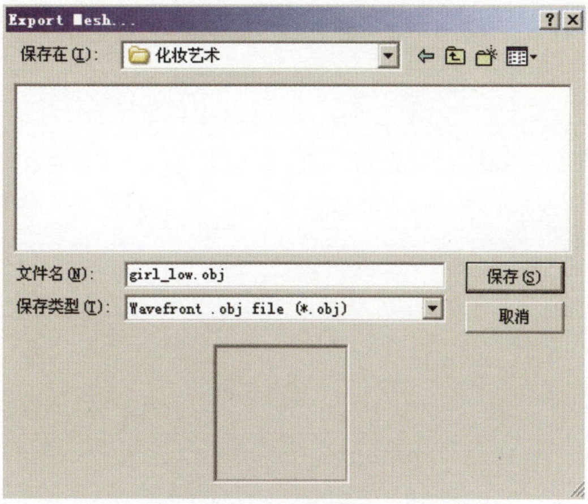

图8-31 保存输出文件

8.3.2 利用Unfold 3D编辑模型UV

step❶ 单击Load OBJ按钮载入从ZBrush中输出的模型，如图8-32所示。

step❷ 选择Edie | Mouse Binding命令，弹出键盘和鼠标设置对话框，将载入预设设置为Maya的键盘和鼠标视窗操作方式，如图8-33所示。

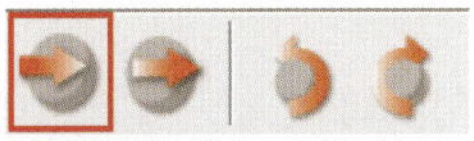

图8-32 载入模型

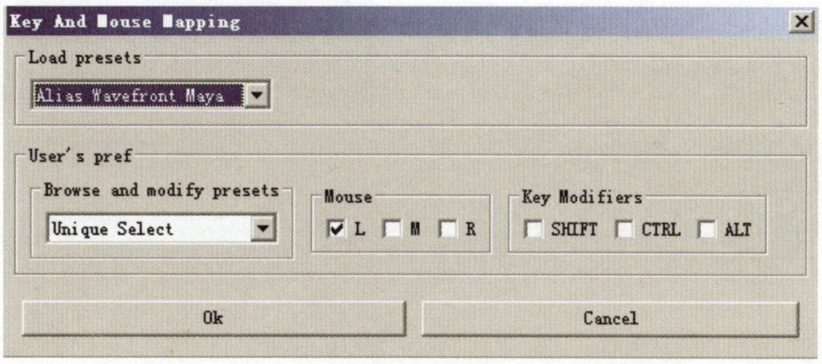

图8-33 载入键盘和鼠标操作方式预设

step❸ 在模型需要进行UV切开的边上单击，使这些边呈蓝色显示，从不同角度观看模型的切线，如图8-34～图8-36所示。

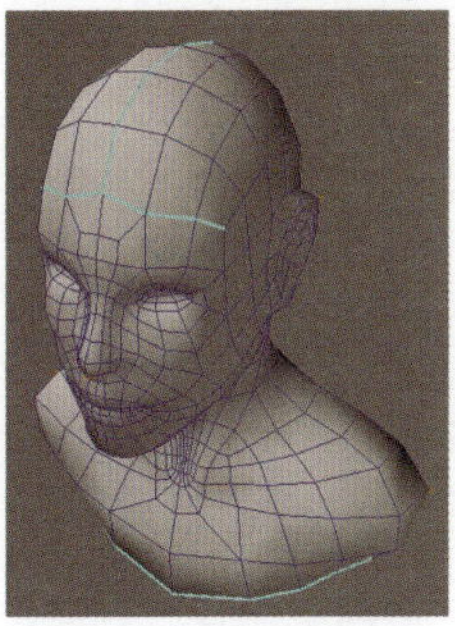

图8-34 模型半侧面

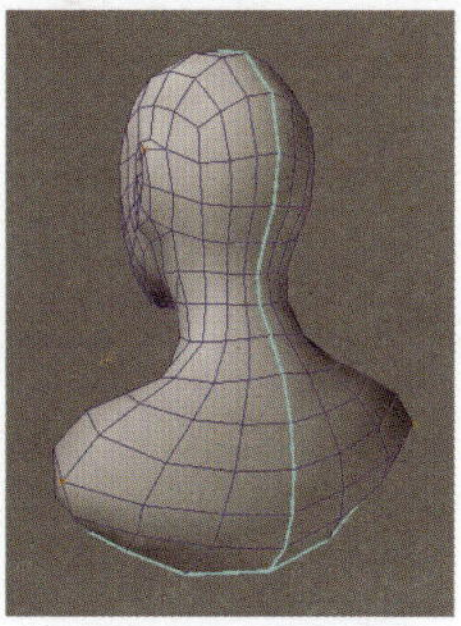

图8-35 模型背面

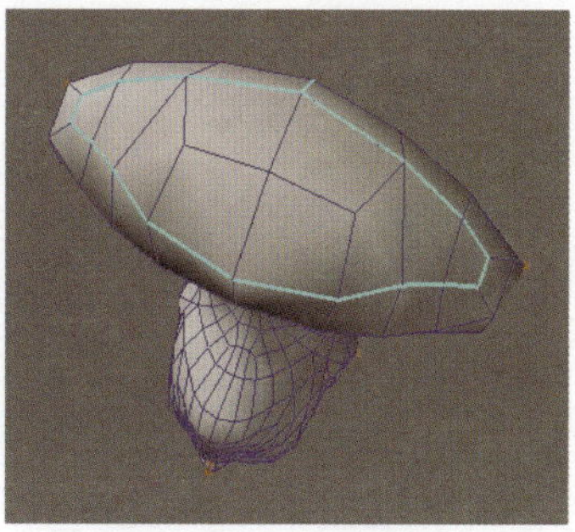

图8-36 模型底面

step④ 单击Cut Mesh按钮，将模型UV边界切开，如图8-37所示。

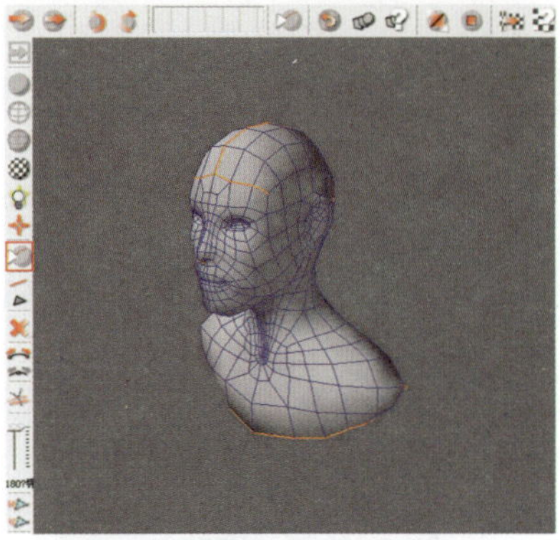

图8-37 切开模型UV边界

step⑤ 单击Auto Unfolding（自动展开）按钮，将模型的UV展开，如图8-38和图8-39所示。

step⑥ 单击Save按钮，将拆分好UV的模型输出，模型将自动保存到与原始模型相同的目录中，如图8-40所示。

图8-38 Auto Unfolding按钮

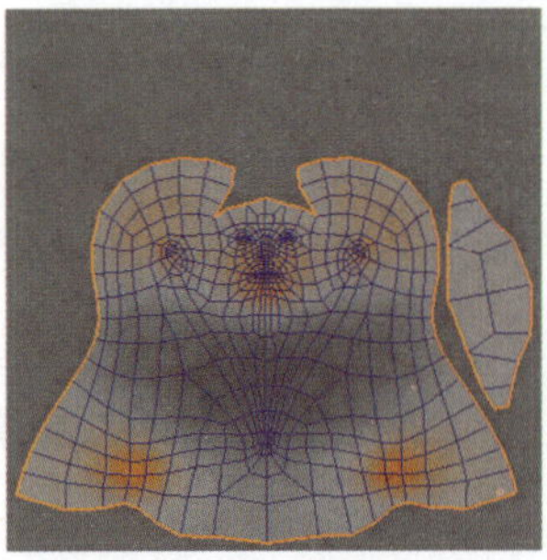

图8-39 展开后的模型UV

图8-40 输出模型

8.3.3 在ZBrush中载入模型UV

step① 回到ZBrush，保持原来的输出状态不变，单击Import按钮，如图8-41所示，在弹出的对话框中选择名称后面带有_unfold3d文字的模型，将编辑好UV的模型载入，如图8-42所示。

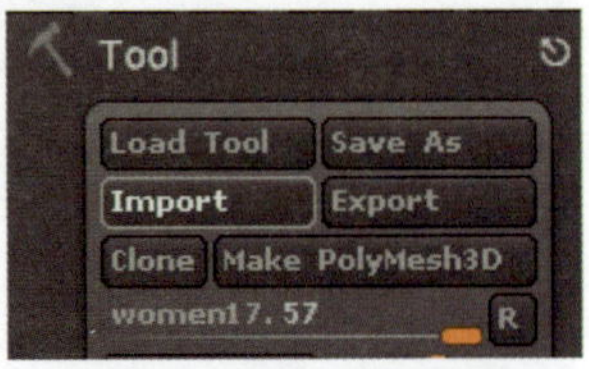

图8-41 输入模型

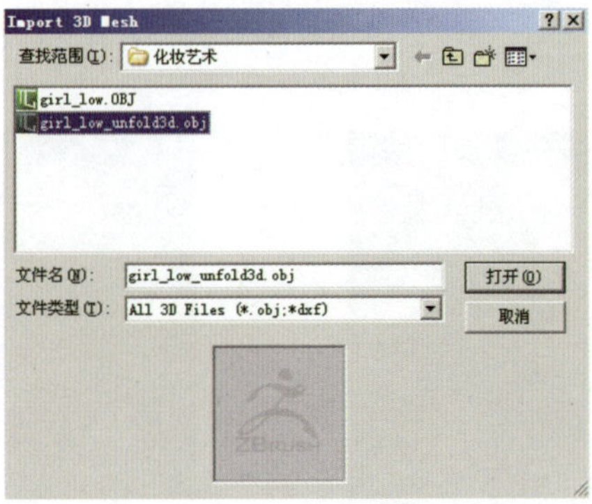

图8-42 选择模型

step② 将模型的细分级别设置为较高的级别，检查模型是否有异常的变化，如果没有，说明模型已经成功载入了UV信息。

8.4 绘制女孩面部贴图

本案例的贴图主要包括置换贴图和根据Cavity Map在Photoshop中创建的sss fast skin材质的各通道的贴图，如果要为角色创建较好的皮肤材质，就需要更多的各通道的贴图控制，而不是仅仅通过参数控制。

8.4.1 制作置换贴图

step❶ 将模型细分级别设置为2，单击Del Lower按钮，删除此细分级别以下的级别，如图8-43所示。展开左边Tool菜单下的Export选项卡，单击Export按钮输出模型，将模型命名为Girl.obj，后面将在Maya中调用。

step❷ 展开右边Tool菜单下的Displacement选项卡，单击Adaptive按钮，如图8-44所示。

图8-43 删除较低的细分级别

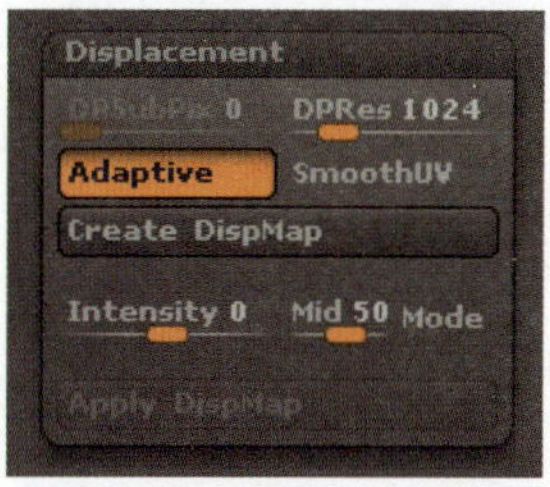

图8-44 Displacement选项卡

step❸ 展开右边Zplugin菜单下的MULTI DISPLACEMENT 3选项卡，单击Export Options按钮，弹出置换贴图输出属性对话框，如图8-45所示。

step❹ 在弹出的置换贴图输出属性对话框中，如图8-46所示进行设置。

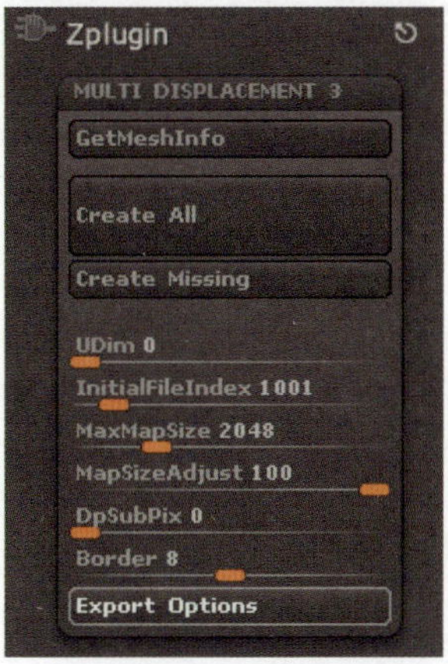

图8-45 MULTI DISPLACEMENT 3选项卡

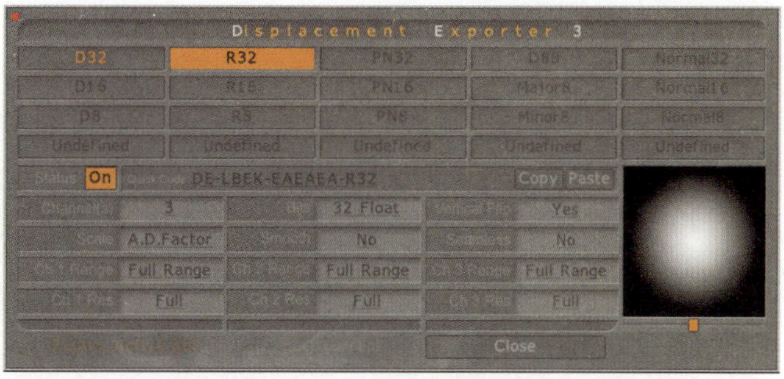

图8-46 MULTI DISPLACEMENT 3输出设置

step❺ 单击Create All按钮，如图8-47所示，在弹出的对话框中输入置换贴图的名称，单击“保存”按钮进行保存，如图8-48所示。经过一段时间的运算，置换贴图将保存到选择的目录中。

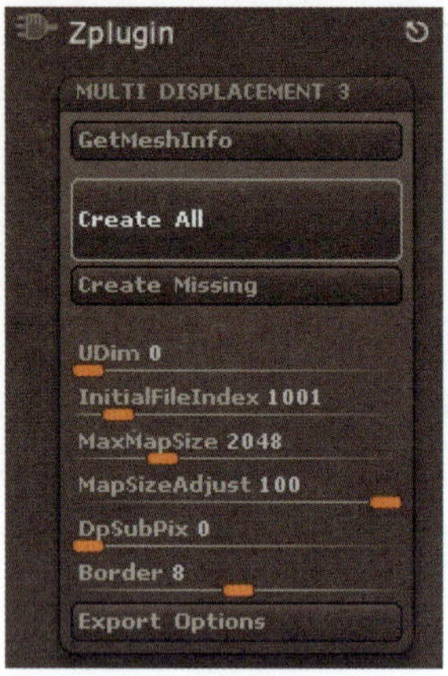

图8-47 创建置换贴图

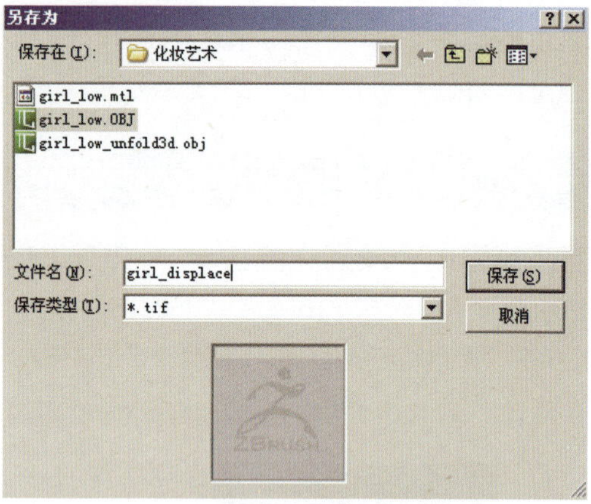

图8-48 保存置换贴图

8.4.2 制作Cavity Map

step❶ 单击左上方的ZMapper rev-E按钮，如图8-49所示，进入ZMapper窗口，如图8-50所示。

图8-49 ZMapper

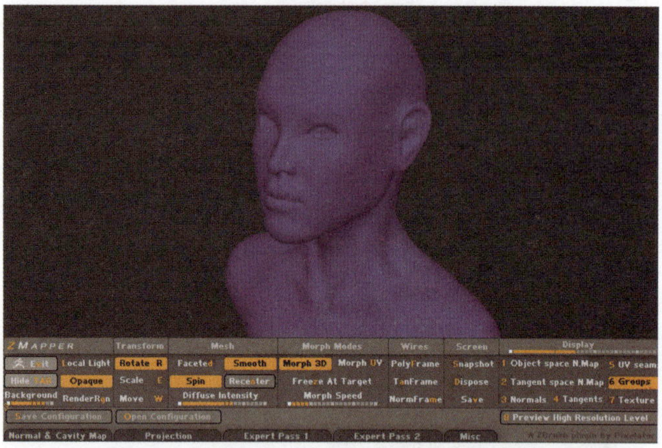

图8-50 ZMapper视窗

step❷ 展开Normal & Cavity Map选项卡，将Cavity Intensity设置为最大，如图8-51所示。

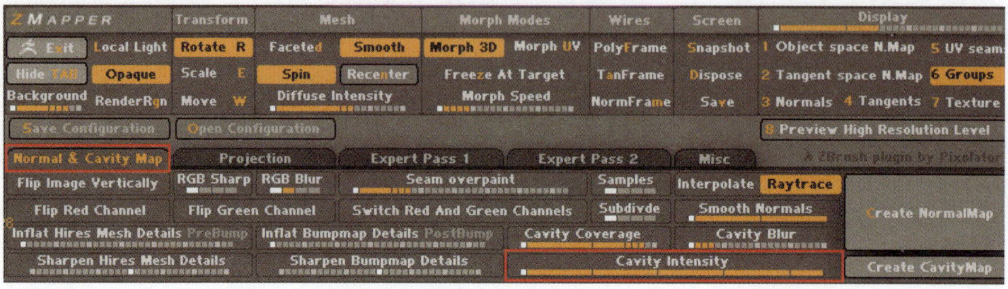

图8-51 设置Cavity Map参数

step❸ 单击Create CavityMap按钮，开始创建Cavity Map，如图8-52所示。

step❹ Cavity Map创建完毕后，退出ZMapper窗口，Cavity Map就会出现在Texture菜单中，如图8-53所示。

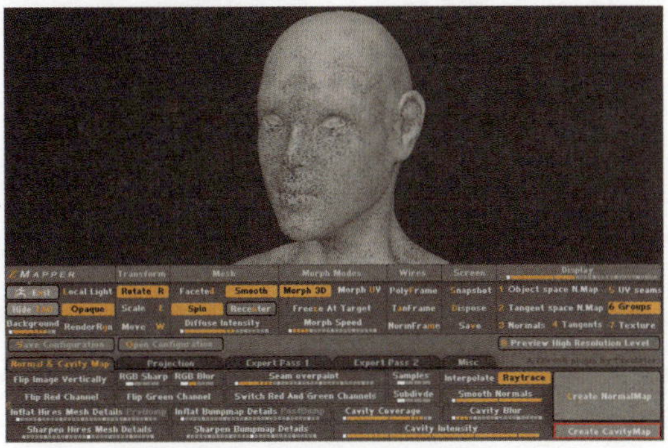

图8-52 创建Cavity Map

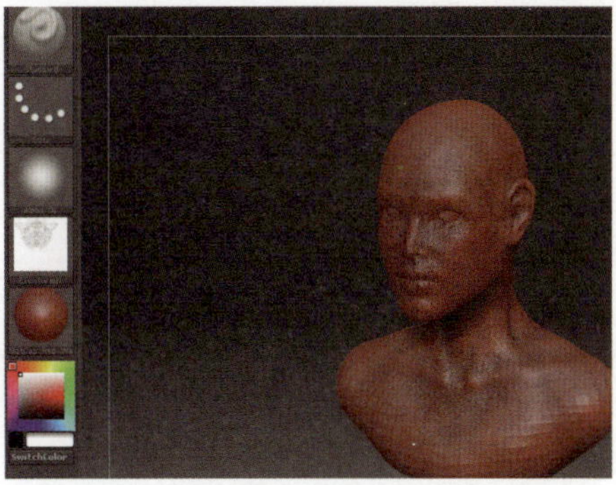

图8-53 Cavity Map出现在Texture菜单中

step❺ 在Texture菜单中单击Flip V按钮，将贴图垂直翻转，如图8-54所示。

step❻ 单击Export按钮，在弹出的对话框中输入文件名称，保存类型选择TIF格式，单击“保存”按钮进行保存，如图8-55所示。

图8-54 翻转Cavity Map

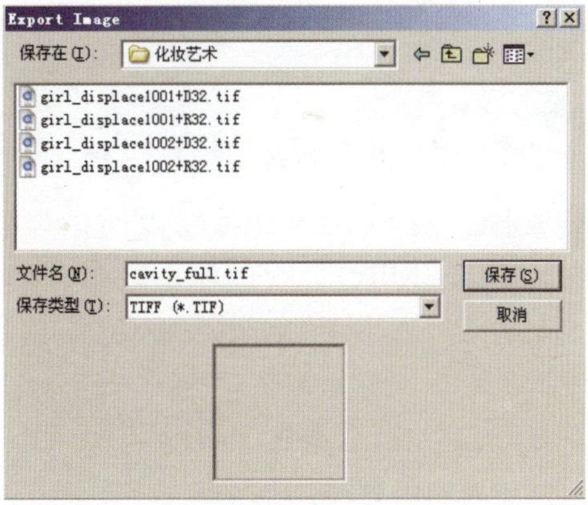

图8-55 输出Cavity Map

8.4.3 制作高光和反射贴图

step❶ 启动Photoshop软件，选择File | Open命令，打开在ZBrush中创建的Cavity Map，如图8-56所示。

step❷ 新建一个深灰色的图层，放置在Cavity层的下面，将Cavity层的图层混合模式设置为Multiply，得到的图像效果如图8-57所示。

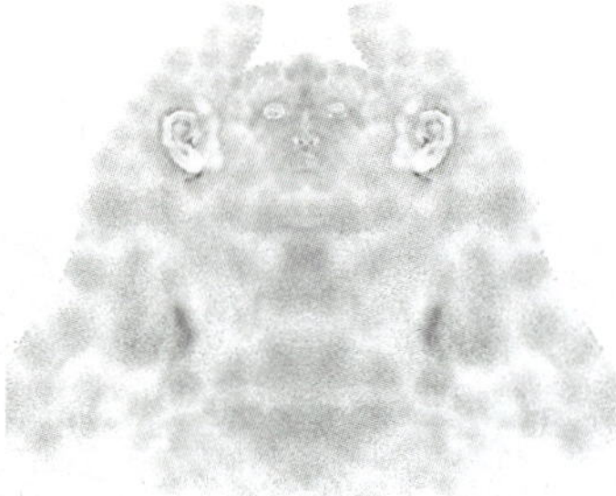

图8-56 Cavity层的图像效果

图8-57 Cavity 层叠加深灰色效果

step❸ 新建一个空白层，使用绘图板在本层上绘画，绘制出人脸部反射较强的部位（包括嘴唇、眼皮厚度部分及额头、脸颊等处），效果如图8-58所示。3个图层的排列顺序如图8-59所示。

图8-58 绘制出反射较强的部位

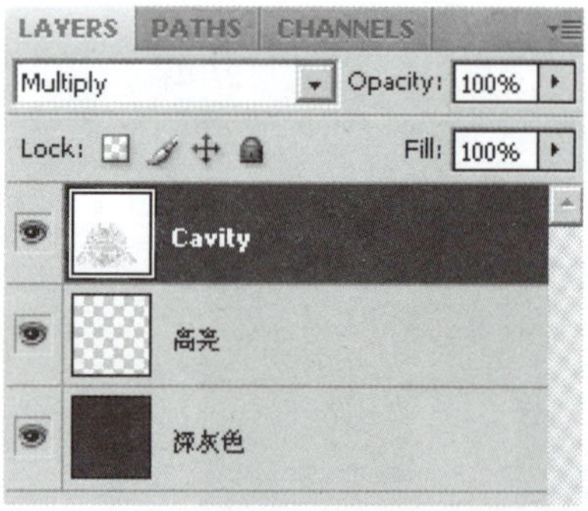

图8-59 各层的排列

step❹ 选择File | Save As命令，将图像命名为spec_reflect，保存为TGA或者TIF格式的文件。

8.4.4 绘制Overall Color贴图

step❶ 要绘制Overall Color贴图，仍然可以利用Cavity Map作为绘制参考，使用绘图板绘制出眼影、腮红，以及嘴唇的颜色，绘制完毕后将Cavity层删除即可，绘制效果如图8-60所示。

step❷ 选择File | Save As命令，将图像命名为Overall_Color，保存为TGA或者TIF格式的文件。

图8-60 Overall Color贴图局部效果

8.4.5 绘制Epidermal Scatter Color贴图

step❶ 启动Photoshop软件，选择File | Open命令，打开在ZBrush中创建的Cavity Map。

step❷ 新建一个浅灰色的图层，放置在Cavity层的下面，将Cavity层的图层混合模式设置为Multiply，得到的图像效果如图8-61所示。

step❸ 新建一个空白层，使用绘图板在本层上绘画，将嘴唇与眼皮部分绘制得稍深一点，额头、脸颊等处绘制得稍浅一点，也可以用深紫色绘制出一些面部的血管，效果如图8-62所示。

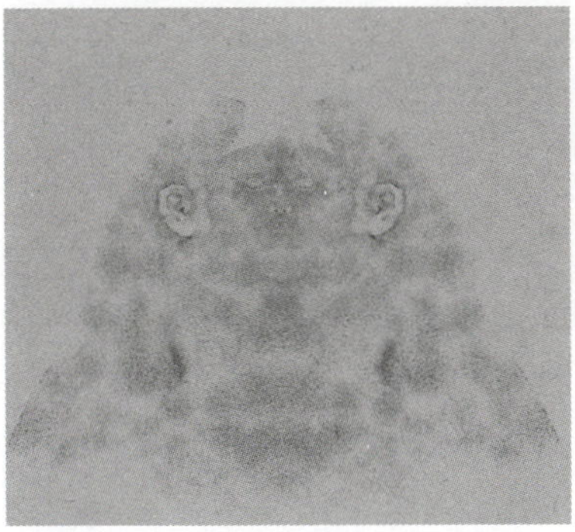

图8-61 Cavity层叠加浅灰色效果

图8-62 Epidermal Scatter Color贴图效果

step❹ 选择File | Save As命令，将图像命名为Epidermal，保存为TGA或者TIF格式的文件。

8.5 制作其他部分模型

其他部分模型包括衣服、耳环和眼球等，相对比较简单，都可以通过对Maya的基本多边形物体稍作修改而获得。眼球建模虽然简单，但是需要了解眼球的生理结构，单纯的一个球体是远远不够的。

8.5.1 眼球模型

step❶ 首先看一下眼球的结构，用来参考建模，如图8-63所示。

step❷ 启动Maya软件，创建一个NURBS球体，增加其ISO参数线，如图8-64所示。

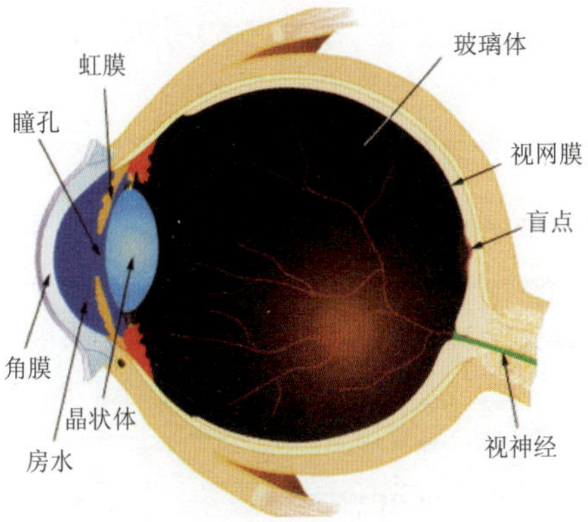

图8-63 眼球结构

图8-64 创建NURBS球体

step③ 通过变换其Control Vertex改变其形状，如图8-65所示。

step④ 创建出眼球的3个组成部分的模型，如图8-66所示。

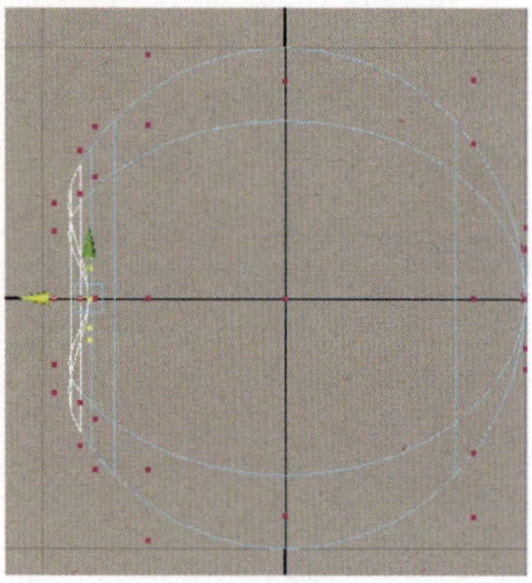

图8-65 改变球体形状

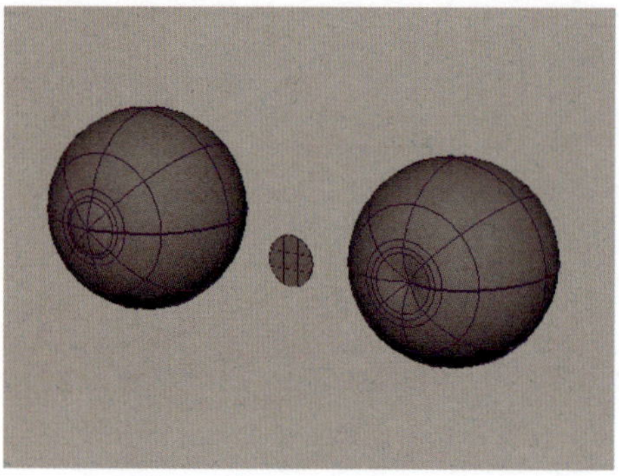

图8-66 眼球的3个组成部分

8.5.2 镜框模型

本案例的镜框模型使用Maya的Ticket Wire插件来制作。

step① 使用CV曲线工具创建一条曲线，如图8-67所示。

step② 选择Ticket | Wire | Create Wire命令，场景中产生了一条螺旋曲线，如图8-68所示。

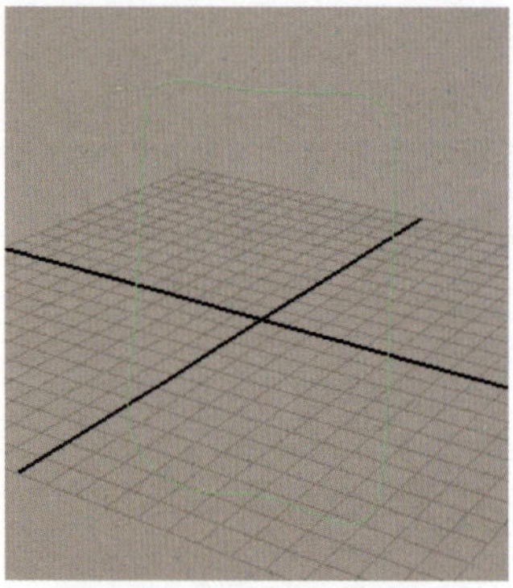

图8-67 创建一条曲线

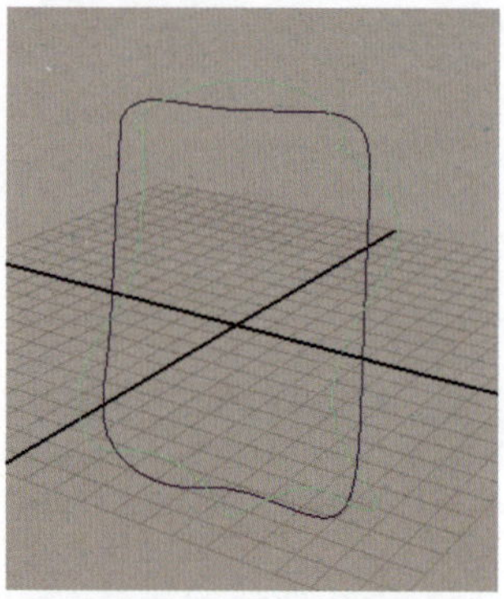

图8-68 创建一条螺旋曲线

step③ 新建一个NURBS圆环，单击Wire Profile文本框后面的按钮，如图8-69所示，在场景中选择NURBS圆环。

step④ 选择Extrude Wires复选框，如图8-70所示，场景中的曲线变成了几何体。

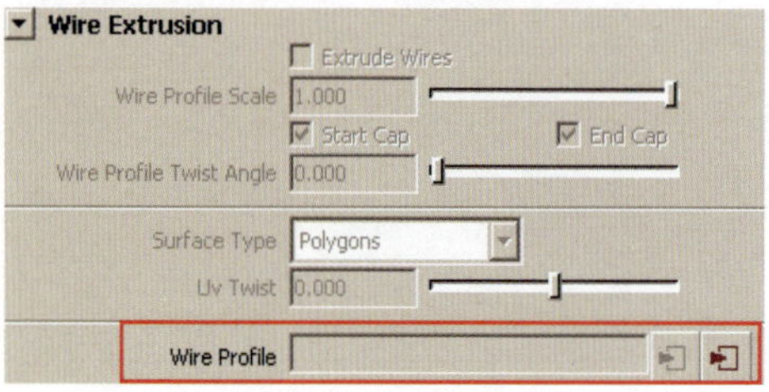

图8-69 选择截面曲线

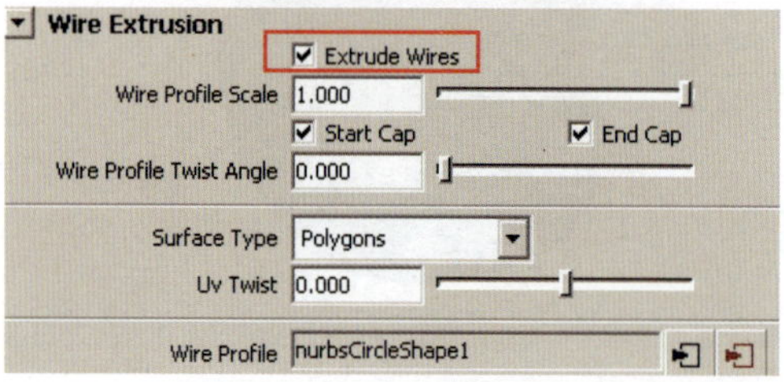

图8-70 生成几何体

step⑤ Ticket Wire参数设置如图8-71所示。

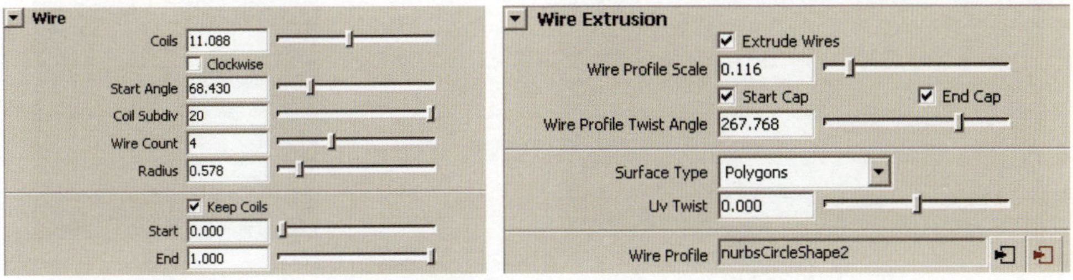

图8-71 Ticket Wire参数

step⑥ 通过曲线调节模型状态，如图8-72所示。

step⑦ 使用相同的方法继续创建另外两组螺旋几何体，最后创建出的模型效果如图8-73所示。

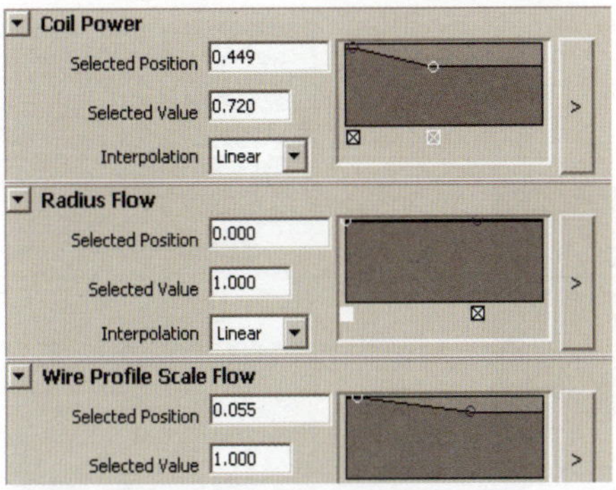

图8-72 调节模型状态

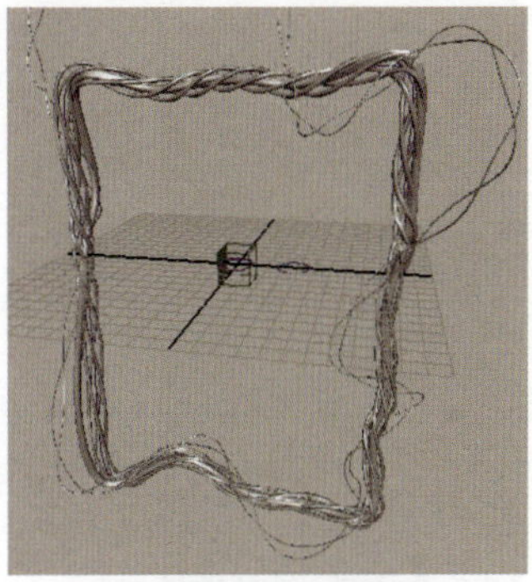

图8-73 镜框模型

8.5.3 背景模型

step① 启动ZBrush软件，创建一个Sphere3D球体，增加其细分次数，如图8-74所示。

step② 单击Make PolyMesh3D按钮，生成多边形球体，如图8-75所示。

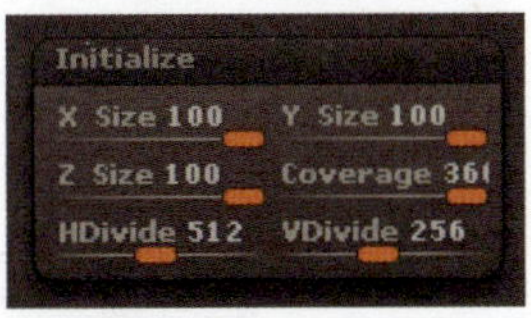

图8-74 细分球体

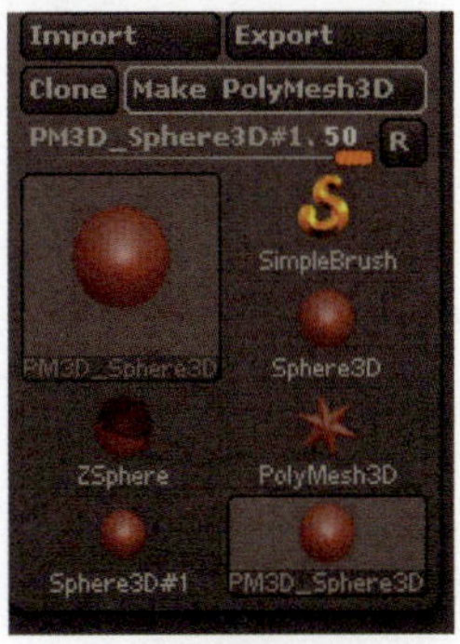

图8-75 生成多边形球体

step③ 在Texture菜单中选择Texture 09贴图，为球体添加一个黑白贴图，如图8-76所示，场景中的球体效果如图8-77所示。

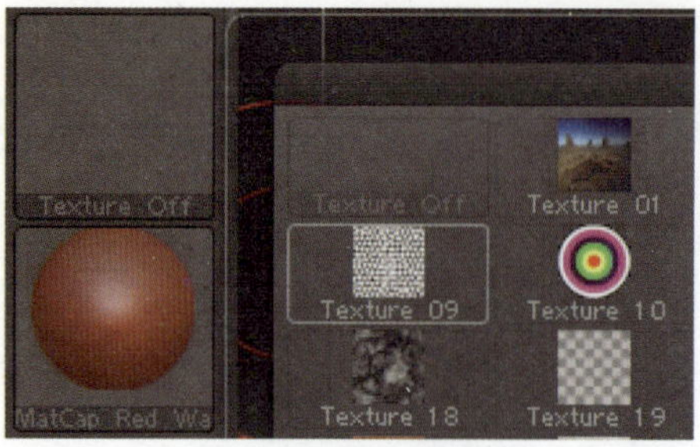

图8-76 选择贴图

图8-77 贴图效果

step④ 单击Mask By Intensity按钮，将贴图转换为Mask（遮罩），如图8-78所示。然后单击SharpenMask三次，将遮罩锐化，接下来单击HidePt隐藏未遮罩的部分，如图8-79所示。

step⑤ 单击DelHidden按钮，删除模型被隐藏的部分，如图8-80所示。

图8-78 转换为Mask（遮罩）

图8-79 隐藏未遮罩部分

图8-80 删除隐藏的部分

step⑥ 单击StoreMT按钮，记录一个变形目标，如图8-81所示。

step⑦ 增大Inflat的数值，如图8-82所示。单击CreateDiff按钮，如图8-83所示，根据变形前后的差值创建出新的模型。

图8-81 记录变形目标

图8-82 增大Inflat的数值

图8-83 单击CreateDiff按钮

step8 在工具中选择新创造出来的模型，如图8-84所示，新模型的效果如图8-85所示。

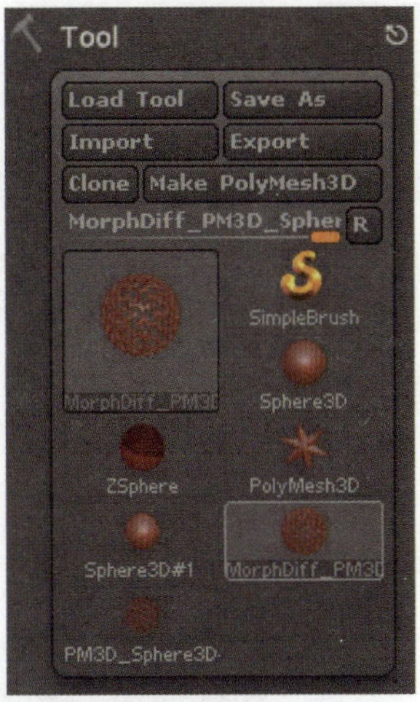

图8-84 选择新模型

图8-85 新模型效果

step9 增大Smooth数值，让模型更平滑，如图8-86所示。

step10 选择SnakHook笔刷，在模型上拖曳，效果如图8-87所示。

step11 选择Move笔刷，让模型变得不规则，效果如图8-88所示。

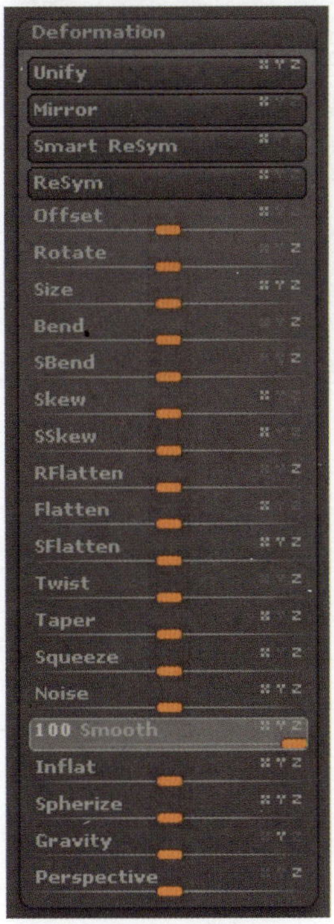

图8-86 平滑模型

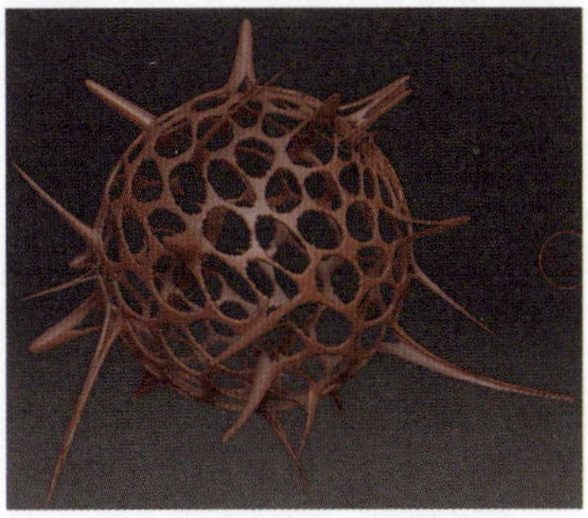

图8-87 SnakHook笔刷效果

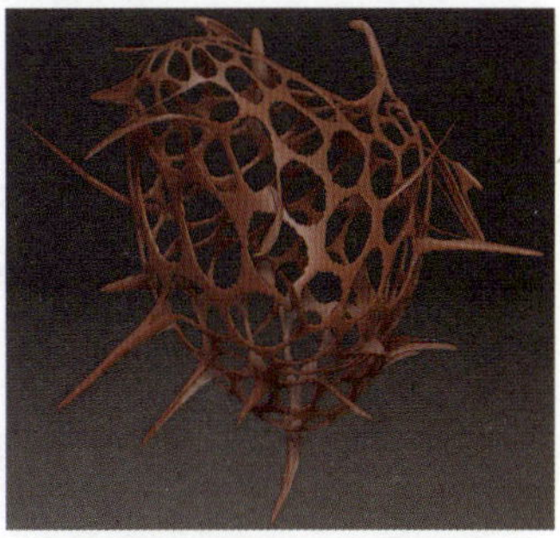

图8-88 Move笔刷效果

step12 在Materials菜单中选择Noise材质，将球体更换为Noise材质，如图8-89所示，场景中的球体效果如图8-90所示。

step13 取消模型的编辑状态，在窗口中画出更多的模型，如图8-91所示。

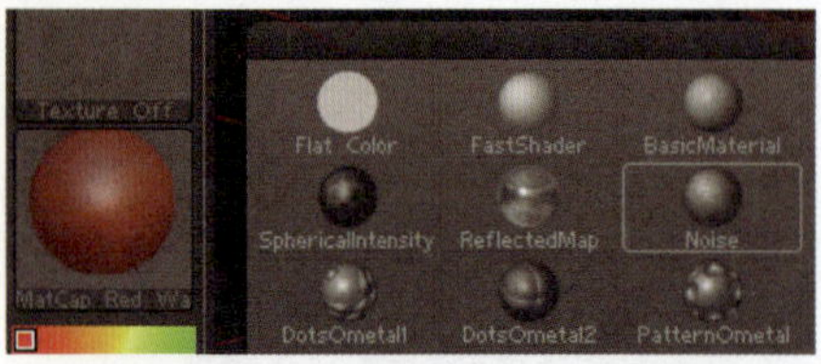

图8-89 将球体更换为Noise材质

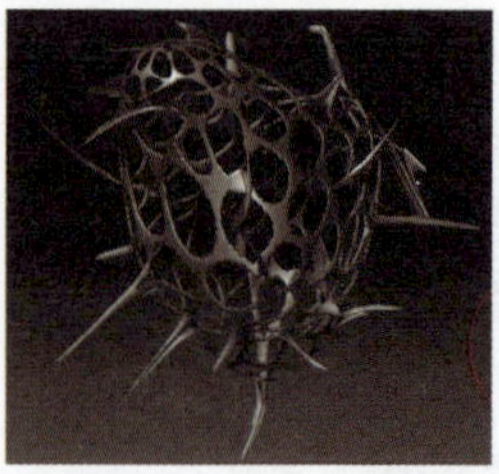

图8-90 Noise材质效果

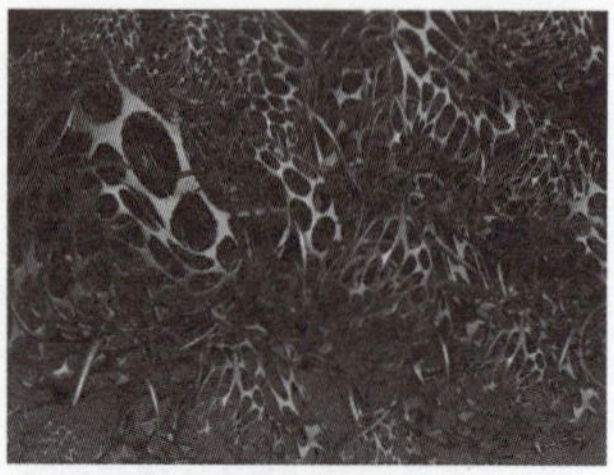

图8-91 画出更多的模型

step14 在Render菜单中展开Fog（雾效）卷展栏，并进行适当的调节，如图8-92所示。效果如图8-93所示。

step15 在Document菜单下单击Export按钮，将制作完成的图像输出，如图8-94所示。

图8-92 渲染设置

图8-93 渲染结果

图8-94 输出图像

8.6 设置场景环境与灯光

本案例灯光设置需要模拟一种室内光效果，仿佛人物在窗前，主光源为天空漫反射的照明效果。环境仍然使用HDR环境，HDR图片也应该为室内图片，色调要与主体渲染色彩基本一致。

8.6.1 设置灯光

本案例采用了传统的三点光源照明，如图8-95所示。

step1 在角色的左侧放置一盏Spot Light作为主光源，其参数如图8-96所示。

图8-95 三点光源照明

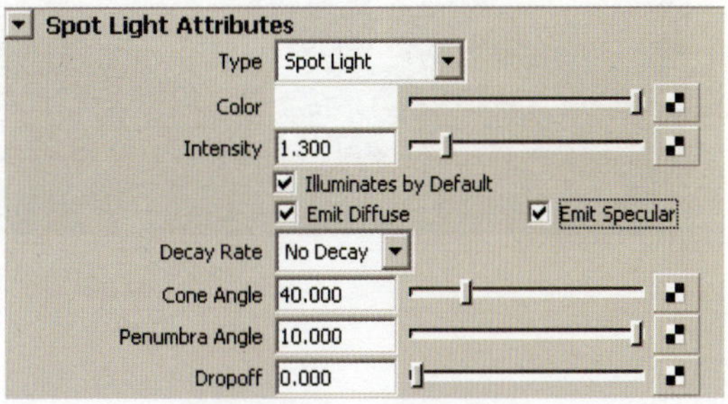

图8-96 主光源设置

step2 开启主光源的光线跟踪阴影，其参数如图8-97所示。

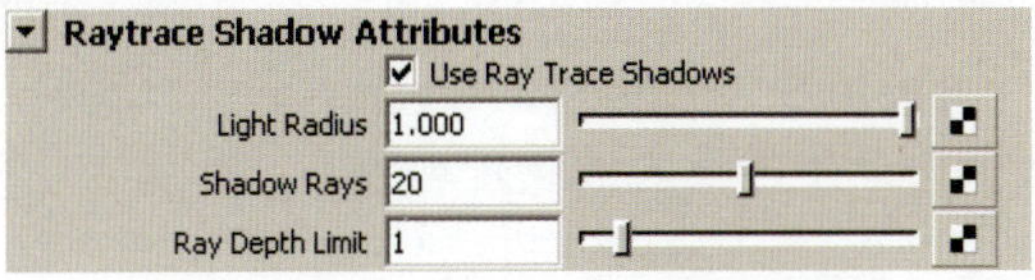

图8-97 开启主光源的光线跟踪阴影

step3 在与主光源大体相对的位置放置一盏Directional Light，模拟环境光，其参数如图8-98所示。

step4 在角色的后面放置一盏Spot Light，用来照亮角色的轮廓，其参数如图8-99所示。

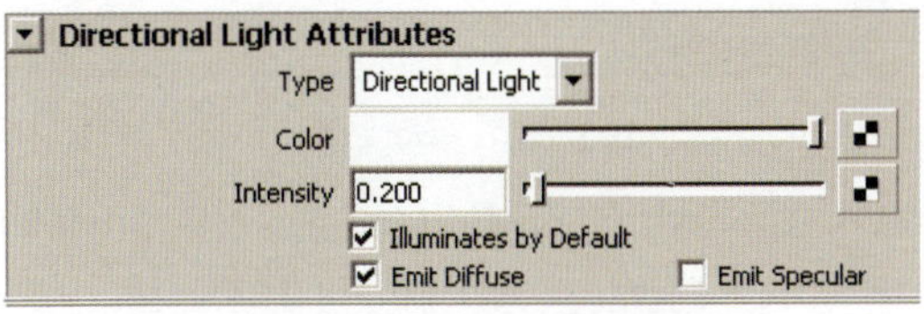

图8-98 Directional Light设置

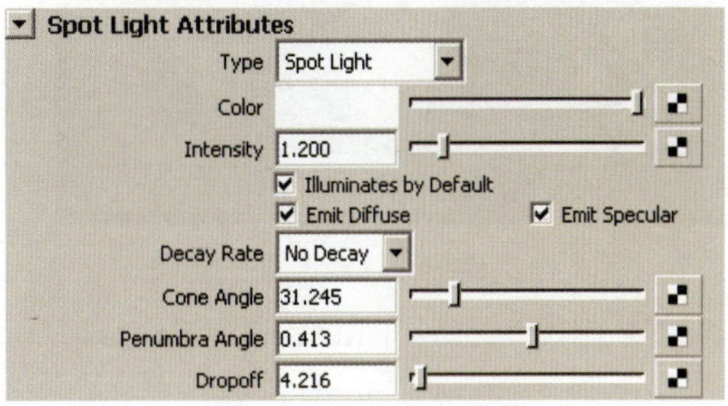

图8-99 Spot Light设置

8.6.2 设置环境

step1 单击Environment卷展栏下Image Based Lighting选项后面的Create按钮，创建一个环境球，如图8-100所示。

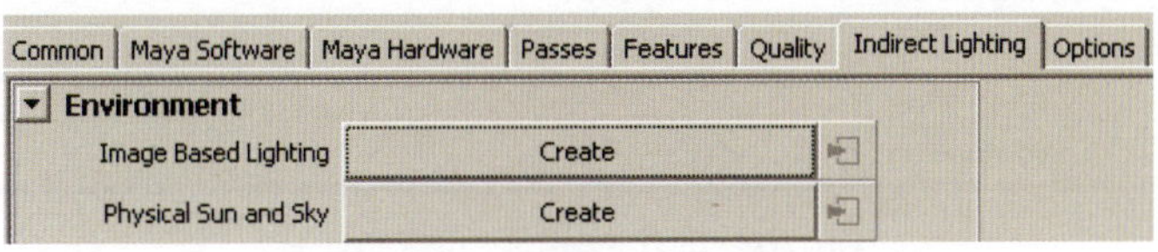

图8-100 创建一个环境球

step❷ 载入一幅HDR图像，如图8-101所示。

图8-101 载入一幅HDR图像

8.7 打造逼真皮肤质感

本案例想要获得的皮肤质感是一种洁净的、带有半透明效果的年轻女性皮肤质感，这里使用了mental ray的sss fast skin材质，SSS材质为次表面散射材质，次表面散射是由于光线穿透一个薄的表面时，在其中产生漫反射的物理现象。

8.7.1 设置置换贴图

step❶ 创建一个sss fast skin材质，单击SG工作组的Displacement mat文本框后面的按钮，载入前面在ZBrush中创建的置换贴图，如图8-102和图8-103所示。

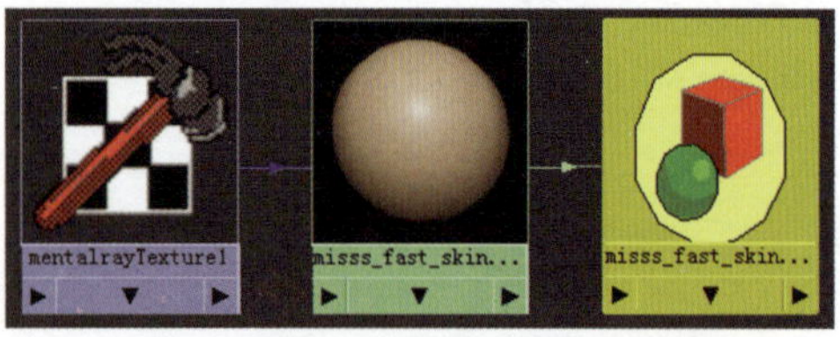

图8-102 sss fast skin材质工作组

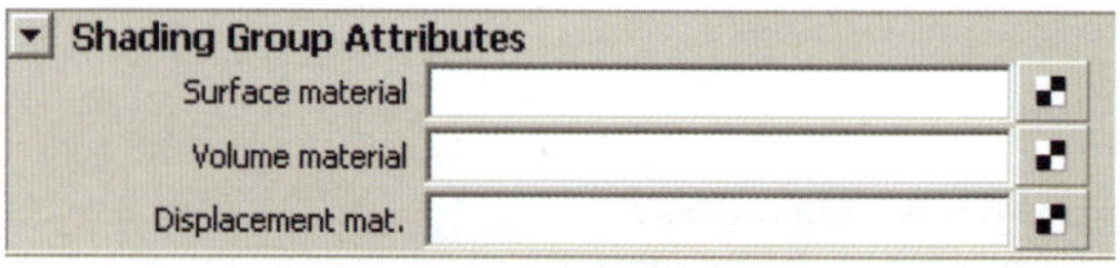

图8-103 载入置换贴图

step❷ 选择Window | Rendering Editors | mental ray | Approximation Editor命令，弹出mental ray Approximation Editor对话框，选择角色头部模型，单击Create按钮，如图8-104所示。

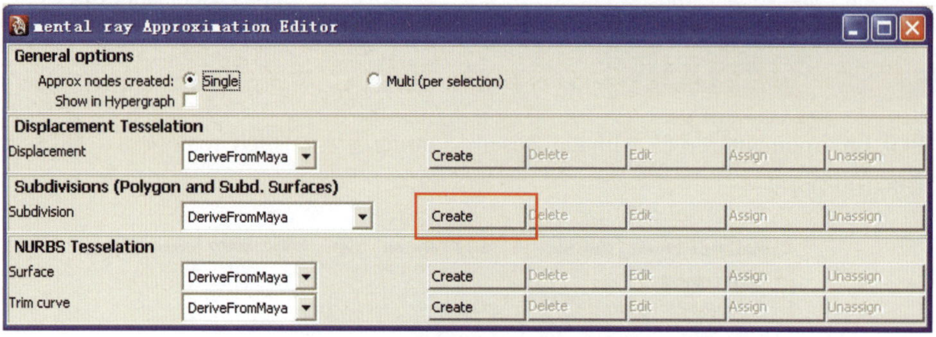

图8-104 创建mental ray置换细分

step❸ 设置Approx Method为Parametric，N Subdivisions为3.000，如图8-105所示。

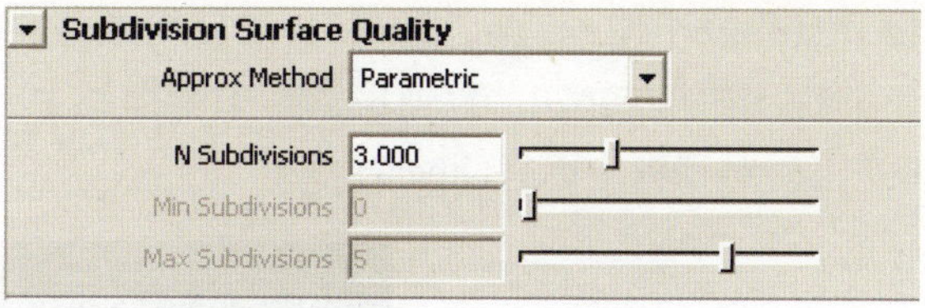

图8-105 设置mental ray置换细分级别

8.7.2 设置sss fast skin材质

step❶ 设置sss fast skin材质从Subsurface Scattering层开始，具体参数如图8-106所示。Epidermal Scatter Color通道使用前面在Photoshop中绘制的Epidermal Scatter Color贴图来控制。

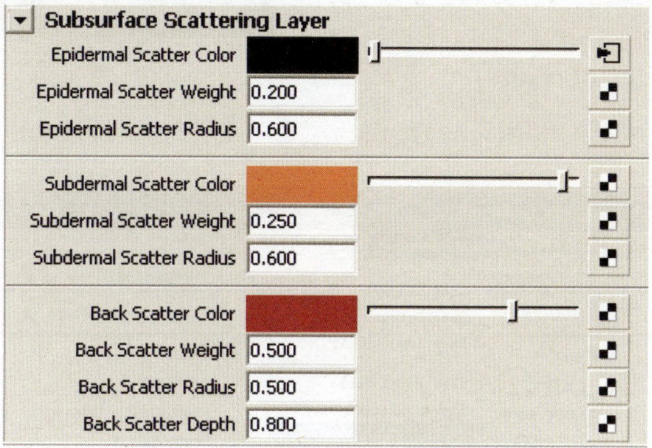

图8-106 设置Subsurface Scattering层

step❷ 接下来设置Diffuse层，具体参数如图8-107所示。Overall Color通道使用前面在Photoshop中绘制的Overall Color贴图来控制。

step❸ 然后设置Specularity层，具体参数如图8-108所示。Overall Weight通道使用前面在Photoshop中绘制的Specular贴图来控制。

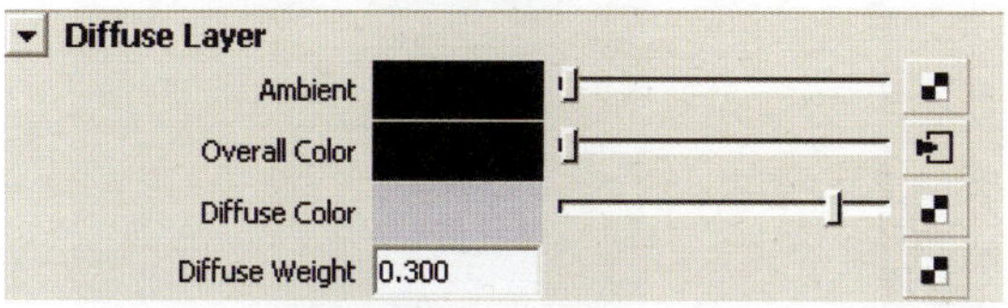

图8-107 设置Diffuse层

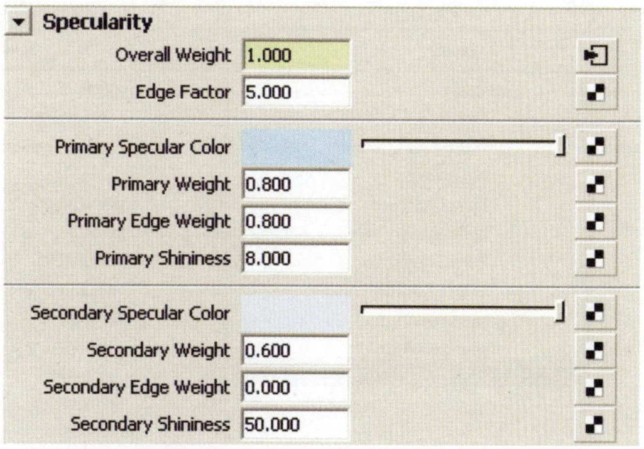

图8-108 设置Specularity层

8.7.3 设置Bump贴图

step❶ 展开sss fast skin材质的Bump Shader卷展栏，单击Bump文本框后面的按钮，载入前面在ZBrush中创建的Cavity Map，如图8-109所示。

step❷ 新建一个bump2d节点和一个file节点，将file节点使用鼠标中键拖到bump2d节点的Bump Value属性通道上，将新建的bump2d节点使用鼠标中间拖到上一步产生的bump2d节点上，如图8-110所示。在弹出的对话框中选择Other。

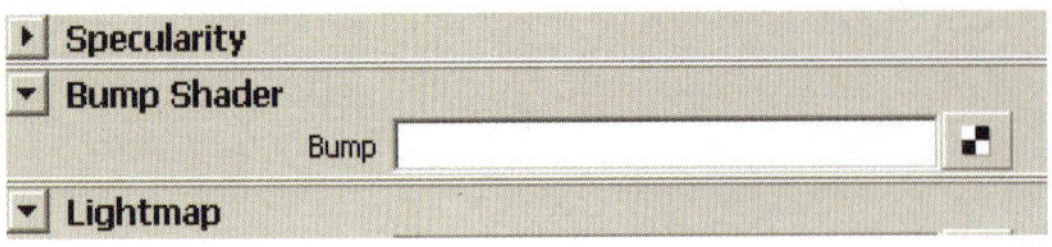

图8-109 Bump Shader卷展栏

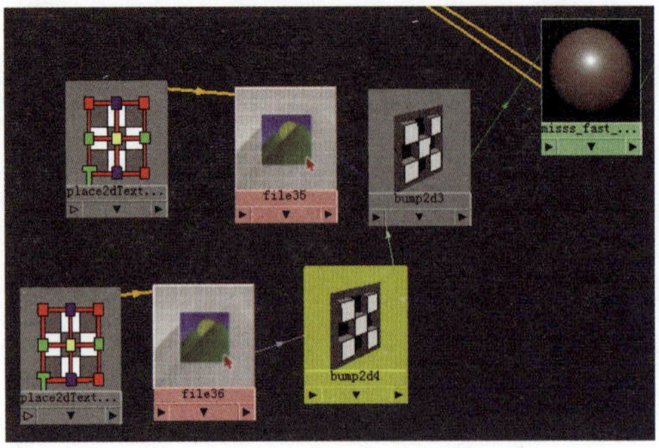

图8-110 连接两个bump2d节点

step❸ 在弹出的属性连接面板中的Right Display菜单中选择Show Hidden命令，如图8-111所示。

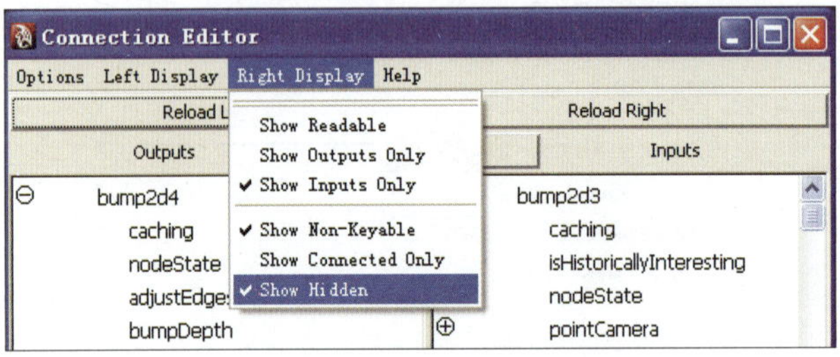

图8-111 连接属性面板设置

step❹ 将左边bump2d4节点的outNormal属性与右边bump2d3节点的normalCamera属性相连接，如图8-112所示。

step❺ 在Photoshop中创建一幅噪波贴图，将其载入到步骤2新建的file节点中，如图8-113所示。

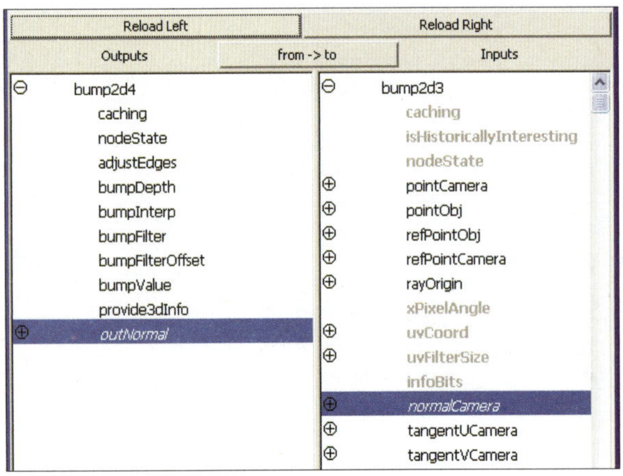

图8-112 连接属性

图8-113 噪波贴图

step❻ 设置两个Bump2d节点的Bump Depth属性都为0.002，如图8-114所示。

step❼ 单击Render按钮进行渲染，SSS层的渲染效果如图8-115所示。

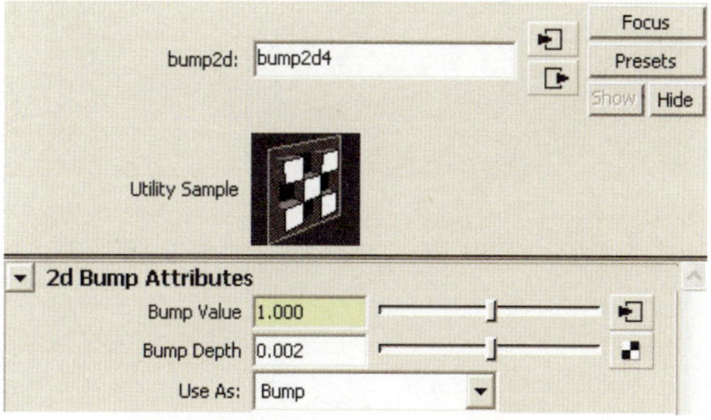

图8-114 设置两个bump2d节点

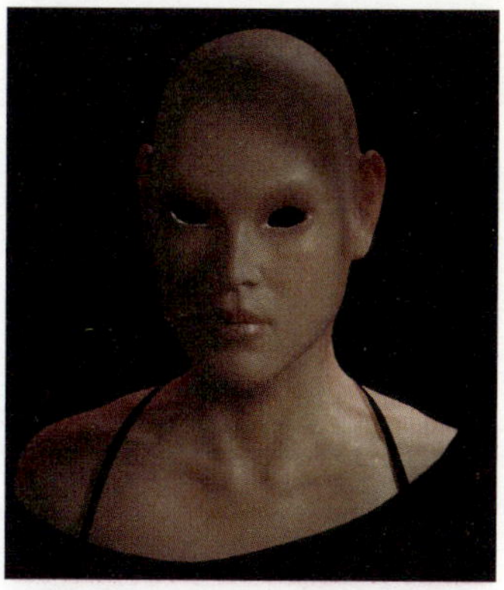

图8-115 SSS层的渲染效果

8.8 打造真实毛发

Shave And A Hair Cut为Maya著名的毛发插件，需要另外安装。Shave And A Hair Cut是目前Maya用户所有的毛发创建方案中效率最高的一个插件，其用于梳理毛发的刷子非常好用，可以快速为毛发定型，其渲染可以支持mental ray的全局光，获得更真实的渲染效果。

8.8.1 分组创建毛发的流程

在进行女孩毛发制作之前，首先来学习本案例分组创建毛发的流程。

step❶ 在将要生长毛发的表面上绘制两条CV曲线，作为毛发生长的引导线，如图8-116所示。

step❷ 选择Shave | Create New Hair命令，弹出毛发预设对话框，选择其中一种毛发预设，如图8-117所示。

图8-116 创建引导线

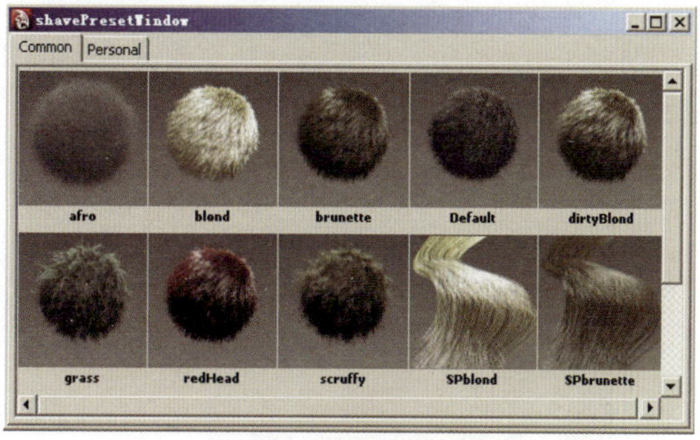

图8-117 毛发预设窗口

step❸ 选择曲线与毛发，选择Shave | Edit Current | Comb Using Curves命令，毛发将顺着引导线的方向生长，如图8-118所示。

step❹ 选择毛发，选择Shave | Brush Tool命令，对毛发进行梳理，如图8-119所示。

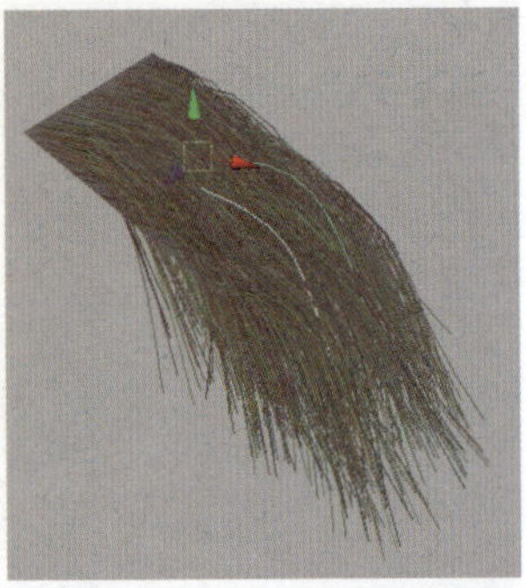

图8-118 使用引导线

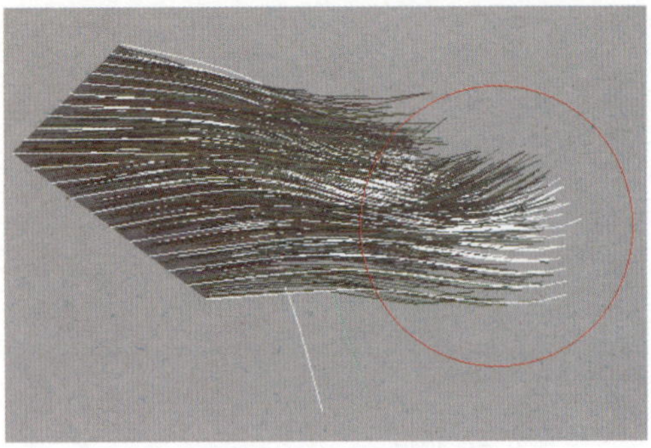

图8-119 梳理毛发

8.8.2 制作女孩毛发

step❶ 制作一个用于生长毛发的“头皮”多边形物体，如图8-120所示。

step❷ 根据发型需要对头发进行分组，并按组绘制引导线，如图8-121所示。

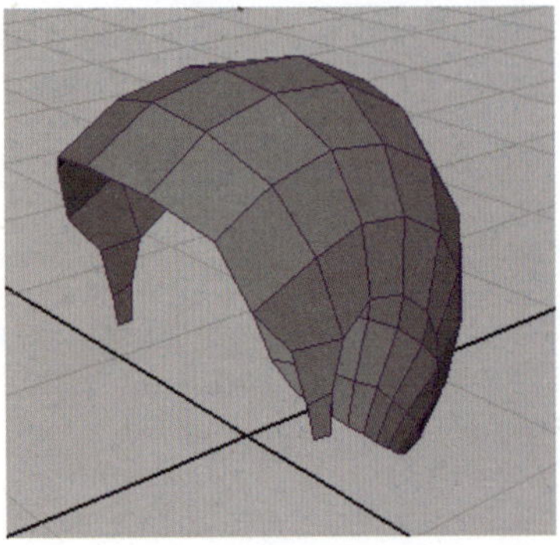

图8-120 多边形物体

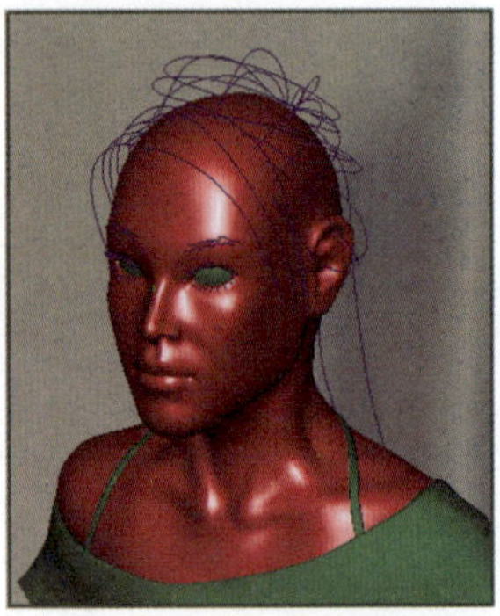

图8-121 绘制引导线

step❸ 在“头皮”上生成毛发，并用引导线引导毛发，最后使用Brush Tool梳理好毛发。本案例共创建了9组毛发来组合成一个完整的发型，如图8-122所示。

step❹ 眉毛的创建方法与头发相同，也要先创建用于生成毛发的多边形物体，生成眉毛后，用引导线引导毛发，并使用Brush Tool进行梳理，如图8-123所示。

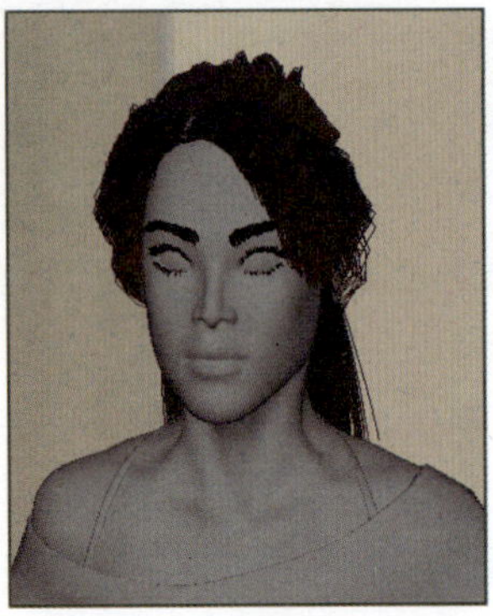

图8-122 使用引导线

图8-123 梳理毛发

8.8.3 设置头发参数

下面是本案例shaveHairShape节点的主要参数设置。

step❶ “常规参数”卷展栏的主要参数如图8-124所示。

step❷ “卷发参数”卷展栏的主要参数如图8-125所示。

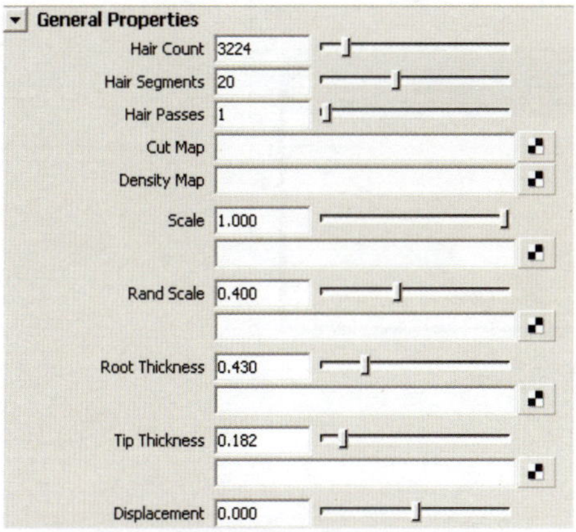

图8-124 “常规参数”卷展栏

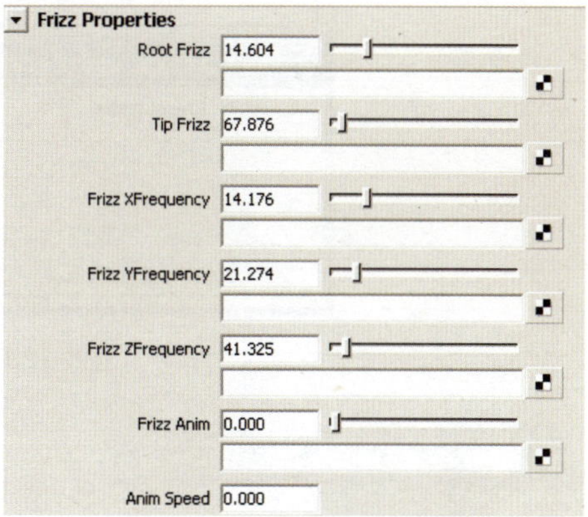

图8-125 “卷发参数”卷展栏

step❸ “扭结参数”卷展栏的主要参数如图8-126所示。

step❹ “多发丝参数”卷展栏的主要参数如图8-127所示。

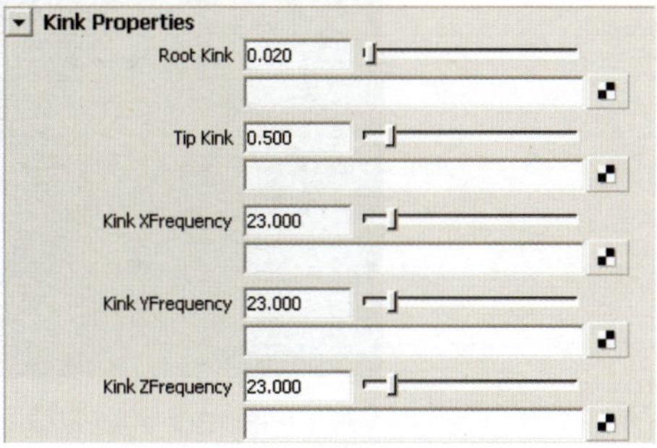

图8-126 “扭结参数”卷展栏

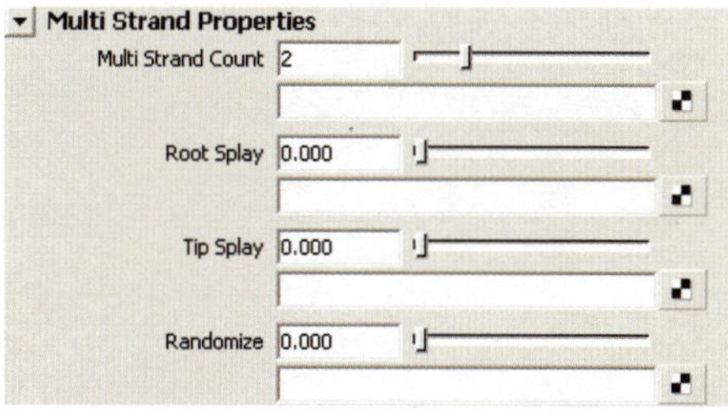

图8-127 “多发丝参数”卷展栏

step❺ “材质参数”卷展栏的主要参数如图8-128所示。

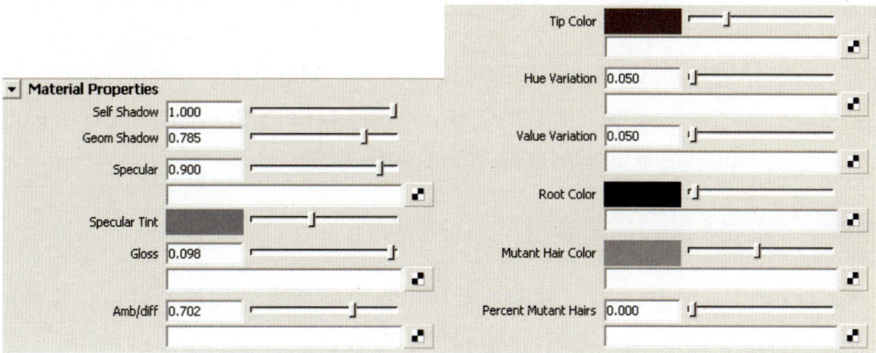

图8-128 “材质参数”卷展栏

step❻ 如果要保存以上的参数预设，并将这个预设添加到其他毛发组，只需单击Presets*按钮，在弹出的Save Attribute Preset对话框中输入预设名称，单击Save Attribute Preset按钮即可将以上设置的所有参数保存为一个毛发预设，如图8-129所示。

图8-129 保存参数为预设

8.8.4 制作睫毛

要创建睫毛，只需在上下眼皮的位置绘制几条CV曲线，然后选择这些曲线，选择Shave | Create New Hair命令进行创建，注意上下眼皮的睫毛要分别进行创建。

另外一种创建睫毛的方法是，先创建一个多边形圆柱体，将其修改为一根睫毛的形状，然后将其复制，调整其大小与方向，手动摆放到合适的位置，如图8-130所示。

图8-130 毛发效果

8.9 创建靓丽麻花辫

要创建一条麻花辫，Maya Hair是最为方便的工具。Maya Hair是Maya自带的毛发制作工具，功能强大，只是在毛发定型方面有所欠缺，使用起来不如Shave And A Hair Cut的各种毛发刷子方便，读者可以根据不同案例选择不同的制作方案。

8.9.1 创建麻花辫

step❶ 单击Hair | Create Hair命令后面的小方体，弹出创建头发属性对话框，如图8-131所示进行参数设置。设置完毕单击Create Hair按钮。头发默认的效果如图8-132所示。

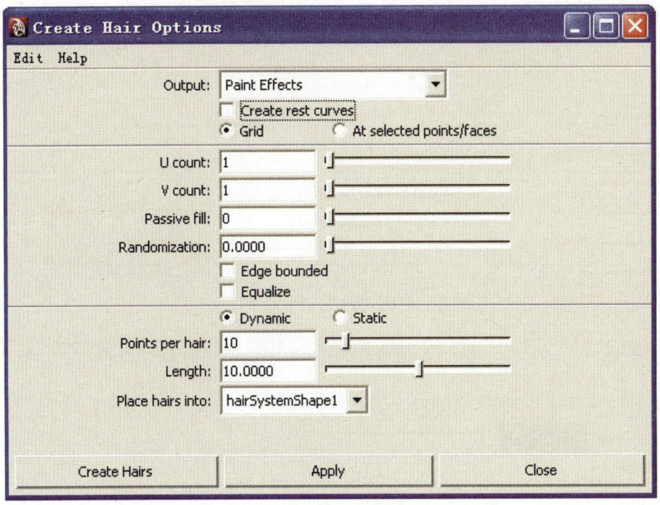

图8-131 创建头发属性对话框

图8-132 头发的默认效果

step❷ 选择pPlane1FollicleShape5050选项卡中的Braid复选框即可形成麻花辫效果，设置如图8-133所示，效果如图8-134所示。

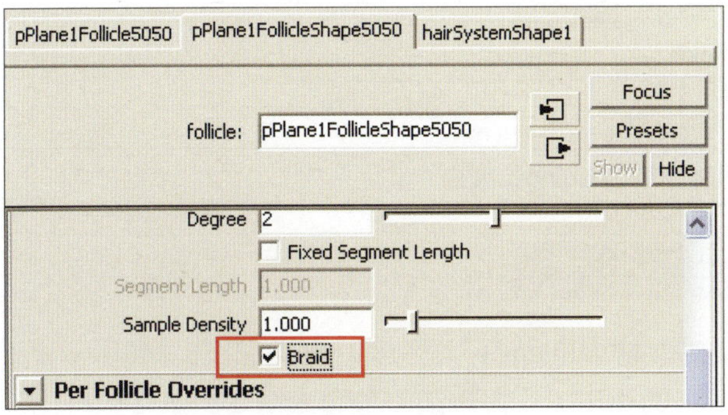

图8-133 选择Braid复选框

图8-134 麻花辫效果

8.9.2 设置麻花辫形状参数

step❶ pPlane1FollicleShape5050选项卡中的其他参数设置如图8-135和图8-136所示。

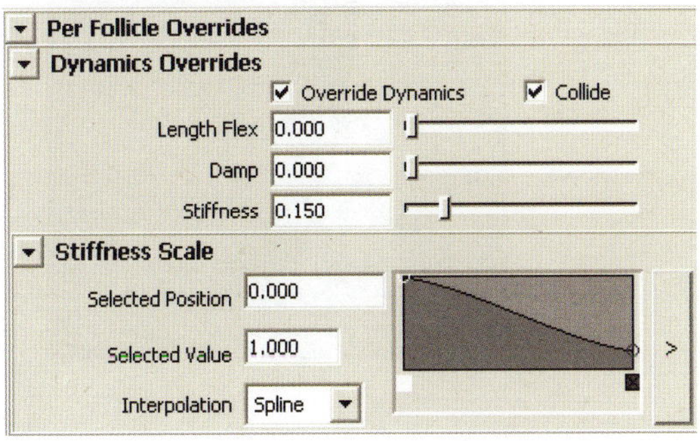

图8-135 Stiffness Scale卷展栏

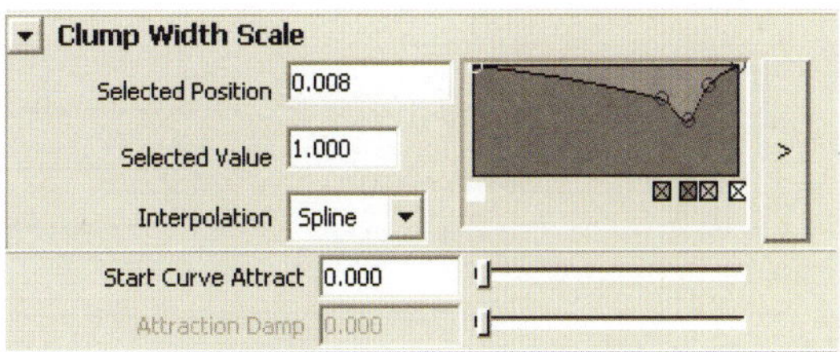

图8-136 Clump Width Scale卷展栏

step❷ hairSystemShape1选项卡中的毛发全局形状参数设置如图8-137～图8-139所示。

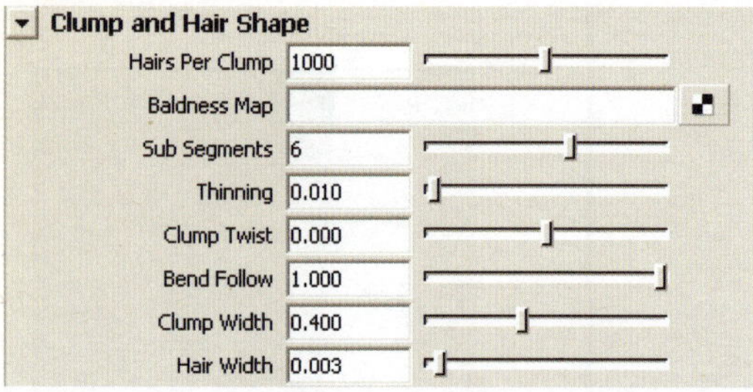

图8-137 Clump and Hair Shape卷展栏

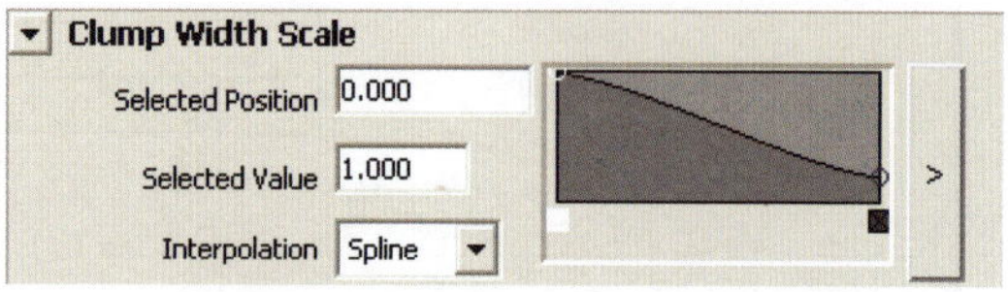

图8-138 Clump Width Scale卷展栏

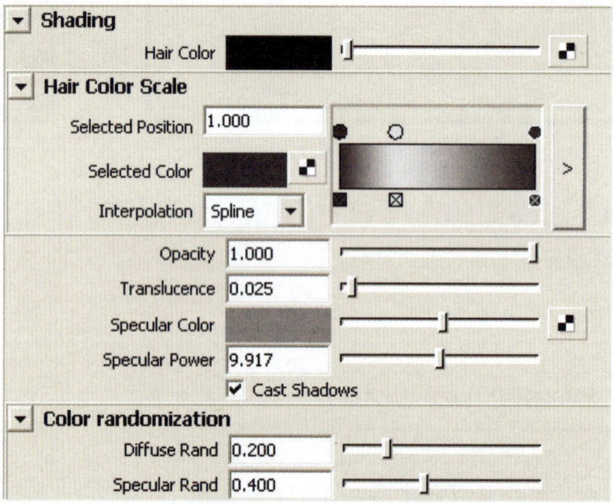

图8-139 Shading卷展栏

8.9.3 制作麻花辫动态效果

step❶ 展开Turbulence（扰动力）卷展栏，增大Intensity（强度）值，如图8-140所示。

step❷ 单击播放按钮，麻花辫在扰动力场的作用下，产生随机的摆动效果，如图8-141所示。

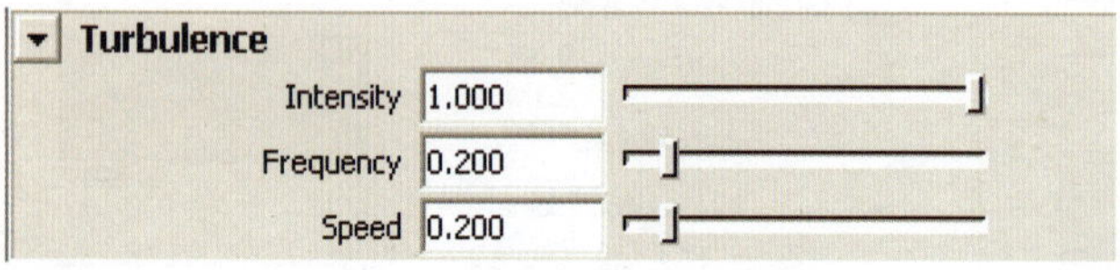

图8-140 Turbulence卷展栏

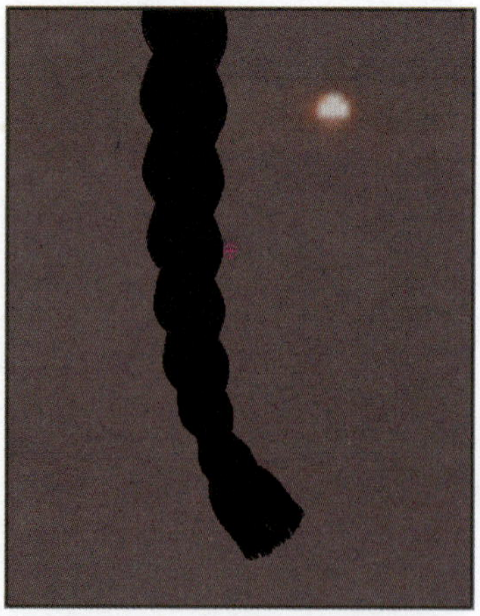

图8-141 摆动的麻花辫

8.9.4 渲染麻花辫

创建一盏聚光灯作为麻花辫的主光源，开启光线跟踪阴影，创建另外一盏聚光灯作为麻花辫的辅助光源。将渲染器切换为mental ray渲染器，将渲染质量设定为Production（产品级），对视图进行渲染，渲染结果如图8-142所示。

图8-142 渲染麻花辫

8.10 渲染与合成

本案例场景同时具有SSS材质、置换贴图和毛发系统，对计算机硬件设备是一个考验，所以合理进行分层渲染就显得更为重要。分层渲染也为图像的修改带来了更多的便利，本案例在Maya中应用多个渲染分层，通过Photoshop软件进行合成。

8.10.1 全局渲染

step❶ 全局渲染设置的“抗锯齿”卷展栏的参数设置如图8-143所示。

step❷ 全局渲染设置的“光线跟踪”卷展栏的参数设置如图8-144所示。

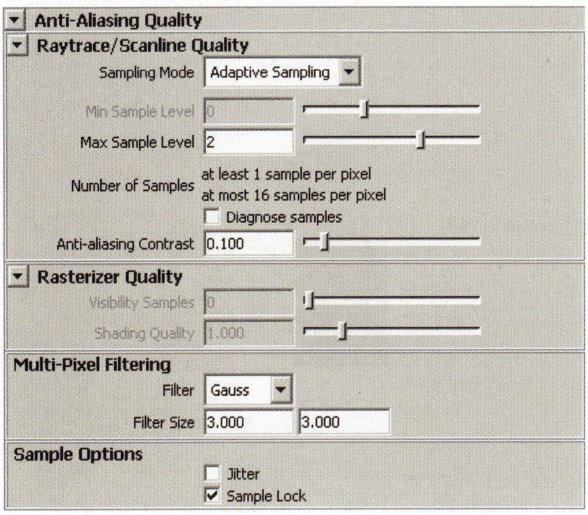

图8-143 “抗锯齿”卷展栏的参数设置

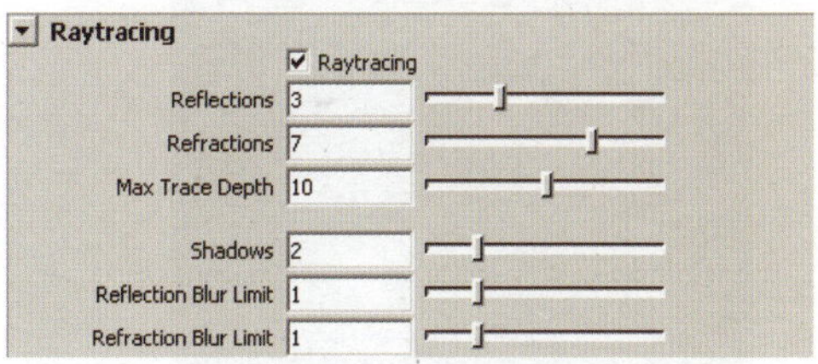

图8-144 “光线跟踪”卷展栏的参数设置

8.10.2 反射渲染层

step❶ 新建一个渲染层，命名为reflected，为女孩角色指定一个Blinn材质，其“常规参数”卷展栏的主要参数如图8-145所示。

step❷ Blinn材质的“镜面反射”卷展栏的主要参数如图8-146所示。

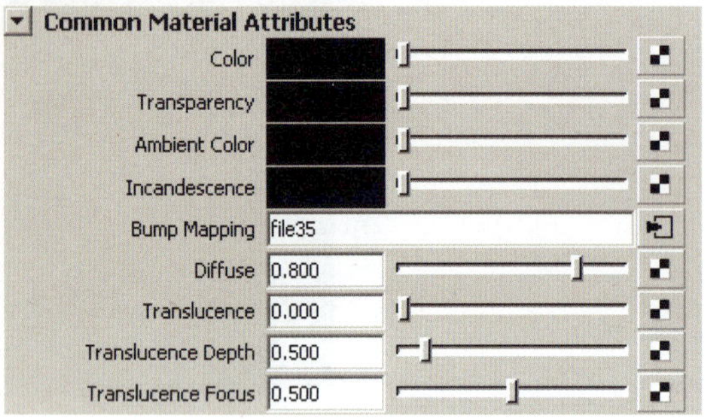

图8-145 “常规参数”卷展栏的参数设置

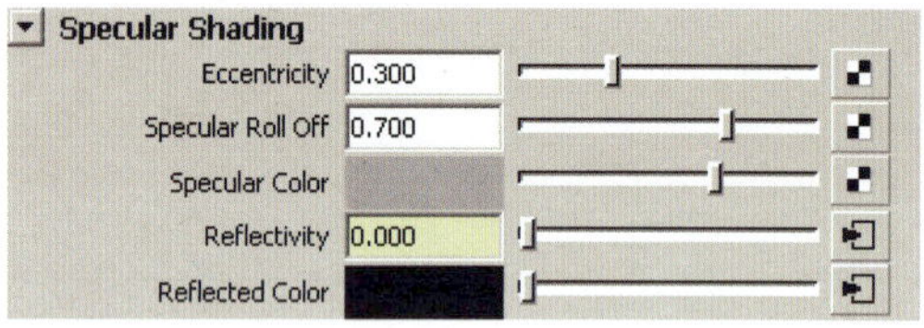

图8-146 “镜面反射”卷展栏的参数设置

step❸ Blinn材质的mental ray卷展栏的主要参数如图8-147所示。

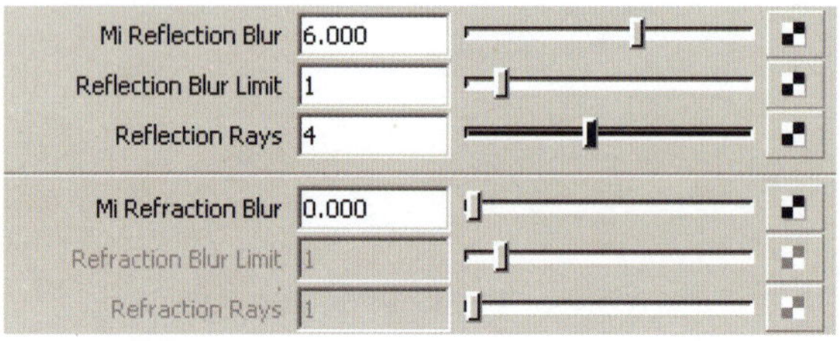

图8-147 mental ray卷展栏的参数设置

8.10.3 衣服渲染层

step❶ 准备一个布纹纹理贴图，本案例衣服材质的Color、Bump和Specular三个通道都将使用这个布纹纹理贴图来进行控制，如图8-148所示。

step❷ 新建一个渲染层，命名为cloth，为衣服模型指定一个Blinn材质，其“常规参数”卷展栏的主要参数如图8-149所示。

图8-148 布纹纹理贴图

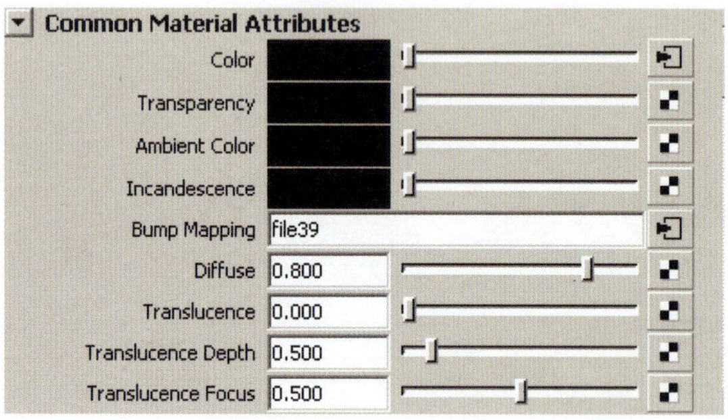

图8-149 “常规参数”卷展栏的参数设置

step❸ 衣服材质的“镜面反射”卷展栏的主要参数如图8-150所示。

step❹ 将渲染质量设置为产品级，对本层进行渲染，效果如图8-151所示。

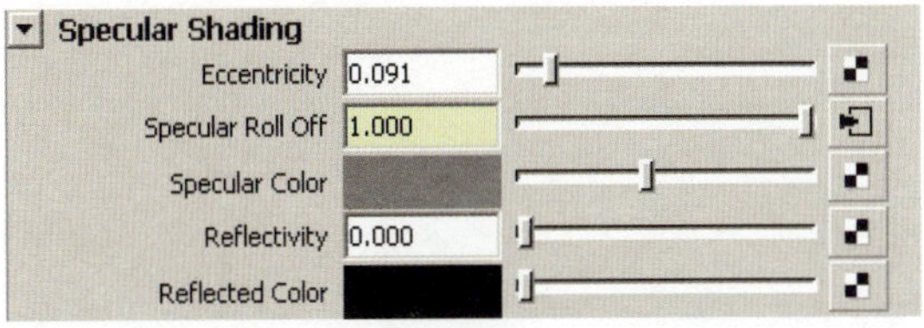

图8-150 衣服材质“镜面反射”卷展栏的参数设置

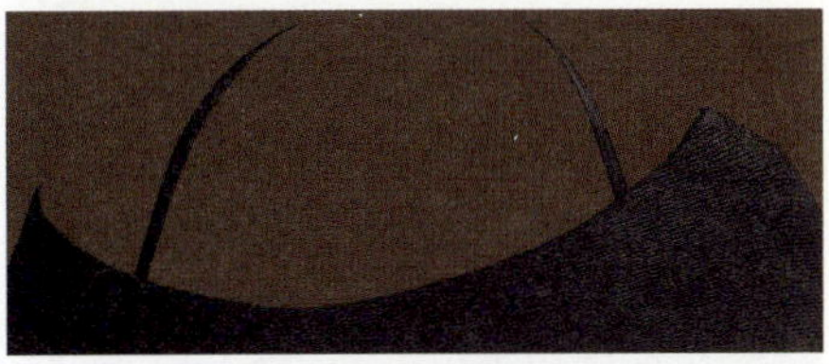

图8-151 Cloth层的渲染效果

8.10.4 毛发渲染层

step❶ 选择Shave | Shave Globals命令，弹出毛发全局设置对话框，将头发渲染模式设置为Buffer模式，如图8-152所示。

step❷ 对Buffer模式参数进行进一步设置。选择Output Hair Images复选框，并设置其名称与存放路径，这样对毛发及模型进行渲染之后，单独的毛发图像（不包含头部模型）将被保存在设置好的路径文件夹内，以用于后期合成。

Compositing下拉列表框中如果选择Off选项，则当前渲染窗口中渲染出来的图像不包含毛发，只有头部模型，但包含毛发阴影；Compositing下拉列表框中如果选择2D Post选项，则当前渲染窗口中渲染出来的图像既包含毛发又包含头部模型，如图8-153所示。

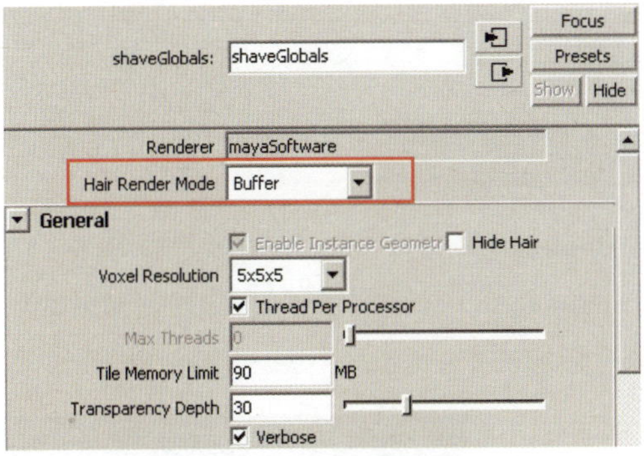

图8-152 设置头发渲染模式

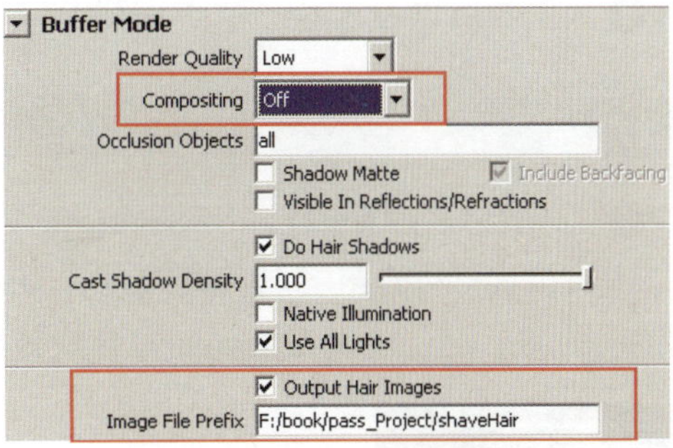

图8-153 Buffer模式参数设置

8.10.5 AO渲染层

step❶ 新建一个渲染层，命名为AO，将本层渲染器指定为mental ray，将衣服与头部模型都添加到本层，并指定一个surfaceShader。

step❷ 新建一个mib_amb_occlusion节点，将其outValue属性与surfaceSha的outColor属性相连接，如图8-154所示。

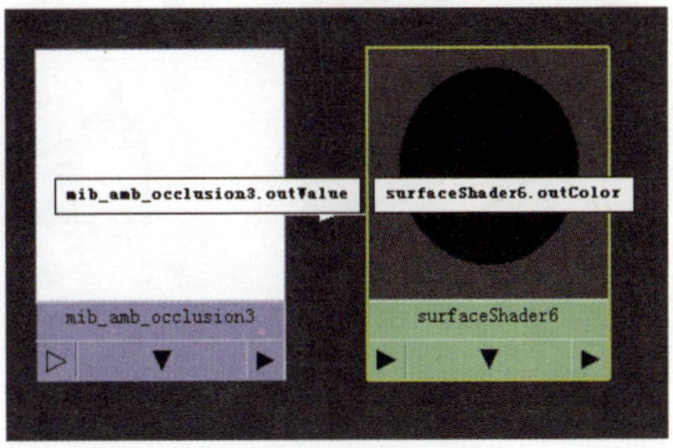

图8-154 属性连接

step❸ 提高mib_amb_occlusion节点的Samples（采样）值，如图8-155所示。

step❹ 将渲染质量设置为产品级，单击渲染按钮进行渲染，效果如图8-156所示。

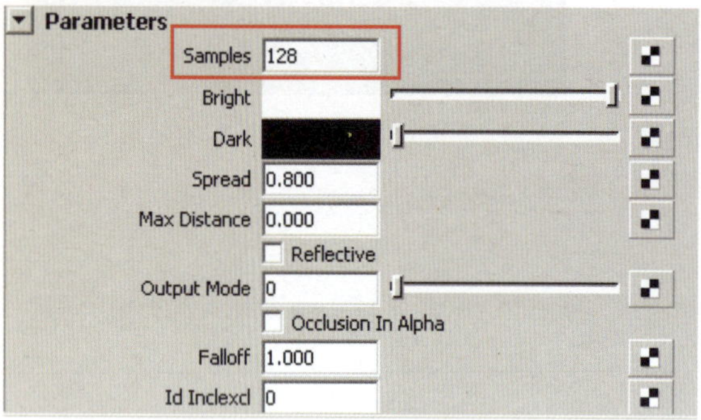

图8-155 提高AO采样值

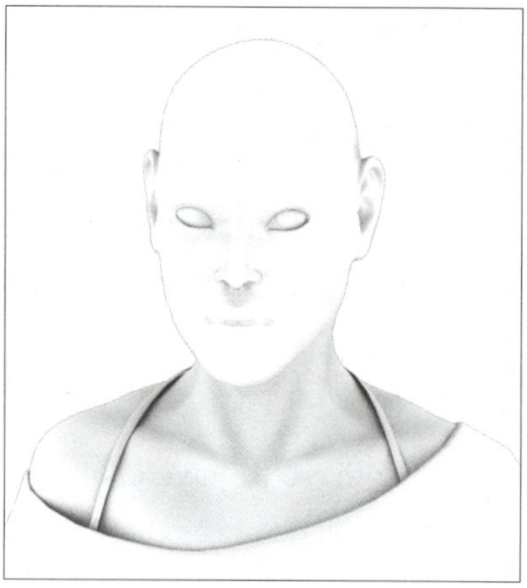

图8-156 AO层渲染效果图

8.10.6 耳环层

step❶ 耳环中的钻石模型是通过对一个圆柱体进行修改得到的；材质可以参考第3章玻璃材质的制作方法，只是将其折射率设定为2.0，使用HDR图像环境对钻石材质的形成起到了至关重要的作用。

step❷ 金属丝可以通过对一个圆环截面沿路径曲线挤压得到，渲染效果如图8-157所示。

8.10.7 使用Photoshop合成图像

step❶ 首先合成主体角色，SSS、cloth、AO、reflected、hair各层的排列顺序如图8-158所示。将reflected层的图层混合模式设置为Screen，将AO层的图层混合模式设置为Multiply，其他层的图层混合模式为Normal，合成效果如图8-159所示。

图8-157 耳环层渲染效果

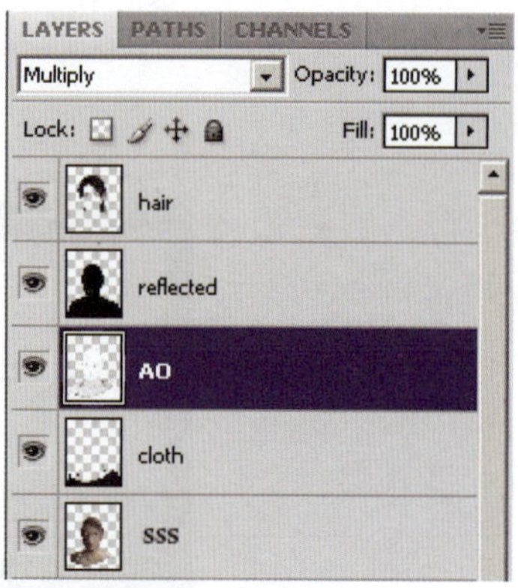

图8-158 合成主体角色

图8-159 主体角色合成效果

step2 将渲染好的镜框图像导入进来，如图8-160和图8-161所示。最后加入耳环和麻花辫，完成本案例的制作。

图8-160 镜框

图8-161 加入镜框与背景

第9章 在X星上空飞行

本章案例主要借助了Matte Painting工作方式，在Maya中完成基本场景元素的建模、灯光、材质和渲染等工作，大部分工作是借助Photoshop来完成的，在Photoshop中，将多个三维图像、照片素材和手绘等元素拼贴在一起，并进行调色，使画面完整和谐。本章通过对整个流程的讲解，使读者学会使用Matte Painting这种原本应用在电影中的工作方式来进行三维静帧创作。

素材和源文件：\素材和源文件\第9章 X星上空的飞行

9.1 Matte Painting打造科幻场景

本案例表现的是一个科幻场景，制作完成后的最终效果如图9-1所示。

9.1.1 创意分析

在宇宙的深处，存在着一个不为人知的星球，星球表面没有一个人形生物，这里的生命以一种不可知的形式存在着，巨大的飞船悬挂在上空，是X星的守护神。某一天，入侵者突然出现了……

本案例的题材有些俗套，只是表达了笔者对科幻电影与小说的喜爱。所谓Matte Painting，就是指利用各种手法与素材合成背景图像，这个图像是实际无法拍摄或者根本不存在的完全虚构的景色，这些手法与素材包括三维制作的图像或动画、拍摄制作的模型、照片素材和手绘素材等。图9-2所示为电影《指环王》中的Matte Painting应用。电影演员在蓝屏或绿屏前拍摄，然后在后期制作中，将绿色或蓝色抠去，最后利用合成软件将角色与制作好的背景合成。

图9-1 《在X星上空飞行》案例效果图

图9-2 电影《指环王》Matte Painting应用

9.1.2 制作流程

整个制作流程大致分为：绘制草图、Maya与ZBrush建模、灯光、材质与渲染，以及Photoshop后期制作，整个流程的中心环节是Photoshop的拼贴合成。详细的制作流程如下。

01 绘制草图

在Photoshop中绘制草图。在此之前，笔者先在纸上勾画了很多草图方案，设计了许多飞行器外观，最终决定采用一种最简洁的设计方案。

02 Maya建模

本案例使用Maya的多边形建模方式创建了飞行器、地形和主体建筑，并使用ZBrush添加了一点细节。

03 UV与贴图

本案例使用Unfold 3D拆分UV。金属贴图来自素材库。

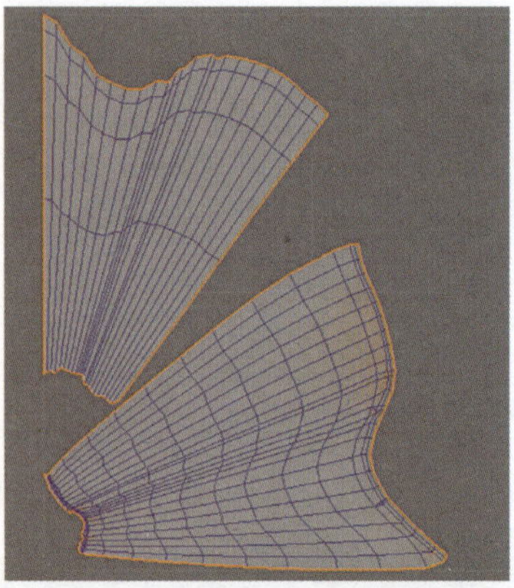

04 灯光、材质与渲染

此过程并没有进行很详细的材质设置，材质细节都要使用Photoshop制作。

05 Photoshop拼贴与后期制作

利用Photoshop进行拼贴与后期制作是本案例的中心环节。

9.1.3 注意事项

在整个的制作过程中，会遇到很多问题，以下为总结出的可能的问题及相关的解决方法。

注意1 借鉴电影中的相关技巧

多看一些国外大片，特别要看一下《指环王》三部曲，深入理解Matte Painting技术在其中的重要性，并看清它是如何应用的。

注意2 素材的收集

平时要多收集各种场景的图片素材，特别是一些景观照片。

注意3 注重画面整体氛围

使用Photoshop合成各元素的时候，整体氛围是最重要的，一定要让画面有一个突出的氛围，可以让人有种身临其境的感觉。

注意4 注重画面整体氛围

要加强Photoshop基础知识学习，并且能够熟练使用手绘板在Photoshop中绘画，要提高Photoshop特效绘画的能力。

注意5 了解电影特效制作流程

要学习一定的影视后期合成与特效的相关知识，了解电影特效制作的基本流程。

9.2 制作飞行器及其他基础模型

基础模型都是通过对Maya的基本多边形物体进行修改而获得的。比如，飞行器模型主要通过对多边形Pipe进行修改来获得，建筑模型主要通过对多边形Cube进行修改来获得，地形与山体模型主要通过对多边形Plane进行修改来获得。

9.2.1 飞行器基础模型

飞行器整体呈柱形，内部为较光滑的金属管舱，外部嵌套了两层粗糙的柱形金属构件，头部为反射较强的球形舰桥，武器系统从球形体中探出。

step❶ 创建一个多边形Pipe，并修改其INPUTS参数，如图9-3所示。修改后的Pipe如图9-4所示。

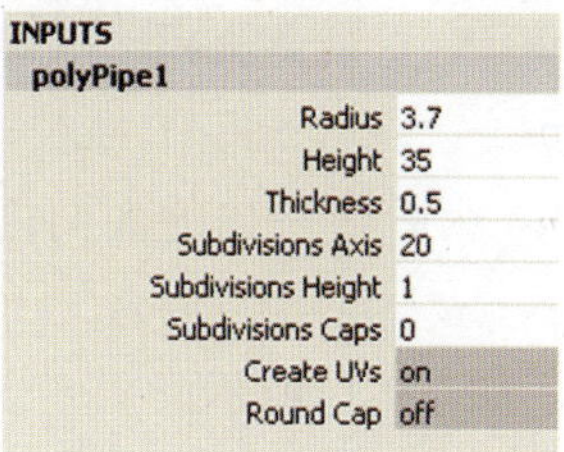

图9-3 修改INPUTS参数

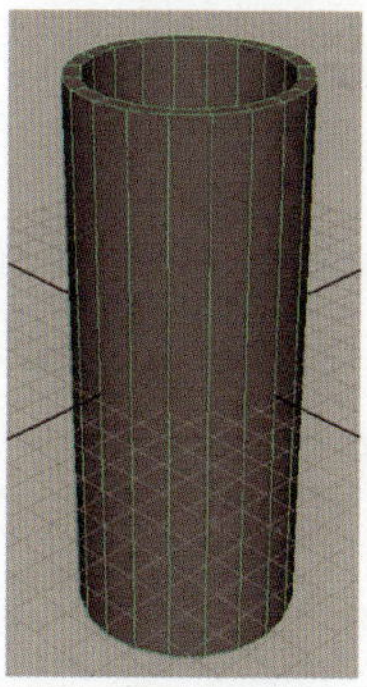

图9-4 修改后的Pipe

step❷ 将Pipe体在X轴方向上旋转90°，如图9-5所示。使用Insert Loop Tool工具为Pipe体截面插入一圈循环边，如图9-6所示。

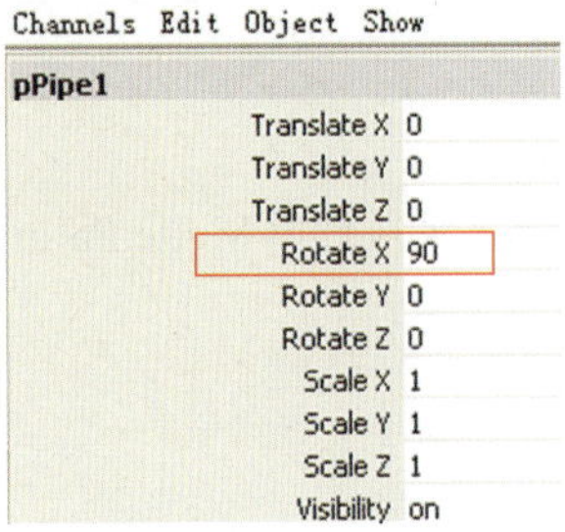

图9-5 旋转Pipe体

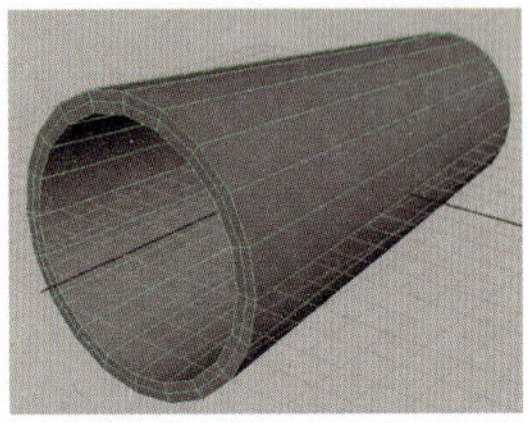

图9-6 插入循环边

step❸ 开启软选择，选择如图9-7所示的点，对其进行位移操作。

step❹ 使用Split Polygon工具对多边形进行局部切割，为模型增加一些破损的细节。将制作好的模型复制一个，对其进行变换操作，使两个Pipe形状有所不同，如图9-8所示。这样就制作完成了飞行器外部嵌套的两层柱形金属构件的基础模型。

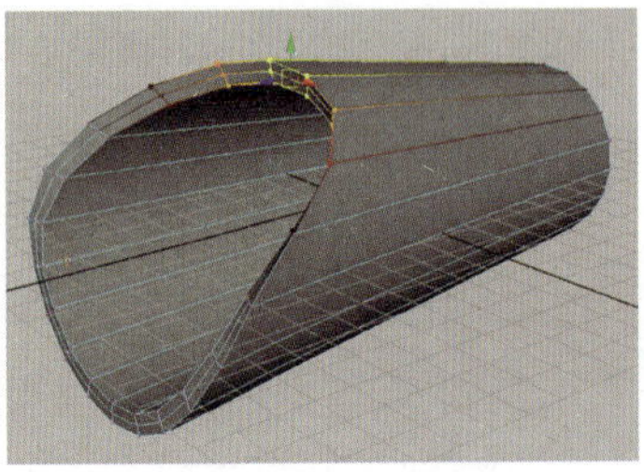

图9-7 位移操作

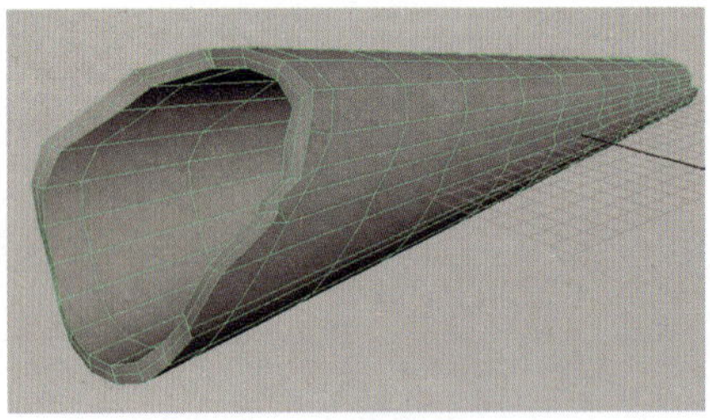

图9-8 增加细节

step❺ 再创建一个多边形Pipe，并修改其INPUTS参数，如图9-9所示。修改后的Pipe如图9-10所示。

step❻ 使用Insert Loop Tool为Pipe体插入一些循环边，并选择后面的点进行缩放操作，如图9-11所示。

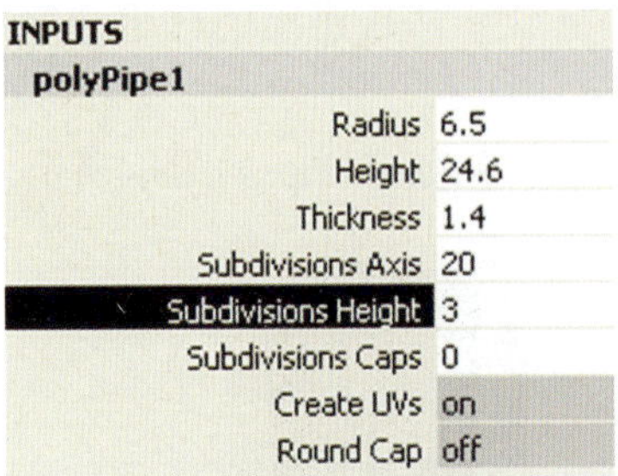

图9-9 修改INPUTS参数

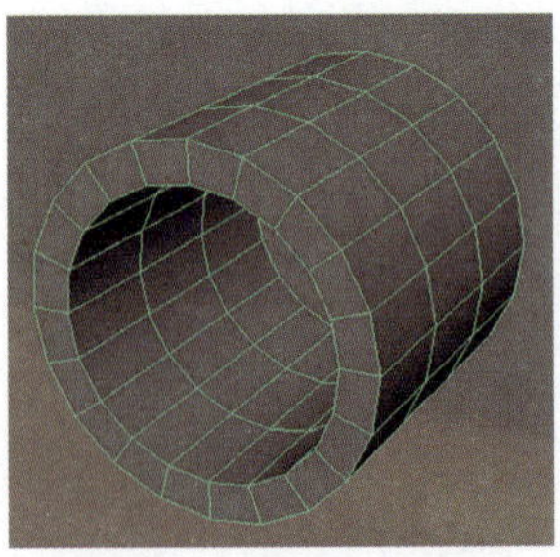

图9-10 修改后的Pipe

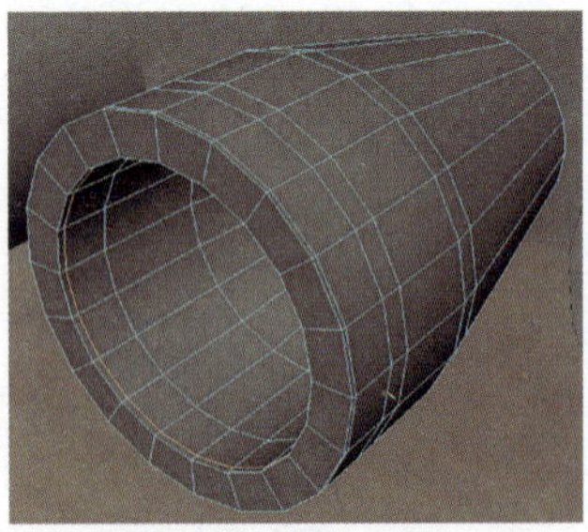

图9-11 插入一些循环边

step❼ 选择如图9-12所示的一圈面。执行Extrude操作，然后将挤出的面向内部移动，如图9-13所示。

step❽ 创建一个多边形球体，对其部分点进行位移操作，如图9-14所示。

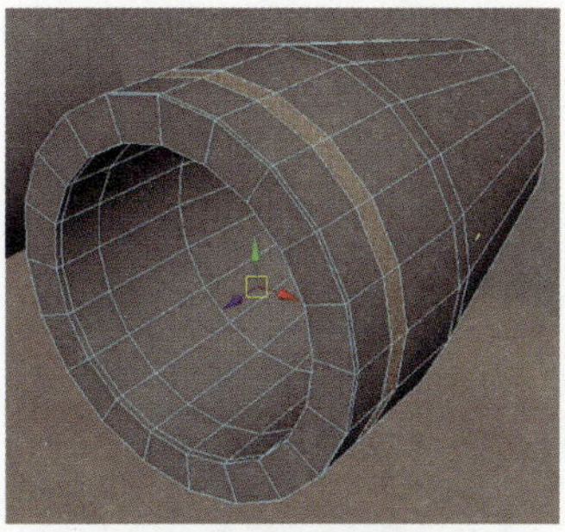
图9-12 选择面

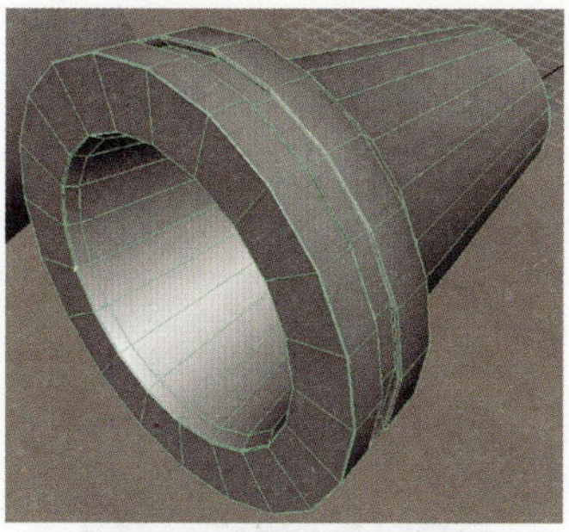
图9-13 执行Extrude操作

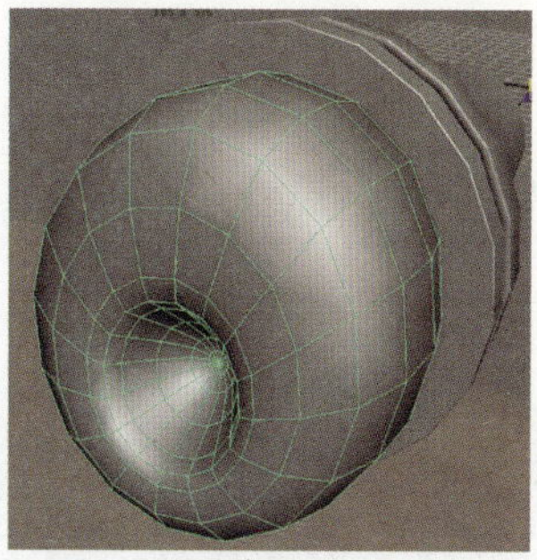
图9-14 修改多边形球体

step⑨ 创建一个多边形圆柱体，并修改其INPUTS参数，如图9-15所示。对其部分点进行位移操作，如图9-16所示。

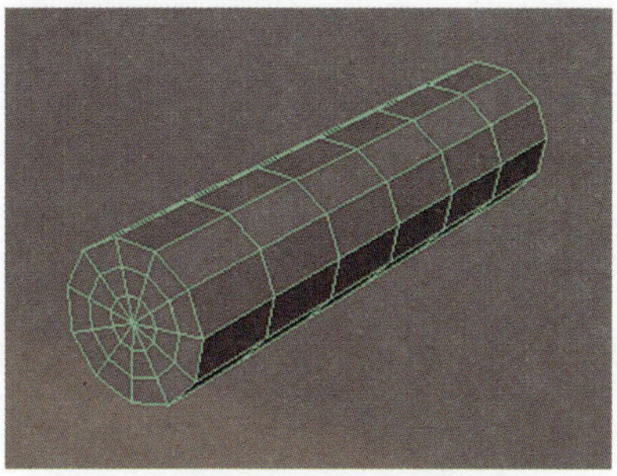
图9-15 创建多边形圆柱体

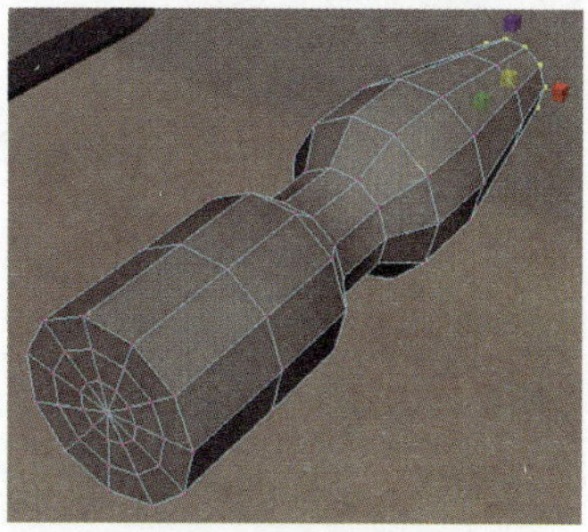
图9-16 修改圆柱体

step⑩ 使用Insert Loop Tool为圆柱体插入一些循环边，这样做的目的是为了后面对多边形圆柱进行了Smooth操作后，插入循环边的位置仍然能保持较锐利的角度，如图9-17所示。

step⑪ 武器模型制作完毕后，将其摆放到合适的位置，如图9-18所示。

step⑫ 制作完成的飞行器基础模型如图9-19所示。

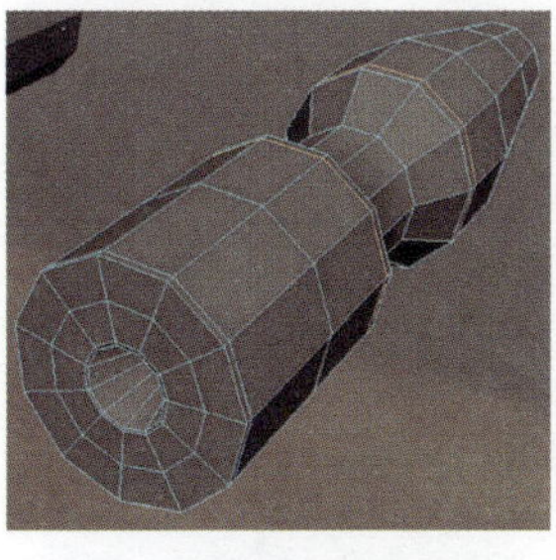
图9-17 插入循环边

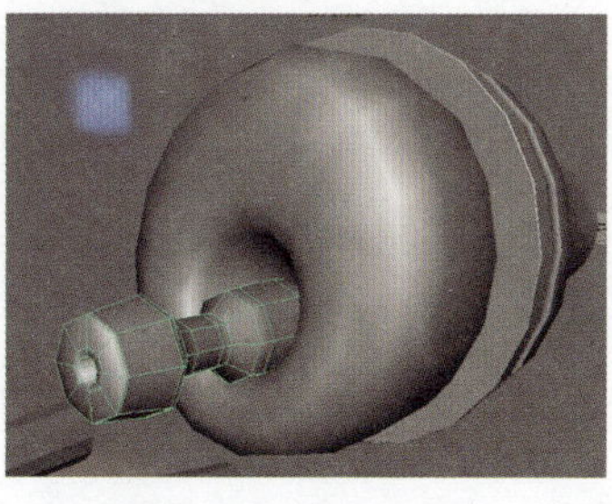
图9-18 组合模型

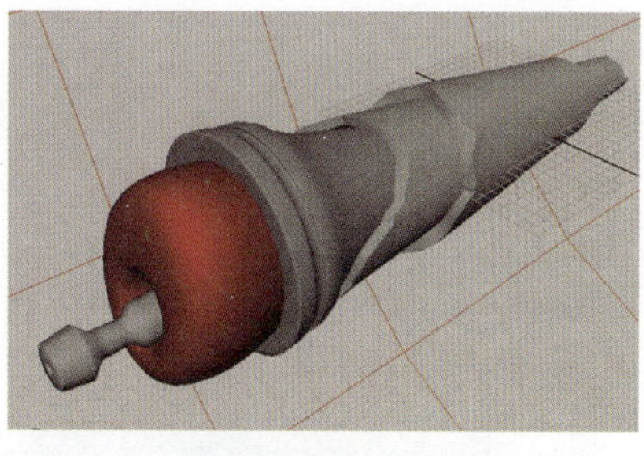
图9-19 制作完成的飞行器基础模型

9.2.2 其他基础模型

step① 创建一个多边形圆柱体，删除其部分面，再对其最上端的一圈边进行Extrude操作，最后使用缩放工具对挤压出的边进行扩展，得到地形模型，如图9-20所示。

step② 场景中的建筑物模型是通过对多边形圆柱体和立方体进行简单的变换操作而获得的，如图9-21所示。

step③ 山与城堡的基础模型是通过对一个多边形平面进行Extrude挤压与变换操作而获得的，如图9-22所示。

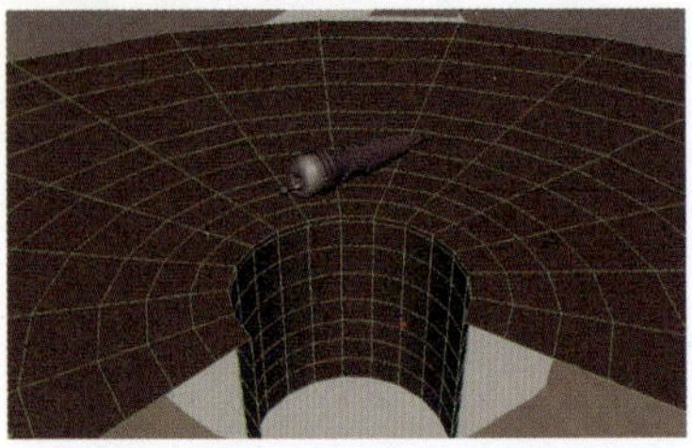

图9-20 创建地形基础模型

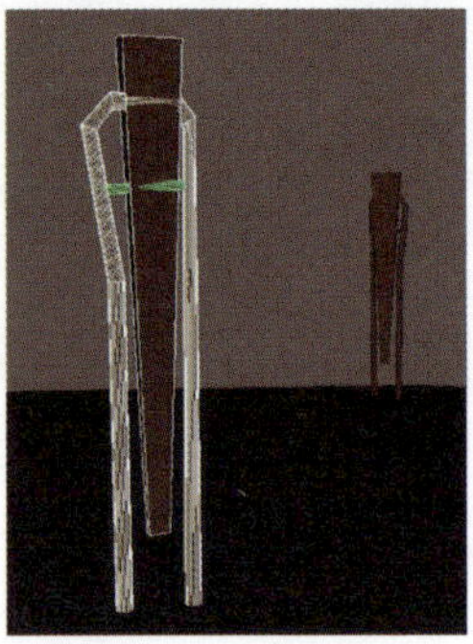

图9-21 建筑模型

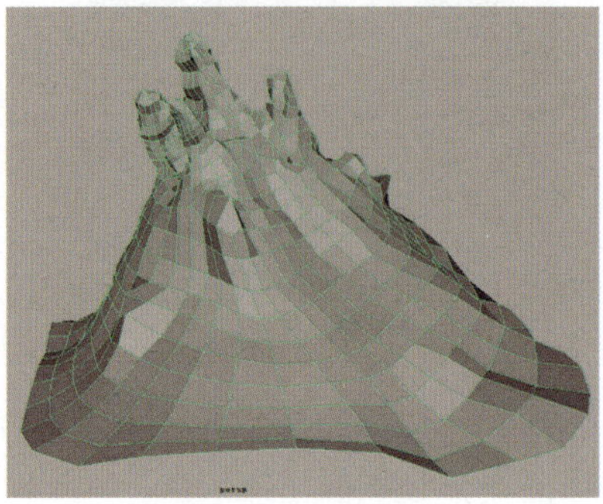

图9-22 山体模型

9.2.3 编辑场景模型UV

step① 本案例使用Unfold 3D展开模型UV。选择File | Export Selection命令，将中间层的柱形金属构件模型输出为OBJ格式的数据模型。

step② 启动Unfold 3D软件，单击Load OBJ按钮载入从Maya中输出的模型，如图9-23所示。

step③ 选择Edie | Mouse Binding命令，弹出键盘和鼠标设置对话框，将载入预设设置为Maya的键盘和鼠标视窗操作方式，如图9-24所示。

图9-23 载入模型

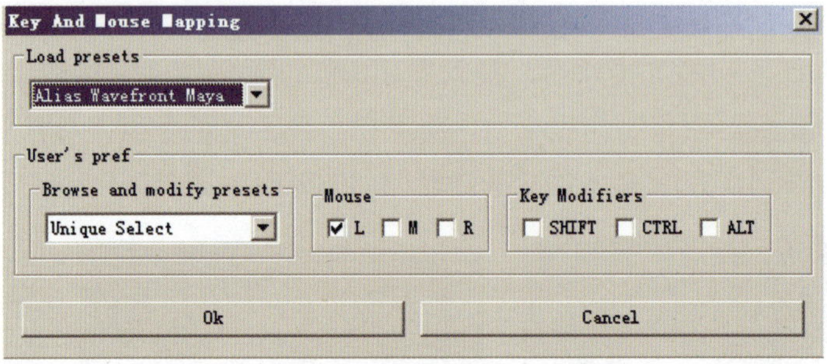

图9-24 载入键盘和鼠标操作方式预设

step④ 在模型需要进行UV切开的边上单击，使这些边呈蓝色显示。

step⑤ 单击Cut Mesh按钮，将模型UV边界切开，模型前侧和后侧效果如图9-25和图9-26所示。

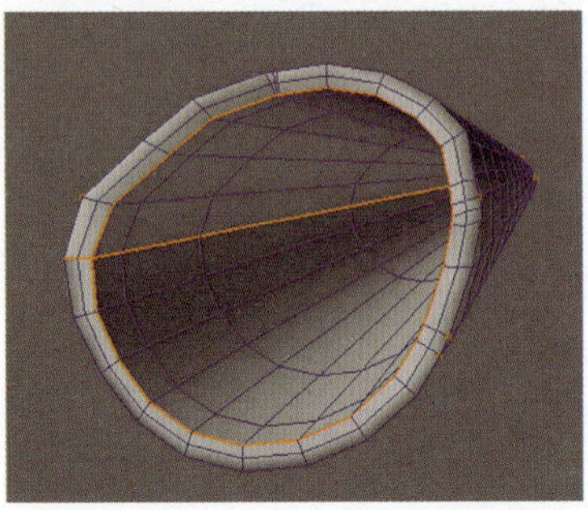

图9-25 切开模型UV边界前侧效果

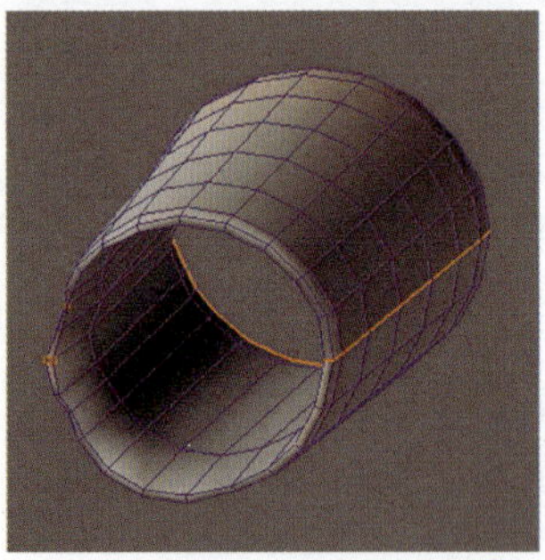

图9-26 切开模型UV边界后侧效果

step6 单击Auto Unfolding（自动展开）按钮，将模型的UV展开，如图9-27所示。展开后的效果如图9-28所示。

step7 单击Save按钮，将拆分好UV的模型输出，模型将自动保存到与原始模型相同的目录中，如图9-29所示。

图9-27 Auto Unfolding按钮

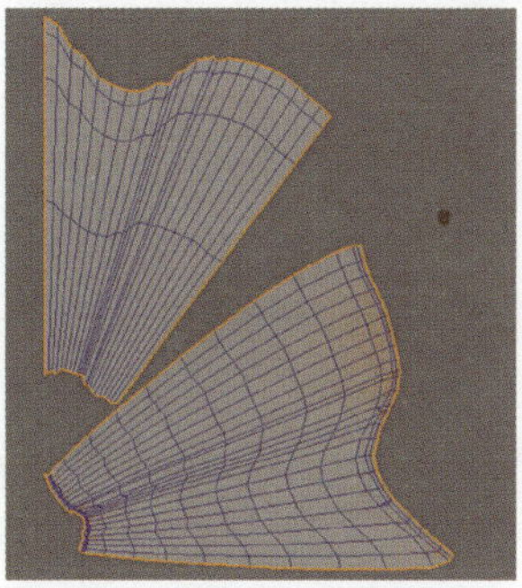

图9-28 展开后的模型UV

图9-29 输出模型

step8 最外层柱形金属构件展平UV的方法与中间层相同，模型UV边界切开的前侧和后侧效果如图9-30和图9-31所示。

step9 展开后的效果如图9-32所示。

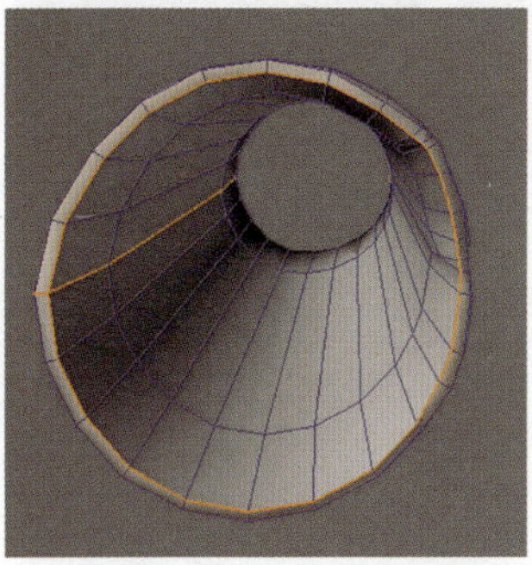

图9-30 UV边界前侧效果

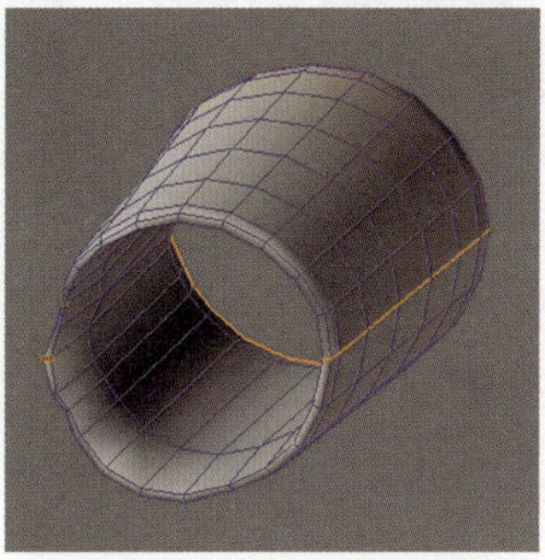

图9-31 UV边界后侧效果

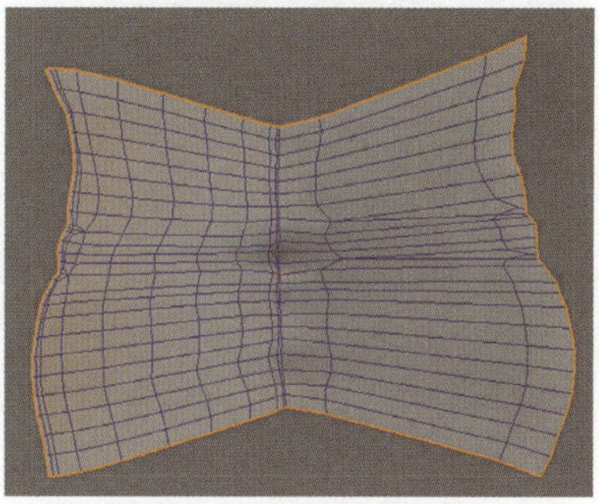

图9-32 展开后的模型UV

step10 因为山体本身是一个平面物体，所以不需要对UV边界进行切开操作。如图9-33所示，将其导入Unfold 3D后，直接单击Auto Unfolding（自动展开）按钮，将模型的UV展开即可，展开后的效果如图9-34所示。

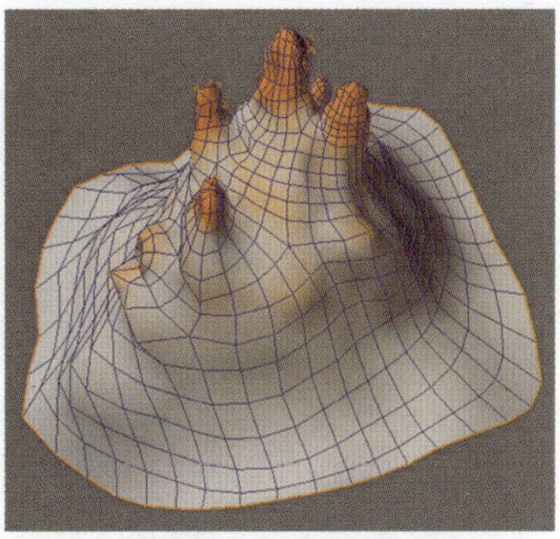

图9-33 导入模型

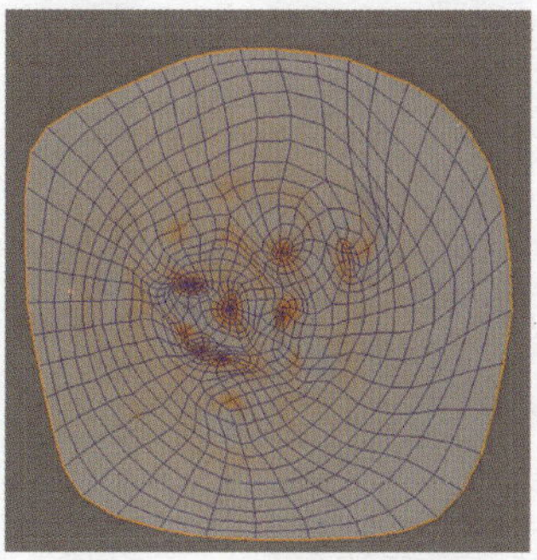

图9-34 展开后的模型UV

9.3 在ZBrush中雕刻细节

在ZBrush中的工作主要是为飞行器添加一些破损的旧金属效果，让平坦的地形变得有起伏，让山体与城堡更加具有古旧的效果，输出时可以使用生成置换贴图的方法，也可以为模型减面，本案例使用Maya的减面插件Decimation Master（需要另外安装）为模型减面。

9.3.1 雕刻地形模型

step❶ 启动ZBrush软件，导入从Maya中输出的OBJ格式的地形基础模型，在默认级别下进行粗略雕刻，如图9-35所示。

step❷ 单击Divide按钮数次对其进行细分，如图9-36所示。细分后继续雕刻，效果如图9-37所示。

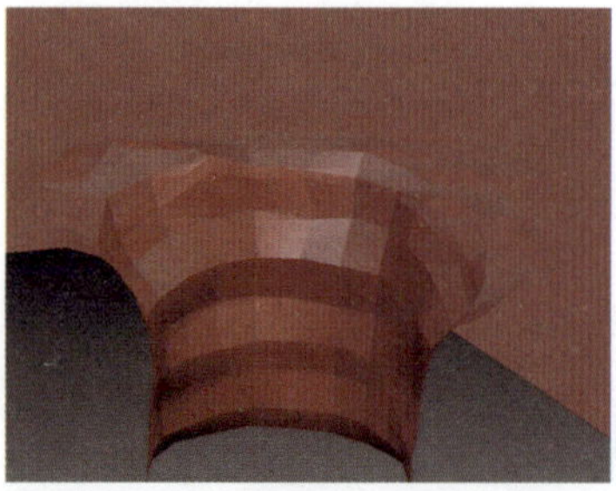

图9-35 导入地形基础模型

图9-36 单击Divide按钮进行细分

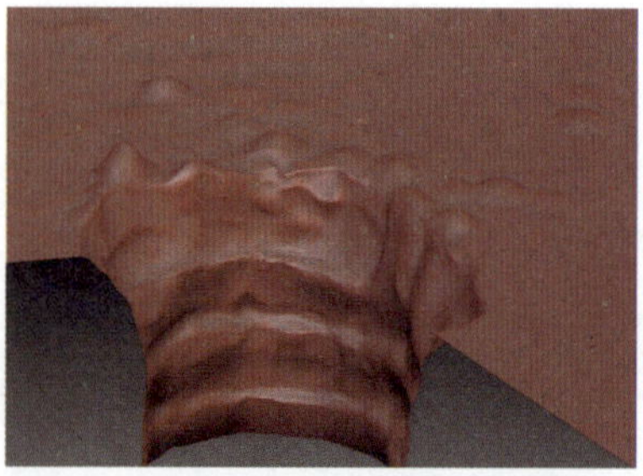

图9-37 细分并雕刻后的效果

step❸ 在Zplugin菜单中展开Decimation Master选项卡，如图9-38所示进行设置，单击Pre-process Current按钮，程序开始计算，计算完毕后模型变为三角面。

step❹ 设置decimation的值为10%，单击Decimate Current按钮，如图9-39所示。模型面数变为原模型的10%，如图9-40所示。

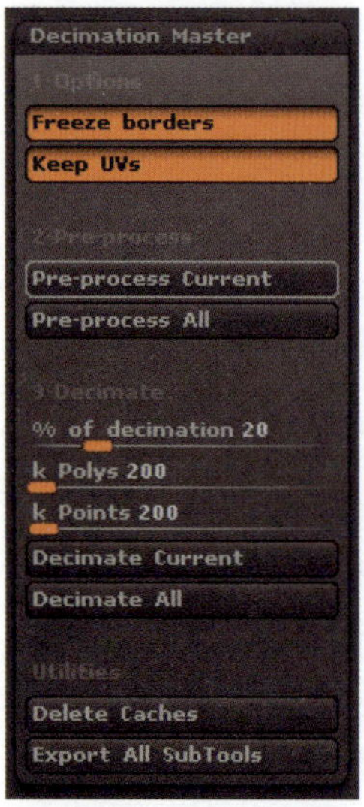

图9-38 使用Decimation Master插件

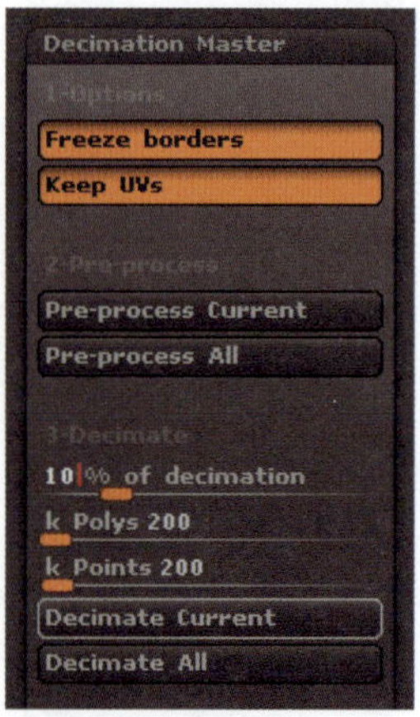

图9-39 减面操作

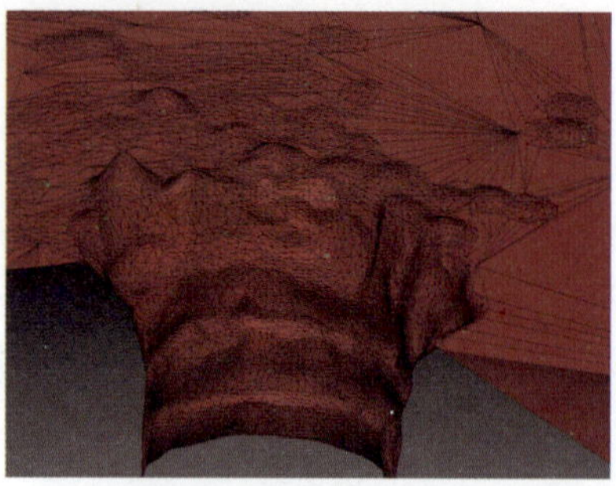

图9-40 减面后的模型

step❺ 展开左边Tool菜单下的Export选项卡，如图9-41所示进行设置，单击Export按钮，将模型输出。

图9-41 输出模型

9.3.2 雕刻飞行器模型

step❶ 启动ZBrush软件，导入从Maya中输出的OBJ格式的飞行器内部金属管舱基础模型。

step❷ 在Zplugin菜单中展开SubTool Master选项卡，单击SubTool Master按钮，如图9-42所示。在弹出的菜单中单击Multi Append按钮，如图9-43所示。

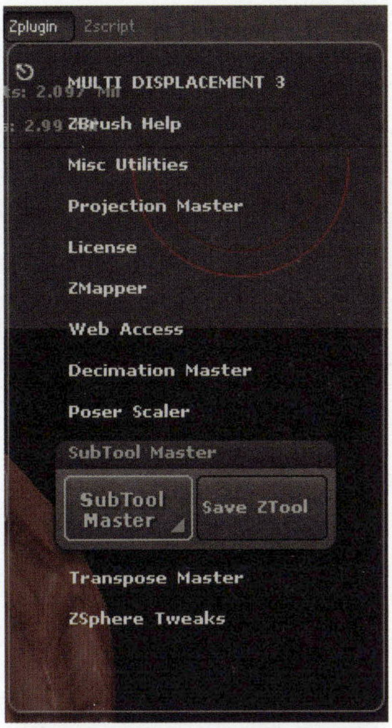

图9-42 使用SubTool Master插件

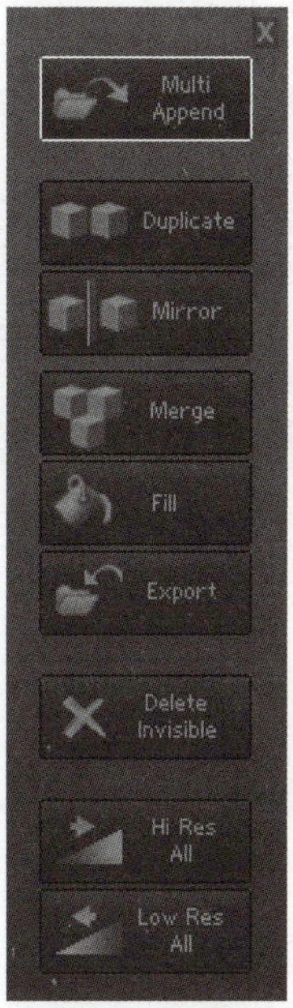

图9-43 单击Multi Append按钮

step❸ 导入Unfold 3D中输出的外层柱形金属构件模型，如图9-44所示。SubTool卷展栏如图9-45所示。

图9-44 飞行器基础模型

图9-45 SubTool卷展栏

step❹ 单击Divide按钮对模型进行细分，在窗口中右击，在弹出的对话框中设置Draw Size（笔刷大小）与Z Intensity（纵深压力强度），交替使用Standard笔刷、ClayTubes笔刷对模型进行深入刻画，如图9-46和图9-47所示。

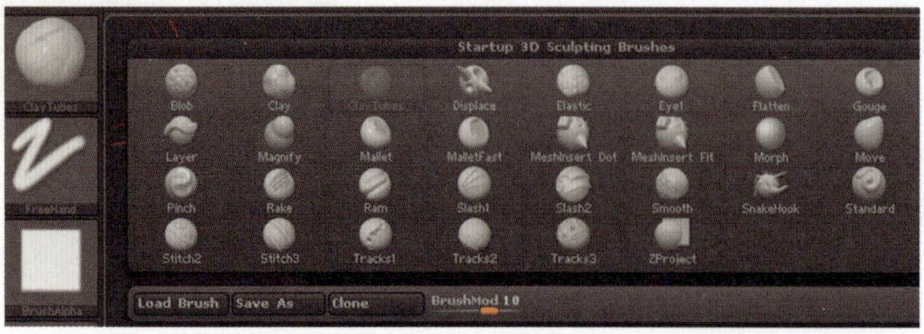

图9-46 交替使用Standard笔刷、ClayTubes笔刷

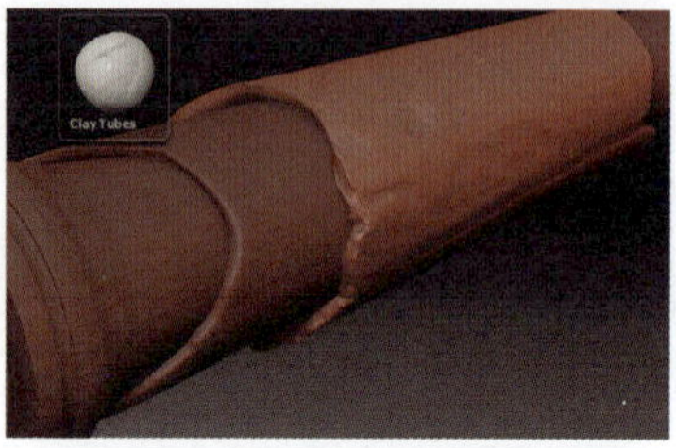

图9-47 雕刻外层

step❺ 两层柱形金属构件都要进行雕刻，雕刻完成的模型效果如图9-48所示。

step❻ 为模型减面的方法与地形相同，柱形金属构件面数变为原模型的10%，如图9-49所示。

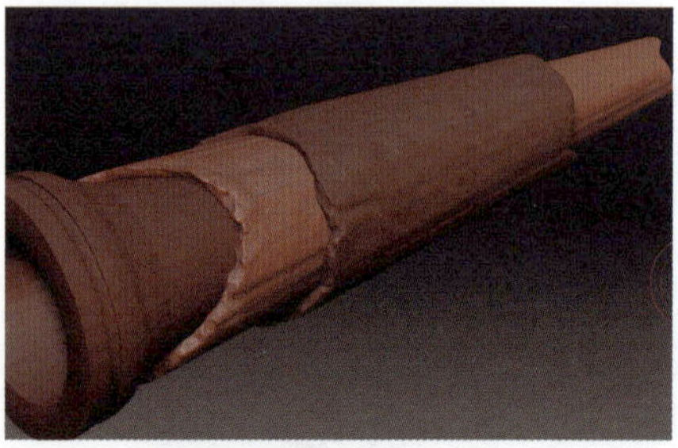

图9-48 雕刻完成的模型

图9-49 减面后的模型

step❼ 展开左边Tool菜单下的Export选项卡，单击Export按钮，将模型分别输出。

9.3.3 雕刻山体模型

step❶ 启动ZBrush软件，导入从Unfold 3D中输出的OBJ格式的山体基础模型，如图9-50所示。

step❷ 单击Divide按钮对模型进行细分，交替使用Standard笔刷、Clay笔刷对模型进行深入刻画，任何一个角度都要详细刻画，以便在Maya中有更多的角度可以选择，如图9-51和图9-52所示。

图9-50 输入模型

图9-51 细分模型

图9-52 雕刻模型

step③ 为模型减面的方法与地形相同，山体面数变为原模型的10%，如图9-53所示。

step④ 展开左边Tool菜单下的Export选项卡，如图9-54所示进行设置，单击Export按钮，将模型输出。

图9-53 减面后的模型

图9-54 输出模型

step⑤ 启动Maya，将从ZBrush中输出的模型导入进来，开启相机安全框，进行构图安排，完成建模工作，如图9-55和图9-56所示。

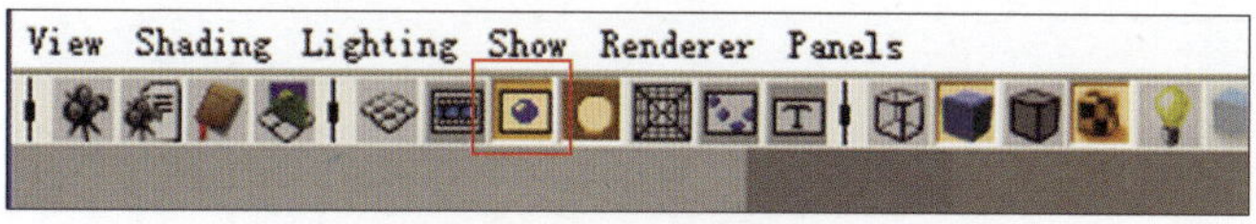

图9-55 开启相机安全框

图9-56 构图

9.4 设置场景环境与灯光

本案例的灯光设置比较简单，使用一盏Directional Light模拟太阳光，使用一个Point Light为洞穴补光。环境使用HDR辅助照明。本案例的照明方案只要求达到最基本的照明效果，把细致的调节留给后期。

9.4.1 设置灯光

本案例设置了两盏灯光并辅以HDR照明，如图9-57所示。

step① 在场景的左侧放置一盏Directional Light作为主光源，其参数如图9-58所示。

图9-57 场景照明

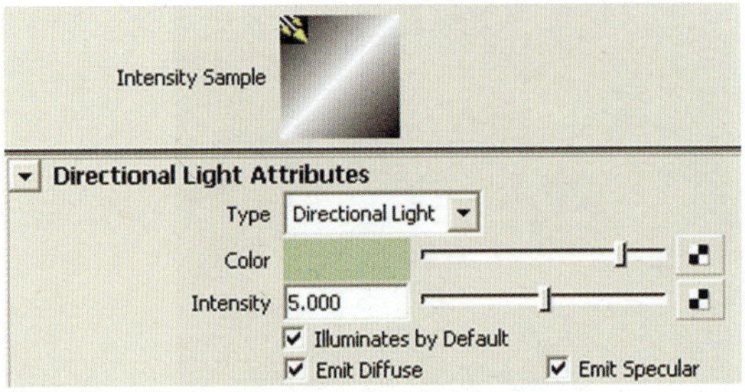

图9-58 主光源参数

step② 开启主光源的光线跟踪阴影，其参数如图9-59所示。

step③ 在山洞中放置一盏Point Light，其参数如图9-60所示。

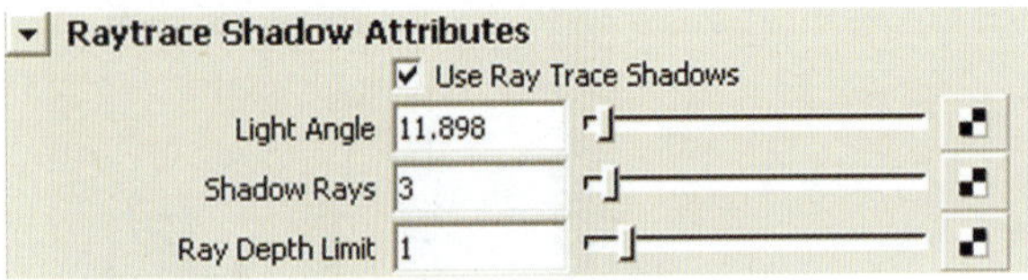

图9-59 光线跟踪阴影设置

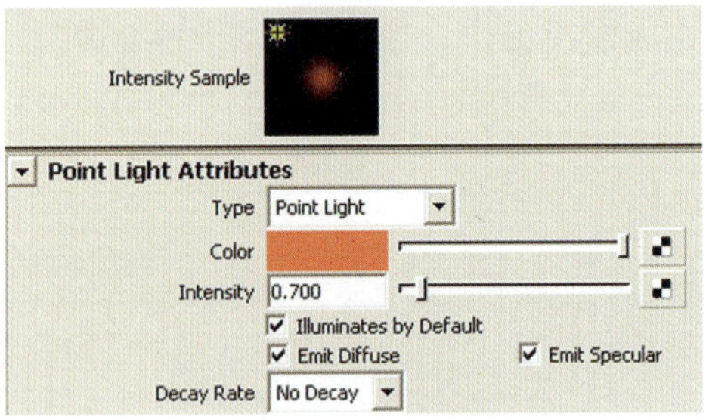

图9-60 点光源参数

9.4.2 设置环境

step① 单击Environment卷展栏下Image Based Lighting选项后面的Create按钮，如图9-61所示，创建一个环境球。

step② 在Image Name文本框中载入一幅HDR图像，如图9-62和图9-63所示。

step③ 总体照明效果如图9-64所示。

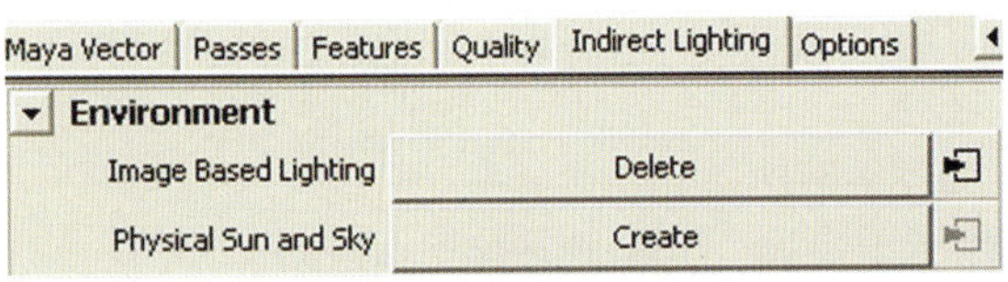

图9-61 设置HDR照明

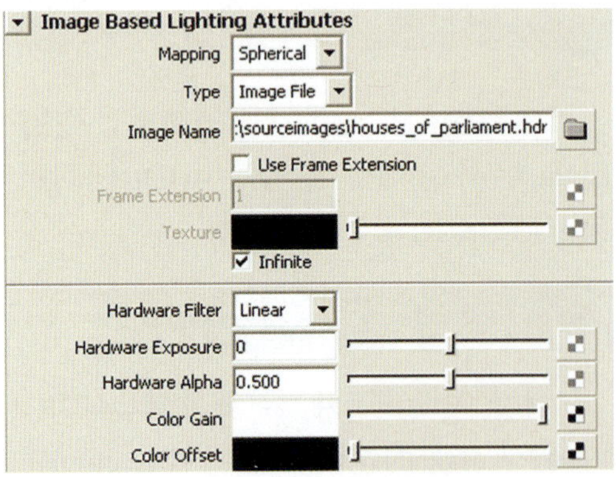

图9-62 载入HDR图像

图9-63 HDR图像

图9-64 照明效果

9.5 设置飞船及场景材质

本案例的材质方案与灯光一样，只要求达到最基本的材质效果，把细致的调节留给后期。其中部分场景元素，比如山体城堡、建筑和地面等元素只使用了一个基本的Lambert材质，所有肌理效果都是后期添加的。

9.5.1 飞船外部嵌套的柱形金属构件材质

step❶ 创建一个mental ray的mia_material_x材质，将其赋予飞船外部嵌套的两层粗糙的柱形金属构件，材质的具体参数如图9-65所示。

step❷ 在素材库中选择一张旧金属贴图作为Color通道贴图，如图9-66所示。

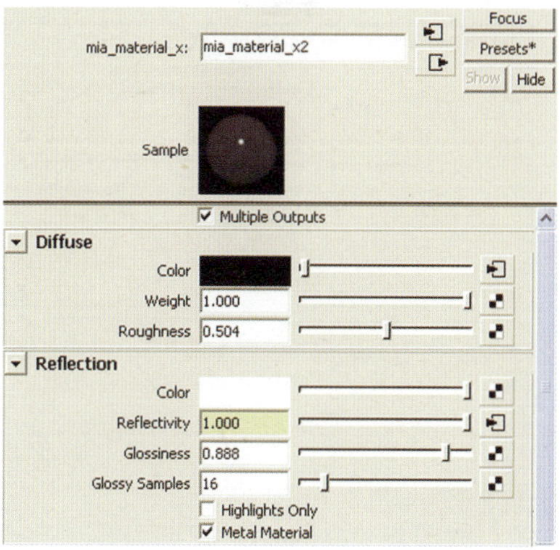

图9-65 mia_material_x材质参数

图9-66 变换多边形Cube

step❸ 将此贴图输入PixPlant软件，生成Normal（法线）贴图，以及高光和反射贴图，如图9-67和图9-68所示。分别将其载入mia_material_x材质的Bump通道和Reflectivity通道。

step❹ 金属材质节点的链接如图9-69所示。

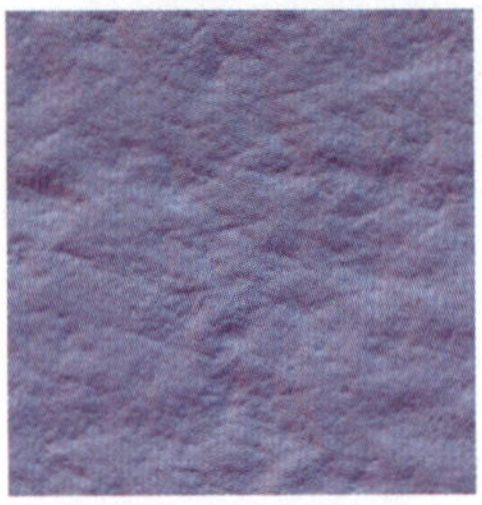

图9-67 法线贴图

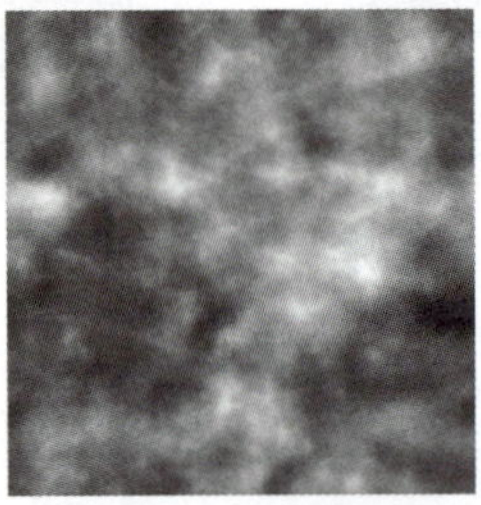

图9-68 高光和反射贴图

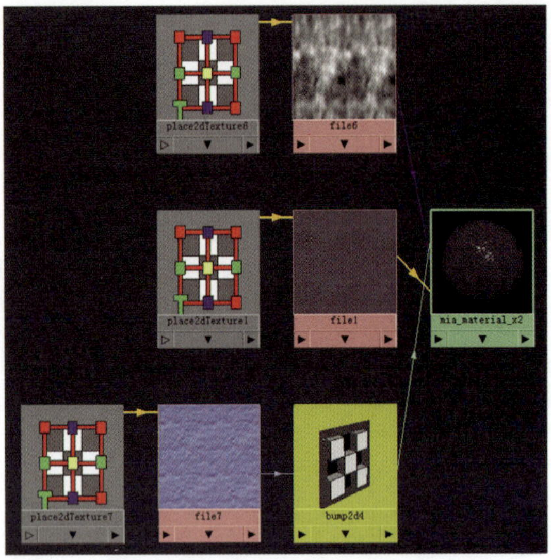

图9-69 金属材质节点的链接

step❺ 设置bump2d4节点的Bump Depth属性为0.100，在Use As下拉列表框中选择Tangent Space Normals选项，如图9-70所示。

step❻ 设置2d贴图节点改变贴图的重复次数，参数如图9-71所示。

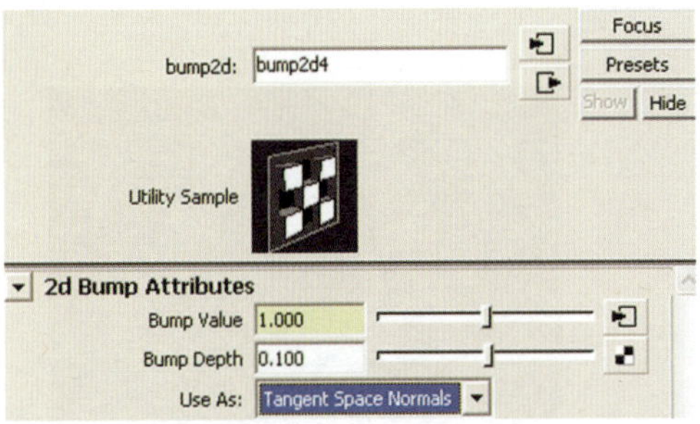

图9-70 bump2d4节点

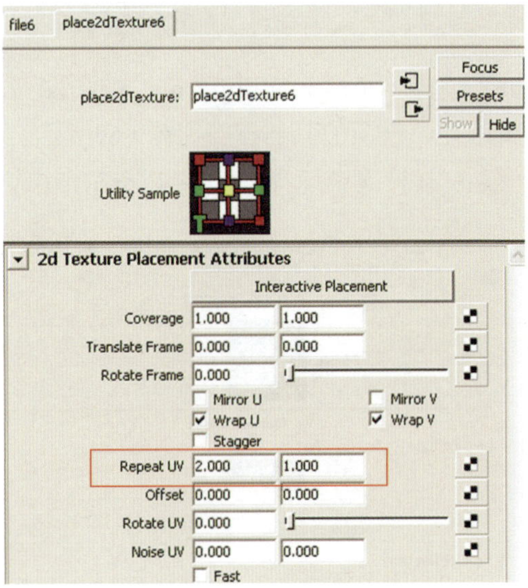

图9-71 2d贴图节点

9.5.2 飞船内部金属管舱材质

step❶ 创建一个Blinn材质，将其赋予飞船内部金属管舱，材质的具体参数如图9-72所示。

step❷ 设置Blinn材质的mental ray模糊反射参数，如图9-73所示。

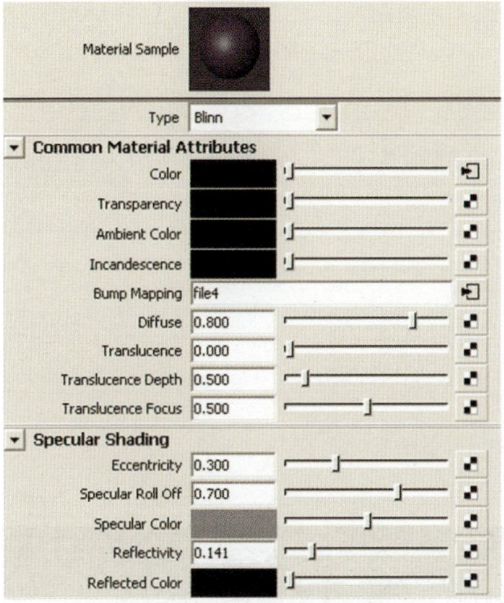

图9-72 Blinn材质参数

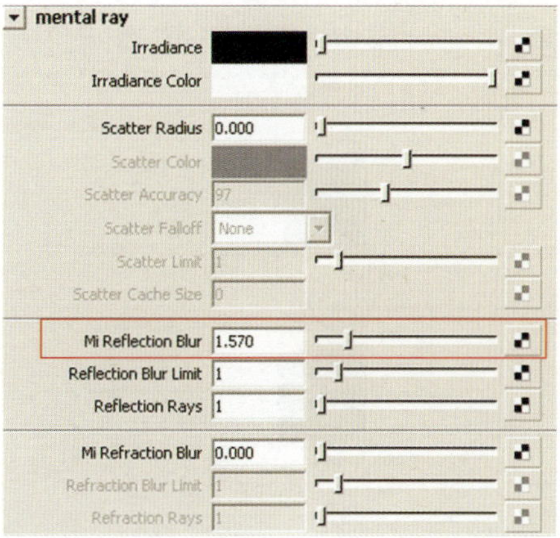

图9-73 设置Blinn材质的mental ray模糊反射参数

step❸ 在素材库中选择一张旧金属贴图作为Color通道贴图，同样将其应用到Bump通道，如图9-74所示。

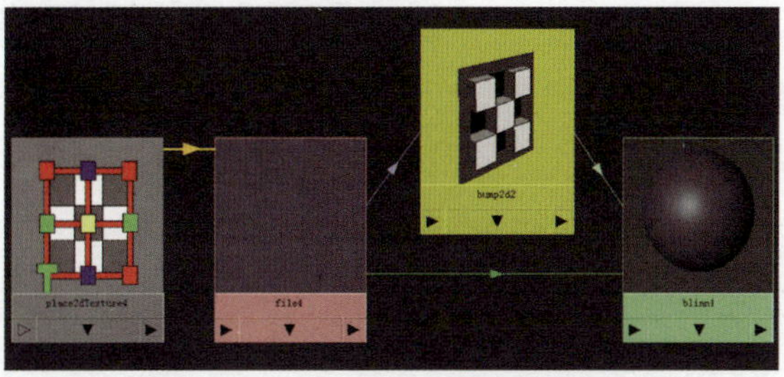

图9-74 金属材质节点的链接

step❹ 设置bump2d2节点的Bump Depth属性为0.620，在Use As下拉列表框中选择Bump选项，如图9-75所示。

step❺ 设置2d贴图节点改变贴图的重复次数，参数如图9-76所示。

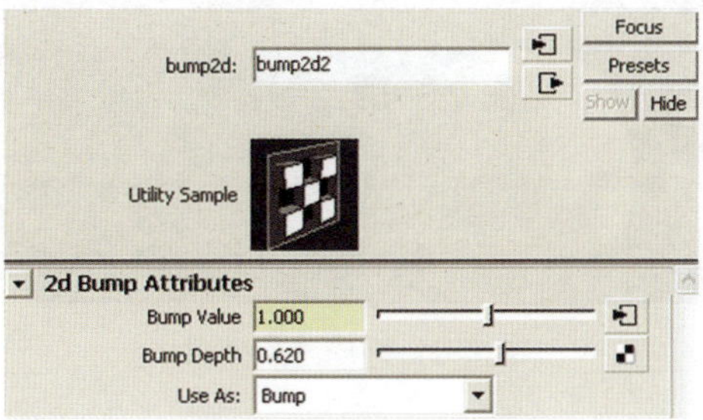

图9-75 bump2d2节点

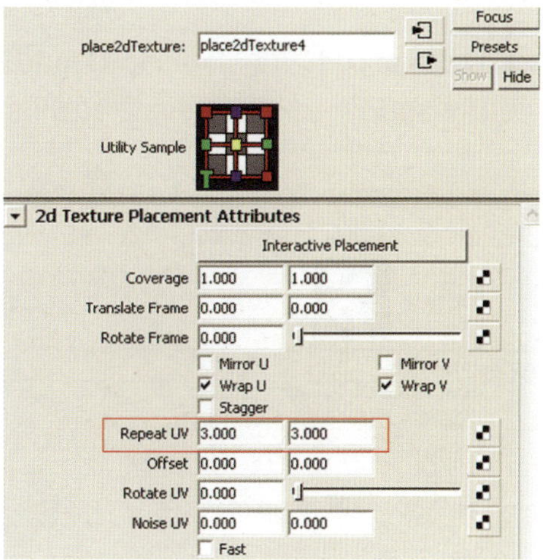

图9-76 2d贴图节点

9.5.3 球形舰桥材质

step❶ 创建一个Blinn材质，将其赋予飞船前部球形舰桥，材质的具体参数如图9-77所示。

step❷ 在素材库中选择一张黑白污迹贴图作为Bump通道贴图，同样将其应用到Specular Color通道，如图9-78所示。

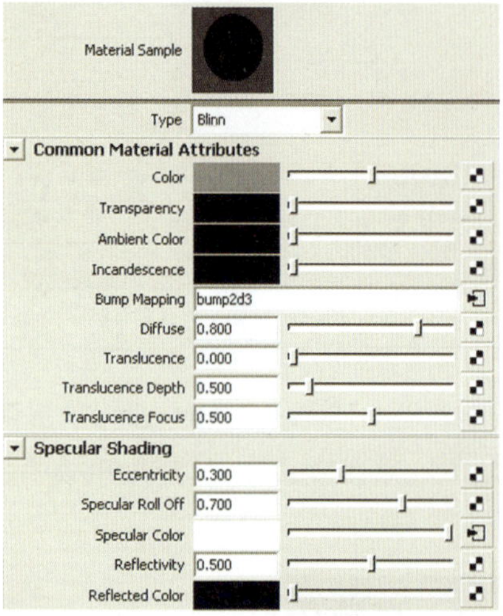

图9-77 Blinn材质参数

图9-78 Bump通道贴图

step❸ Blinn材质节点链接如图9-79所示。

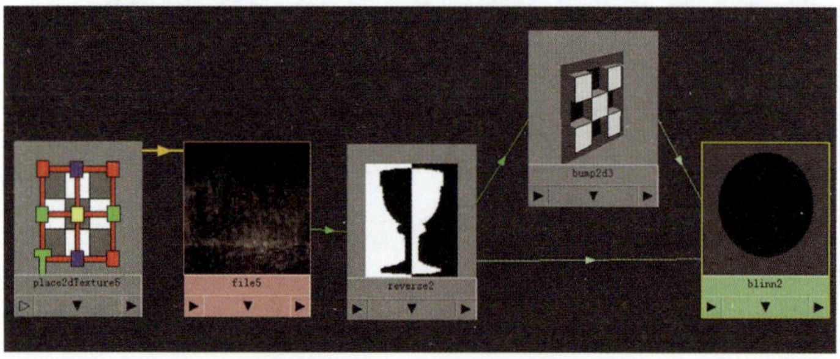

图9-79 Blinn材质节点链接

step❹ 设置bump2d3节点的Bump Depth属性为0.124，在Use As下拉列表框中选择Bump选项，如图9-80所示。材质渲染效果如图9-81所示。

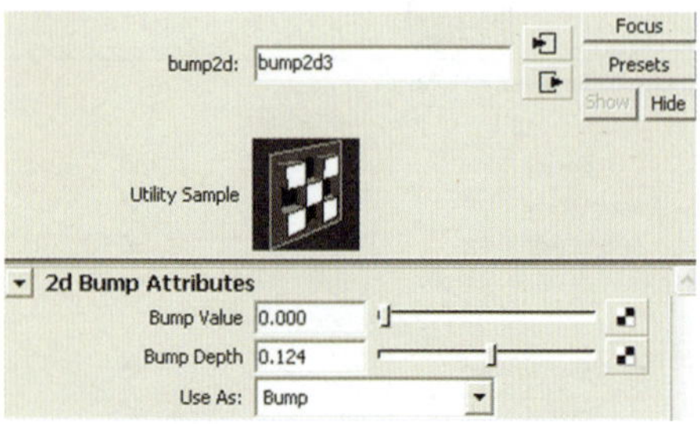

图9-80 设置bump2d3节点

图9-81 材质渲染效果

9.6 渲染场景

本案例的渲染设置只考虑基本的渲染质量因素，并开启了mental ray的Final Gathering（最终聚集），渲染效果几乎就是素模效果，将细节处理全部留给后期，更多地体现Matte Painting的制作特点。

step❶ 全局渲染设置的“抗锯齿”卷展栏的参数设置如图9-82所示。

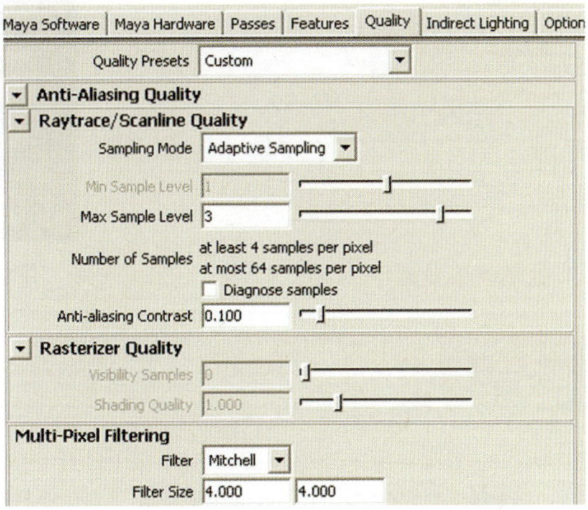

图9-82 “抗锯齿”卷展栏的参数设置

step❷ 全局渲染设置的“光线跟踪”卷展栏的参数设置如图9-83所示。

step❸ 输出图像格式设置如图9-84所示。

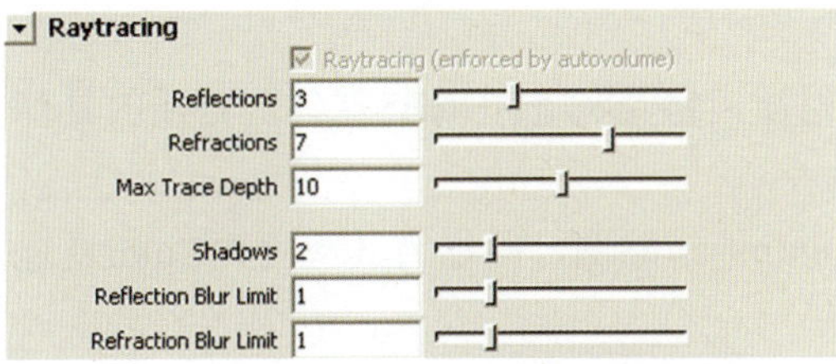

图9-83 “光线跟踪”卷展栏的参数设置

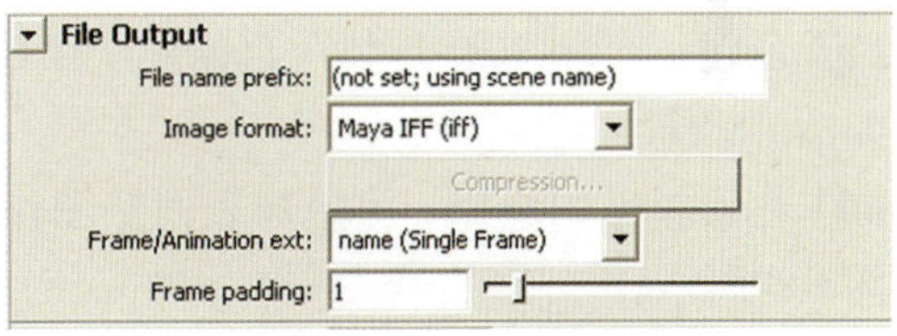

图9-84 输出图像格式设置

step❹ 输出图像大小设置如图9-85所示。

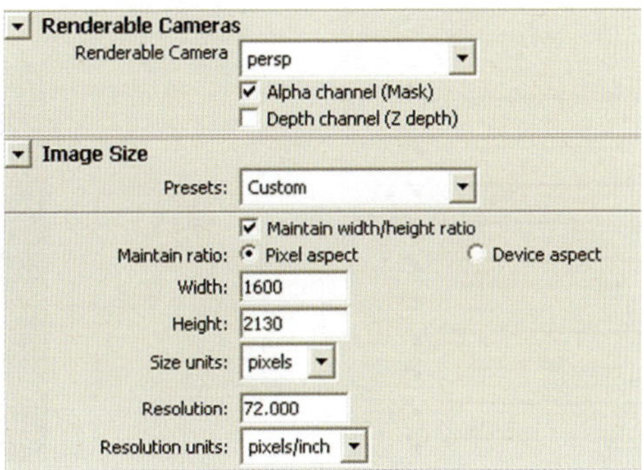

图9-85 输出图像大小设置

step⑤ 在Final Gathering卷展栏下选择Final Gathering复选框，并进行相应的设置，如图9-86所示。渲染完成的效果如图9-87所示。

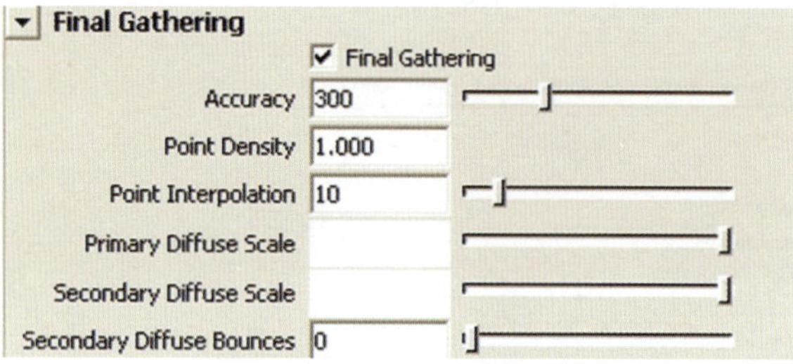

图9-86 毛发全局参数设置

图9-87 渲染完成的效果

9.7 制作星球

星球的制作比较简单，只是为一个NURBS球体添加了一个Blinn材质，Bump通道与Color通道应用了同一张星球表面贴图，星球的色彩将在后期合成的时候调节为与整体场景相协调的色彩。

9.7.1 制作星球材质

step① 创建一个NURBS球体，再创建一个Blinn材质，将其赋予NURBS球体，材质的具体参数如图9-88所示。

step② 在素材库中选择一张星球表面贴图作为Bump通道贴图，同样将其应用到Color通道，如图9-89所示。

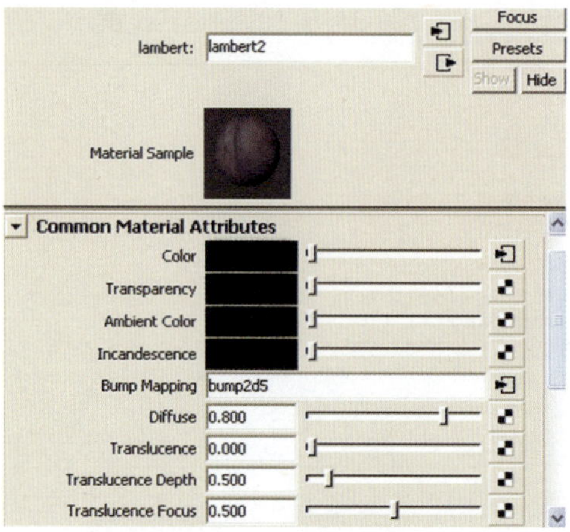

图9-88 Blinn材质参数

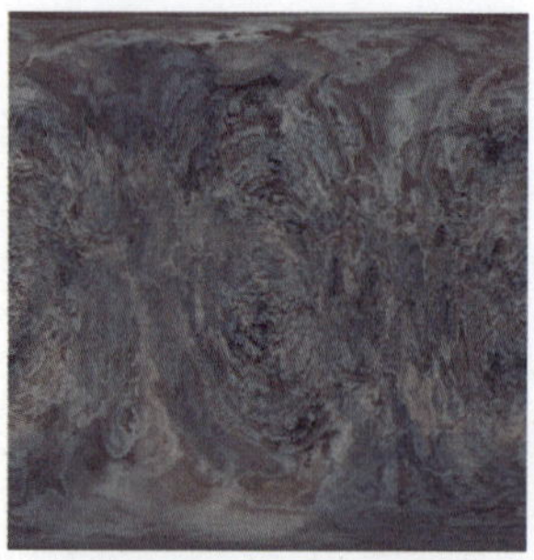

图9-89 星球表面贴图

step❸ 设置bump2d节点的Bump Depth属性为0.500，在Use As下拉列表框中选择Bump选项，如图9-90所示。

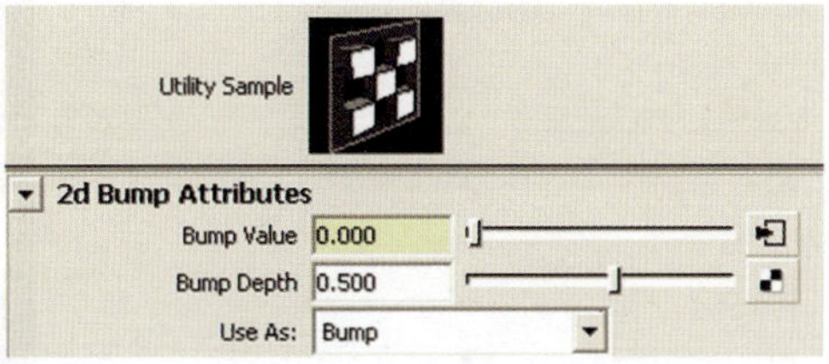

图9-90 设置bump2d节点

9.7.2 设置照明

本案例设置了3盏灯光并辅以HDR照明，如图9-91所示。

step❶ 在场景的左侧放置一盏Directional Light作为主光源，其参数如图9-92所示。

图9-91 场景照明

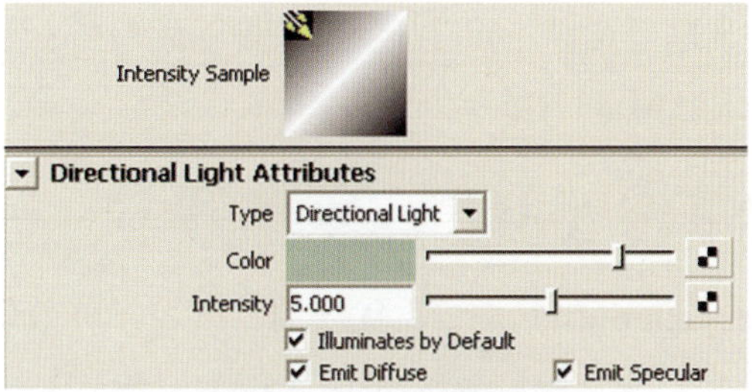

图9-92 主光源参数

step❷ 开启主光源的光线跟踪阴影，其参数如图9-93所示。

step❸ 在与主光源相对的位置放置一盏Point Light，其参数如图9-94所示。

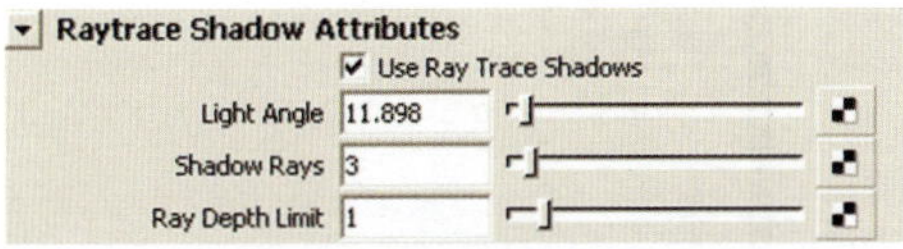

图9-93 光线跟踪阴影设置

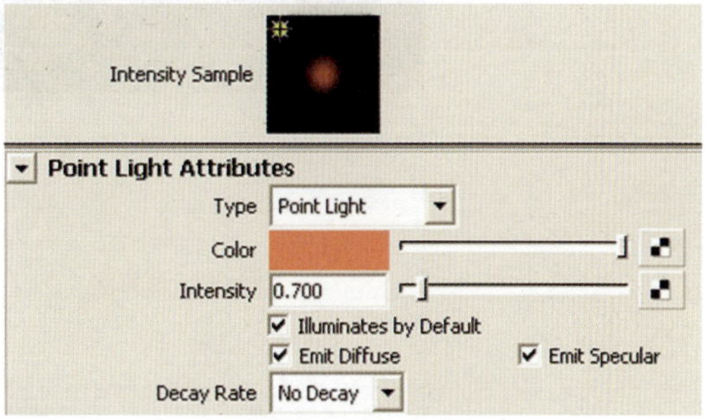

图9-94 点光源参数

step❹ 在星球的后方放置一盏Point Light，其参数如图9-95所示。

step❺ 其环境设置与HDR照明与主场景完全一致。

step❻ 其全局渲染设置同样与主场景完全一致，选择Final Gathering复选框。

step❼ 渲染完成的效果如图9-96所示。

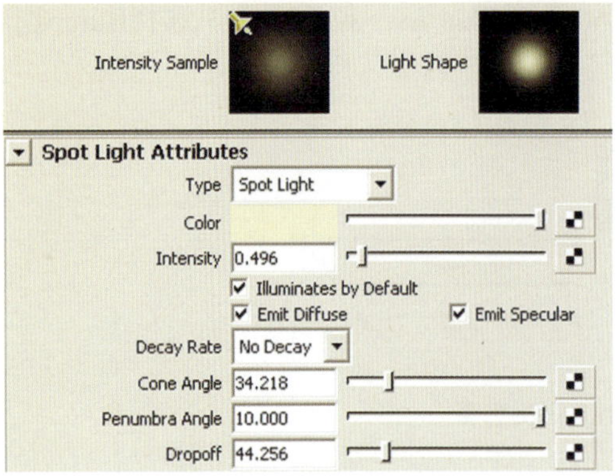

图9-95 点光源参数

图9-96 渲染完成的效果

9.8 制作烟火特效

本案例使用二维粒子特效软件particleIllusion来制作烟火特效，可以产生动画效果，如果读者只想创作静帧，也可以直接从素材库选择静态的烟雾图片，雾效可以使用Photoshop的雾效笔刷绘制，也可以使用后期合成与特效软件的噪波程序模拟，可以获得动态效果（比如使用AE的分形噪波）。

9.8.1 创建粒子特效

step❶ particleIllusion是一款优秀的二维粒子特效软件，其界面如图9-97所示。

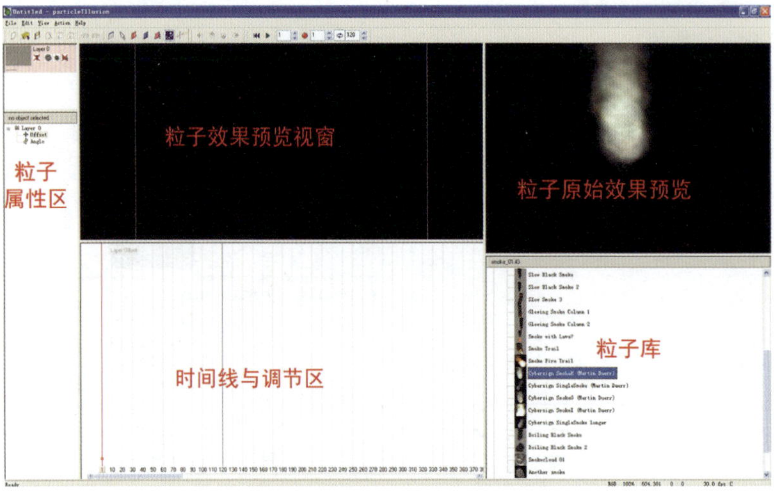

图9-97 particleIllusion界面

step❷ 在particleIllusion的粒子库区右击，在弹出的快捷菜单中选择Load Library命令，可以载入新的粒子库，如图9-98所示。

step❸ 选择一个烟火粒子，在粒子效果预览窗口中单击即可将其载入，如图9-99所示。

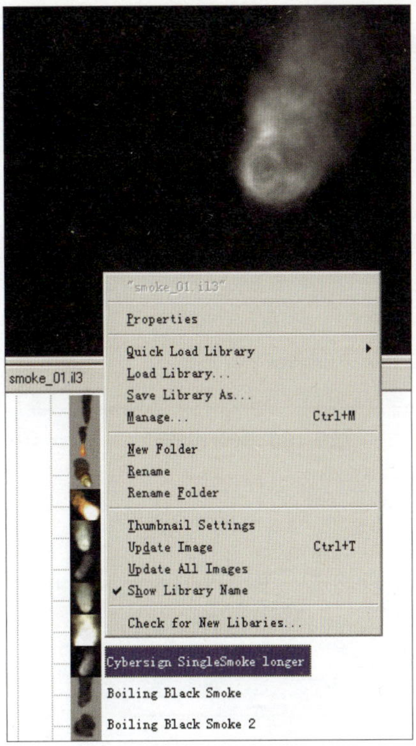

图9-98 载入新的粒子库

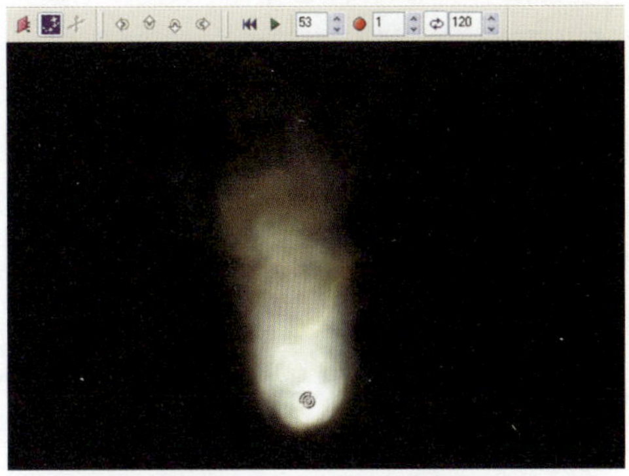

图9-99 粒子效果预览窗口

step4 在粒子属性区选择一个属性，在时间线与调节区调节其参数，如图9-100所示。

step5 选择View | Project Settings命令，进行项目设置，如图9-101所示。

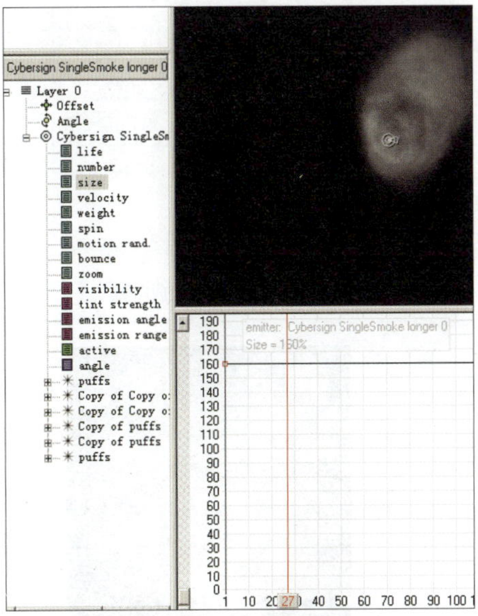

图9-100 调节粒子属性

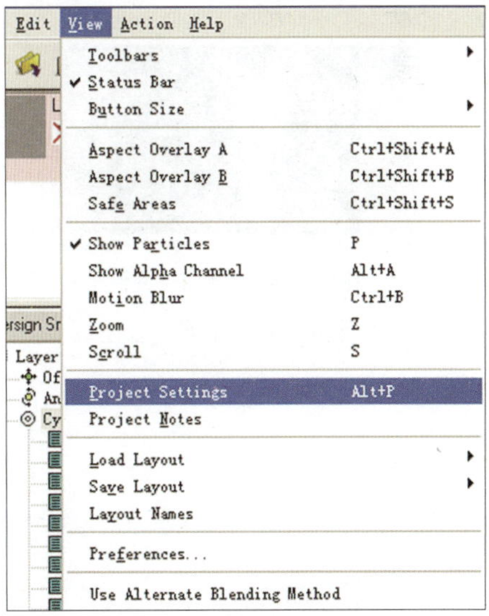

图9-101 选择Project Settings命令

step6 设置项目分辨率大小与帧率等，如图9-102所示，单击OK按钮。

step7 将项目保存为IP3格式的文件，如图9-103所示。

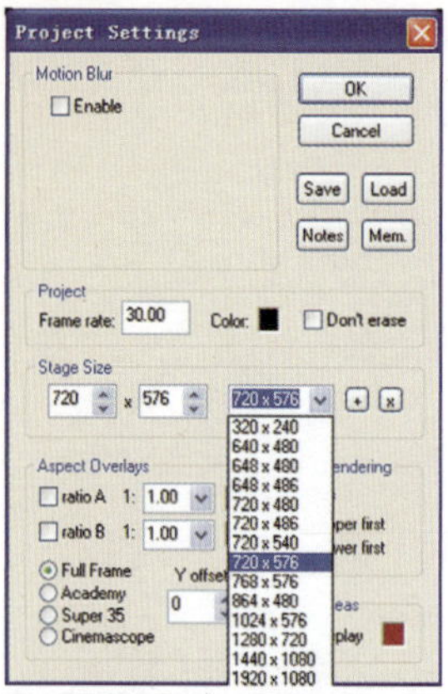

图9-102 项目设置

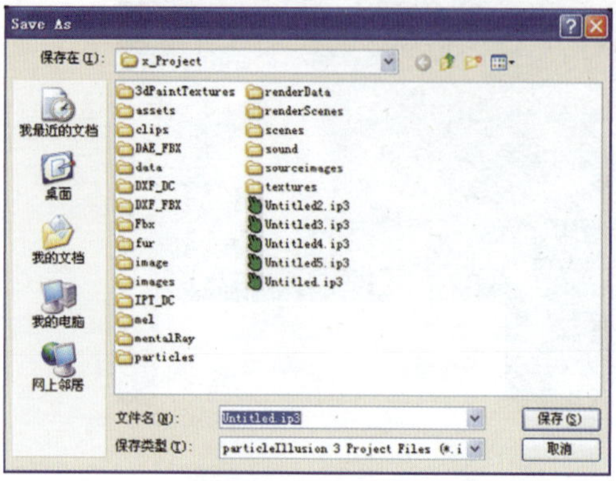

图9-103 保存设置

9.8.2 渲染粒子

step❶ 启动pIllusionRender软件，将上一步保存的IP3文件打开，如图9-104所示，并设置保存路径与保存图像格式，其他设置如图9-105所示。单击Render按钮进行渲染。

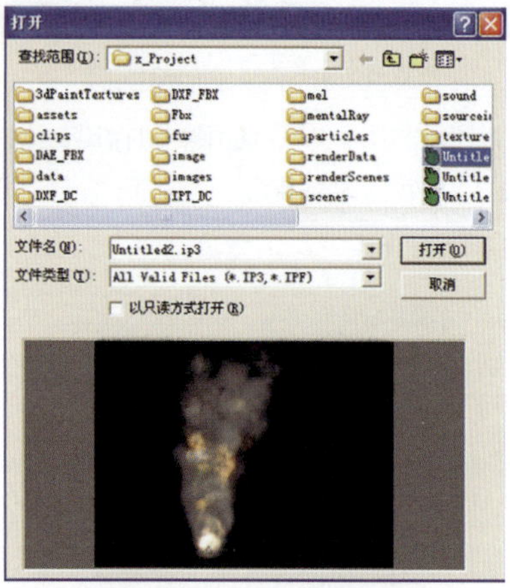

图9-104 打开IP3文件

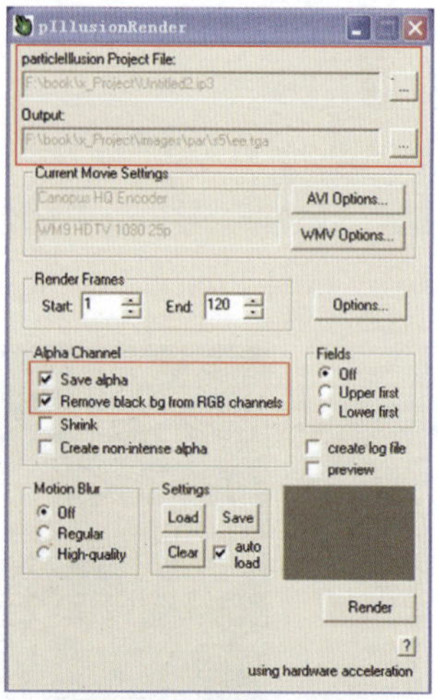

图9-105 渲染设置

step❷ 烟火效果如图9-106所示。

图9-106 烟火效果

9.9 利用Photoshop合成图像

使用Photoshop合成图像是本案例的重要部分，不仅要把各部分组合在一起，还要使它们融为一体，要很仔细地进行调色，使用画笔工具绘制出各种细节，以及小型入侵飞行器与激光特效。

9.9.1 合成背景与星球图像

step❶ 启动Photoshop软件，将渲染好的场景导入进来，并在其下层加入一个天空背景层，如图9-107所示。

step❷ 为天空背景调色，如图9-108所示。调整好的天空效果如图9-109所示。

图9-107 加入天空背景层

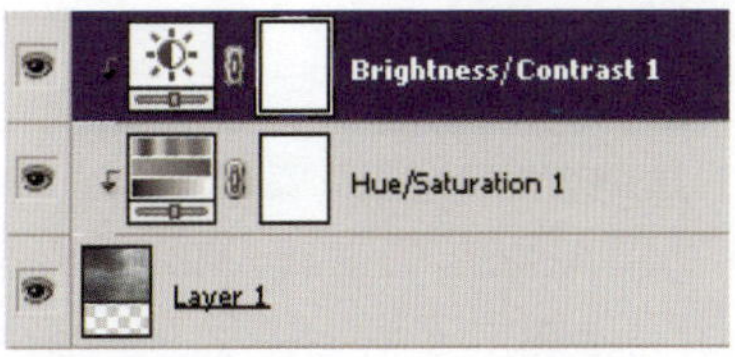

图9-108 为天空背景调色

图9-109 调整好的天空效果

step❸ 将渲染好的星球导入进来，并为其调色，如图9-110所示。调整好的星球效果如图9-111所示。

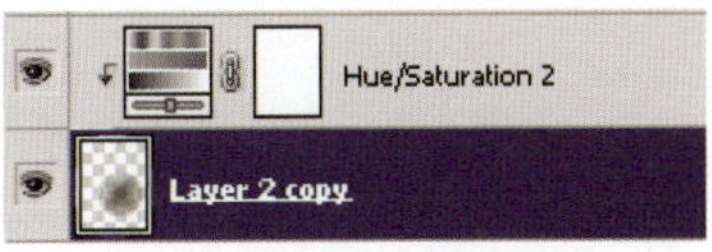

图9-110 为星球调色

图9-111 调整好的星球效果

9.9.2 使用照片与纹理素材

step❶ 找一些山体的照片用于合成，如图9-112所示。

图9-112 照片素材

step❷ 将照片导入，使用选取工具选取照片中需要的部分拖入本项目，放在背景层的上层，为其添加一个蒙版，使用黑色笔刷在蒙版上进行绘制，遮住不需要的部分，如图9-113所示。将照片的层混合模式设置为Overlay，并适当设置不透明度，效果如图9-114所示。

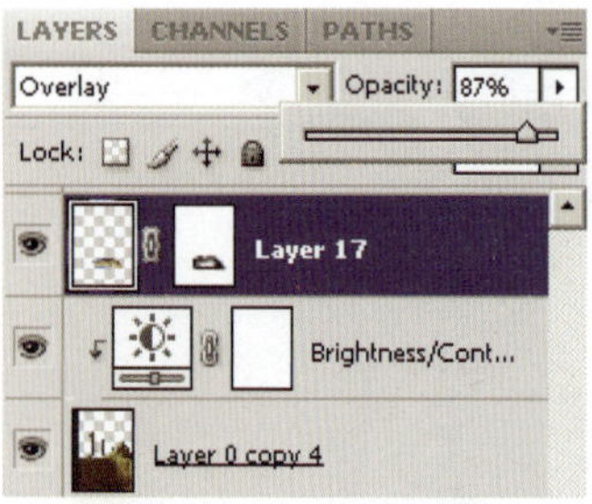

图9-113 加入照片素材层

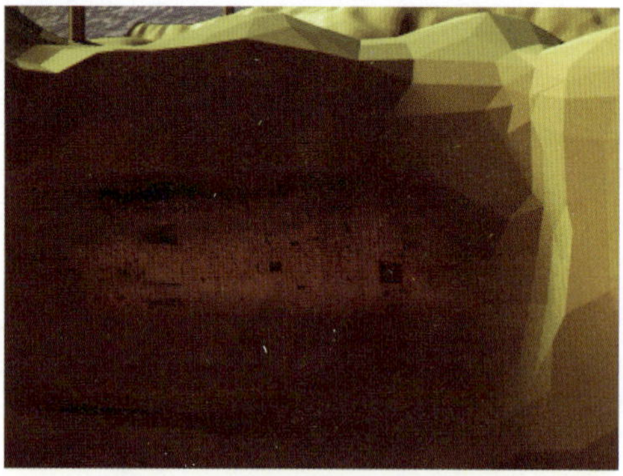

图9-114 加入照片素材层效果

step❸ 使用相同的方法加入更多的照片素材，效果如图9-115所示。

step❹ 继续从素材库中导入新的素材，如图9-116所示。

图9-115 加入更多照片素材

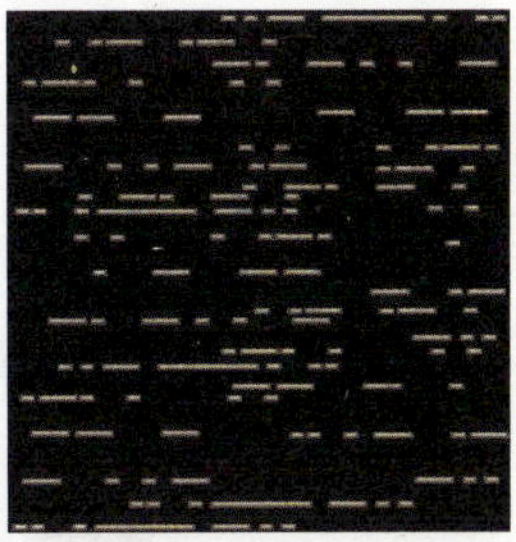

图9-116 导入新素材

step5 将素材放到背景层的上层，将图层混合模式设置为Color Dodge，并适当设置不透明度，效果如图9-117所示。

step6 继续从素材库中导入新的素材，如图9-118所示。

图9-117 加入灯光效果

图9-118 导入新素材

step7 将素材放到飞行器上层，将图层混合模式设置为Soft Light，并适当设置不透明度，效果如图9-119所示。

step8 将使用pIllusionRender渲染好的烟火素材导入进来，摆放到合适的位置，并使用云雾笔刷绘制一些云雾，效果如图9-120所示。

图9-119 增强的飞行器纹理效果

图9-120 加入烟火效果

9.9.3 绘制飞行器

step1 使用手绘板绘制出入侵的几个飞行器，并为其添加Motion Blur（运动模糊）滤镜，效果如图9-121所示。

图9-121 绘制飞行器

step2 绘制出飞行器的灯光与武器的激光效果，绘制笔刷要使用Color Dodge模式，效果如图9-122所示。

step3 在所有层的最上层添加一个暖色的单色新层，将图层混合模式设置为Soft Light，并适当设置不透明度，在此层的上方再加入一个调节层，总体调节一下整个画面的亮度与对比度，如图9-123所示，完成本案例的制作。

图9-122 绘制灯光与激光效果

图9-123 调节亮度与对比度